“十二五”江苏省高等学校重点教材(编号:2013-1-136)
普通高等院校土木专业“十三五”规划精品教材

土木工程概论

An Introduction to Civil Engineering

(第三版)

丛书审定委员会

王思敬　彭少民　石永久　白国良　李　杰
姜忻良　吴瑞麟　张智慧

本书主审　宗　兰
本书主编　王　林
本书副主编　吴　庆　周国宝
本书编写委员会

王素瑞　曾文杰　王博俊　周道传　王炳辉
赵忠超　秦蓁蓁　吴　庆　周国宝

华中科技大学出版社
中国·武汉

内 容 提 要

全书共 14 章，内容包括导论，土木工程材料，建筑结构，基础与地下工程，道路、桥梁与隧道工程，给排水工程，工程的防灾与减灾，建筑环境与能源应用，港口与海洋工程，水利水电工程，土木工程施工，建设工程项目管理，工程造价，数字技术在土木工程中的应用等。

本书是面向应用型本科生编写的，其特点是易读易懂。可作为普通高等院校土木工程专业及其相关专业的教材和参考用书，也可作为高职高专学生的参考用书。

图书在版编目(CIP)数据

土木工程概论/王林主编. —3 版. —武汉：华中科技大学出版社，2016.2
ISBN 978-7-5680-0954-6

Ⅰ.①土…　Ⅱ.①王…　Ⅲ.①土木工程-高等学校-教材　Ⅳ.①TU

中国版本图书馆 CIP 数据核字(2015)第 133669 号

土木工程概论(第三版)　　　　王　林　主编
Tumu Gongcheng Gailun

责任编辑：简晓思
封面设计：张　璐
责任校对：曾　婷
责任监印：张贵君
出版发行：华中科技大学出版社(中国・武汉)
　　　　　武昌喻家山　　邮编：430074　　电话：(027)81321913
录　　排：华中科技大学惠友文印中心
印　　刷：武汉科源印刷设计有限公司
开　　本：850mm×1065mm　1/16
印　　张：20
字　　数：524 千字
版　　次：2019 年 1 月第 3 版第 2 次印刷
定　　价：58.00 元

普通高等院校土木专业“十三五”规划精品教材

总　序

教育可理解为教书与育人。所谓教书，不外乎是教给学生科学知识、技术方法和运作技能等，教学生以安身之本。所谓育人，则要教给学生做人的道理，提升学生的人文素质和科学精神，教学生以立命之本。我们教育工作者应该从中华民族振兴的历史使命出发，来从事教书与育人工作。作为教育本源之一的教材，必然要承载教书和育人的双重责任，体现二者的高度结合。

中国经济建设的高速持续发展，国家对各类建筑人才的需求日增，对高校土建类高素质人才培养提出了新的要求，从而对土建类教材建设也提出了新的要求。这套教材正是为了适应当今时代对高层次建设人才培养的需求而编写的。

一部好的教材应该把人文素质和科学精神的培养放在重要位置。教材中不仅要从内容上体现人文素质教育和科学精神教育，而且还要从科学严谨性、法规权威性、工程技术创新性来启发和促进学生科学世界观的形成。简而言之，这套教材有以下特点。

一方面，从指导思想来讲，这套教材注意到“六个面向”，即面向社会需求、面向建筑实践、面向人才市场、面向教学改革、面向学生现状、面向新兴技术。

二方面，教材编写体系有所创新，结合具有土建类学科特色的教学理论、教学方法和教学模式，这套教材进行了许多新的教学方式的探索，如引入案例式教学、研讨式教学等。

三方面，这套教材适应现在教学改革发展的要求，提倡所谓“宽口径、少学时”的人才培养模式。在教学体系、教材编写内容和数量等方面也做了相应改变，而且教学起点也可随着学生水平做相应调整。同时，在这套教材编写中，特别重视人才的能力培养和基本技能培养，适应土建专业特别强调实践性的要求。

我们希望这套教材能有助于培养适应社会发展需要的、素质全面的新型工程建设人才。我们也相信这套教材能达到这个目标，从形式到内容都成为精品，为教师和学生，以及专业人士所喜爱。

中国工程院院士 王思敬

2006 年 6 月于北京

第三版前言

本书第一版于2008年5月正式出版，为“普通高等院校土木专业‘十一五’规划精品教材”之一，2010年出版第二版，列入“普通高等院校土木专业‘十二五’规划精品教材”。本书被多所大学图书馆收录书目检索，被多家新华书店和建筑书店征订，得到了许多高校教师和学生的认可与厚爱，也得到了土木工程专业技术人员的关注与好评。在此一并表示感谢！

七年来，经过多校、多个专业的使用，编者根据教学实践中的切身体会，以及读者、出版单位等的反馈，加之教育部“卓越工程师教育培养计划”的推行，为了更好地发挥规划教材的作用，我们对本书进行了修订和补充。

经遴选，本书亦被列入“十二五”江苏省高等学校重点教材。

本次修订的重点主要在以下三个方面：一是知识内容的更新，随着科技的发展，新材料、新工艺的不断出现，以及国内外建设形势的变化，原书的部分内容需要更新；二是由于部分国家规范和标准进行了修订，书中相关内容也做了修改；三是增删和调整了部分章节的内容和次序。

征得原主编北华大学李毅老师同意，本次修订由江苏科技大学王林任主编，江苏科技大学吴庆、周国宝为副主编。全书内容共有14章，由江苏科技大学王林、吴庆、周国宝、王素瑞、曾文杰、王博俊、周道传、王炳辉、赵忠超及苏州理工学院秦蓁蓁等在前两版的基础上修改、编写。全书由南京工程学院宗兰教授主审。

在编写过程中参考了某些同类教材，一并向这些书的作者致谢。同时，向前两版的编者：北华大学李毅、廖明军、蒙彦宇、王凯英、仲玉侠，大连大学肖丽萍，山西农业大学马红梅，江苏科技大学汪宏、张友志等致谢。受编者水平所限，本次修订工作难免会有不足乃至失误之处，恳请读者包涵，并能一如既往地提出宝贵意见，使本书不断完善。书中不妥之处敬请读者批评指正。

编者

2015年6月

前　言

土木工程是建造各类工程设施的科学技术的统称。1998 年国家教委(现教育部)颁布了新的土木工程专业本科目录,新目录的颁布使我国普通高等学校的土木工程专业正式规范于“大土木”的框架。现今的“大土木”包括了原来的建筑工程专业、交通土建工程、矿井建设、城镇建设、工业设备安装工程、涉外建筑工程等专业,但新的土木工程专业并不是以前土木工程相关专业的简单归并与重复,而是更高意义上的整合与扩展。

1999 年初,全国高等学校土木工程专业指导委员会在指导性教学课程设置及教材建设规划中,已经将“土木工程概论”课列为必修课程。

本书是以满足 21 世纪高等学校应用型人才培养为宗旨,面向 21 世纪土木工程应用型本科人才培养而编写的。“土木工程概论”课程旨在使土木工程专业的低年级学生了解土木工程的基本内容、历史现状和发展情况,了解土木工程的基本理论知识,提高学生对土木工程专业的兴趣,作为以后学习的良好铺垫。本书注重引导学生认识和了解土木工程专业,激发学生热爱土木工程专业,培养学生自主学习的能力。本书也可以作为高职高专学生的参考教材。

本书由北华大学李毅、江苏科技大学王林任主编。北华大学廖明军、大连大学肖丽萍为副主编。全书内容共有 14 章。其中,第 1 章、第 6 章、第 7 章、第 8 章、第 9 章、第 14 章由北华大学李毅、王凯英、廖明军、蒙彦宇、仲玉侠,山西农业大学马红梅编写;第 2 章、第 10 章、第 11 章、第 12 章、第 13 章由江苏科技大学王林、汪宏、王素瑞、曾文杰、张友志等编写,唐柏鉴及研究生王利锐、李鑫、魏延晓等参与收集、整理资料;第 3 章由东南大学张晋编写;第 4 章、第 5 章由大连大学肖丽萍编写。全书由南京工程学院宗兰教授主审。在编写过程中参考了某些同类教材,在此一并向这些书的作者致谢。

由于编者水平有限,书中不妥之处敬请读者批评指正。

编者

2008 年 1 月

目　　录

第1章 导　　论

1.1 土木工程的性质和特点

1.1.1 什么是土木工程

土木工程是建造各类工程设施的科学技术的统称。它不但包括所应用的材料、设备和所进行的勘测、设计、施工、保养维修等技术活动，还包括工程建设的对象，即建造在地上或地下、陆地或水中，以及直接或间接为人类生活、生产、军事和科学服务的各种工程设施，例如房屋、道路、铁路、运输管道、隧道、桥梁、运河、堤坝、港口、给水排水及防护工程等。

土木工程的英语名称为 Civil Engineering，意为“民用工程”。它的原意是与“军事工程”(Military Engineering)相对应的。在英语中，历史上土木工程、机械工程、电气工程、化工工程都属于 Civil Engineering，因为它们都具有民用性。后来，随着工程技术的发展，机械、电气、化工逐渐形成独立的学科，Civil Engineering 就成为土木工程的专用名词。

土木工程是人类赖以生存的基础产业，它伴随人类的文明而产生和发展。该学科体系产生于18世纪的英、法等国，现在已发展成为现代科学技术的一个独立分支。中国的土木工程教育开始于19世纪(1895年)，在新中国成立后取得了巨大的进展。由于历史的原因，在相当长的时间内，中国高等教育学科的专业设置过于狭窄。土建类专业在过去被划分为桥梁与隧道工程、铁道工程、公路与城市道路工程、水利水电建筑工程、港口与海湾建筑工程、工业与民用建筑工程、环境工程、矿山建筑工程等十多个方向很窄的专业。1998年教育部颁布的新的《普通高等学校本科专业目录》，使中国高等教育的专业设置更有利于人才的培养和社会发展的需要。

1.1.2 土木工程的性质和特点

土木工程为国民经济的发展和人民生活的改善提供了重要的物质技术基础，在国民经济中占有举足轻重的地位。土木工程的发展水平能够充分体现国民经济的综合实力，反映一个国家的现代化水平，而人们的生活也离不开土木工程。为改善人们的居住条件，国家每年在建造住宅方面的投资是十分巨大的。1995年城镇人均居住面积为7.6 m^2，到1997年，城镇人均居住面积已达8.8 m^2。根据建设部的规划目标，到2020年城镇人均居住面积将达到35 m^2，城镇最低收入家庭人均居住面积大于20 m^2。同时铁路、公路、水运、航空等的发展也都离不开土木工程。

土木工程有下列五个基本性质。

(1)综合性

建造一项工程设施一般要经过勘察、设计和施工三个阶段，需要综合运用工程地质勘察、水文地质勘察、工程测量、土力学、工程力学、工程结构设计、建筑材料、建筑设备、工程机械、建筑经济、施工技术、施工组织等学科的知识。因而土木工程是一门范围广阔的综合性学科。

(2)社会性

土木工程是伴随着人类社会的进步发展起来的，它反映了各个历史时期社会、经济、文化、科学、技术发展的面貌和水平。因而土木工程也就成为社会历史发展的见证之一。

(3)实践性

土木工程是一门具有很强的实践性的学科。影响土木工程的因素众多且错综复杂，因此土木工程对实践的依赖性很强。另外，只有进行新的工程实践，才能发现新的问题。例如，建造高层建筑、大跨桥梁等时，工程的抗风和抗震问题比较突出，因而发展出这方面的新理论技术。

(4)工程周期长

土木工程(产品)实体庞大，个体性强，消耗社会劳动力多，影响因素多(因为工程一般在露天下进行，受到各种气候条件的制约，如冬季、雨季、台风、高温等)，由此带来了生产周期长的特点。

(5)工程的系统性

人们力求最经济地建造一项工程设施，用于满足使用者的预期要求，同时还要考虑工程技术要求、艺术审美要求、环境保护及其生态平衡，任何一项土木工程都要系统地考虑这几方面的问题，土木工程项目决策的优良与否完全取决于对这几项因素的综合平衡和有机结合的程度。因此，土木工程必然是每个历史时期技术、经济、艺术统一的见证。土木工程受这些因素制约的性质充分地体现了土木工程的系统性。

1.2 土木工程的发展历史及其展望

1.2.1 古代土木工程的发展历史简述

古代土木工程的时间跨度，大致从旧石器时代(约公元前5000年起)到17世纪中叶。古代土木工程所用的材料，最早为当地的天然材料，如泥土、石块、树枝、竹、茅草、芦苇等，后来开发出土坯、石材、木材、砖、瓦、青铜、铁、铅，以及草筋泥、混合土等混合材料。古代土木工程所用的工具，最早只是石斧、石刀等简单工具，后来开发出斧、凿、锤、钻、铲等青铜和铁制工具，以及打桩机、桅杆起重机等简单施工机械。古代土木工程的建造主要依靠实际生产经验，缺乏设计理论的指导。尽管如此，古代土木工程还是留下了许多伟大的工程，记载着灿烂的古代文明。

(1)万里长城

万里长城是世界上修建时间最长、工程量最大的工程之一，也是世界七大奇迹之一。长城从公元前7世纪开始修建，秦统一六国后，其规模达到西起临洮，东止辽东，蜿蜒一万余里，于是有了万里长城的称号。明朝对长城又进行了大规模的整修和扩建，东起鸭绿江，西至嘉峪关，全长有7 000 km以上，设置“九边重镇”，驻防兵力达100万人。“上下两千年，纵横十万里”，万里长城不愧为人类历史上伟大的军事防御工程。万里长城的结构形式主要为砖石结构，有些地段采用夯土结构，在沙漠中则采用红柳、芦苇与沙粒层层铺筑的结构。

(2)都江堰和京杭大运河

都江堰和京杭大运河是我国古代水利工程的两个杰出代表。

都江堰位于四川灌县的岷江上，建于公元前3世纪，由战国时期秦蜀郡太守李冰父子率众修建，是现存最古老且目前仍用于灌溉的伟大水利工程。都江堰以无坝引水为特征，由鱼嘴、飞沙堰、宝瓶口三部分组成。鱼嘴是江心的分水堤坝，把岷江分成外江和内江，外江排洪，内江灌溉；飞沙堰起泄洪、排沙和调节水量的作用；宝瓶口控制进水流量。都江堰工程设计的合理与巧妙，令现在的许多国内外水利工程专家都赞叹不已。

京杭大运河是世界上建造时间最早、长度最大的人工开凿的河道。京杭大运河开凿于春秋战国时期，隋朝大业六年（公元610年）全部完成，迄今已有1400多年历史。京杭大运河由北京到杭州，流经河北、山东、江苏、浙江四省，沟通海河、黄河、长江、淮河、钱塘江五大水系，全长1 794 km。至今该运河的江苏段和浙江段仍是重要的水运通道。

(3)中国古代桥梁

我们的祖先在桥梁建设史上写下了不少光辉灿烂的篇章。据史料记载，约3000年前已在渭河上架设过浮桥。在中国，吊桥具有悠久的历史。初期的缆索是由藤条或竹子做成的，后来发展为用铁链代替。在中国古代，冶炼技术领先于世界。据《水经注》记载，早在先秦时代（约公元前200年）就已经有了铁制的桥墩。汉明帝时（公元60年前后）就有了铁链悬索桥。至今保留下来的古代吊桥有四川省泸定县的大渡河铁索桥，其建成于1706年，桥跨100 m，桥宽约2.8 m。

中国早在秦汉时期就已广泛修建石梁桥。福建泉州的万安桥于1059年建成，共58孔，长达540 m（有的记载长800 m）。漳州虎波桥，1240年建成，总长约335 m，一直保存至今，其石梁每个长达23.7 m，重约2 000 kN，这样大的石梁，其运输、安装都需要很高的技术。河北赵州桥（又称安济桥），是中国古代石拱桥的杰出代表。该桥为隋朝（公元605年左右）工匠李春所建，其特点是跨度大（37.47 m）、矢跨比小，主跨带小拱，轻巧美观，又利于排洪。作为石拱桥，其跨度之大，当时居世界之首。

(4)国内外古代建筑

西方留下来的宏伟建筑（或建筑遗址）大多是砖石结构的。如埃及的金字塔，建于公元前2700年至公元前2600年间，其中最大的一座是胡夫金字塔，该塔基底为正方形，每边长230.5 m，高约140 m，用230余万块巨石砌成。又如希腊的帕特农神庙、古罗马的斗兽场等都是非常优秀的古代石结构建筑。

中国古代建筑大多为木结构加砖墙建成。公元1056年建成的山西应县木塔（佛宫寺释迦塔），塔高67.31 m，共9层，横截面呈八角形，底层直径达30.27 m。该塔经历了多次大地震，历时近千年仍完好耸立，足以证明我国古代木结构的精湛技术。其他木结构如北京的故宫、天坛，天津市蓟县的独乐寺观音阁等均为具有悠久历史的优秀木结构建筑。

1.2.2 近代土木工程的发展历史简述

一般认为，近代土木工程的时间跨度为17世纪中叶到第二次世界大战前后，历时300余年。在这一时期，土木工程有了革命性的发展，逐步成为一门独立学科。这个时期的土木工程发展有以下几个特点。

(1)奠定了土木工程的设计理论

土木工程的实践及其他学科的发展为系统的设计理论奠定了基础。在这一时期，意大利学者伽利略于1683年首次用公式表达了梁的设计理论。1687年,牛顿总结出力学三大定律,为土木工程奠定了力学分析的基础。1744年,瑞士数学家欧拉建立了柱的压屈理论,给出了柱的临界压力的计算公式。随后,在材料力学、弹性力学和材料强度理论的基础上,法国的纳维于1825年建立了土木工程中结构设计的容许应力法。从此,土木工程的结构设计有了比较系统的理论指导。1906年美国旧金山大地震和1923年日本关东大地震推动了土木工程对结构动力学和工程结构抗震的研究。从此土木工程结构设计有了比较系统的理论。

(2)出现了新的土木工程材料

从材料方面来讲,1824年波特兰水泥的发明及1867年钢筋混凝土开始应用是近代土木工程发展史上的重大事件。1856年转炉炼钢法的成功使得钢材得以大量生产并应用于房屋、桥梁的建造。钢筋混凝土及钢材的推广应用,使得土木工程师可以运用这些材料建造更为复杂的工程设施。在近代及现代建筑中,凡是高耸、大跨、巨型、复杂的工程结构,绝大多数采用了钢材或钢筋混凝土。

(3)出现了新的施工机械及其施工技术

这一时期内,产业革命促进了工业、交通运输业的发展,对土木工程设施提出了更多的要求,同时也为土木工程的建造提供了新的施工机械和施工方法。打桩机、压路机、挖土机、掘进机、起重机、吊装机等纷纷出现,这为快速、高效地建造土木工程提供了有力的手段。

(4)土木工程发展到成熟阶段、建设规模前所未有

在交通运输方面,由于汽车在陆路交通中具有快速和机动灵活的特点,道路工程的地位日益重要。沥青和混凝土开始用于铺筑高级路面。1931—1942年,德国首先修筑了长达3 860 km的高速公路网,美国和欧洲其他一些国家相继效仿。20世纪初出现了飞机,飞机场工程迅速发展起来。钢铁质量的提高和产量的上升,使建造大跨桥梁成为现实。1918年,加拿大建成魁北克悬臂桥,跨度548.6 m;1932年,澳大利亚建成悉尼港桥,为双铰钢拱结构,跨度503 m;1937年,美国旧金山建成金门悬索桥,跨度1 280 m,全长2 825 m,是公路桥的代表性工程。

工业的发达,城市人口的集中,使工业厂房向大跨度发展,民用建筑向高层发展。日益增多的电影院、摄影场、体育馆、飞机库等都要求采用大跨度结构。1925—1933年,法国、苏联和美国分别建成了跨度达60 m的圆壳、扁壳和圆形悬索屋盖。中世纪的石砌拱终于被近代的壳体结构和悬索结构所取代。1931年,美国纽约的帝国大厦落成,共102层,高381 m,有效面积16万m^2,结构用钢约5万t,内装电梯67部,还有各种复杂的管网系统,可谓集当时技术成就之大成,它保持世界最高建筑纪录达40年之久。

中国清朝时期实行闭关锁国政策,近代土木工程发展缓慢,直到清末出现洋务运动,才引进一些西方技术。1909年,中国著名工程师詹天佑主持的京张铁路建成,全长约200 km,达到当时世界先进水平。全程有4条隧道,其中八达岭隧道长1 091 m。到1911年辛亥革命时,中国铁路总里程为9 100 km。1894年建成用气压沉箱法施工的滦河桥,1901年建成全长1 027 m的松花江桁架桥,1905年建成全长3 015 m的郑州黄河大桥。中国近代市政工程始于19世纪下半叶,1865年,上海开始供应煤气,1879年,旅顺建成近代给水工程,相隔不久,上海也开始供应自来水和电力。1889年,唐山设立水泥厂,1910年开始生产机制砖。中国近代土木工程教育事业开始于1895年创办的天津北洋西学学堂(后称北洋大学堂,今天津大学)和1896年创办的山海关北洋铁路官学堂(后称唐山交通大学,今西南交通大学)。

中国近代建筑以1929年建成的中山陵和1931年建成的广州中山纪念堂(跨度30 m)为代表。1934年在上海建成了钢结构的24层国际饭店、21层百老汇大厦(今上海大厦)和钢筋混凝土结构的12层大新公司。到1936年,已有近代公路11万km。由中国工程师设计修建了浙赣铁路、粤汉铁路的株洲至韶关段,以及陇海铁路西段等。1937年建成了公路、铁路两用钢桁架的钱塘江大桥,长1 453 m,采用沉箱基础。1912年成立中华工程师学会,詹天佑为首任会长,20世纪30年代成立了中国土木工程学会。

1.2.3 现代土木工程的发展历史简述

现代土木工程以社会生产力的现代发展为动力,以现代科学技术为背景,以现代工程材料为基础,以现代工艺与机具为手段高速度地向前发展。第二次世界大战结束后,社会生产力出现了新的飞跃,现代科学技术突飞猛进,土木工程进入一个新时代。从世界范围来看,现代土木工程为了适应社会经济发展的需求,具有以下一些特征。

(1)功能要求多样化

现代科学技术的高度发展使得土木工程结构及其设施的使用功能必须适应社会的现代化水平。土木工程结构的多样化功能要求不但体现了社会的生产力发展水平,而且对土木工程的生产要求也越来越高,从而使得学科间的交叉和渗透越来越强烈,生产过程越来越复杂。

随着科学技术的高度发展,现代土木工程装备中装配式工程结构构件的生产和安装精度要求越来越高。

随着社会经济的发展、人们物质及文化水平和需求的提高,公用建筑和住宅等除了有良好的采光、通风、保温、隔音降噪、防火、抗震等功能外,在外观、使用功能、空间划分、内装等方面有了更高的要求。工业的发展带来了新的工程类型和特种工程结构,如核电站、加速器工程等,要求具有很好的抗辐射功能;电子和精密仪器工业要求结构具有较好的防震、隔震能力。20世纪末,随着科学技术的发展,建筑的生态功能越来越为人们所重视。随着电子技术和信息化技术的高度发展,智能化建筑也有了进一步的发展。

现代土木工程的使用功能多样化程度不仅反映了现代社会的科学技术水平,也折射出土木工程学科的发展水平。

(2)城市立体化

随着经济的发展,人口的增长,用房需求量加大,城市用地更加紧张,交通更加拥挤,建筑和道路交通向高空和地下发展也成为必然。

高层建筑成了现代化城市的象征。哈利法塔(原名迪拜塔),位于阿拉伯联合酋长国的迪拜,共有162层,总高828.14 m,2004年9月21日开始动工,2010年1月4日竣工,总投资超过15亿美元,为当前世界第一高楼。东京晴空塔高度为634.0 m,于2011年11月17日获得吉尼斯世界纪录认证为“世界第一高塔”,成为全世界最高的自立式电波塔,也是当前世界第二高的建筑物。上海中心总高为632 m,主体建筑结构高580 m,由地上121层主楼、5层裙楼和5层地下室组成,总建筑面积57.6万m^2,成为上海最高的摩天大楼,是世界第三高楼。2012年建成的麦加皇家钟塔饭店位于沙特阿拉伯王国的伊斯兰教圣城——麦加,建筑高度601 m,共95层。台北101是位于中国台湾省台北市信义区的一幢摩天大楼,2004年建成,楼高508 m,地上101层,地下5层,2010年以前是当时全世界最高的摩天大楼。上海环球金融中心位于上海市浦东新区陆家嘴,于2008年竣工,该工程地块面积3万m^2,总建筑面积38.16万m^2,紧靠金茂大厦,该工程地上101层,地下3层,建筑主体结构高达492 m。

中国城镇化政策的推行导致城市规模的不断扩张,小轿车进入家庭的速度不断加快,从而带来了轿车工业的迅猛发展,城市交通严重紧张状况由几个大都市向普通的大城市发展,城市交通堵塞由局部地区和局部时间段上向大部分地区和较长时间段上发展,给人们正常出行带来了极大的不便。大力发展城市轨道交通是国内外解决城市交通最好的办法。"十一五"期间中国已有13个城市拥有轨道交通,总长度1 500 km,"十二五"期间城市轨道交通总长度增加到2 500 km,据不完全统计,我国规划、准备建设和已经建设城市轨道交通的城市已经有20多个,规划城市轨道交通网总里程达到3 500 km以上,城市轨道交通发展的前景是宏大的,建设市场是广阔的。

(3)交通高速化

高速公路虽然1934年就在德国出现,但在世界各地较大规模地修建,还是第二次世界大战后的事。1983年,世界高速公路通车总里程已达11万km。到2004年底,中国高速公路通车里程已超过3.4万km,继续保持世界第二,在很大程度上取代了铁路的职能。2014年全国新增高速公路通车里程7 450 km,至此,全国高速公路通车总里程在2013年10.4万km的基础上达到了11.145万km。其中高速公路通车里程5 000 km以上的省份,由2013年的6个增加到8个,根据通车里程依次排名为:①广东6 280 km;②河北6 029.7 km;③山西5 869 km;④河南5 858 km;⑤湖南5 493 km;⑥四川5 241 km;⑦山东5 200 km;⑧湖北5 106 km。高速公路的里程数,已成为衡量一个国家现代化程度的标志之一。

铁路也出现了电气化和高速化的趋势,在发展铁路电气化方面,先后建成陇海铁路郑州至兰州段、太焦铁路长治至月山段,以及贵昆、成渝、川黔、襄渝、京秦、丰沙大和石太等电气化铁路共4 700 km以上。2007年4月18日,中国全国铁路正式实施第六次大面积提速,时速达到200 km/h以上,其中京哈、京沪、京广、胶济等提速干线部分区段达到时速250 km/h。日本的新干线铁路行车时速达210 km/h以上,法国巴黎到里昂的高速铁路运行时速达260 km/h。中国上海磁悬浮列车于2004年1月1日正式投入商业运营,线路全长29.873 km,西起上海地铁2号线龙阳路站,东至浦东国际机场站,设计最高运行时速430 km/h,单向运行时间7分20秒。目前世界上已经有中国、西班牙、日本、德国、法国、瑞典、英国、意大利、俄罗斯、土耳其、韩国、比利时、荷兰、瑞士等16个国家和地区建成运营高速铁路。据国际铁路联盟统计,截至2013年11月1日,世界其他国家和地区高速铁路里程1.16万km,2014年中国高铁新通车里程7 660 km,总里程达1.93万km,占世界高铁总里程的一半。与发达国家相比,中国高速铁路发展起步虽晚,但发展最快。目前,高速铁路再度成为世界铁路发展热点。

航空事业在现代得到飞速发展,航空港遍布世界各地。航海业也有很大发展,世界上的国际贸易港口超过2 000个,并出现了大型集装箱码头。上海港是世界第一大集装箱港口,2014年,上海港完成3 528.5万标箱的吞吐量,连续5年稳坐全球第一的宝座。排名第二的新加坡港与上海港的差距扩大到141.6万标箱。深圳港完成集装箱吞吐量2 403.7万标箱,位列第三。中国天津塘沽、上海、宁波北仑、广州、湛江等港口也已逐步实现现代化,有的还建成了集装箱码头泊位。

(4)材料轻质高强化

现代土木工程材料进一步轻质化和高强化,工程用钢的发展趋势是采用低合金钢。中国从20

世纪60年代起普遍推广了锰硅系列和其他系列的低合金钢，大大节约了钢材用量并改善了结构性能。高强钢丝、钢绞线和粗钢筋的大量生产，使预应力混凝土结构在桥梁、房屋等工程中得以推广。强度等级为C50～C60的混凝土已在工程中普遍应用，近年来轻骨料混凝土和加气混凝土已用于高层建筑。例如，美国休斯敦的贝壳广场大楼，用普通混凝土只能建35层，改用陶粒混凝土后，自重大大减轻，用同样的造价可建造52层。而大跨、高层、结构复杂的工程又反过来要求混凝土进一步轻质、高强化。高强钢材与高强混凝土的结合使预应力结构得到较大的发展。预应力混凝土经过近50年的发展，现在已成为世界土建工程中一种非常重要的结构材料，应用范围日益扩大，由以往的单层房屋、多层房屋、公路桥梁、铁路桥梁、轨枕、电杆、压力水管、储罐、水塔等，已扩大到高层建筑、地下建筑、高耸结构、水下建筑、海洋结构、机场跑道、核电站压力容器、大吨位船舶等方面。中国在桥梁工程、房屋工程中广泛采用预应力混凝土结构，如重庆长江大桥的预应力混凝土T型刚构桥，跨度达174 m；先张法和后张法的预应力混凝土屋架、吊车梁和空心板在工业建筑和民用建筑中得到广泛使用。铝合金、镀膜玻璃、石膏板、建筑塑料、玻璃钢等工程材料发展迅速，新材料的出现与传统材料的改进是以现代科学技术的进步为背景的。

(5)施工过程工业化

大规模现代化建设使中国和苏联、东欧的建筑标准化达到了很高的程度，人们力求推行工业化生产方式，在工厂中成批地生产房屋、桥梁的种种构配件、组合体等。预制装配化的潮流在20世纪50年代后席卷了以建筑工程为代表的许多土木工程领域。这种标准化在中国社会主义建设中，起到了积极作用。中国建设规模在绝对数字上是巨大的，中国既有建筑总面积达600亿m^2左右。2012年，中国城市人均住宅建筑面积为32.91 m^2，农村人均住宅建筑面积为37.09 m^2。随着收入水平的提高，未来改善性居住的需求还很大。而且，随着城市化率的提高，为了增大城市人均住宅建筑面积，每年还需新增大量的住房供给，若不广泛推行标准化，大量的住房需求是难以完成的。装配化不仅对建造房屋重要，而且在桥梁建设中也发挥着重要作用。20世纪60年代开始采用与推广的装配式拱桥施工技术，使得桥梁上部结构轻型化、可工厂化生产，大大加快了桥梁的施工速度。2014年12月，长春地铁2号线袁家店站完成2阶段共24环(每环长度2 m)的装配式结构预制和拼装工作。袁家店站是国内第一座预制装配式地铁车站，也是目前国内规模最大、结构体系最独特的地铁车站。

在标准化向纵深发展的同时，多种现场机械化施工方法在20世纪70年代以后进入快速发展期。同步液压千斤顶的滑升模板广泛用于高耸结构，如1975年建成的加拿大多伦多电视塔高达553 m，施工时就用了滑模，在安装天线时还使用了直升机。现场机械化的另一个典型实例是用一群小提升机同步提升大面积平板的提升板结构施工方法。近10年来，中国用这种方法建造了约300万m^2房屋。此外，钢制大型模板、大型吊装设备与混凝土自动化搅拌楼、混凝土搅拌输送车、输送泵等相结合，形成了现场机械化施工工艺，使传统的现场浇筑混凝土方法获得了新生命，在高层、多层房屋和桥梁施工中部分地取代了装配化。现代技术使许多复杂的工程实践成为可能，例如，中国宝成铁路有80%的线路穿越山岭地带，桥隧相连，而成昆铁路桥隧总长占40%；日本山阳线新大阪至博多段的隧道占50%；苏联在靠近北极圈的寒冷地带建造了第二条西伯利亚大铁路；中国的青藏铁路、青藏公路直通世界屋脊。由于采用了现代化的盾构设备，隧道施工速度加快，精度也得到提高。土石方工程中广泛采用定向爆破的方法，解决了大量土石方的施工难题。

施工过程工业化使许多超级工程建设成为可能。例如：港珠澳大桥岛隧道工程于2010年底开工，近6 km长的沉管隧道是世界上目前已建和在建工程中最长的混凝土沉管隧道。该沉管隧道采用柔性管节，这在国内尚属首次，1个管节(180 m×38 m×10 m)由8个22.5 m长的节段组成，是世界上体量最大的沉管隧道管节，节段之间采用柔性接头，允许纵向变形和水平与竖向的转动。本项目是中国第一次采用岛上工厂法预制隧道管节，预制工艺对项目是一个大的挑战。施工中共采用8台液压振动锤联动振沉体系进行钢圆筒岛壁的振沉。港珠澳大桥沉管隧道的建设是土建工程的技术进步和施工设备的提升，同时，大型专业施工设备的研发和应用将提升沉管隧道施工技术的跨越。

(6)理论研究精密化

现代科学信息传递速度大大加快，一些新理论与方法，如计算力学、结构动力学、动态规划法、网络理论、随机过程论、滤波理论等的成果，随着计算机的普及而渗入到土木工程领域。结构动力学已发展完备，荷载不再是静止的和确定性的，而将被作为随时间变化而变化的随机过程来处理。美国和日本使用的由计算机控制的强震仪台网系统，提供了大量原始地震记录。日趋完备的反应谱方法和直接动力法在工程抗震中发挥很大作用。中国在抗震理论、测震、震动台模拟试验，以及结构抗震技术等方面有了很大发展。

在结构设计计算中，静态的、确定的、线性的、单个的分析，逐步被动态的、随机的、非线性的、系统与空间的分析所代替。电子计算机使高次超静定的分析成为可能，例如，高层建筑中框架-剪力墙体系和筒中筒体系的空间工作，只有用电算技术才能计算。电算技术也促进了大跨桥梁的实现，1980年，英国建成亨伯悬索桥，单跨达1 410 m；1983年，西班牙建成卢纳预应力混凝土斜张桥，跨度达440 m；中国于1975年在云阳建成第一座跨度为145.66 m的斜张桥后，又相继建成跨度为220 m的济南黄河斜张桥及跨度达260 m的天津永和桥。

理论研究的日益深入，使现代土木工程取得质的进展，而土木工程实践亦离不开理论指导。电子计算机的应用，使得理论研究趋于精密化，计算机不仅用于辅助设计，更作为优化手段，不但应用于结构分析，而且扩展到建筑、规划等领域。

大跨建筑的设计也是在电算技术条件下理论水平的又一次提升。大跨度建筑的形式层出不穷，薄壳、悬索、网架和充气结构覆盖大片面积，满足了大型社会公共活动的需要。1959年，巴黎建成多波双曲薄壳的跨度达210 m；1976年，美国新奥尔良建成的网壳穹顶直径为207.3 m；1975年，美国密歇根庞蒂亚克体育馆充气塑料薄膜覆盖面积达35 000 m^2左右，可容纳观众80 000人。目前世界上跨度最大的建筑是美国底特律的韦恩县体育馆，圆形平面，直径达266 m，为钢网壳结构。我国大跨度建筑是在新中国成立之后才迅速发展起来的，20世纪60年代建成的北京工人体育馆悬索屋面净跨为94 m；20世纪70年代建成的上海体育馆，屋顶网架跨度直径为110 m，钢平板网架结构。我国目前以钢索及膜材做成的结构最大跨度已达到320 m。

从材料特性、结构分析、结构抗力计算到极限状态理论，在土木工程各个分支中都得到充分发展。20世纪50年代，美国、苏联开始将可靠性理论引入土木工程领域。土木工程的可靠性理论建立在作用效应和结构抗力的概率分析基础上。工程地质、土力学和岩体力学的发展为研究地基、基础和开拓地下、水下工程创造了条件。

现代土木工程与环境关系更加密切，从使用功能上考虑它造福人类的同时，还要注意其与环境的协调问题。现代生产和生活排放的大量废水、废气、废渣以及噪声时刻污染着环境。环境工程，如废水处理工程等又为土木工程增添了新内容。核电站和海洋工程的快速发展，同时产生新的引起人们极为关心的环境问题。现代土木工程规模日益扩大，例如，世界水利工程中，库容 300 亿 m^3 以上的水库有 28 座，高于 200 m 的大坝有 25 座。乌干达欧文瀑布水库库容达 2 040 亿 m^3；苏联罗贡土石坝高 325 m；中国葛洲坝截断了世界最大河流之一的长江；巴基斯坦引印度河水的西水东调工程规模很大；中国在 1983 年完成了引滦入津工程；三峡大坝是当今世界上最大的水利枢纽工程，具有防洪、发电、改善航运等巨大的综合效益，是治理和开发长江的关键性骨干工程；南水北调工程是为解决我国北方地区严重缺水而实施的一项重大的跨流域调水工程。这些大水坝的建设和水系调整还会引起对自然环境的另一影响，即干扰自然和生态平衡，而且现代土木工程规模越大，它对自然环境的影响也越大。因此，大规模现代土木工程的建设带来了一个保持自然界生态平衡的课题，有待综合研究解决。

近年来，BIM（建筑信息化模型）技术的发展和应用引起了工程建设业界的广泛关注。BIM 技术通过三维的公共工作平台以及三维的信息传递方式，可以为实现设计 、施工一体化提供良好的技术平台和解决思路，为解决建设工程领域目前存在的协调性差、整体性不强等问题提供可能。BIM 可以对设计阶段、招投标和施工阶段、后期运营阶段进行模拟实验，从而预知可能发生的各种情况，达到节约成本、提高工程质量的目的，基于 BIM 进行运营阶段的能耗分析和节能控制，结合运营阶段的环境影响和灾害破坏，针对结构损伤、材料劣化及灾害破坏，进行建筑结构安全性、耐久性分析与预测。BIM 技术引领建筑信息化未来的发展方向，必将引起整个建筑业及相关行业革命性的变化。

1.2.4 现代土木工程的发展展望

地球上可以居住、生活和耕种的土地和资源是有限的，而人口增长的速度是不断加快的。因此，人类为了争取生存，土木工程的未来至少应向以下五个方向发展。

（1）向高空延伸

现在，人工建筑物最高的为 828 m，是位于阿拉伯联合酋长国迪拜的哈利法塔，建筑内有1 000套豪华公寓，周边配套项目包括龙城、迪拜 Mall 及配套的酒店、住宅、公寓、商务中心等项目。日本拟在东京建造 840 m 高的千年塔，它在距海岸约 2 km 的大海中，将工作、休闲、娱乐、商业、购物等融于一体的抗震竖向城市中，居民可达 50 000 人。中国拟在上海附近一个 1.6 km 宽、200 m 深的人工岛上建造一栋高 1 250 m 的仿生大厦，居民可达 100 000 人。印度也提出将投资 50 亿建造超级摩天大楼，其地上共 202 层，高达 710 m。

（2）向地下发展

1991 年，在东京召开的城市地下空间国际学术会议通过了《东方宣言》，提出“21 世纪是人类开发利用地下空间的世纪”。建造地下建筑具有有效改善城市拥挤、节能和减少噪声污染等优点。日本于 20 世纪 50 年代末至 20 世纪 70 年代大规模开发利用浅层地下空间，到 20 世纪 80 年代末已开始研究 50～100 m 深层地下空间的开发利用问题。日本于 1993 年开建的东京新丰州地下变电所，深达地下 70 m。目前世界上共修建水电站地下厂房约 350 座，其中最大的为加拿大的格朗德高级水电站。中国也越来越重视对地下空间的开发利用，近年来，隧道和地下工程有了快速的发展，在勘测与地质报告、设计、施工、防灾救灾与通风照明、防水排水新材料与新工艺应用等方面都有了较大的发展和创新。

北京地铁规划始于1953年,工程始建于1965年,最早的线路竣工于1969年,是中国第一个地铁系统,也是当时世界上规模最大的城市地铁系统。我国地铁工程持续发展,目前已有北京、上海、广州、天津、武汉、重庆、成都、南京、深圳、大连、杭州、苏州、昆明等21个城市开通了地铁交通。城市铁路将逐渐地下化,城市地下公路亦在悄然兴起,地下空间开发利用将由原来的"单点建设、单一功能、单独运转"转化为"统一功能、多功能集成、规模化建设"的新模式,中国隧道及地下工程事业将会有更大的进步和更为广阔的发展空间。

(3)向海洋拓展

为了防止机场噪声对城市居民的影响,也为了节约使用陆地,2000年8月4日,日本大阪围海建造了1 000 m长的关西国际机场,并且试飞成功。阿拉伯联合酋长国首都迪拜的七星大酒店也建在海上;洪都拉斯将建海上城市型游船,该船长804.5 m,宽228.6 m,有28层楼高,船上设有小型喷气式飞机的跑道,还有医院、旅馆、超市、饭店、理发店和娱乐场等。近些年来,中国在这方面也已取得了可喜的成绩,如上海南汇滩围垦成功和崇明东滩围垦成功,最近又在建设黄浦江外滩的拓岸工程。围垦、拓岸工程和建造人工岛有异曲同工之处。成立三沙市,南中国海的岛屿建设,都说明了我国越来越重视向海洋发展。北极开发已经进入了大规模开发利用的战略准备期,包括政策和战略制定、基础设施建设、破冰运输船建造和港口建设,还有一些能源港的建设投资和离岸油气勘探等。载人深潜器的不断研究,使载人深潜事业继续发展。中国船舶重工集团公司自主设计、自主集成的深海载人潜水器——"蛟龙"号再次冲破7 000 m深海,达到7 035 m,完成了全流程功能验证等各项深海科考试验,标志着中国成为继美、法、俄、日后,第五个掌握大深度载人深潜技术的国家。深海空间站代表了海洋领域的前沿核心技术,人类在太空建立的空间站已经运行了很长时间,而深海空间站则罕见报道,目前几个大国都在做相关研究,这是国家科技发展水平、生产力水平的重要标志,将把人类的活动空间移向深海。

(4)向沙漠进军

全世界约有1/3陆地为沙漠,每年约有6万km^2的耕地被侵蚀,这将影响上亿人口的生活。世界未来学会对22世纪初世界十大工程设想之一是将西亚和非洲的沙漠改造成绿洲。改造沙漠首先必须有水,然后才能绿化和改造沙土。现在利比亚沙漠地区已建成一条大型的输水管道,并在班加西建成了一座直径1 km、深16 km的蓄水池用以沙漠灌溉。在缺乏地下水的沙漠地区,国际上正在研究开发使用沙漠地区太阳能淡化海水的可行方案,该方案一旦实施,将会启动近海沙漠地区大规模的建设工程。中国沙漠输水工程试验成功,自行修建的第一条长途沙漠输水工程已全线建成试水,顺利地引黄河水入沙漠。中国首条沙漠高速公路——榆靖高速公路于1999年12月开工,2003年8月建成,总投资18.17亿元,其路线全长134.174 km(其中主线长115.918 km,榆林一级4.133 km,横山二级9.922 km,靖边二级4.201 km,三段连接线长18.256 km)。这条高速公路的建设,对实现西气东输、西电东送、西煤东运战略,促进西部大开发进程都具有重要意义。

(5)向太空迈进

近代天文学宇航事业的飞速发展和人类登月的成功实现,使得人们发现了月球上拥有大量的钛铁矿。在800 ℃高温下,钛铁矿与氢化物便合成铁、钛、氧气和水汽,由此可以制造出人类生存必需的氧气和水。美国政府已决定在月球上建造月球基地,并通过这个基地进行登陆火星的行动。美籍华裔林铜柱博士于1985年发现建造混凝土所需的材料月球上都有,因此可以在月球上制作钢筋混凝土配件装配空间站。预计 21 世纪 50 年代，空间工业化、空间商业化、空间旅游、外层空间人类化等可能会得到较大的发展。

1.3　应用型土木工程人才素质及培养方案

1.3.1　应用型土木工程专业人才素质

①热爱社会主义祖国，拥护中国共产党的领导，掌握马列主义、毛泽东思想和邓小平理论的基本原理；具有为社会主义现代化建设服务、为人民服务的思想觉悟，有为国家富强、民族昌盛而奋斗的志向和责任感；具有敬业爱岗、艰苦求实、热爱劳动、遵纪守法、团结合作的品质；具有良好的思想品德、社会公德和职业道德。

②接受必要的军事训练，积极参加各种社会实践活动，能理论联系实际，实事求是。

③懂得社会主义民主和法制，遵纪守法，举止文明，有“勤奋、严谨、求实、创新”的良好作风，具有较好的文化素养和心理素质以及一定的美学修养。

④比较系统地掌握本专业所必需的自然科学基础和技术科学基础的理论知识，具有一定的专业知识，相关的工程技术知识和技术经济、工业管理知识，对本专业学科范围内的科学技术新发展及新动向有一定的了解。

⑤得到工程设计方法和科学研究方法的初步训练，具备本专业所必需的运算、实验、测试、计算机应用等技能以及一定的基本工艺操作技能。

⑥有独立获取知识、提出问题、分析问题和解决问题的基本能力以及具有较强开拓创新的精神，具备一定的社会活动能力、从事本专业业务工作的能力和适应相邻专业业务工作的基本素质。

⑦初步掌握一门外语，能够比较熟练地阅读本专业的外文书刊。

⑧了解体育运动的基本知识，掌握科学锻炼身体的基本技能，养成锻炼身体的良好习惯，达到国家规定的大学生体育合格标准，能承担建设祖国和保卫祖国的光荣任务。

⑨具有较强的使用信息技术的能力，能够将现代信息技术熟练运用于学习、工作和社会实践活动。

1.3.2　应用型土木工程人才培养方案

自 1999 年以来，按照国家专业目录的调整，原建筑工程、城镇建设、交通土建、地下建筑工程、矿山建设等专业合并为土木工程专业，从此上述专业开始按照“大土木”招生。受教育部委托，建设部成立“全国土木工程专业指导委员会”，对土木工程专业的教学进行指导。

2002 年 11 月，高等学校土木工程专业指导委员会编制了《高等学校土木工程专业本科教育培养目标和培养方案及课程教学大纲》，明确了土木工程专业的培养目标、业务范围、毕业生基本规格，是对专业培养标准的最低要求，体现了一般性指导，其核心是要求办学院校切实按照宽口径专业规格进行专业建设和学生培养。

2011 年 9 月 7 日，住房和城乡建设部高等学校土建学科教学指导委员会颁布实施了《高等学校土木工程本科指导性专业规范》，专业规范主要规定土木工程本科学生应该学习的基本理论以及掌握的基本技能,是本科专业教学内容应该达到的基本要求。专业规范把实践教学放在了比以往更重要的位置,专业规范试图表达的内涵是:学校在教学实践中要以工程实际为背景,以工程技术为主线,着力提升学生的工程素养,培养学生的工程实践能力和工程创新能力,并强调,在教学的各个环节中要努力尝试,"基于问题、基于项目、基于案例"的研究型学习方式,把合格的知识单元和实践单元有机结合起来,逐渐构建适合各校实际的创新训练模式,并将其纳入培养计划。

根据各学校的特色确定人才培养目标体系,以"立足地方、面向社会、强化基础、突出应用、提高能力、注重创新、优化素质、办出特色"为指导思想,按照专业教育与素质教育相融合、科技教育与人文教育相融合、理论与实践结合、课内与课外结合、学校教育与社会实践结合,注重培养学生的工程素质、创新精神、科学素养和人文精神,突出人才培养特色,整体优化专业教学计划,构建"平台+模块"的理论教学体系,多层次强化训练的实践教学体系和有效的素质教育体系,突出和强化以人为本、产学结合的人才培养新方案。因此,应用型土木工程专业教学计划的总体方案设计为"公共基础课平台+专业基础课平台+专业方向课模块"。

应用型土木工程专业人才培养方案应包括必修课、限选课、任选课三个层次的教学计划,培养方案应具有以下特点:文理渗透的公共基础,系统宽厚的技术理论、灵活多样的专业方向、多维立体的实践体系;能体现学生知识、能力、结构的完整性,理论与实践结合的紧密性,相关学科的渗透性,学生特长发展的多样性;同时从"大工程教育观"出发,体现土木工程专业教育的国际化趋势,以适应中国加入世贸组织后,与国际惯例接轨和经济全球化的需要。

素质教育体系应能够培养学生的科学精神和人文精神,积累后发优势。以"两课"教育和课外科技及其校园文化为核心,提高学生的政治思想道德素质和文化修养。积极开展社会实践活动,着重培养学生的社会适应素质。将素质教育贯穿于理论教学和实践教学之中,培养学生的工程意识和工程素质。素质教育就是要积极引导学生融知、情、意、行于一体,集德、识、才、学于一身。工程建设与人文、社会背景息息相关。现代工程师应具有良好的交流能力、合作精神,懂得如何理解和运用工程技术与社会背景间的复杂关系,能胜任跨学科的合作,养成终身学习的能力与习惯,适应多变的职业领域。这是一个合格的现代工程师必须具备的能力和素质,也是我们人才培养方案追求的新目标。

1.3.3 土木工程(建筑工程方向)专业培养计划

1)学制

本科学制为四年。学生可根据自身发展需求,选择进行后续研究生阶段的学习。后续阶段培养详见《土木工程专业研究生培养方案》。

2)培养目标

本专业培养具备面向未来国家建设需要,适应未来科技进步,德智体全面发展,掌握土木工程学科的相关原理和知识,获得工程师良好训练,基础理论扎实、专业知识宽厚、实践能力突出,能胜任一般建筑工程项目的设计、施工、管理,也可以从事投资与开发、金融与保险等工作,具有继续学习能力、创新能力、组织协调能力、团队精神和国际视野的高级专门人才。

3)基本要求

应具有良好的人文素质、科学素质、工程素质、心理素质和身体素质;应具有求真务实的科学态度、团结合作的团队意识和勇于创新的进取精神;应树立科学的世界观和人生观,愿意为国家富强和民族振兴服务;应扎实地掌握土木工程学科的基本理论和专业知识,接受土木工程师的基本训练,具备在土木工程设计、施工和管理等部门从事技术和管理工作的能力;应掌握一定的人文社会科学知识,熟悉和土木工程相关的投资与开发、金融与保险等基本知识,具有较强的适应能力。

4)毕业生应获得的知识和能力

经过本科四年培养,学生应在"知识、能力、人格"方面满足以下基本要求。

(1)拥有科学、技术、职业以及社会经济方面的基本知识

①具有人文社会科学基础知识,包括:a. 经济学、哲学和历史等社会科学知识;b. 社会、经济和自然界的可持续发展知识;c. 法律法规、金融投资方面的公共政策和管理知识。

②具有扎实的自然科学基础知识,包括:a. 掌握作为工程基础的高等数学和工程数学;b. 了解现代物理、化学、信息科学、环境科学的基本知识;c. 了解当代科学技术发展的其他主要方面和应用前景。

③掌握基本的工具性知识,包括:a. 掌握英语或一门其他外语,具有一定的外语写作和表达能力;b. 了解信息科学基础知识,掌握文献、信息、资料检索的一般方法;c. 掌握计算机基本知识、高级编程语言和土木工程相关软件应用技术。

④具有宽厚的专业知识,包括:a. 掌握工程力学、结构力学、流体力学的基本原理和分析方法;b. 掌握工程材料的基本性能和应用;c. 掌握画法几何及工程制图的基本原理和方法;d. 掌握工程测量的基本原理和方法;e. 掌握工程结构构件的力学性能和计算原理;f. 掌握土力学和基础工程设计的基本原理和分析方法;g. 掌握结构设计理论、熟悉设施和系统的设计方法;h. 了解结构、设施和系统的全寿命分析和维护理论;i. 掌握土木工程施工和组织的过程,以及项目管理、技术经济分析的基本方法;j. 掌握土木工程现代施工技术,工程检测、监测和测试的基本方法;k. 了解土木工程的风险管理和防灾减灾的基本原理及一般方法。

⑤了解社会发展和相关领域的科学知识,包括:a. 了解与本专业相关的职业和行业的生产、设计、研究与开发的法律、法规和规范;b. 了解建筑、城规、房地产、给排水、供热通风与空调、建筑电气等建筑设备,土木工程机械及交通工程、土木工程与环境的基本知识;c. 了解本专业的前沿发展现状和趋势。

(2)拥有科学研究、技术开发、技术应用或管理、合作交流等基本能力

①具有获取知识和继续学习的能力,包括:a. 利用多种方法进行查询和文献检索,获取信息;b. 了解学科内和相关学科的发展方向及国家的发展战略;c. 独立思考,自主学习,更新知识,制定和调整自身的发展方向和目标,提高个人和集体的工作效率。

②具有综合运用所学理论、技术方法和手段,发现问题、分析问题并解决问题的能力,包括:a. 从实践中发现问题、了解问题;b. 认识问题的相关因素、进行定性分析,并提炼问题;c. 建立模型,采用理论分析、试验等手段进行具体分析;d. 提出解决方法和建议。

③具有工程实践能力,包括:a. 掌握解决工程问题的先进技术方法和现代技术手段;b. 能从事土木工程项目的设计、施工、管理,以及投资与开发、金融与保险等工作。

④具有较强的创新意识和进行土木工程项目设计、创新和技术改造的基本能力。

⑤具有交流、合作与竞争能力,包括:a. 具有较强的文字表达能力、语言表达能力和交流能力;b. 具有在学科内、跨学科以及跨文化背景进行合作的初步能力;c. 勇于挑战和接受挑战,具有较强的

竞争意识和竞争能力。

⑥具有组织协调能力,包括:a. 具有一定的系统思维能力,能权衡不同因素、分清主次;b. 具有组织、协调和开展土木工程项目的基本能力;c. 具有应对危机和突发事件的初步能力。

⑦具有国际视野,包括:a. 了解本学科的国际先进技术现状和发展趋势;b. 具有较高的外语水平、一定的国际视野和跨文化环境下的交流能力。

(3)具有人文、科学与工程的综合素质

①应具有良好的人文素质,包括:a. 具有高尚的道德品质,树立科学的世界观和正确的人生观,愿为国家富强、民族振兴服务;b. 具有为人类进步服务的意识;c. 能体现人文和艺术方面的较高素养;d. 具有良好的心理素质,能应对危机和挑战;e. 具有理性的继承和批判精神。

②应具有良好的科学素质,包括:a. 具有严谨求实的科学精神;b. 具有面向未来的开创精神;c. 具有针对工程问题特点的科学思维方式,即演绎和归纳的结合、复杂的问题简单化、抽象的问题形象化。

③应具有良好的工程素质,包括:a. 具有对集体目标、团队利益负责的职业精神;b. 能够通过持续不断的学习,找到解决问题的新方法,具有对新技术的推广或对现有技术进行革新的进取精神;c. 具有面对挑战和挫折的乐观主义精神;d. 坚持原则,具有勇于承担责任、为人诚实、正直的道德准则;e. 具有良好的市场、质量和安全意识,注重环境保护、生态平衡和可持续发展的社会责任感。

5)主干学科

土木工程。

6)专业主要课程

高等数学、线性代数、工程力学、结构力学、弹性力学、流体力学、土力学、画法几何及工程制图、工程地质、测量学、基础工程设计原理、土木工程材料、混凝土结构基本原理、钢结构基本原理、土木施工工程学、结构全寿命维护以及相关的主要专业课程。

7)主要实践环节

金工实习、认识实习、测量实习、地质实习、课程实习、社会实习、生产实习、毕业实习和相关试验。

8)相近专业

交通工程、港口航道与海岸工程、水利工程、环境工程、工程力学、测绘类。

9)毕业与授予学位

本专业学生须按培养方案要求修读各类课程,修满所要求总学分,方可毕业。本专业所授学位为工学学士学位。

1.3.4 注册土木工程师制度

注册土木工程师是指取得《中华人民共和国注册土木工程师执业资格证书》和《中华人民共和国注册土木工程师执业资格注册证书》,并从事该工程工作的专业技术人员。

2002年4月,人事部、建设部下发了《关于印发〈注册土木工程师执业资格制度暂行规定〉、〈注册土木工程师执业资格制度考试实施办法〉和〈注册土木工程师执业资格考核认定办法〉的通知》(人发〔2002〕35号),决定在我国实行注册土木工程师执业资格制度。

注册土木工程师执业资格考试分为基础考试和专业考试。

考试科目为:①公共基础,包括高等数学、普通物理、普通化学、理论力学、材料力学、流体力学、建筑材料、电工学、工程经济、工程地质、土力与地基基础、弹性力学、结构力学与结构设计、工程测量、计算机与数值方法、建筑施工与管理、职业法规;②专业课程,包括岩土工程勘察、浅基础、深基础、地基处理、土工建筑物、边坡、基坑与地下工程、特殊条件下的岩土工程、地震工程、工程经济与管理。

资格考试合格者,由各省、自治区、直辖市人事行政部门颁发人事部统一印制的、人事部与建设部用印的《中华人民共和国注册土木工程师执业资格证书》。该证书在全国范围内有效。注册土木工程师分为岩土、港口与航道工程、水利水电工程三个专业。经注册后,方可在规定的业务范围内执业。

1.4 怎样适应大学的学习

1)迅速熟悉大学生活环境,尽快确立新的奋斗目标

一般来讲,大学的教学设施要比中学齐全得多,教学的信息量也非常大。大学新生刚入学的时候,在思想上应认识到:要想在学业上获得成功,一定要充分利用现有的学习条件。在入学最初的几个月里,同学们在熟悉新的老师和同学的同时,还要迅速熟悉学校中的生活环境和学习环境,锻炼培养学生的适应能力的同时,更为重要的是尽快地使自己的生活步入正常轨道。大学生应该充分利用环境的优势,最大限度地利用教育资源,使个人的能力与潜力得到最大限度的提高。高尔基说过:“一个人追求的目标越高,他的才能就发展得越快,对社会就越有益。”目标是激发人的积极性,使人产生自觉行为的动力。大学新生正处在憧憬未来的青年时期,人生的作为往往是从大学时期树立的理想和目标开始的,大学是人成才、成就事业的一个新起点。同学们应该从高考胜利的满足和陶醉中清醒过来,从不满现状的沮丧中走出来,调整心态,根据学校教学的客观现实和自己的实际情况,制定奋斗目标。随着这些奋斗目标的确立和一个个目标的逐渐实现,你就会不断地取得成果、不断地进步,你的人生就在这样的过程中不知不觉地得到升华。

2)认识大学学习特点,掌握大学学习方法

大学与中学的不同之处在于:生活上要自理,管理上要自治,思想上要自我教育,学习上要求高度自觉。尤其是在学习的内容、方法和要求上,比起中学的学习发生了很大的变化。要想真正学到知识和本领,除了继续发扬勤奋刻苦的学习精神外,还要适应大学的教学规律,掌握大学的学习特点,选择适合自己的学习方法。

(1)根据大学学习的主动性特点努力培养自学能力

大学学习中已经没有了永远做不完的习题、频繁的考试、家长的督促,以及老师的细心辅导,这里很少有人监督你,也没有人给你制定具体的学习目标,看起来似乎非常轻松。其实不然,大学教育是建立在普通教育基础上的专业性教育,教育的内容是既传授基础知识,又传授专业知识,还要介绍本专业和本行业最新的前沿知识、发展状况、科研动态及成果。知识的深度和广度比中学要大为扩展。课堂教学往往是提纲挈领式的,老师在课堂上只讲难点、疑点、重点,或者是老师最有心得的一部分,老师讲授的内容并非都是来自教材,甚至许多都不在教材上。看起来大学的课表没有中学时排得满,但是大学课堂节奏很快,老师上课速度快、信息量大,介绍思路多,详细的讲解少,课后常常开列参考书目、资料等,要求学生自己查阅。所以大学里很多知识是需要由学生自己去攻读、理解、掌握的,大部分时间是留给学生自学的,学生需要在课外阅读大量的参考资料。因此,大学里看似自由的时间包含着许多自学任务,学习氛围是外松内紧的。这种充分体现自主性的学习方式,将贯穿于大学学习的全过程,并反映在大学生活的各个方面。因此,培养和提高自学能力,是大学生必须具备的本领。正如钱伟长所说:"一个人在大学四年里能不能养成自学的习惯,不但在很大程度上决定了他能否学好大学的课程,把知识真正学通、学活,而且影响到大学毕业以后,能否不断地吸收新的知识,进行创造性的工作,为国家做出更大的贡献。"当今社会,知识更新越来越快,人类的知识量三年左右的时间就会翻一番,大学毕业了,不会自学或没能养成自学的习惯,不会更新知识是不行的。因此,培养和提高自学能力,是大学生必须完成的一项重要任务,也是进行终身学习的基本条件。

(2)注意掌握正确的学习方法

学习方法是提高学习效率、达到学习目的的手段。钱伟长曾对大学生说过,一个青年人不但要用功学习,而且要有好的、科学的学习方法。要勤于思考,多想问题,不要靠死记硬背。学习方法正确,往往能收到事半功倍的成效。在大学学习中要把握住的几个主要环节是预习、听课、复习、总结、记笔记、做作业、考试等,这些环节把握好了,就能为进一步获取知识打下良好的基础。除了以上主要环节之外,同学们在学习过程中还要把握以下几点。

①要讲究读书的方法和艺术。大学学习不全是完成课堂教学的任务,更重要的是如何发挥自学的能力,在有限的时间里去充实自己,选择与学业及自己的兴趣有关的书籍阅读是最好的办法。莎士比亚说:"书籍是全世界的营养品。"培根也说:"书籍是在时代的波涛中航行的思想之船,它小心翼翼地把珍贵的货物运送给一代又一代。"学会在浩如烟海的书籍中选取自己必读之书,就需要有读书的艺术。首先是确定读什么书,其次对确定要读的书进行分类,一般来讲可分为三类:第一类是浏览性质的,第二类是通读性质的,第三类是精读性质的。正如"知识就是力量"的提出者培根所说:"有些书可供一赏,有些书可以吞下,有不多的几部书应当咀嚼消化。"浏览、通读要快,精读要精。这样就能在较短的时间里读很多书,既能广泛地了解最新科学文化信息,又能深入研究重要理论知识,这是一种较好的读书方法。我们要注意选书的标准,诸如:a.适合学习总战略和成才总目标所需要的,最适合自己阅读的书;b.能以最短的时间把自己引导至学科的核心领域和前沿的书;c.言论全面完整,阐述深刻,图文并茂,表达精练的书;d.既能获得知识,又有助于提高智能和非智力品质的,尤其有助于启发创造性的书;e.广博与精深结合,有助于改造和重建知识结构和智能结构的书。凡有益于把学习引向深入专精的书,必须精读。读书时,一要读思结合,读书要深入思考,不能浮光掠影,不求甚解;二要读书不唯书,不读死书,这样才能学到真知。

②完善知识结构。所谓合理的知识结构,就是既有精深的专门知识,又有广博的知识面,具有事业发展实际需要的最合理、最优化的知识体系。李政道博士说过:"我是学物理的,不过我不专看物理书,还喜欢看杂七杂八的书。我认为在年轻的时候,杂七杂八的书多看一些,头脑就能比较灵活。"大学生建立知识结构,一定要防止知识面过窄的单打一偏向。当然,建立合理的知识结构是一个复杂长期的过程,必须注意如下原则:一是整体性原则,即专博相济,一专多通,广采百家为我所用。二是层次性原则,即合理知识结构的建立,必须从低到高,在纵向联系中,划分基础层次、中间层次和最高层次。没有基础层次,较高层次就会成为空中楼阁,没有高层次,则显示不出水平,因此任何层次

都不能忽视。三是比例性原则,即各种知识在顾全大局时,数量和质量之间合理配比。比例性的原则应根据培养目标来定,成才方向不同,知识结构的组成就不一样。四是动态性原则,即所追求的知识结构决不应当处于僵化状态,而应是能够不断进行自我调节的动态结构。这是为适应科技发展知识更新、研究探索新的课题和领域、职业和工作变动等因素的需要。

3)大学期间注重多种能力的培养

大学的学习既要求掌握比较深厚的基础理论和专业知识,还要求重视各种能力的培养。大学教育具有明显的专业性,要求大学生除了扎扎实实掌握书本知识之外,还要培养研究和解决问题的能力。因此,要特别注意自学能力的培养,学会独立地支配学习时间,自觉地、主动地、生动活泼地学习。还要注意思维能力、创造能力、组织管理能力、表达能力的培养,为将来适应社会工作打下良好的基础。德、智、体全面发展是我国教育方针对学生提出的基本要求。全面发展的要求是以马克思对未来社会关于人才全面发展的学说为依据,结合中国社会主义建设对人才的需要所提出的。马克思认为:个人劳动能力的全面发展,不仅要有良好的科学文化素质、身体素质、思想道德素质,而且还要有能妥善处理人际关系和适应社会变化的能力,个人才能获得充分的、多方面的发展,做到人尽其才,各显其能。中国教育历来都强调德、识、才、学、体五个方面的全面发展,或简称为德才兼备。人才的五要素是一个统一的有机体,五个方面对人才的成长互相促进,相互制约,缺一不可。能力的培养是现代社会对大学教育提出的一个重大任务,知识再多,不会运用,也只能是一个知识库、“书呆子”。获取知识和培养能力是人才成长的两个基本方面,它们的关系是相辅相成、对立统一的。广博的知识积累,是培养和发挥能力的基础,而良好的能力又可以促进知识的掌握。人才的根本标志不在于积累了多少知识,而是看其是否具有利用知识进行创造的能力。创造能力体现了识、才、学等智能结构中诸要素的综合运用。大学生要想学有所成,将来在工作中有所发明、有所创造,对人类社会的进步有所贡献,就必须注意各种能力的培养,如科学研究的能力、发明创造的能力、捕捉信息的能力、组织管理的能力、社会活动的能力、仪器设备的操作能力、语言文字的表达能力等。在当今世界的激烈竞争中,最根本的是高科技竞争,而高科技的竞争则主要表现在人才的培养和能力的发挥上。大学教育从某种意义上讲,正是培养有知识、有能力的高科技人才的重要环节。这就要求大学生在校学习期间,必须在全面掌握专业知识和其他有关知识的基础上,加强专业技能的培养和智力的开发,在学习书本知识的过程中重视教学实践环节的锻炼和学习。要认真搞好专业实习和毕业设计,积极参加社会调查和生产实践活动,努力运用现代化科学知识和科学手段研究并解决社会发展和生产实践中的各种实际问题,克服在学习中存在的理论脱离实际和“高分低能”的不良倾向。此外,作为一名大学生,不仅要学习科学文化知识,掌握先进的技术,而且更为重要的是,要学习如何做人,如何去做一个高素质的人,如何去做一个对社会、对国家有益的人。要学习如何去认识社会、接触社会、融入社会、造福社会,要学习如何与他人沟通、如何与他人相处、如何与他人协作。爱因斯坦在其名作《论教育》里提出,学校应该永远以此为目标,就是从学校出来的人,不只是个专家,还应该是个和谐的人。所以首先要学会做“和谐的人”,这就要求同学们充分利用课余时间参加各种活动,利用各种机会广泛地接触社会,在这个过程当中锻炼自己的社交能力、组织能力,培养自己的兴趣,丰富自己的生活,全面地提高自己的素质,主动地接触社会、深入社会,逐步向一个真正的社会人转变。

【本章要点】

①土木工程是建造各类工程设施的科学技术的统称。它不但包括所应用的材料、设备和所进行的勘测、设计、施工、保养维修等技术活动,而且也包括工程建设的对象,即建造在地上或地下、陆上或水中,直接或间接为人类生活、生产、军事和科学服务的各种工程设施。

②土木工程有综合性、社会性、实践性、专业性四个基本性质。

③土木工程经历了古代、近代和现代三个发展阶段,土木工程由原始走向成熟,由成熟走向现代高技术地发展着。

④应用型土木工程专业人才规格主要包括以下几个方面。

a. 热爱社会主义祖国,拥护中国共产党的领导。有为国家富强、民族昌盛而奋斗的志向和责任感;具有敬业爱岗、艰苦求实、热爱劳动、遵纪守法、团结合作的品质;具有良好的思想品德、社会公德和职业道德。

b. 有"勤奋、严谨、求实、创新"的良好作风,具有较好的文化素养和心理素质以及一定的美学修养。

c. 比较系统地掌握本专业的基础知识和专业知识。

d. 有独立获取知识、提出问题、分析问题和解决问题的基本能力以及具有较强开拓创新的精神,具备一定的社会活动能力。

【思考与练习】

1-1　什么是土木工程？其特点是什么？

1-2　土木工程有几个发展阶段？其特征是什么？

1-3　土木工程专业对人才的要求是什么？

1-4　怎样学好土木工程专业？

第2章　土木工程材料

2.1　土木工程材料的发展历史及发展趋势

土木工程材料的发展一直伴随着人类社会和文明的发展而进步。人类最早是穴居巢处，进入石器时代后，才开始利用土、木、石等天然材料从事营造活动，主要表现为挖土凿石为洞，伐木搭竹为棚。随着人类文明的进步和社会生产力的发展，人类开始利用天然材料进行简单加工，砖、瓦等人造土木工程材料相继出现，这一类材料的使用一直延续到今天。

17世纪70年代，人类开始在土木工程中使用生铁；19世纪初，人们开始把熟铁用于土木工程建设之中。19世纪中叶，建筑钢材开始出现于建筑历史上。19世纪20年代，随着波特兰水泥的发明，混凝土材料开始大量使用。钢筋混凝土、预应力混凝土材料随之出现，并很快成为建筑材料的主流。

随着人类社会的进步和发展，更有效地利用地球上的有限资源和能源，全面改善人类工作与生活环境，迅速地扩大人类的生存空间，满足愈来愈高的安全、舒适、美观、耐久的要求成为一种趋势。实现土木工程的可持续发展，将成为土木工程面临的新挑战，也对土木工程材料提出了更多和更高的要求。今后，在原材料方面，最大限度地节约有限的资源，充分利用可再生资源和工农业废料；在生产工艺方面，尽量降低原材料及能源消耗，大力减少环境污染；在性能方面，力求轻质、高强、耐久和多功能，并考虑材料的安全性和可再生性；在产品形式方面，积极发展预制技术，提高产品构件化、单元化的水平。人类进入21世纪后，土木工程材料正向着高性能、多功能、安全和可持续发展的方向改进。

2.1.1　土工合成材料的发展历史及趋势

土工合成材料是一种新型的岩土工程材料。它以人工合成的聚合物(如塑料、化纤、合成橡胶等)为原料，制成各种类型的产品，置于土体内部、表面或各层土体之间，发挥加强或保护土体的作用。土工合成材料可分为土工织物、土工膜、特种土工合成材料和复合型土工合成材料等类型。目前已广泛应用于水利、电力、公路、铁路、建筑、海港、采矿、军工等工程的各个领域。

近代土工合成材料的发展，是建立在合成材料——塑料、合成纤维和合成橡胶发展的基础上。合成纤维在土工合成材料中的应用开始于20世纪50年代末期。1958年，艾·杰·巴瑞特(R. J. Barret)在美国佛罗里达州利用聚氯乙烯织物作为海岸块石护坡的垫层，是应用现代土工合成材料的开端。在1957年以前，以合成纤维织物做成的砂袋已在荷兰、德国和日本等国应用。20世纪60年代，合成纤维织物在美国、欧洲各国和日本逐渐推广。所用的土工织物主要是机织型的(俗称有纺织物)，大部分用于护岸防冲等工程。机织型土工织物的强度具有很大的方向性，价格较高，因此限制了它的发展。

非织造型土工织物(俗称无纺布)的应用，给土工织物带来了新的生命。它的特点是把纤维做成多方向的或任意排列,故强度没有显著的方向性。厚的织物不但可以用作滤层,还可以用作导水体,适用于各种土建工程。非织造型土工织物在20世纪60年代末开始应用于欧洲,1968—1970年相继用于法国和英国的无路面道路、德国的护岸工程和一座隧道、法国的Valcros土坝的下游排水反滤和上游护坡垫层。20世纪70年代,这种土工织物很快从欧洲传播到美洲、非洲西部和澳洲,最后传播到亚洲。近20年来,由于纺黏法制造工艺的推广,生产出大量的成本低、强度高的产品,使非织造型土工织物的应用飞速发展起来。

1979年,巴黎召开的加筋土会议大大地提高了人们对土工合成材料加筋功能的兴趣。人们开始研究与应用土工合成材料取代加筋土中习惯采用的金属材料,这就极大地促进了加筋土工合成材料的发展。目前用于加筋的土工合成材料主要有土工织物、土工格栅、土工网、土工垫、复合土工织物等,广泛地应用于加筋挡墙、加筋陡坡、加筋垫层等工程中,并取得了良好的效果。

1977年,詹森·帕克·希罗德(J. P. Giroud)与詹布·佩尔费蒂(J. Perfetti)率先把透水的土工合成材料称为"土工织物"(Geotextile),不透水的土工合成材料称为"土工膜"(Geomembrane)。近十几年来,大量的以合成聚合物为原料的其他类型的土工合成材料纷纷问世,已经超出了"织物"和"膜"的范畴。1983年,杰弗里斯·津格·弗吕尔(J. E. Fluer)建议使用"土工合成材料"(Geosynthetics)一词来概括各种类型的材料,这一名词已被大多数专业人士接受。

土工合成材料的应用,在我国起步较晚,但发展很快。1976年在江苏省长江嘶马护岸工程中,首先使用由聚丙烯扁丝织成的编织布,结合聚氯乙烯绳网和混凝土块压重,组成软体排,防止河岸冲刷。20世纪80年代,编织布的应用日益增多,除用于软体排外,还普遍应用于制造土、砂、石袋、石枕以及软弱地基加固等工程。20世纪90年代,在东北、华北和长江流域先后发生了几次特大洪水,编织布在防汛抢险中发挥了极为突出的作用。非织造型土工织物的应用,始于20世纪80年代初期。从1981年至1989年,铁道部曾布置了几十个试验路段,利用非织造型土工织物防止基床的翻浆冒泥,成功率达90%以上。1984年,云南的军用道路及江苏省和吉林省的一些公路利用非织造型土工织物提高路基强度,解决了路基沉陷及翻浆冒泥等问题。针刺型非织造型土工织物在水利工程中的应用发展更为迅速,1984年至1985年间,云南省的麦子河水库、江苏省昆山市的暗管排水工程、内蒙古的翰嘎利水库、天津的鸭淀水库、黑龙江的引嫩工程、河北的庙宫水库都用其作为反滤层,经过几年的考验,效果良好。自20世纪80年代中期以后,非织造型土工织物的应用很快推广到储灰坝、尾矿坝、水坠坝、港口码头、海岸护坡以及地基处理等工程。随着应用范围的不断扩大,生产针刺型土工织物的厂家也如雨后春笋般纷纷建立起来。

另外,还有几种土工合成材料在我国发展也很快。一种是加固软土地基的塑料排水板,从1981—1983年在天津新港试用以后,到20世纪80年代末期,已应用于七八个省市的港口码头、高速公路、电厂厂房、飞机场、铁路等工程;另一种是浇筑混凝土用的化纤模袋,开始试用于江苏省的南官河口岸,到20世纪80年代末期,已推广到七八个省市的三十几项工程中;再一种是塑料低压输水管道,20世纪70年代末从国外引进,目前已普遍应用于河北、山东、河南、山西、东北各省和北京、天津两市广大的井灌区;其他类型的土工合成材料,如合成橡胶、塑料锚杆、塑料条带、泡沫塑料、土工网、土工格栅等,也已在我国土建工程中应用,尤其是土工格栅,在20世纪90年代后期发展非常快,大量用于加筋处理。

随着土工合成材料的普遍推广,相应的研究工作和有关学术团体也蓬勃发展起来。从1977年至今，相继在巴黎、拉斯维加斯、维也纳、海牙、新加坡、亚特兰大等地召开了六届国际土工合成材料学术讨论会。在国内，也已经召开了五届全国性的土工合成材料学术讨论会，已实施的采用土工合成材料的各类工程（包括加筋、排水、反滤、隔离、软基处理等）已达到数千项。土工合成材料作为一种新型的人工材料已引起了国内外岩土工程界的极大关注。在第三届国际土工合成材料大会上，新当选的主席吉夫斯・丹纳・希罗德（J. D. Giroud）作了题为“从土工织物到土工合成材料——岩土工程领域的一场革命”的总报告，说明土工合成材料已渗透到土建工程的各个领域。

2.1.2　钢材、混凝土结构材料的发展历史及趋势

钢材是社会基础设施建设中的重要材料。从19世纪初，人类开始将钢材用于建造桥梁和房屋，到19世纪中叶，钢材的品种、规格、生产规模大幅度增长，强度不断提高，相应钢材的切割和连接等加工技术也大为发展，为建筑结构向大跨、重载方向发展奠定了重要基础。与此同时，钢筋混凝土问世，并在20世纪30年代发展为预应力钢筋混凝土，使近代建筑结构形式和规模进一步发展。

混凝土是由胶凝材料和骨料组成的多孔、多相、非均质复合材料。人类很早以前就知道并学会了使用混凝土材料从事土木工程活动，例如，古代人将石灰、水、砂子拌和成砂浆，用作墙体抹面或砌筑墙体时的黏结材料。1824年，英国人阿斯普丁发明了水硬性的波特兰水泥。以波特兰水泥为胶结材料的混凝土以其原材料资源丰富、价格低廉、可浇筑成任意尺寸和形状的构件以及强度高、耐久性优良等优点受到世人的青睐，被大量用于建造人类生活、生产所必需的各种基础设施，成为现代社会最大众的建设材料。目前全世界每年混凝土使用量已达到90亿t，可以说混凝土是人类与自然界进行物质与能量的交换活动中消费量较大的一种材料。所以混凝土的生产与使用，以及混凝土本身的性能极大地影响了地球环境、资源、能源的消耗量以及所构筑的人类生活空间的质量。

长期以来，人类只注意到混凝土带来的便利，忽略了混凝土给人类和地球环境带来的负面影响。从事混凝土理论科学与实际工程的研究人员，不断探索，从素混凝土到钢筋混凝土、预应力混凝土，从干硬性混凝土到塑性混凝土、高流态混凝土以及高性能混凝土，从手工搅拌、现场搅拌到机械搅拌，从人工插捣、机械振捣到泵送、自密实混凝土等，混凝土的理论与技术不断趋于成熟。这些研究大多是为了满足人类对混凝土材料性能的需求，至于如何考虑自然环境的因素，使混凝土的生产和使用有利于环境保护和生态平衡，尽量减轻给环境造成的负担，从自然、环境、生态平衡的角度出发进行的研究则很少。进入20世纪80年代后期以来，保护地球环境、寻求与自然和谐共处，走可持续发展之路成为全世界共同关心的课题。作为人类最大量使用的建设材料，除了要求不断改善其性能之外，还必须考虑其对环境的影响，以及资源、能源的消费及生态平衡等因素，即21世纪混凝土的发展方向应该是环保型混凝土。

2.1.3　国内外砌体结构材料的发展历史及趋势

砌体结构是指用砖砌体、石砌体或砌块砌体建造的结构。其中以石砌体结构和砖砌体结构的历史尤为悠久，自古至今经历了一个漫长的发展过程。

1）我国砌筑材料的发展历史及趋势

早在原始时代，人们就用天然石建造藏身之所，随后逐渐用石块建筑城堡、陵墓或神庙。1983年在我国辽宁省西部的建平、凌源两县交界处的牛河梁村发现了一座女神庙遗址和数处积石大冢

群,以及一座类似城堡或方形广场的石砌围墙遗址,经考证,这些遗址距今约有 5 000 年的历史。

据考古资料查证,人们生产和使用烧结砖有 3 000 年以上的历史。我国在夏代(约公元前 21 世纪—前 16 世纪)就已经采用土夯筑城墙。到了战国时期(约公元前 476—前 221 年)就已经能够烧制长方形或方形黏土薄砖、大型空心砖和断面呈“几”字形的花砖等。至六朝时黏土实心砖的使用已经很普遍,出现了完全用砖建成的塔,如北魏(公元 386—534 年)孝文帝建于河南省登封市的嵩岳寺塔,共 15 层,总高 43.5 m,为单筒体结构,是我国保存最古老的砖塔,在世界上也是独一无二的。

我国是一个文明古国,历史上有名的、至今仍保存完好的砖石建筑物很多,其中最为著名的当数万里长城,据记载它始建于公元前 7 世纪春秋时期的楚国。还有在 1 400 年前由料石修建的现保存基本完好的河北省赵县安济桥,它是世界上最早的拱桥,该桥已被美国土木工程学会选入世界第 12 个土木工程里程碑。我国现存最高的建于北宋年间的砖塔——河北省定县开元寺塔,还有敦煌、云岗、龙门等处的古窟、乐山的大佛、苏州的园林,以及在春秋战国时期就已兴修水利,如今仍然起灌溉作用的秦代李冰父子修建的都江堰水利工程等。

建国以后,我国的砌筑材料得到迅速发展,取得了显著的成就。砌筑材料的主要特点如下。

(1)应用范围不断扩大

除了在办公、住宅等民用建筑中大量采用砖墙承重外,在中小型单层工业厂房和多层轻工业厂房,以及影剧院、食堂、仓库等建筑中也大量采用砖墙、柱承重结构。此外,砖石砌体还用于建造各种建筑物,如砖烟囱、小型水池、料仓、渡槽以及排气塔、石拱桥等。在总结防止地震震害经验的基础上,我国还积累了在地震区建造砌体结构房屋的宝贵经验,在地震烈度为七、八度及以上的地方也建造了砌体结构房屋。

(2)新材料、新技术和新结构的不断研制和使用

近 20 年来,我国在推广和使用混凝土砌块、轻骨料混凝土砌块或加气混凝土砌块,以及利用河砂、各种工业废料、粉煤灰、煤矸石等生产无熟料水泥煤渣混凝土砌块或蒸压灰砂砖、粉煤灰硅酸盐砖和砌块等方面,也取得了很大的发展。

2)国外砌筑材料的发展历史及趋势

在欧洲,人们大约在 8 000 年以前就开始使用晒干的砖,大约在 6 000 年前开始使用凿磨后的自然石,至于在建筑物中采用烧制的黏土砖,亦有 3 000 年以上的历史。

国外采用石材乃至砖建造的各种建筑物也有着悠久的历史。埃及的金字塔和中国的万里长城一样举世闻名,其中最为著名的三大金字塔标志着埃及金字塔的黄金时代。古罗马和古希腊也保存了大量的古代砌体结构,其中较为著名的有古罗马角斗场、比萨斜塔,希腊雅典的古卫城、雅典娜胜利女神庙等。此外还有著名的巴黎圣母院、柬埔寨的吴哥寺等。

19 世纪的欧洲曾建造了各式各样的砖石建筑,特别是多层房屋,如 1889—1891 年,在美国芝加哥建造了一幢 16 层高的房屋,其底层采用的承重墙为砖墙,墙厚 1.80 m。20 世纪 60 年代以来,欧美许多国家在完善砌体结构设计理论的同时,还研制出了许多强度高、性能好的砌筑材料和砂浆,20 世纪 90 年代美国生产的商品砖的抗压强度最高可以达到 230 MPa,是普通混凝土强度的十几倍,美国 Dow 化学公司生产的“Sarabond”,即掺有聚氯乙烯乳胶的砂浆,其抗压强度可以超过 55 MPa。由于采用高强材料砌筑建筑物,墙厚减薄,因此,1957 年在瑞士苏黎世用空心砖建造的一栋 19 层的塔式建筑,其承重墙厚只有 15～18 cm。

近30年来,欧美许多国家对预制砖墙板和配筋砌体的研究也取得了显著的成果,国外许多采用配筋砌体的建筑物,其抗震性能可以和混凝土结构相媲美。例如,美国丹佛建造的17层配筋砖砌体房屋Park May Fair East,高50 m,墙厚280 mm,内外壁用M50黏土实心砖砌筑,厚度均为83 mm,中填混凝土并配置垂直和水平钢筋,经过了里氏5级地震的考验。

2.1.4　建筑装饰材料的发展历史及趋势

随着我国国民经济的迅速发展和人民生活水平的不断提高,大量家庭居室、工作场所和公共设施对新颖、美观、富于个性的建筑装饰提出了更高的要求。建筑装饰材料是装饰工程的基础,也是建筑物的重要组成,它通过各种建筑物的色彩、质感和线条以及兼有的功能性质提高了环境空间的舒适性和美观效果,使建筑物更趋于完美。

建筑装饰材料的品种门类繁多、更新周期短、发展潜力大,其发展速度的快慢、品种的多少、质量的优劣、配套水平的高低决定着建筑物的装饰档次。中国装饰材料在20世纪80年代以前的基础较差,品种少、档次低,建筑装饰工程中使用的材料主要是一些天然材料以及相关的简单加工制品。从20世纪80年代中期开始,随着一批引进的和自行研制的装饰材料生产线的陆续投产,以广州市为代表的一些沿海城市的建筑装饰材料市场首先活跃起来,各种壁纸、涂料、墙地砖等装饰材料的问世,给建筑装饰业带来了色彩和生机,人们对装饰材料的选择范围也变得十分宽阔。20世纪90年代中期以后,在国家可持续发展的重要战略方针指引下,提出了发展绿色建材,改变我国长期以来存在的高投入、高污染、低效益的粗放式生产方式的方针。绿色建材发展方针是选择资源节约型、污染最低型、质量效益型、科技先导型的发展方式,把建材工业的发展和保护生态环境、污染治理有机地结合起来。

进入21世纪以后,随着国家经济建设的发展,住宅装饰在我国形成了新的消费热点,建筑装饰业迫切需要品质优良、款式新颖、不同档次,以及可选性、配套性和实用性强的产品。今后一段时间内,建筑装饰材料将有以下一些发展趋势。

(1)多功能化

装饰材料的首要功能是具有一定的装饰性。现代装饰场所不仅要求材料的观感满足装饰设计的效果要求,而且还要求材料满足其他功能的规定,例如,顶棚装饰材料不仅要美观,还要兼具吸声、透气、防火的功能;地面装饰材料兼具隔声、防静电的功能;内墙装饰材料兼具隔声、隔热、透气、防火的功能等。当前,建材市场上出现了一些新型的复合墙体材料,其功能多样化,除了赋予室内外墙面应有的装饰效果之外,常兼具抗大气性、耐风化性、耐急冷急热性、保温隔热性、隔声性、防结露性等性能。

(2)绿色化

随着全球生态危机的加剧,人类越来越意识到需要保护自然、保护生态环境,需要在设计和材料的选用中体现可持续发展的原则。在设计中,装饰材料的选择贯彻可持续发展的原则正成为广大室内外设计师的共识。建筑装饰材料的绿色化涉及对自然的尊重和对人体健康的关注。绿色建材与传统建材相比具有五个基本特征,即大量使用工业废料、采用低能耗生产工艺、原材料不使用有害物质、产品对环保有益和产品可以循环利用。21世纪装饰文化的核心是采用绿色建材。例如,近年来很多发达国家相继推出了各类绿色建材产品,如无有机溶剂挥发污染的水性涂料和胶黏剂、各种节能玻璃以及无污染塑料金属复合管道等。随着社会的发展,未来的绿色建材品种将会越来越多。

(3)制品安装化

过去装饰工程大多采取现场湿作业的方式,例如,墙面、吊顶的粉刷和油漆,水磨石地面的施工等传统施工工艺都带有湿作业的性质。湿作业的劳动强度大,施工周期长,不经济,而且现场的环境污染严重,已经不适应现代装饰工程的需要。轻钢龙骨、各种新型板材、金属装饰制品、塑料制品、新型玻璃等现代装饰材料的开发,对墙面、地面、顶棚等部位进行装饰时,只需采用钉、粘等施工方法或装配式的施工工艺即能完成,方法简便快捷,劳动强度低,施工效率高。

(4)人造化

在过去的装饰工程中,人们大多使用自然界中的天然材料来装饰建筑,如天然石材、木材、天然漆料等。由于地球人口的膨胀,生态环境破坏问题日趋严重,天然材料的开采和使用受到了制约,人造材料替代天然材料成为必然的发展趋势。人造大理石、高分子涂料、塑料地板、塑钢门窗等,已经成功地应用于现代装饰工程中,使建筑装饰材料的面貌发生了很大的变化,不但最大限度地满足了建筑设计师的设计要求,推动了建筑技术的发展,也为人们选择不同档次、不同功能的建筑装饰材料提供了更大的可能。

(5)智能化、科学化

建筑装饰设计的最大目标是要为人们创造一个舒适、方便、卫生、安全的生活和工作环境,这就对建筑装饰材料的发展提出了更高的要求,而这几项要求都是和建筑装饰材料的应用分不开的。例如,在装饰设计中充分利用玻璃材料的折射、反射等物理性质,使室内光线变得更明亮,利用石膏装饰材料的隔声、吸声等功能,使室内达到理想的声学效果等。未来的建筑装饰材料必然会朝着智能化、科学化的方向发展。

2.2 土木工程材料的作用及其特性

土木工程材料作为土木工程的物质基础,对土木工程的发展起着关键作用。一种新的优良材料的出现往往会带来工程技术的变革,甚至出现大的飞跃。

至今为止,土木工程三次大的历史性飞跃都是由新土木工程材料的变革引起的。利用天然材料进行简单加工而成的砖、瓦等人造土木工程材料的出现使人类第一次冲破天然材料的束缚,开始大量修建房屋和各种防御性工程等,从而引发了土木工程的第一次飞跃。17 世纪开始使用的生铁到 19 世纪开始使用建筑钢材,结构物的跨度从砖、石结构和木结构的几十米发展到几百米,直到现代的千米以上,是土木工程的又一次飞跃。第三次飞跃是由于 19 世纪波特兰水泥的发明和后来钢筋混凝土以及预应力混凝土的出现,这些材料使土木工程出现了经济、美观的新型工程结构形式,带动了结构设计理论和施工技术的蓬勃发展。

2.2.1 土工合成材料

1. 土工合成材料的种类

土工合成材料是岩土工程中应用的合成材料的总称。关于土工合成材料的分类,至今尚无统一的标准。早期曾将土工合成材料分成土工织物(geotextile)和土工膜(geomembrane)两类,分别代表透水和不透水合成材料。随后,在工程中透水和不透水材料联合应用不断增多。复合材料、特种合成材料产品大量涌现，两大类的分法难以互含和概括。1998年，我国由水利部会同有关部门共同制定的《土工合成材料应用技术规范》，经有关部门会审，批准为强制性国家标准。该规范将土工合成材料分为四大类，即土工织物、土工膜、土工复合材料和土工特种材料。此外，土工合成材料还可作为掺合料改良土的性质，如在土中掺入合成纤维，形成纤维土（texsoil），分类中暂未列入。

2. 土工合成材料的功能与应用

土工合成材料的功能是多方面的，综合起来，可以概括为以下六种基本功能。

（1）过滤作用

把土工合成材料置于土体表面或相邻土层之间，可以有效地阻止土颗粒通过，从而防止由于土颗粒的过量流失而造成土体的破坏。同时允许土中的水或气穿过织物自由排出，以免由于孔隙水压力升高而造成土体失稳等不良后果。

（2）排水作用

有些土工合成材料可以在土体中形成排水通道，把土中的水分汇集起来，沿着材料的平面排出体外。较厚的针刺型非织造型土工织物和某些塑料排水管道或具有较多孔隙的复合型土工合成材料都可以起排水作用。其主要应用于下列工程：土坝内部垂直或水平排水、软基处理中垂直排水、挡土墙后面的排水、埋入土体中（如水力冲填坝中）消散孔隙水压力、建筑物周边的排水等。

（3）隔离作用

有些土工合成材料能够把不同粒径的土、砂、石料隔离开来，或者把土、砂、石料与地基隔离开来，以免相互混杂或发生土粒流失现象。用作隔离层的土工合成材料，必须满足两方面的要求：一方面它能够阻止较细的土粒侵入较粗的粒状材料中去，并保持一定的渗透性；另一方面，它必须具备足够的强度，以承担由于荷载产生的各种应力或应变，亦即织物在任何情况下不得产生破裂现象。设计时，必须对材料的孔隙率、透水性、顶破强度、刺破强度、握持抗拉强度及其延伸率、撕裂强度等性能进行核算，以选择合适的材料。

（4）加筋作用

土工合成材料埋在土中，可以扩散土体的应力，增加土体的模量，限制土体侧向位移，并增加土体和其他材料之间的摩阻力，提高土体及有关建筑物的稳定性。土工织物、土工格栅及一些特种或复合型的土工合成材料，都具有加筋功能。

（5）防渗作用

土工膜和复合型土工合成材料，可以防止液体的渗漏和气体的挥发，保护环境或建筑物的安全。

（6）防护作用

土工合成材料可以将比较集中的应力扩散，使应力减小，也可由一种物体传递到另一种物体，使应力分解，防止土体受外力作用破坏，起到对材料的防护作用。防护分两种情况：一是表面防护，即将土工合成材料放置于土体表面，保护土体不受外力影响破坏；二是内部接触面保护，即将土工合成材料置于两种材料之间，当一种材料受集中应力作用时，不会使另一种材料破坏。

2.2.2　钢材

1. 钢材的生产

钢材的生产分两步进行，第一步是炼铁过程。以自然界中存在着的铁矿石为原材料，加上焦炭和石灰石等在高炉中经高温熔炼,将氧化铁中的高价铁还原出来,得到生铁。生铁的主要成分为单质铁(Fe),但其含碳量较高(大于2%),同时,硫、磷、硅、锰等其他杂质元素的含量也较高。因此,生铁的韧性差,呈脆性。第二步是以生铁为原料,在高温下进行脱氧和去硫、磷等杂质的冶炼过程,可得到钢材。与生铁相比,钢的含碳量降低至2%以下,同时,硫、磷、氧、氮等杂质元素的含量也降低至所要求的水平。因此,钢材不仅具有较高的强度,并且具有抗冲击、抗疲劳等力学性能,以及其切割、焊接等工艺性能均比生铁有较大的改善。

2. 钢材的作用与特性

(1)轻质高强

与铸铁、混凝土材料相比,钢材的强度较高;与木材相比,钢材可以获得较大的尺寸,钢材适用于高层、大型结构物。例如,1889年建造的埃菲尔铁塔,高度为321 m,采用铸铁材料,自重为7 000 t。而1958年建造的东京塔,高度为333 m,采用钢材,自重仅为4 000 t。可见,同样规模的结构物采用钢材可以比铸铁减少将近一半的自重。

(2)韧性好、抗冲击能力强

钢材具有良好的韧性,抗冲击能力强。随着钢构件连接技术的不断进步,其整体性也逐渐加强。承受冲击荷载的桥梁、高层建筑以及其他抗震结构物大多采用钢结构。曾占据世界第一高建筑宝座25年之久的美国芝加哥的西尔斯大厦(高443 m)、曾经是亚洲第一高的建筑——中国香港的中银大厦(高315 m)、目前世界上跨度最大的桥梁——日本的明石海峡大桥(主跨1 990 m)等世界巨型建筑物或桥梁绝大多数采用钢结构,其主要原因是超高层建筑、大跨度的桥梁要求具有很高的抗震、抗风荷载的能力和韧性。

(3)外表轻巧、华美,具有光泽

钢材强度高,与石材、混凝土等材料相比,构件的截面尺寸小,给人以轻巧、明快、纤细的感觉。同时金属材料具有光泽,外表华美,给人以明快感。例如,香港的汇丰银行采用悬挂式钢结构,钢柱和钢桁架全部暴露在外,不另加装饰,以结构材料本身的光泽和颜色获得金碧辉煌的外观效果,底部完全开敞,内部空间大,给人以开阔感。

(4)容易腐蚀

自然界中的铁以氧化铁的形式存在,这种在自然界中本来的存在状态是稳定的。而钢材是将天然铁矿石(氧化铁)中的高价铁,通过高温、化学反应等条件,人为还原成单质铁制造而成的材料。因此,钢材是在化学上不稳定的状态下使用的,它有恢复其本来的稳定状态,即氧化物状态的趋势。在长期使用过程中,当环境中有氧气和水存在时,钢材中的铁将被氧化变成高价铁(即被腐蚀)。为了使钢结构物能够达到设计寿命,必须解决钢材的防腐蚀问题。

2.2.3 混凝土材料

1. 混凝土的定义与组成

混凝土材料已经成为现代社会文明的物质基础。在日常生活中,几乎随时随地可见混凝土,例如,城市住宅、办公楼、道路、铁路轨枕、飞机场跑道、地铁、水库大坝、海港结构物等。目前全世界每年混凝土的生产量已经达到大约90亿t,是当今社会使用量最大的建筑材料。

从广义上讲,由胶凝材料、骨料和水(或不加水)按适当的比例配合,拌和制成混合物,经一定时间后硬化而成的坚硬固体叫作混凝土。最常见的混凝土是以水泥为胶凝材料的普通混凝土,即以水泥、砂、石子和水为基本组成材料,根据需要掺入化学外加剂或矿物外加剂,经拌和制成具有可塑性、流动性的浆体,浇筑到模型中去,经过一定时间硬化后形成的具有固定形状和较高强度的人造石材。混凝土在宏观上是颗粒状的、骨料均匀地分散在连续的水泥浆体中的分散体系,在细观上是不连续的非均质材料,而在微观上是多孔、多相、高度无序的非均质材料。

普通的水泥混凝土中,粗、细骨料占容积的70%~80%,骨料比较坚硬,体积稳定性好。同时,骨料属于地方性材料,成本大大低于水泥,因此骨料在混凝土中起骨架作用和填充作用,而水泥和水构成的水泥浆尽管只占容积的20%~30%,但其作用十分重要。新拌状态下的水泥浆,具有流动性和可塑性,赋予混凝土整体流动性和可塑性。硬化后的水泥石本身具有强度,同时具有黏结性,能够把骨料颗粒黏结为整体,所以说,水泥石是混凝土强度的来源,是维系混凝土材料整体性的关键组分。

2. 混凝土材料的作用与特性

混凝土材料具有以下性能特点。

①原材料来源丰富,造价低廉。砂、石等地方性材料占80%左右,可以就地取材,价格便宜。

②利用模板可浇筑成任意形状、尺寸的构件或整体结构。

③抗压强度较高,并可根据需要配制不同强度的混凝土。传统的混凝土抗压强度为20~40 MPa,近20年来,混凝土向高强方向发展,抗压强度为60~80 MPa的混凝土已经应用于工程中,实验室内已经能够配制出抗压强度为100 MPa以上的高强混凝土。

④与钢材的黏结能力强,可复合制成钢筋混凝土。利用钢材抗拉强度高的优势弥补混凝土脆性弱点,利用混凝土的碱性保护钢筋不生锈。

⑤具有良好的耐久性。木材易腐朽,钢材易生锈,而混凝土在自然环境下使用,其耐久性比木材和钢材优越得多。

⑥耐火性能好,混凝土在高温下仍能保持几小时的强度。

⑦生产能耗低。混凝土的生产能耗大约是钢材的1/90,所以人们尽量以混凝土代替钢材,以节省材料的生产能耗。

尽管混凝土材料存在着诸多优点,但是也存在着一些不可克服的缺点。例如,混凝土的自重较大,其强重比只有钢材的1/2;虽然其抗压强度较高,但抗拉强度低,拉压比只有1/20~1/10,且随着抗压强度的提高,拉压比仍有降低的趋势,受力破坏呈明显的脆性,抗冲击能力差,不适合高层、有抗震性能要求的结构物。混凝土的导热系数大约为1.4 W/(m·k),是黏土砖的两倍,保温隔热性能差,视觉和触觉性能均欠佳,此外,混凝土的硬化速度较慢、生产周期长等缺陷均使混凝土的应用受到了限制。

2.2.4 复合材料

复合材料(composite materials)是由有机高分子、无机非金属或金属等几类不同材料通过复合工艺组合而成的新型材料。它既能保持原组分材料的主要特色,又可以通过复合效应获得原组分材料所不具备的性能。

复合材料凭借其本身的优越性能以及合成组分生产能力和技术的不断提高带来各类复合材料制品性能的提高和成本的降低,复合材料正越来越多地应用于现代土木工程领域。

目前实际应用中技术相对成熟、形式多样且使用量最大的是树脂基复合材料(resin matrix composite),也称纤维增强塑料(fiber reinforced plastic)(简称 FRP),这类复合材料根据增强材料的不同可分为玻璃纤维增强塑料(GFRP)、碳纤维增强塑料(CFRP)、芳纶纤维增强塑料(AFRP),另外还有诸如超高分子聚乙烯纤维、陶瓷纤维、矿物纤维、硼纤维、植物纤维等增强基的复合材料。实际上复合材料已开发应用于承载结构、围护结构、采光制品、门窗装饰、给排水工程、卫生洁具、采暖通风设备、高层楼房屋顶,以及特殊大型建筑如大跨飞机库、活动房屋、屏蔽房、太阳能建筑等方面。

1. 复合材料的优点

从结构的性能角度分析,复合材料与传统的建筑材料相比有以下几个显著优点。

①比强度、比模量大。

②耐疲劳性能好。

③阻尼减震性好。

④破损安全性好。

研究表明,纤维复合材料的破坏需经历基体损伤、开裂、界面脱黏、纤维断裂等一系列过程,而且当少数增强纤维发生断裂时,荷载又会通过基体的传递分散到其他完好的纤维上去,这些过程都能降低灾难性破坏突然发生的概率。

2. 复合材料的缺点

复合材料在建筑结构中使用时也存在一些缺点,主要表现在如下四个方面。

(1)刚度问题

普通玻璃钢弹性模量比钢低 10 倍,用它来设计建筑结构构件时必须从结构稳定的观念出发,采用稳定性较高的结构形式,如折板式、双曲面拱形、球形薄壳或夹层结构,以克服材料本身刚度较低的缺点。

(2)经济性问题

常用的玻璃钢建筑产品比传统建筑材料稍贵些,碳纤维复合材料更甚之。这主要是由于原材料成本昂贵、国内生产开发能力和经济承受能力有限所致。随着国民经济的不断增长,对原材料开发和工艺技术的改良以及对应用方法的研究,这一问题将逐步得到解决。

(3)防火问题

一般树脂基复合材料遇火易燃,在设计复合材料建筑构件时,宜尽量选用阻燃材料对复合材料表面作处理。

(4)耐久性问题

耐久性问题是复合材料面临的一个新问题。现代建筑乃百年大计,由于复合材料的结构应用研究起步较晚,国外最早使用的玻璃钢管材也不过 50 多年的历史,目前仍完好无损,因此还无法从实际的角度判断复合材料的耐久性。

2.3 新型土木工程材料简介

随着科学技术的进步和建筑工业发展的需要,一大批新型土木工程材料应运而生,而社会的进步、环境保护和节能降耗及建筑业的发展，又对土木工程材料提出了更高的要求，本节简要介绍几种具有广阔发展前景的新型土木工程材料。

2.3.1　高性能混凝土(HPC)

混凝土是当今世界上土木工程界应用最普遍、应用量最大的建筑材料。从人们常住的房屋到桥梁、公路、港口、城市道路等，都是以混凝土为主体的建筑工程。

长期以来，混凝土给大多数人留下的印象是碎石、砂、水泥加水的拌和物，是一种低技术"粗活"。近年来，随着我国混凝土产业政策的加强和商品混凝土的兴起，人们逐渐改变了这种看法。特别是1990年美国NIST和ACI提出高性能混凝土的概念后，掀起了国内连续20多年的高性能混凝土研究热。

高性能混凝土(HPC)一词是1990年由美国学者提出来的，对于高性能混凝土的定义，国际上和国内不同的专家、学者有着不同的见解。根据美国有关HPC的专业材料介绍，HPC是针对具体工程要求而言的，含义比较广泛。

HPC要求具有高耐久性和高强度、优良的工作性，首先体现在较高的早期强度、高验收强度、高弹性模量；其次是高耐久性，可保护钢筋不被锈蚀，在其他恶劣条件下使用，同样可保持混凝土坚固耐久；最后是高的和易性、可泵性、易修整性。可配制大坍落度的流态混凝土，而不发生离析；可降低泵送压力，修整容易。冬天浇筑时，混凝土凝结时间正常，强度增长快于普通混凝土，低温环境下不冰冻，高温环境下浇筑混凝土保持正常的坍落度，并可控制水化热。

高性能混凝土的生产配制和应用主要有以下几方面的特点。

(1)大量使用工业磨细掺合料和掺加各种外加剂

高性能混凝土目前的热点之一就是大量使用各种工业磨细掺和料，大多数混凝土搅拌站所生产的高性能混凝土粉煤灰掺量达30%左右，深圳盐田港二期工程中粉煤灰掺量达40%。我国在海港工程施工规程中规定硅粉掺量最大为15%，粉煤灰掺量最大为55%，矿粉掺量最大为70%。

高性能混凝土的另一个特点是使用各种性能的混凝土外加剂，有时几种同时使用。如湛江某高速公路所使用的高性能混凝土，由于施工因素的影响，使用了高效减水剂，还加入了缓凝剂和引气剂。

(2)混凝土强度增长规律的变化

高性能混凝土使用了大量工业磨细料，由于它活性低，在混凝土拌和物中大量蓄水，降低了水泥早期水化速度。在标准养护条件下，高性能混凝土比普通混凝土早期抗压强度要低。但是掺合料在降低水泥水化速度的同时也降低了混凝土内部的水化温度，并减少了混凝土内部温差引起开裂造成的混凝土抗压强度损失，同时由于水胶比的降低，以及磨细工业掺合料作为一个完整的级配填入混凝土等综合因素，高性能混凝土的抗压强度后期增长时间长，强度高。

(3)高耐久性及绿色建材

混凝土高耐久性的含义是有长久的安全使用寿命。高性能混凝土由于密实、强度长期增长，具有比普通混凝土更强的抵抗大气环境作用、化学侵蚀、磨损及其他劣化作用的能力。现在美国使用的高强高性能混凝土寿命普遍达到100年以上。英国的国家图书馆设计寿命更长达250年。

高性能混凝土，特别是高强高性能混凝土普遍掺有大量工业磨细料及混凝土外加剂。工业磨细料大多为工业废渣,这些工业废渣的利用起到保护环境的作用。另外,工业磨细料和混凝土外加剂的大量使用也大大降低了水泥的使用量,减少了在生产水泥过程中造成的工业污染。高强高性能混凝土的强度级别可达100 MPa以上,由于混凝土强度级别的提高,建筑物截面尺寸大幅度减小,混凝土用量大幅度减少,砂、碎石用量也随之减少,从而有效地保护了自然资源,因此高性能混凝土,特别是高强高性能混凝土实际上是一种绿色建材。

2.3.2 活性粉末混凝土(RPC)

活性粉末混凝土(reactive powder concrete,以下简称RPC)是继高强高性能混凝土之后开发出的超高强度、高韧性、高耐久性、体积稳定性良好的新型材料。它是DSP(densified system containing ultra-fine particles)材料与纤维增强材料相复合的高技术混凝土。根据其组成和热处理方式的不同,这种混凝土的抗压强度可以达到200～800 MPa;抗拉强度可以达到20～50 MPa;弹性模量为40～60 GPa;断裂韧性高达40 000 J/m²,是普通混凝土的250倍,可与金属铝相媲美;氯离子渗透性是高强混凝土的1/25,抗渗透能力极强;300次快速冻融循环后,试样未受损,耐久性因子高达100%;预应力活性粉末混凝土梁的抗弯强度与其自重之比接近于钢梁。RPC在工程结构中的应用可以解决目前高强高性能混凝土抗拉强度不够高、脆性大、体积稳定性不良等缺点,同时还可以解决钢结构的投资高、防火性能差、易锈蚀等问题。

从工程应用角度来看,活性粉末混凝土有以下几方面的优越特性。

①可以有效地减轻结构物的自重。RPC材料具有很高的抗压强度和抗剪强度,在结构设计中可以采用更薄的截面或具有创新性的截面形状,从而使结构自重比普通混凝土结构轻得多。

②可以大幅度提高结构物的耐久性。RPC材料减小了界面过渡区的厚度与范围。骨料粒径的减小,使得其自身存在缺陷的几率减小,从而整个基体的缺陷也减少。RPC材料十分密实,孔隙率极低,它不但能够阻止放射性物质从内部泄漏,而且能够抵御外部侵蚀性介质的腐蚀,从整体上提高了体系的均匀性、强度和耐久性。

③采用RPC材料设计的构件,可以极大地减少箍筋和受力筋的用量,甚至可以不设置箍筋。

④RPC材料的高耐久性极大地减少或免除了维护费用,延长了使用寿命,因而具有很高的性价比。

⑤RPC材料的高韧性和结构自重的减轻有利于提高结构的抗震和抗冲击性能。

⑥RPC材料的耐高温性、耐火性以及抗腐蚀能力远远高于钢材。

⑦RPC材料的拌和物施工性能优异,不仅流动性好,而且黏聚性良好,在运输、浇筑和捣实过程中不发生离析现象。在窄小的模板和钢筋间隙内的通过性能良好,浇筑后不需要振捣。

⑧RPC材料具有良好的环保性能。同等承载力条件下RPC材料的水泥用量几乎是普通混凝土与HPC的1/2,因此同等量水泥生产过程CO_2排放量也只有1/2左右。在生产过程中,不可再生的自然资源骨料的用量RPC材料只占HPC与30 MPa混凝土的1/3与1/4。

综上所述,RPC材料的优点可以看出,采用RPC材料可以延长结构寿命,免除维护费用,降低工程建设和使用的综合造价。RPC材料的突出技术性能主要表现在:硬化体的高强度、高韧性、高耐久性,拌和物的良好施工性能,原材料组成的环保性能。

2.3.3 生态混凝土

生态混凝土是一种较为特殊的混凝土，其材料选用与制造工艺都与普通的混凝土存在一定的区别，所以其制造出来的混凝土结构较为特殊，表面特性也不同。生态混凝土能有效地改善环境负荷，并且能够与自然环境和谐相处，从而达到一定的环保效果。生态混凝土概念的提出，意味着在处理混凝土与环境之间的关系上得到了积极的改善。

(1)生态混凝土的分类

生态混凝土主要分为两类，即环境友好型生态混凝土和生物相容型生态混凝土。

首先，环境友好型生态混凝土也就是再生混凝土，是指能够降低环境负荷的混凝土，即采用固体废弃物再生利用实现生产，通过增强混凝土的耐久性来延长混凝土寿命，最后通过改变混凝土的性能来改善混凝土对环境的影响，最终降低环境负荷的混凝土。

其次，生物相容型生态混凝土是指能够与大自然中的动植物和谐共存，并且能够在一定程度上进行生态环境的协调，有效地美化环境，达到人与自然和谐共存。生物相容型混凝土的种类繁多，其能够透气、透水，渗透植物营养，有助于植物根系生长，让陆生和水生植物附着栖息在空隙内，相互作用形成食物链，使混凝土吸附各种微生物，通过生物层的作用净化水质，从而帮助植物生长、绿化环境，给海洋生物和淡水生物提供良好的生长环境，利用微生物循环解决污水的富营养化现象，从而保护生态环境。

(2)生态混凝土的研究现状和实际应用难题

生态混凝土主要是利用多孔间隙使混凝土的透水性好，通过微生物吸附作用帮助改善环境、美化环境以保护生态环境的混凝土。虽然生态混凝土在一定程度上能够帮助优化生态环境，然而在实际运用的过程中还存在着很多难题需要克服，通过对生态混凝土实际运用问题进行探讨，从而进一步改善生态混凝土的性能，保护生态环境。

首先，多孔间隙会降低混凝土的强度，混凝土的强度与骨料的种类、粒径、级配和形态有关。生态混凝土采用普通混凝土的骨料、粒径、级配，形态不同，导致生态混凝土的强度减弱，为了提高生态混凝土的强度，要求制造混凝土的材质性能高，这就增加了生态混凝土的成本，从而影响生态混凝土的广泛使用。

其次，生态混凝土在水化作用下呈强碱性，这种碱性可以保护钢筋不受腐蚀，但是不利于植物生长以及水生物生存，此外，多孔间隙设计导致生态混凝土在水底环境下遭植物缠绕、微生物作用，加上水化作用的影响，生态混凝土容易遭到侵蚀。所以，生态混凝土在水中碱性作用的调节以及在水中保持耐久性都是生态混凝土在实际运用过程中需要解决的难题。

再次，生态混凝土主要依靠多孔间隙和生物吸附作用改善环境，但是多孔间隙很容易被固体形态物质堵塞，降低生态混凝土优化环境的效能。改善生态混凝土，提高生态混凝土畅通性也是生态混凝土实际运用存在的问题。

此外，我国研究生态混凝土技术尚不成熟，生态混凝土研究大多数模仿国外研究成果，实际上，由于知识产权的原因，我国不能直接运用国外成熟的生态混凝土技术。另外，我国研究生态混凝土的标准比较分散，没有实行生态混凝土的研制标准，所以我国发展和推广技术成熟的生态混凝土还需进行长期的研究和探索。

(3)再生混凝土研究应用现状

据统计,工业固体废弃物中,建筑废弃物独占40%,其中废弃混凝土堪称建筑废弃物排放量最大者。近二三十年来,随着世界范围内城市化进程的加快,对原有建筑物的拆除、改造工程与日俱增。建筑废弃物多数堆积在城市郊区的公路、河道、沟壑附近,如此做法会恶化环境,带来严重的二次污染。另外,堆放混凝土废弃物会占用大片场地,对于土地和空间日趋宝贵的城市是一种极大的威胁,限制城市的发展空间,渐有垃圾包围城市之势!

混凝土原材料中用量最大的砂石曾被人们认为是用之不竭的而随意开采,结果造成山体滑坡、河床改道,破坏了骨料原生地生态环境的可持续发展。天然砂石的形成需要经过漫长的地质年代,目前我们已经面临天然骨料的短缺,就像面临煤炭、石油、天然气短缺一样。我国优质的天然骨料(河砂、卵石)在有些地区已枯竭,许多地区合格的混凝土用砂供应紧张,一些大城市已找不到高性能混凝土用砂。

再生混凝土是指将废弃的混凝土经裂解、破碎、清理、筛分后制成混凝土骨料,全部或部分代替天然骨料配制而成的新混凝土。这是目前最常见的再生利用方法,生产再生混凝土骨料所用的原始混凝土称为原生混凝土。

目前国内对废弃混凝土的研究还不够深入。而且,废弃混凝土再利用需要经过一系列的加工和分离处理,成本相对较高,这又进一步妨碍了废弃混凝土利用的研究和使用进程。

总之,废弃混凝土的再生利用已成为一项迫切需要解决的课题。将废弃混凝土破碎后作为再生骨料,既能解决天然骨料资源紧缺问题,保护骨料产地的生态环境,又能解决城市废弃物的堆放占地和环境污染等问题,可见废弃混凝土的再生利用有着很显著的社会效益。利用再生骨料是当今世界众多国家可持续战略追求目标之一,也是发展绿色混凝土的主要措施。

2.3.4 纤维混凝土

一般混凝土均存在脆性大、易开裂和抗冲击性能差等问题,因此如何提高混凝土材料的抗裂、抗冲击性能受到较大关注。近十多年来,合成纤维混凝土在改性混凝土中已成为越来越主要的角色,合成纤维加入到混凝土中后可以改善混凝土的抗裂性能及提高混凝土的抗冲击性能,在工程中的应用效果良好。

(1)钢纤维混凝土

钢纤维是当今世界各国普遍采用的混凝土增强材料,它具有抗裂和抗冲击性能强、耐磨强度高、与水泥亲和性好、可增加构件强度、可延长构件使用寿命等优点。在普通钢筋混凝土结构中掺入钢纤维,不仅可以提高抗拉、抗剪和抗弯强度,而且在使用性能如断裂韧性、极限应变、裂后承载和耐磨、抗折、抗冲击、抗疲劳等方面都获得显著改善,并且在同等强度下可减少混凝土厚度,节约混凝土用量40%~50%,大大降低工程造价。此外,由于早期强度高,可缩短施工周期25%,特别适用于要求快速连续浇筑混凝土的较大工程,如道路、港口、飞机场、桥梁、隧道等。钢纤维的缺点是价格贵、比重大、不易于分散、不宜在常规的水泥增强制品中使用。

(2)碳纤维混凝土

碳纤维是20世纪60年代以来随航天工业等尖端技术对复合材料的苛刻要求而发展起来的新材料,具有强度高、弹性模量高、比重小、耐疲劳和腐蚀、热膨胀系数低等优点。碳纤维的特性首先是质量轻、厚度薄，其相对密度为钢的1/4，厚度为0.1～0.2 mm，单位面积质量约为钢板的1/100；其次是高强高效性，其抗拉强度约为钢材的10倍；第三是良好的耐久性及耐腐蚀性，具有耐酸、碱、盐及大气环境腐蚀的特性；第四是施工方便，碳纤维质地柔软，易加工，手工操作，不需大型机具，施工效率高；第五是施工质量易保证，其与混凝土有效接触面积达80%以上；最后是适用范围广，碳纤维适用于各种工业与民用建筑的梁、板、柱及桥梁、隧道、烟囱等建筑物和构筑物。碳纤维混凝土具有良好的塑性变形特性，而且具有导电性，可用于抗静电地面和电磁屏蔽室。碳纤维混凝土的压缩韧性比较好，提高了拉伸强度和抗弯强度。但碳纤维价格偏高，生产成本比较大。

(3)玻璃纤维混凝土

20世纪50年代末，美国首先成功研究开发出了高强度玻璃纤维，迄今为止，世界上仅有美、法、日、俄、加及中国六个国家能生产高强度玻璃纤维。高强度玻璃纤维性价比较优越，以每年高于10%的增长率迅速发展。玻璃纤维强度和重量比要比钢大，具有高抗拉强度和碱溶性。它的延伸性低，具有很高的抗变形能力。玻璃纤维不发生蠕变，能确保产品长期使用。此外，玻璃纤维具有优良的物理化学稳定性和高低温稳定性。玻璃纤维在道路工程施工中有很广泛的应用，因为它与路面混合料有良好的相容性。

(4)芳香族聚酰胺纤维混凝土

芳香族聚酰胺纤维于1965年由美国杜邦公司发明，与玻璃纤维相比，其相对密度更小，韧性较好。芳香族聚酰胺纤维除了在物理性能上具有高强、耐磨的特点外，还具有耐高温、耐冲击、加工性能好等优点，芳香族聚酰胺纤维以其耐冲击力的优点与拉伸强度高的碳纤维组合成为高性能的尖端复合材料。芳香族聚酰胺纤维的热稳定性能和其他性能介于碳纤维和聚丙烯纤维之间，其价格比较低，具有相当的竞争力，比其他高性能纤维有更广阔的应用前景。

(5)聚丙烯纤维混凝土

聚丙烯纤维在混凝土的碱性条件下非常稳定，有较高的熔点，质量轻，价格低，使混凝土的能量吸收能力和延性提高，且抗弯强度和疲劳极限也有所提高。但聚丙烯纤维与水泥机体黏结弱，耐火性能差，混凝土抗压强度没有提高。

(6)聚酰胺类纤维混凝土

聚酰胺又称尼龙，聚酰胺纤维与水泥基体相容性好，能经受水泥水化产物的侵蚀而不受损，耐久性良好，价格低廉，与水泥基体黏合好。掺加了尼龙纤维的混凝土和砂浆的抗裂性能也得到提高，能有效控制裂缝发展。

2.3.5 功能型混凝土

(1)导电混凝土

将传统混凝土与石墨、碳纤维、钢纤维等复合，可使混凝土具有导电功能。导电混凝土主要应用在北方寒冷地区的公路路面、铁路站台和机场跑道。例如，北美为防止机场路面结冰撒了大量的化冰盐，结果致使钢筋锈蚀加剧，造成了巨大的经济损失。而利用导电混凝土建造机场跑道，将使跑道的除冰工作更为简便。此外，导电混凝土还可用于钢筋的阴极保护，避免钢筋锈蚀，也可用于防静电和设备的接地。

(2)屏蔽电磁辐射混凝土

随着电子信息时代的到来，各种电器及电子设备的数量呈爆炸式增长，导致电磁泄漏问题越来越严重,电磁泄漏场的频率分布极宽,从超低频到毫米波,它可能干扰正常的通信和导航,引起泄密,甚至危害人体健康。因此要求建筑材料具有屏蔽电磁辐射的功能。

电磁波屏蔽水泥基复合材料多数是通过吸收电磁波来实现屏蔽功能的。一般是通过掺加导电粉末(碳、石墨、铝、铜或镍等)、导电纤维(碳、铝、钢或锌等)或导电絮片(石墨、锌、铝或镍等),使水泥基复合材料具有吸收电磁波的功能。

(3)屏蔽磁场混凝土

地下电力传输线和电力设施如变压器、开关等产生的磁场,足以影响人们的健康,因此,有必要采取措施屏蔽磁场。为了使路面和建筑物具有屏蔽磁场的功能,一般采用在混凝土中加入钢丝网或曲别针的方法。由于曲别针为分散的、互不相连的个体,因此不会明显影响新拌混凝土的和易性及混凝土的施工。

(4)损伤自诊断混凝土

大型土木工程结构和基础设施的使用期都长达几十年、甚至上百年,在其服役过程中,由于环境荷载作用、疲劳效应、腐蚀效应和材料老化等不利因素的影响,结构将不可避免地产生损伤积累、抗力衰减,甚至导致突发事故。为了有效地避免突发事故的发生,就必须加强对此类结构和设施的健康监测。在一些重要的建筑物上常常设置各种传感器对构件的变形、断裂进行监控。一种新的监控方法是利用混凝土本身成为传感器。因而,可以使监控更廉价、更易于实施和更耐久。

将一定形状、尺寸和掺量的短切碳纤维掺入水泥基材料中可以使材料具有自感知内部应力、应变和损伤程度的功能。通过对材料的宏观行为和微观结构变化的观测,发现水泥基复合材料的电阻变化与其内部结构变化是相对应的。如电阻率的可逆变化对应于可逆的弹性变形,而电阻率的不可逆变化对应于非弹性变形和断裂,其测量范围很大。而且这种水泥基复合材料可以敏感而有效地监测拉、弯、压等工况及静态和动态荷载作用下材料的内部情况。因此,掺入一定量特殊碳纤维可以配制损伤自诊断混凝土。

(5)仿生自愈合混凝土

一些生物组织如树干和动物的骨骼在受到伤害之后自动分泌出某种物质,形成愈伤组织,使受到创伤的部位得到愈合,受此现象的启发,一些学者将内含黏结剂的空心玻璃纤维或胶囊掺入水泥基复合材料中,一旦水泥基复合材料在外力作用下发生开裂,空心玻璃纤维或胶囊就会破裂而释放黏结剂,黏结剂流向开裂处,使之重新黏结起来,起到愈合损伤的效果。

2.3.6 新型节能墙体材料

在目前建筑工程项目施工中,新型墙体材料主要指的是不以消耗土地、破坏环境、影响生态为代价来建立适应现代化、信息化、智能化社会发展的施工方式。在这种材料的应用中,是顺应施工机械化、减少施工现场湿作业、改善建筑功能等现代建筑业发展要求而生产的墙体材料,就我国现阶段而言是指除黏土实心砖以外的所有建筑墙体材料,主要有加气混凝土块、陶粒砌块、小型混凝土空心砌块、纤维石膏板、新型隔墙板,这些都是以煤灰、煤矸石、石粉等废料为主要原料,具有质轻、隔热、隔音的作用。这样的材料既减少了环境污染,又节省了大量生产成本。

《新型建筑墙体材料专项基金征收和使用管理办法》中将新型建筑墙体材料共分六类:①非黏土砖,包括孔洞率大于25%非黏土烧结多孔砖和空心砖、混凝土空心砖和空心砌块、烧结页岩砖;②建筑砌块，包括普通混凝土小型空心砌块、轻集料混凝土小型空心砌块、蒸压加气混凝土砌块和石膏砌块；③建筑板材，包括玻璃纤维增强水泥轻质多孔隔墙条板、纤维增强低碱度水泥建筑平板、蒸压加气混凝土板、轻集料混凝土条板、钢丝网架水泥夹芯板、石膏墙板、金属面夹芯板、复合轻质夹芯隔墙板和条板等；④原料中掺有不少于30%的工业废渣、农作物秸秆、垃圾、江河淤泥的墙体材料产品；⑤预制及现浇混凝土墙体；⑥钢结构和玻璃幕墙。

近年来，通过自主研制开发设备和引进的国外生产技术，我国墙体材料工业初步形成了以块板为主的墙材体系，但各种轻质板、复合板所占比重仍不大，与工业发达国家相比，还较为落后。新型墙体材料发展缓慢的重要原因之一是对实心黏土砖限制的力度不够，缺乏具体措施来保护土地资源，以毁坏土地为代价制造黏土砖成本极低，使得新型墙体材料无法在价格上与之竞争。

传统的墙体以砌筑结构为主，以黏土砖、各种砌块为基本单元材料，并且砌筑时需要用砂浆等胶结材料将块体材料黏结，形成砌筑整体。这种墙体结构自重大，消耗大量自然资源和能源，施工速度慢，而且墙体内部没有设置保温层，保温隔热性能较差，所以砌筑的墙体不具有可持续发展性，必须开发新的墙体结构。目前，在欧美一些发达国家和日本，建筑物的主体骨架大多采用框架结构，墙体采用由外墙板、保温层和内墙板复合而成的板材，从根本上取代了黏土砖墙体。

新型墙体材料的研制还应考虑具有良好的施工性能，能够满足建筑施工的需要，同时能够兼顾社会生产和资源环保等多方面的需要。随着科技的革新，更加前沿的材料还会继续问世，在不可再生资源逐日被开采的情况下，实现人类与自然和谐共处。

2.3.7 纳米智能材料

纳米材料由于超微的粒径而具有常规物体所不具有的超高强、超塑性和一些特殊的电学性能。纳米材料被应用于很多领域并取得了显著的增强、增韧及智能化等效果。其中纳米智能混凝土已经成为一个新的发展方向。近年来，一些学者将纳米材料应用于混凝土，开辟了新的纳米材料应用和智能混凝土研究方向。已有的研究表明，混凝土中掺加适量的纳米SiO_2或TiO_2后，抗压强度、抗折强度和韧性都得到了显著提高。纳米材料还赋予混凝土智能特性，水泥基纳米复合材料的电阻率随应变而发生线性变化，并且具有很高的灵敏度和重复性，可用来作为传感器材料。水泥基纳米复合材料作为一种本征性智能材料，强度高，传感性好，具有广阔的发展前景。但是目前对水泥基纳米复合材料的研究主要集中于力学和智能特性上，对其耐久性的研究很少。而耐久性是评价混凝土性能好坏的重要指标，关系到纳米混凝土结构长期使用的安全性。耐久性研究是纳米混凝土的优异特性能否得到实际应用的重要基础。

2.3.8 新型土木工程材料未来发展的设想

随着社会的进步和科学技术的不断提高，土木工程材料一定会往多功能化、智能化、节能化的方向发展。上海世博会的各国世博馆所展示的不再遥不可及，如中国馆（见图2-4）的60 m观景平台四周采用特制的透光型“双玻组件”太阳能电池板，用这种“双玻组件”建成的玻璃幕墙，既具有传统幕墙的功能，又能够将阳光转换成清洁电力，一举两得。日本馆（见图2-5）选择了透光、轻质高强、可回收利用的夹层薄膜乙烯-四氟乙烯共聚物（ETFE）作为建筑表皮系统，夹层中埋设有曲面太阳能电池，为建筑提供绿色辅助能源。据悉，日本馆在建造过程中通过使用“发电膜”和“循环呼吸柱”，实现了将钢筋的使用量削减至普通建筑物的60%。同时,设在建筑表皮上的喷雾系统可降温而不湿衣。呼吸孔与排热塔用于室内外空气的交换,强化冷暖空气流通,同时具有采光、收集雨水、洒水降温的“呼吸”功能,可减少空调能耗和照明用电。

科技在发展,社会在进步,新型土木工程材料的研发与应用必将给人类带来无可估量的裨益。

图 2-4 世博会中国馆

图 2-5 世博会日本馆

【本章要点】

①从钢材、混凝土结构材料、砌体结构材料以及土工合成材料的历史、发展方向以及建筑装饰材料的生产发展趋势分析土木工程材料的发展趋势。为实现土木工程材料的可持续发展，今后在原材料方面要最大限度地节约有限的资源，充分利用可再生资源和工农业废料；在生产工艺方面，要尽量降低原材料及能源消耗，大力减少环境污染；在性能方面，不仅要力求轻质、高强、耐久和多功能，还要考虑材料的安全性和可再生性。在产品形式方面应积极发展预制技术，提高产品构件化、单元化的水平。人类进入21世纪后，土木工程材料正向高性能、多功能、安全和环境友好的方向发展。

②土木工程材料作为土木工程的物质基础，对土木工程的发展起着关键作用。一类新的优良材料的出现往往带来工程技术的变革，甚至出现大的飞跃。本章主要介绍了土木工程中常用的钢材、混凝土材料、土工合成材料等在工程中的作用及应用特性；此外，对不断发展且被日益广泛应用于现代土木工程领域的复合材料的作用和特性以及与传统的土木工程材料相比较具有的显著优点和不足进行了分析。

③介绍了高性能混凝土、高掺量粉煤灰混凝土、纤维混凝土、FRP复合材料、新型节能墙体材料以及智能材料等一些近年来研究应用的新型土木工程材料的性能及其应用特性。

【思考与练习】

2-1　结合当今社会情况，讨论土木工程材料应该向什么方向发展。

2-2　根据个人了解，谈谈已知的土木工程材料以及它们合理的应用方向。

2-3　结合本文谈谈你对常见土木工程材料的认识。

第3章 建筑结构

3.1 建筑结构的组成及分类

3.1.1 建筑结构的概念

建筑结构是指在建筑物(包括构筑物)中,由建筑材料做成用来承受各种荷载或者作用的、起骨架作用的空间受力体系。建筑结构因所用的建筑材料不同,可分为混凝土结构、砌体结构、钢结构、轻型钢结构、木结构和组合结构等。

无论工业建筑还是居住建筑、公共建筑或某些特种构筑物,都必须承受自重、外部荷载作用(活荷载、风荷载、地震作用等)、变形作用(温度变化引起的变形、地基沉降、结构材料的收缩和徐变变形等)以及环境作用(阳光、雷雨、大气污染作用等)等。结构失效将会带来生命和财产的巨大损失,因此在设计中对结构有最基本的功能要求。

结构的基本功能要求是可靠、适用、耐久,以及在偶然事故中,当局部结构遭到破坏后,仍能保持结构的整体稳定性。也就是说,结构在设计要求的使用期内,在各种可能作用下要有足够的承载能力,不产生倾覆或失稳,不产生过大的变形和裂缝,保证结构正常使用。即使发生偶然作用,个别构件遭到破坏或结构局部受损时,也不致造成结构的倾覆或倒塌,损失能控制在局部范围内。

图 3-1 埃菲尔铁塔

著名的法国巴黎埃菲尔铁塔(见图 3-1)就是结构合理、建筑结构完美统一的范例。1889 年为巴黎博览会而建造的埃菲尔铁塔,高 320 m,用钢 8 500 t。它不仅满足了展览功能,并且造型优美、结构合理。从力学角度分析,铁塔可看成是嵌固在地上的悬臂梁,风荷载对于高耸的铁塔来说是主要荷载,由于铁塔的总体外形与风荷载作用下的弯矩图十分相似,因此塔身材料的强度和刚度可以被充分利用,受力非常合理;塔身底部所设斜框架轻易地跨越了一个大跨度,斜框架下的装饰性圆拱给人以稳定感,车流、人流在塔下畅通无阻,更显铁塔的雄伟壮观。成功的结构设计造就了铁塔的建筑美,如今,埃菲尔铁塔已成为巴黎和法国的象征。

以上事例表明,结构是建筑物安危的决定因素,是建筑美赖以存在的基本保证,它决定了建筑物的使用功能、美观、安全性、成本,以及是否与环境协调。

3.1.2　建筑结构的基本构件

建筑结构是在一个空间中用各种基本的结构构件集合成并具有某种特征的有机体。人们只有将各种基本结构构件合理地集合成主体结构体系，并有效地将其联系起来，才有可能组织出一个具有使用功能的空间，并使之作为一个整体结构将作用在其上的荷载传递给地基。

建筑的基本构件可分为板、梁、柱、框架等12种类型。

（1）板

板是指平面尺寸较大而厚度相对较小的平面结构构件。板通常水平放置，但有时也可斜向设置（如楼梯板）或竖向设置（如墙板）。板承受垂直于板面方向的荷载，受力以弯矩、剪力、扭矩为主，但在结构计算中剪力和扭矩往往可以忽略。板在建筑工程中一般应用于楼板、屋面板、基础板、墙板等。

板按平面形状分，有方形板、矩形板、圆形板、扇形板、三角形板、梯形板和各种异形板等；按截面形状分，有实心板、空心板、槽形板、单（双）T形板、单（双）向密肋板、压型钢板、叠合板等；按所用材料分，有木板、钢板、钢筋混凝土板、预应力板等；按受力特点分，有单向板（见图3-2）和双向板（见图3-3）等两种；按支承条件分，有四边支承板、三边支承板、两边支承板、一边支承板和四角点支承板等；按支承边的约束条件分，有简支边板、固定边板、连续边板、自由边板等。

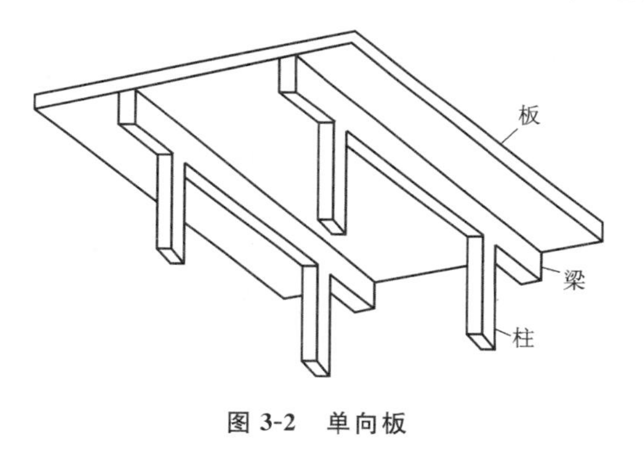

图3-2　单向板

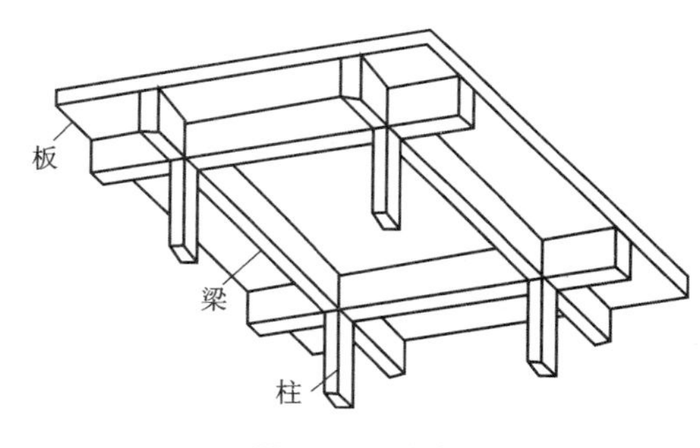

图3-3　双向板

（2）梁

梁一般是指承受垂直于其纵轴方向荷载的线形构件，其截面尺寸远小于跨度。如果荷载重心作用在梁的纵轴平面内，则该梁只承受弯矩和剪力，否则还承受扭矩作用。如果荷载所在平面与梁的纵对称轴面斜交或正交，该梁处于双向受弯、受剪状态，甚至还可能同时受扭矩作用。梁通常水平放置，有时也可斜向设置以满足使用要求（如楼梯梁）。梁的截面高度与跨度之比称为高跨比，一般为1/8～1/16；梁的跨度与截面高度之比称为跨高比，跨高比不大于2的单跨梁和跨高比不大于2.5的多跨连续梁称为深梁。梁的截面高度通常大于截面的宽度，但因工程需要，梁宽大于梁高的，称为扁梁，梁的高度沿轴线变化的，称为变截面梁。

梁按截面形状分矩形梁、T形梁、倒T形梁、L形梁、Z形梁、工字形梁、槽形梁、箱形梁、空腹梁、薄腹梁、扁腹梁等，还有等截面梁、变截面梁、叠合梁等；按所用材料分，有钢梁（见图3-4）、钢筋混凝土梁（见图3-5）、预应力混凝土梁、木梁以及钢与混凝土组成的组合梁等。

钢梁的截面类型按梁的常见支承方式分，有简支梁、悬臂梁、一端简支另一端固定的梁、两端固定的梁、连续的梁等。

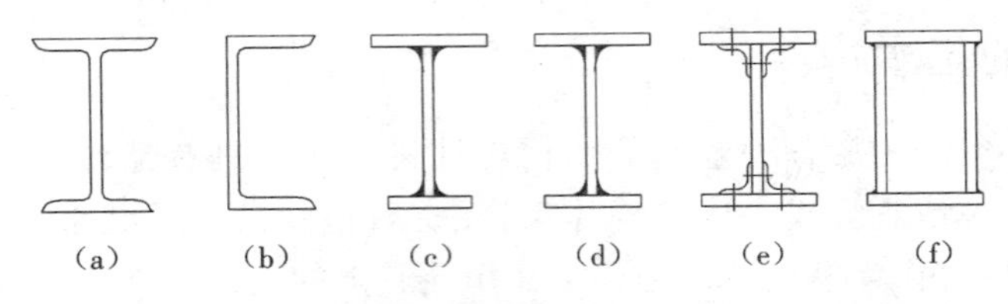

图 3-4 钢梁的截面类型

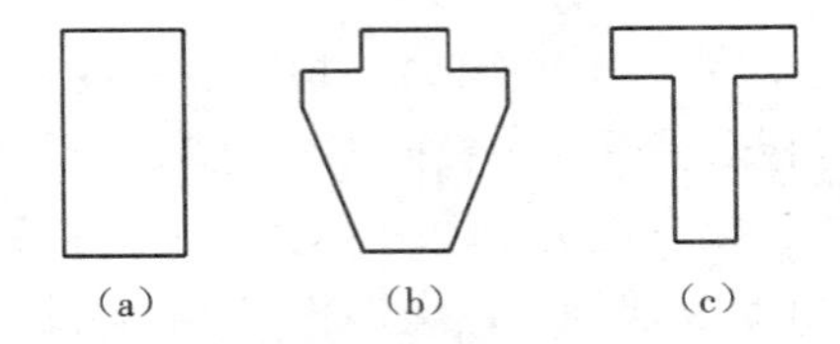

图 3-5 钢筋混凝土梁的截面类型

①简支梁(见图 3-6(a)):两端搁置在支座上,支座使梁不产生垂直移动,但可自由转动的梁称为简支梁。为使整个梁不产生水平移动,在一端加设水平约束,该处的支座称为铰支座,另一端不加水平约束的支座称为滚动支座。

②悬臂梁(见图 3-6(b)):梁的一端固定在支座上,使该端不能转动,也不能产生水平和垂直移动(称为固定支座),另一端可以自由转动和移动(称为自由端)的梁称为悬臂梁。

③一端简支另一端固定梁(见图 3-6(c)):在悬臂梁的自由端加设滚动支座的称为一端简支一端固定的梁。

④两端固定梁(见图 3-6(d)):两端都是固定支座的梁称为两端固定的梁。

⑤连续梁(见图 3-6(e)):具有两个以上支座的梁称为连续梁。

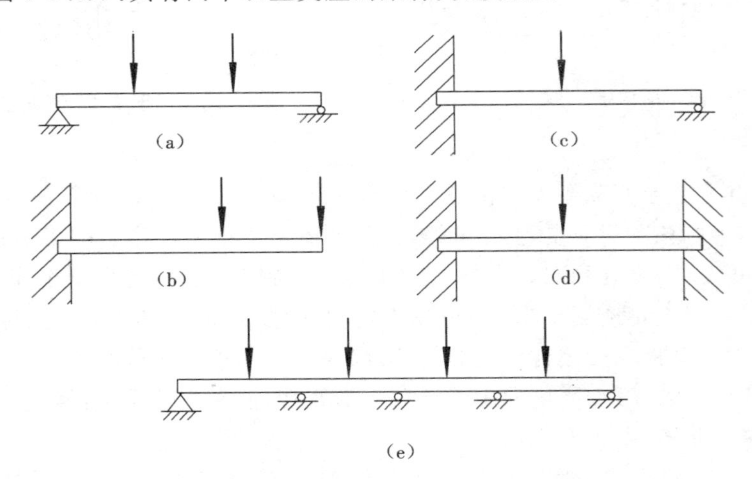

图 3-6 梁按支承方式分类

(a)简支梁;(b)悬臂梁;(c)一端简支一端固定梁;(d)两端固定梁;(e)连续梁

梁按其在结构中的位置可分为主梁、次梁(见图 3-7)、连系梁、圈梁、过梁等。次梁一般直接承受板传来的荷载,再将板传来的荷载传递给主梁。主梁除承受板直接传来的荷载外,还承受次梁传来的荷载。连系梁主要用于连接两榀框架，使其成为一个整体。圈梁一般用于砖混结构，将整个建筑围成一体，增强结构的抗震性能。过梁一般用于门窗洞口的上部，用以承受洞口上部结构的荷载。

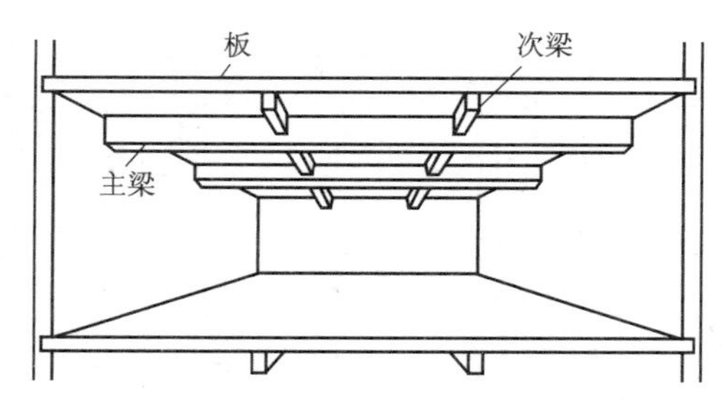

图3-7　建筑楼盖中的主梁、次梁

(3)柱

柱是指承受平行于其纵轴方向荷载的线形构件，其截面尺寸远小于高度，工程结构中柱主要承受压力，有时也同时承受弯矩。

柱按截面形式分，有方柱、圆柱、管柱、矩形柱、工字形柱、H形柱、L形柱、十字形柱、双肢柱、格构柱等，按所用材料分，有石柱、砖柱、砌块柱、木柱、钢柱、钢筋混凝土柱、劲性钢筋混凝土柱、钢管混凝土柱和各种组合柱等，按柱的破坏特征或长细比分，有短柱、长柱及中长柱，按受力特点分，有轴心受压柱和偏心受压柱等(见图3-8)。

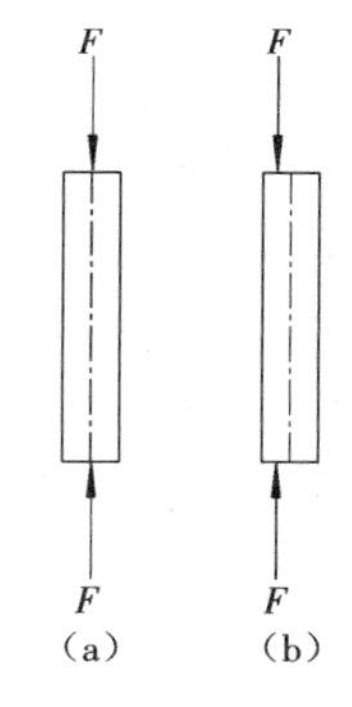

图3-8　轴心受压与偏心受压

(a)轴心受压；(b)偏心受压

钢柱常用于大中型工业厂房、大跨度公共建筑、高层建筑、轻型活动房屋、工作平台、栈桥和支架等。钢柱按截面形式可分为实腹柱和格构柱。实腹柱是指截面为一个整体，常用截面为工字形的柱，格构柱是指柱由两肢或多肢组成，各肢间用缀条或缀板连接的柱。

钢筋混凝土柱是最常见的柱，广泛应用于各种建筑。钢筋混凝土柱按制造和施工方法可分为现浇柱和预制柱。劲性钢筋混凝土柱是在钢筋混凝土柱的内部配置型钢，与钢筋混凝土协同受力的柱，可减小柱的截面，提高柱的刚度，但用钢量较大。

钢管混凝土柱是用钢管作为外壳，内浇混凝土的柱，是劲性钢筋混凝土柱的另一种形式。

(4)框架

框架是由横梁和立柱联合组成能同时承受竖向荷载和水平荷载的结构构件。在一般建筑物中，框架的横梁和立柱都是刚性连接的，它们之间的夹角在受力前后是不变的；连接处的刚性是框架在承受竖向荷载和水平荷载时衡量承载能力和稳定性的量度，刚性连接使框架的梁和柱既能承受轴力(框架梁在设计时轴力可忽略)又能承受弯曲和剪切(框架柱在设计时剪切可忽略)。在单层厂房中，由横梁和立柱刚性连接的框架也称刚接排架；横梁和立柱间用铰支承连接的框架则称铰接排架，简称排架。

框架按跨数、层数和立面构成分，有单跨框架、多跨框架，单层框架、多层框架(见图3-9)，以及对称框架、不对称框架等。单跨对称框架又称门式框架。按受力特点分，有平面框架和空间框架，空间框架也可由平面框架组成。按所用材料分，有钢筋混凝土框架、预应力混凝土框架、钢框架、组合框架(如钢筋混凝土柱和型钢梁、组合砖柱和钢筋混凝土梁组合而成的框架)等。

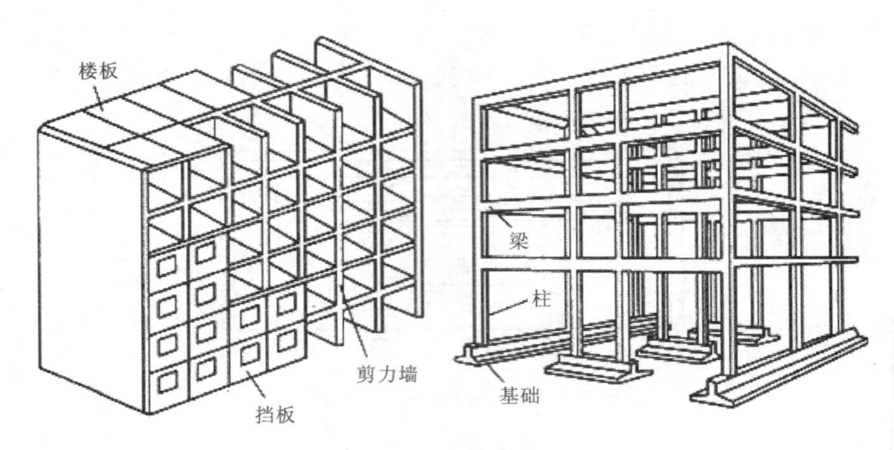

图 3-9　框架结构

(5)桁架

桁架是由若干直杆组成的,一般具有三角形区格的平面或空间承重结构构件。在竖向和水平荷载作用下,桁架的各杆件主要承受轴向拉力或轴向压力,从而能充分利用材料的强度,适用于较大跨度或高度的结构物,如屋盖结构中的屋架、高层建筑中的支撑系统或格构墙体与桥梁工程中的跨越结构、高耸结构(如桅杆塔、输电塔)以及闸门等。

桁架按立面形状分,有三角形桁架、梯形桁架、平行弦桁架、折线形桁架、拱形桁架和空腹桁架等;按受力特点分,有静定桁架和超静定桁架、平面桁架和空间桁架(其中网架就是空间桁架的一种);按所用材料分,有钢筋混凝土桁架、预应力混凝土桁架、钢结构桁架、预应力钢结构桁架、木结构桁架、组合结构桁架(如钢和木组合、钢筋混凝土和型钢组合)等。

(6)网架

网架结构是指由多根杆件按照一定的网格形式,通过结点连接而成的空间结构(见图 3-10)。网架的各杆件主要承受拉力或压力。网架具有质量轻、刚度大、抗震性能好等优点,主要用于大跨度屋盖结构。

图 3-10　具有网架结构的屋顶

网架按外形分，有双层平板网架、立体交叉桁架网架、单（双）层曲面壳型网架等；按板型网格组成分，有交叉桁架网架、四角锥网架、三角锥网架、六角锥网架等；按形成曲面的形式分，有圆柱面壳网架、球面壳网架、双曲抛物面壳网架等；按所用材料分，有钢筋混凝土网架、钢网架、木网架、组合网架等。

（7）拱

拱是由曲线形或折线形平面杆件组成的平面结构构件，含拱圈和支座两部分。拱圈在荷载作用下主要承受轴向压力（有时也承受弯矩和剪力），支座可做成能承受竖向和水平反力以及弯矩的支墩，也可用拉杆来承受水平推力。由于拱圈主要承受轴向压力，与同跨度同荷载的梁相比，能节省材料，提高刚度，跨越较大空间，可采用砖、石、混凝土等廉价材料制造，因而它的应用范围很广泛，既可用于大跨度结构（如拱桥），也可用于一般跨度的承重构件（如砖混结构中的砖砌门窗拱形过梁）。

拱按其轴线的外形分，有圆弧拱、抛物线拱、悬链线拱、尖拱（见图3-11）、折线拱等；按拱圈截面分，有实体拱、箱形拱、管状截面拱、桁架拱等；按受力特点分，有三铰拱、两铰拱、无铰拱等（见图3-12）；按所用材料分，有钢筋混凝土拱、混凝土砌块拱、砖拱、石拱、钢拱（含钢桁架拱）、木拱（含木桁架拱）等。

图3-11 巴黎圣母院尖拱门窗

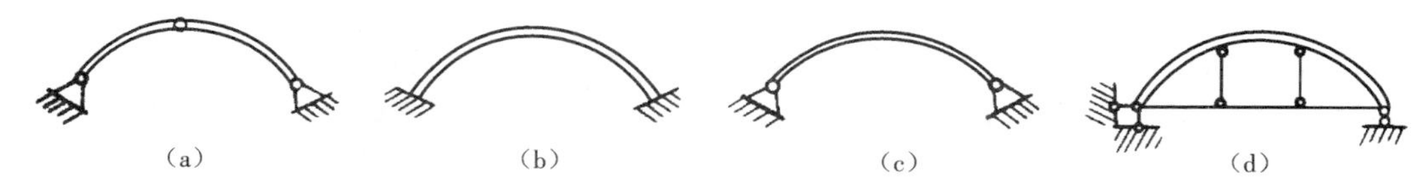

图3-12 受力特点不同的拱

(8)壳体

壳体是一种曲面形的构件,它与边缘构件(可由梁、拱或桁架等构成)组成的空间结构称为壳体结构。

壳体结构具有很好的空间传力性能,能以较小的构件厚度覆盖大跨度空间。它可以做成各种形状,满足多种工程造型的需要;不论做成什么形状,一般都具有刚度大、承载力高、造型新颖等特点,且可兼有承重和围护双重作用,能较大幅度地节省结构用材,因而广泛应用于结构工程中。壳体的曲面一般可由直线或曲线旋转或平移而成。它们在壳面荷载作用下主要的受力状态为双向受压,因而可以做得很薄,但在与边缘构件连接处的附近除受压外,还受弯、受剪,因而需要局部加厚(见图3-13)。

壳体按曲面几何特征分,有圆球面壳、椭圆球面壳、抛物面壳、双曲扁壳、双曲面壳、双曲抛物面扭壳、双曲抛物面鞍形壳、圆柱面壳(即筒壳)、椭圆柱面壳、锥面壳等;按所用材料分,有钢筋混凝土壳、钢网架壳、砖壳、胶合木壳等。

图 3-13 具有壳体屋面的悉尼歌剧院

(9)墙

墙是承受平行于墙面方向荷载的竖向构件。它在重力和竖向荷载作用下主要承受压力,有时也承受弯矩和剪力;但在风、地震等水平荷载作用下或土压力、水压力等水平力作用下则主要承受剪力和弯矩。

墙按形状分,有平面形墙、筒体墙、曲面形墙、折线形墙;按受力分,有以承受重力为主的承重墙,以承受风力或地震产生的水平力为主的剪力墙,以及作为隔断等非受力用的非承重墙等,承重墙多用于单、多层建筑,剪力墙多用于多、高层建筑;按材料分,有砖墙、砌块墙(混凝土或硅酸盐材料制成)、钢筋混凝土墙、钢格构墙、组合墙(两种以上材料组合)、玻璃幕墙等;按施工方式分,有现场制作墙、大型砌块墙、预制板式墙、预制筒体墙;按位置或功能分,有内墙、外墙、纵墙、横墙、山墙、女儿墙、挡土墙,以及隔断墙、耐火墙、屏蔽墙、隔音墙等。

(10)索

索是由柔性受拉钢索组成的构件,用于悬索结构(由柔性拉索及其边缘构件组成的结构)或悬挂结构(指楼(屋)面荷载通过吊索或吊杆悬挂在主体结构上的结构)。悬索结构一般能充分利用材料的抗拉性能,做到跨度大、自重小、材料省且便于施工(如大跨屋盖结构或大跨桥梁结构);悬挂结构则多用于高层建筑,其中吊索或吊杆承受重力荷载,水平荷载则由筒体、塔架或框架柱承受。

如图3-14所示为建于2008年，采用悬索结构的上海世博园“阳光谷”索结构。

图3-14 上海世博园“阳光谷”索结构

索按所用材料分，有钢丝束索、钢丝绳索、钢绞线索、链条索、圆钢索、钢管索以及其他受拉性能好的线材索等，个别的也可用预应力混凝土板带或钢板带代替。按受力特点分，有单曲面索（单层、双层）、双曲面索和双曲交叉索（空间索），形式有单层、双层、伞形、圆形、椭圆形、矩形、菱形等。悬挂结构还有悬挂索、双曲面悬挂索、斜拉索等。按悬挂的支承结构分，有筒体支承的悬索、柱或塔架支承的悬索、悬挂结构的悬索等。

（11）薄膜构件

薄膜构件是指用薄膜材料制成的构件。它或者由空心封闭式薄膜充入空气后形成，或者将薄膜张拉后形成。

薄膜构件按所用面材材料分，有玻璃纤维布薄膜构件、塑料薄膜构件、金属编织物薄膜构件等；按结构形式分，有气承式薄膜构件（直接用单层薄膜作为屋面、外墙，充气后形成圆筒状或圆球状表面）、气囊式薄膜构件（将空气充入薄膜，形成板、梁、柱、壳等构件，再将它们连接成结构）、张拉式薄膜构件（将薄膜直接张拉在边缘构件，如杆件或绳索上形成结构平面），如图3-15所示。

（12）基础

基础是地面以下部分的结构构件，用来将上部结构（即地面以上结构）所承受的荷载传给地基。

基础按埋置深度分，有浅基础（如墙基础、柱基础、片筏基础）、深基础（如桩基础、沉箱）、明置基础（直接搁置在地面上的基础）等；按结构形式分，有单独基础、墙下条形基础、柱下交叉基础、柱下联合基础、片筏基础、箱形基础、壳形基础、桩基础（支承桩、摩擦桩、直桩、斜桩）、沉箱基础等；按受力特点分，有柔性基础（承受弯矩、剪力为主）、刚性基础（承受压力为主）等；按所用材料分，有砖基础、条石基础、毛石基础、三合土基础、混凝土基础、钢筋混凝土基础等。

图 3-15　薄膜结构

3.1.3　建筑构件的基本受力状态

构件的基本受力状态可以分为拉、压、弯、剪、扭五种，如图 3-16 所示，一般构件的受力状态都可分解为这几种基本受力状态；反之，由这五种基本受力状态可以组合成各种复杂的受力状态。

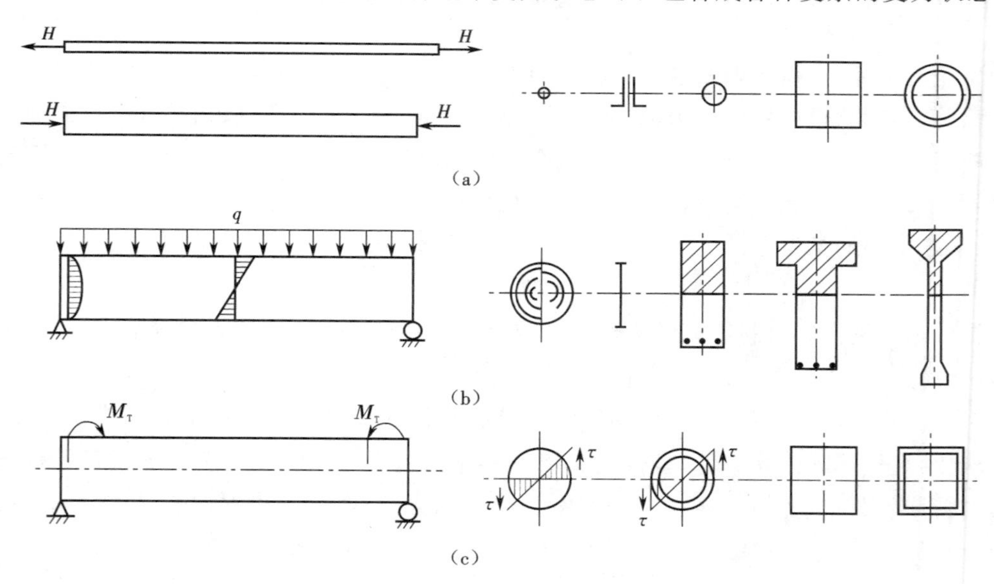

图 3-16　构件的基本受力状态

(1)轴心受拉

轴心受拉是最简单的受力状态。不论构件截面形状如何，只要外力通过截面形心，截面上各点受力均匀，构件上任意一点的材料强度都可以被充分利用。

对于适合抗拉的材料(如钢材)，尤其对于高强钢丝等抗拉强度高的材料，轴心受拉是最经济合理的受力状态。目前，在悬索、悬挂结构中得到广泛应用，就是采用了轴心受拉的合理受力状态。在悬挂式房屋建筑中，采用高强度钢绞线组成的拉索，截面很小，甚至可以隐蔽在窗框内，这样可以为人们提供十分开阔的视野。

(2)轴心受压

轴心受压与轴心受拉相比,截面应力状态完全相同,截面上应力分布均匀,只是拉压方向相反,对于适合受压的材料(如混凝土、砌体以及钢材等)也具有很好的受力状态。但受压构件较细长时会存在稳定问题,偶然的附加偏心会降低构件承载力,甚至引起失稳。

轴心受压虽然要考虑适当采用回转半径较大的截面形式,但由于其截面材料得以较充分利用,具有很好的受力状态,尤其对于石材、混凝土、砌体等抗压强度较高而抗拉性能很差的材料,一般可就地取材,因而价格较低。例如,石拱桥就是充分利用了石材抗压的特点,结构经济合理。

现代结构构件通常首先考虑使用混凝土或钢材作为抗压材料,混凝土以其成本低、强度高而得到普遍采用。目前,我国已能生产C80(或C85)高强度商品混凝土,其立方体抗压强度标准值达80 MPa(或85 MPa)。混凝土自重较大,限制了它的使用范围,因而轻质高强混凝土的研究有着广阔的前景。钢材自重轻,强度较高,因而在大跨结构、重型结构或超高层建筑中应用较多。

(3)弯和剪

弯和剪往往同时发生,工程中纯弯或纯剪的情况很少。以常见的简支梁为例,跨中弯矩最大,支座附近弯矩很小;而支座附近剪力最大,跨中剪力很小。

弯和剪也是常见的受力状态,但对截面材料的利用不充分。这种受力状态在工程中不可避免,选用合理的截面形式和结构形式就很重要。对于较大跨度的梁,如果改用桁架,梁中的弯矩和剪力便改变为桁架杆件的拉、压受力状态,材料即可得以充分利用。桁架和梁相比可节省材料,自重将减轻许多,因而可跨越更大的跨度。

(4)扭

构件受扭时由截面上成对的切应力组成力偶来抵抗扭矩,截面上的切应力在边缘处大,中间处小;截面中间部分的材料应力小,力臂也小。计算和试验研究表明,空心截面的抗扭能力和相同外形的实心截面十分接近。受扭构件采用环形截面为最佳结构,方形、箱形截面抗扭也较好。例如,电线杆在安装电线过程中由于拉力不对称,可能形成较大的扭矩,所以一般都采用离心法生产的钢筋混凝土管柱,环形截面对抗扭是合理的。

扭转是对截面抗力最不利的受力状态,但工程中很难避免。例如,吊车梁是受弯构件,主要承受弯矩和剪力,但当厂房使用多年发生变形后,吊车荷载有可能偏离梁截面的中心,尽管偏心距可能不大,但竖向荷载很大,形成扭矩就大,有可能使吊车梁发生受扭破坏。另外,如框架边梁、旋转楼梯等,都存在较大的扭矩。设计中通常选用合理的截面形式、注意合理布置结构等方法来尽量减小构件的扭矩。

3.1.4 建筑结构的三个基本分体系

建筑结构是由许多结构构件组成的一个系统,其中主要的受力系统称为结构总体系。结构总体系虽然千姿百态、形形色色,但是仔细分析起来它总是由基本水平分体系、基本竖向分体系以及基础体系三部分组成的。

基本水平分体系一般由板、梁、桁(网)架组成,如板、梁体系和桁(网)架体系。基本水平分体系也称楼(屋)盖体系,其作用为:①在竖直方向,承受楼面或屋面的竖向荷载,并把它传给竖向分体系;

②在水平方向，起隔板和支承竖向构件的作用，并保持竖向构件的稳定。

基本竖向分体系一般由柱、墙、筒体组成，如框架体系、墙体系和井筒体系等，其作用为：①在竖直方向，承受由水平体系传来的全部荷载，并把它传给基础体系；②在水平方向，抵抗水平作用力如风荷载、水平地震作用等，也把它们传给基础体系。

基础体系一般由独立基础、条形基础、交叉基础、片筏基础、箱形基础(一般为浅埋)以及桩、沉井(一般为深埋)组成，其作用为：①把上述两类分体系传来的重力荷载全部传给地基；②承受地面以上的上部结构传来的水平作用力，并把它们传给地基；③限制整个结构的沉降，避免不允许的不均匀沉降和结构的滑移。

显然，竖向结构构件之间的距离愈大，水平结构构件所需要的材料用量愈多。如果能寻求到一个最开阔、最灵活的可利用空间，它不仅能够满足人们使用的功能和美观需求，而且为此所付出的材料和施工消耗最少，并能适合本地区的自然条件(气候、地质、水文、地形等)，则这样的设计是最令人满意的。

3.1.5 建筑结构分类

建筑结构按层数可分为单层、多层、小高层、高层和超高层建筑(见图 3-17)。对于多层、高层和超高层建筑的划分标准，各国是不同的。我国(见《高层建筑混凝土结构技术规程》(JGJ 3—2010))将 2～9 层房屋划分为多层，10 层及以上或高度 28 m 以上的房屋划分为高层，更高的如 30 层或 40 层以上的划分为超高层。

建筑结构按材料可分为木结构、砌体结构、混凝土结构、钢结构和混合结构等。

建筑结构按用途可分为居住建筑结构、公共建筑结构、工业建筑结构、农业建筑结构等。

建筑结构按结构形式可分为框架结构、框剪结构、剪力墙结构、框支剪力墙结构、筒体结构等。

图 3-17　多层、小高层、高层和超高层建筑

3.2 建筑结构的发展历史

建筑结构的发展与建筑材料的发展、结构理论的完善、建筑技术的应用以及建筑设备的发明密不可分。

在旧石器时代，建筑结构的修建主要依靠经验，工具仅限于简单的手工器具（斧、锤、刀、铲和石夯等），所用材料主要取于自然（如石块、草筋、土坯等）。最原始的土木建筑工程除了穴居山洞以外，还有巢居窝棚。仰韶文化（我国黄河流域新石器时代文化，约公元前5000—公元前3000年）遗址中已经发现用木骨架泥墙构成的居室，并有制造陶器的窑场。到了公元前1000年左右，人们开始使用黏土烧制瓦、砖，建筑结构的形式就有了木结构、砖结构、砖木混合结构、石结构等形式。

西方保留下来的宏伟建筑（或建筑遗址）有很多为砖石结构。著名的埃及金字塔、希腊帕特农神庙、古罗马斗兽场等都是令人叹为观止的古代石结构。建于公元前2700—公元前2600年间的埃及金字塔中最大的胡夫金字塔（见图3-18）塔基底呈正方形，每边长230.5 m，高约140 m，用230余万块巨石砌成。又如在532—537年间，在土耳其伊斯坦布尔修建的索菲亚大教堂（见图3-19）为砖砌穹顶，直径约30 m，穹顶高约50 m，整体支承在用巨石砌成的大柱（截面约7 m×10 m）上，非常宏伟。

图3-18 埃及胡夫金字塔

图3-19 索菲亚大教堂

中国古代建筑大多为木结构加砖墙建成。1056年（辽代清宁二年）建成的山西应县木塔（佛宫寺释迦塔），是国内现存最古老、最高的全木结构塔，塔高67～31 m，共9层，横截面呈八角形，底层直径达27～30 m，塔的造型及细部处理都表现出极高的艺术与技术水平，是中国古建筑中的优秀范例（见图3-20）。在900多年的岁月中，它曾经受过多次强烈地震的摇撼，1921年在军阀混战中还曾被多发炮弹击中，但至今依然巍然屹立，不能不说是建筑史上的一大奇迹。建于明嘉靖二十四年（1545年）的北京天坛（见图3-21），为明清两代皇帝祭天的地方。建筑为木结构，平面为圆形，三层攒尖屋顶。建筑下面是三层圆形汉白玉台基，围墙布局呈四方形，象征“天圆地方”。祈年殿造型优雅，比例匀称，是中国古代最美的建筑之一。其他木结构如北京故宫、天津蓟县的独乐寺观音阁等均为具有漫长历史的优秀建筑。

图 3-20 山西应县佛宫寺释迦塔

图 3-21 北京天坛

中国古代的砖石结构也很有成就，不但有举世闻名的万里长城，而且建于 1055 年的中国河北省定县开元寺塔（高 84.2 m）也曾是当时世界上最高的砌体结构。

随着建筑工程经验的丰富，经验总结和描述外形设计的土木工程著作也逐渐出现（如公元前 5 世纪的《考工记》、北宋李诫的《营造法式》、意大利文艺复兴时期贝蒂的《论建筑》等）。自 17 世纪中叶至第二次世界大战前后，土木工程逐步形成为一门独立的学科，建筑结构设计也有了比较系统的理论指导（伽利略首次用公式表达了梁的设计理论、牛顿总结出力学三大定律、纳维建立土木工程中结构设计的容许应力法等）以及新材料（波特兰水泥的发明、钢筋混凝土开始应用）、新技术的发现和发明（转炉炼钢法炼钢）都有了极大的改观。钢材大量生产并应用于房屋、桥梁等建筑中。混凝土及钢材的推广应用，使得土木工程师可以运用这些材料建造更为复杂的工程设施。新的施工机械（打桩机、挖土机、掘进机、起重机、吊装机等）、施工方法为建筑结构的建造提供了强有力的手段。

第二次世界大战以后，世界经济、现代科学技术的迅速发展为建筑结构的进一步发展提供了强大的物质基础和技术手段。

功能的多样化要求公共建筑和住宅建筑的结构布置要与水、电、煤气供应，以及室内温、湿度调节控制等现代化设备相结合。许多工业建筑则提出了恒湿、恒温、防微振、防腐蚀、防辐射、防磁、无微尘等要求，并向跨度大、分隔灵活、工厂花园化的方向发展。建筑结构材料逐渐以钢筋混凝土、钢、钢筋混凝土以及轻质高强、环保的材料为主。

经济发展和人口增长造成的城市用地紧张、交通拥挤、地价昂贵，又迫使建筑结构向高层和地下发展。现代化城市建设是地面、空中、地下同时展开的，形成了立体化发展的局面。建筑结构的类型又多以框架、剪力墙、框架剪力墙、筒体结构等为主流。

未来将有许多重大工程项目陆续兴建，人类也将向太空、海洋、荒漠开拓建筑结构所用材料，向轻质、高强、多功能化发展，更对建筑结构的材料、设计、技术等方面提出了更高的要求。

建筑结构的材料将比钢材、混凝土、木材和砖石等有较大突破。传统材料的改性、化学合成材料的应用会很普遍。目前应用很广的混凝土材料将会在强度（比钢材）低、韧性差、质量大等方面得到改善。钢材的易锈蚀、不耐火问题也会逐渐被解决。目前主要用于门窗、管材、装饰材料的化学合成材料将会成为大面积围护材料及结构骨架材料。一些具有耐高温、保温隔声、耐磨耐压等优良性能的化工制品，将用于制造隔板等非承重功能构件。轻质、高强、耐腐蚀碳纤维不仅可用于结构补强，而且在其成本降低后有望用作混凝土的加筋材料。

建筑结构设计方法的精确化、设计工作的自动化成为必然，信息和智能化技术将全面引入结构工程。人们对工程的设计计算不再受人类计算能力的局限，设计绘图也普遍采用计算机。大型工程如三峡大坝、海上采油平台、海底隧道等工程，在计算机帮助下，可以大大提高效率和精度。许多毁于小概率、大荷载作用（台风、地震、火灾、洪水等灾害作用）的工程结构性能很难一一去做试验验证，而计算机仿真技术可以在计算机上模拟原型大小的工程结构在灾害荷载作用下从变形到倒塌的全过程，从而揭示结构不安全的部位和因素，用此技术指导设计可大大提高工程结构的可靠性。

3.3　现代建筑结构简介

3.3.1　单层建筑及大跨度结构

（1）单层建筑

公用建筑如影剧院放映厅、工程结构实验室，民用建筑如别墅、车库，工业建筑如厂房、仓库，农业建筑如蔬果大棚等往往采用单层结构。

小型建筑可以采用砌体砌筑，大型建筑则采用钢筋混凝土或钢结构。

如图 3-22 所示的为单层装配式钢筋混凝土厂房，其基本组成构件通常有屋盖结构、吊车梁、柱子、支撑、基础和围护结构等。屋盖结构用于承受屋面的荷载，包括屋面板、天窗架、屋架或屋面梁、托架。屋面板过去多采用自重较大的大型预制混凝土板，现已逐渐被轻型压型钢板所取代。天窗架主要为车间通风和采光需要而设置的,架设在屋架上。屋架(屋面梁)为屋面的主要承重构件,多采用角钢组成桁架结构,亦可采用变截面的 H 型钢作为屋面梁。托架仅用于柱距比屋架的间距大时的支承屋架,再将其所受的荷载传给柱子。吊车梁用于承受吊车的荷载,将吊车荷载传递到柱子上。柱子为厂房中的主要承重构件,上部结构的荷载均由柱子传给基础。基础将柱子和基础梁传来的荷载传给地基。围护结构多由砖砌筑而成,现亦有采用压型钢板作为墙板的。

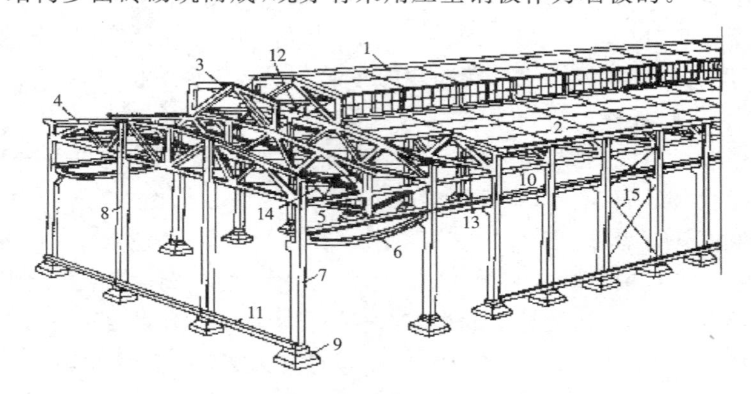

图 3-22 单层装配式钢筋混凝土厂房

1—屋面板;2—天沟板;3—天窗架;4—屋架;5—托架;6—吊车梁;7—排架柱;8—抗风柱;9—基础;10—连系梁;11—基础梁;12—天窗架垂直支撑;13—屋架下弦横向水平支撑;14—屋架端部垂直支撑;15—柱间支撑

当前,新出现的轻型钢结构建筑(见图 3-23)中柱子和梁均采用变截面 H 型钢,梁柱的连接节点做成刚接,因施工方便、施工周期短、跨度大、用钢量经济,在单层厂房、仓库、冷库、候机厅、体育馆中已有越来越广泛的应用。

新出现的拱形彩板屋顶建筑,用拱形彩色热镀锌钢板作为屋面,自重轻、工期短、造价低,彩板之间用专用机具咬合缝,不漏水,已在很多工程中使用。

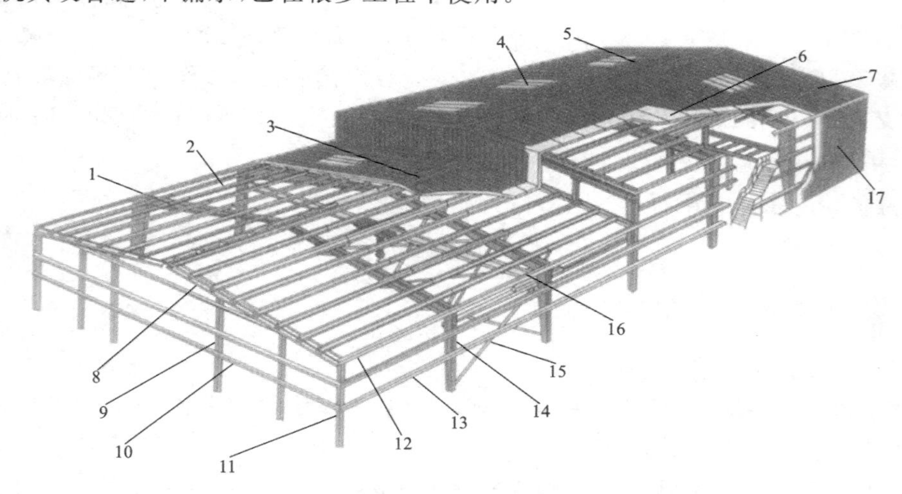

图 3-23 轻型钢结构建筑

1—刚性中间构架梁;2—屋面檩条;3—脊盖板;4—采光带;5—屋脊;6—保温层;7—屋面复合板;8—山墙屋梁;9—山墙柱;10—山墙檩条;11—山墙角柱;12—檐口檩条;13—沿墙檩条;14—刚性中间构架柱;15—连接杆;16—天车轨道;17—墙面复合板

(2)大跨度结构

大跨度结构常用于展览馆、体育馆、飞机库等，其结构体系有很多种，如网架结构、索结构、薄壳结构、充气结构、应力膜皮结构、混凝土拱形桁架等。网架结构(见图 3-24)是大跨度结构中最常见的结构形式，其杆件多采用钢管或型钢，现场安装。中国第一座网架结构是 1964 年建造的上海师范学院球类房，平面尺寸为 31.5 m×40.5 m，用角钢制作。首都体育馆平面尺寸为 99 m×112.2 m，是中国矩形平面屋盖中跨度最大的网架。上海体育馆平面为圆形，直径 110 m，挑檐 7.5 m，是目前中国跨度最大的网架结构。近十年来，网架结构在中国工业厂房屋盖中得到大面积的推广，其建筑覆盖面积超过 300 万 m^2。

图 3-24　网架结构

索结构来源于桥梁中的悬索，北京亚运会的奥林匹克中心体育馆，其平面呈橄榄形，长、短径分别为 96 m 和 66 m，屋面结构为索网索拱结构，由双曲钢拱、预应力三角大墙组成，造型新颖，结构合理。

薄壳结构空间传力性能好，可以较小的构件厚度覆盖大空间。世界上最大的混凝土圆顶为美国西雅图金郡圆球顶，直径为 202 m。1989 年建成的加拿大多伦多可伸缩的多功能体育馆(见图 3-25)屋顶为钢结构，是世界上第一座屋顶可自由开闭的建筑物。其外墙间距为 218 m，圆形直径为 192.4 m。1993 年建成的日本福冈体育馆圆顶也是可伸缩的多功能体育馆，直径为 213 m。

充气结构(充气薄膜结构)，是在玻璃丝增强塑料薄膜或尼龙布罩内部充气形成一定的形状，作为建筑空间的覆盖物。1975 年建成的美国密歇根州庞蒂亚克“银色穹顶”空气薄膜结构室内体育馆，平面尺寸为 234.9 m×183.0 m，高 62.5 m，是目前世界上规模最大的空气薄膜结构(见图 3-26)。

应力膜皮结构一般是用钢质薄板做成很多块各种板片单元焊接而成的空间结构。1959 年建于美国巴顿鲁治的应力膜皮屋盖是膜皮结构应用于大跨结构的首例，其直径为 117 m，高为 35.7 m，由一个外部管材骨架形成的短程线桁架系来支承 804 个双边长为 4.6 m 的六角形钢板片单元，钢板厚度大于 3.2 mm，钢管直径为 152 mm，壁厚为 3.2 mm(见图 3-27)。

2008 年北京奥运会工程中有两个大跨度结构格外耀眼，一是目前世界上跨度最大的钢结构建筑——“鸟巢”(国家体育场)，另一个是世界上首个基于“肥皂泡理论”建造的多面体钢架结构建筑——“水立方”(国家游泳中心)。这两个堪称“世界之最”的场馆建筑，无疑将为世界留下崭新的“奥运建筑遗产”。

(a)

(b)

图 3-25 加拿大多伦多多功能体育馆

(a)体育馆外形;(b)体育馆内部构造

图 3-26 充气式膜结构

图 3-27 应力膜皮结构

北京奥运会(第 29 届)主会场国家体育场“鸟巢”(见图 3-28)的设计方案是经全球设计竞赛产生的,由瑞士赫尔佐格和德梅隆设计事务所、ARUP 工程顾问公司及中国建筑设计研究院设计联合体共同设计。该方案主体由一系列钢桁架围绕碗状坐席区编制而成,空间结构新颖,建筑和结构浑然一体,独特、美观,具有很强的震撼力和视觉冲击力。它的立面与结构统一在一起,形成格栅一样的结构。格栅由 1.2 m×1.2 m 的银色钢梁组成,宛如金属树枝编制而成的巨大鸟巢。体育场表层架构之间的空间覆盖 ETFE(四氟乙烯)薄膜。“鸟巢”坐落在北京奥林匹克公园内,建筑面积 25.8 万 m^2,采用钢结构。钢结构屋盖呈双曲面马鞍形,东西轴长 298 m、南北轴长 333 m,最高点 69 m、最低点 40 m。“鸟巢”能容纳观众 9.1 万人,其中包括 1.1 万个临时坐席。2008 年北京奥运会开、闭幕式都是在此举行的,这里同时还承担了奥运会田径和足球项目的比赛。“鸟巢”于 2003 年 12 月开工,混凝土主体看台工程于 2005 年 11 月 15 日封顶,钢结构主体工程于 2006 年 8 月 31 日完成合拢。在 2007 年 10 月全部“搭成”。

图 3-28　国家体育场钢结构施工及“鸟巢”效果图

国家游泳中心(见图 3-29)是 2008 年奥运会比赛场馆之一，其创意来自于肥皂泡的结构，因其外观酷似一个蓝色方盒子而被称为“水立方”。它是世界上第一个尝试实现肥皂泡结构体系的建筑。国家游泳中心墙体和屋盖钢结构工程采用国内外首创的新型多面体空间钢架结构，总构件数为 30 513个，共用钢 6 700 t。“水立方”的建筑外围护采用新型的环保节能 ETFE(四氟乙烯)膜材料，由3 000多个气枕组成，覆盖面积达到 10 万 m^2。这些气枕大小不一，形状各异，最大一个约 9 m^2，最小一个不足 1 m^2。墙面和屋顶都分为内外 3 层，9 803 个球型节点，20 870 根钢质杆件中没有任何两个杆件在空间定位上是完全平行的，传统的二维图纸无法标出工件的坐标，“定位难”成为“水立方”施工中遇到的最大难点。建设者们依靠自主创新，仅用半个多月便把“水立方”的所有工件在三维空间上一一定位。30 513 个工件、91 539 个坐标值，堆成了两尺多高的施工图纸。作为自主创新成果，《新型多面体空间钢架结构设计理论》为“水立方”的钢结构搭建提供了技术标准。图 3-30 所示的是工人在“水立方”顶部施工，准备安装最后一块气枕的情况。

图 3-29　“水立方”施工现场及效果图

图 3-30　“水立方”顶部气枕施工

还应该提到的另一个重要工程是中国国家大剧院(见图 3-31)。由法国著名设计师保罗·安德鲁设计的中国国家大剧院位于北京市长安街南侧、人民大会堂西侧,建成后的国家大剧院成为中国最高艺术表演中心,总建筑面积约 18 万 m^2,其中主体建筑约 13 万 m^2,地下附属设施约 5 万 m^2。为满足多种艺术表演形式的需要,国家大剧院由歌剧院、音乐厅、戏剧场、小剧场及相应的配套设施组成,观众席拥有 6 000 多个座位。国家大剧院采用钢结构体系,椭圆形“蛋壳”东西跨度 212 m,南北跨度 144 m,面积为 35 万 m^2以上,仅钢结构部分总重就达 6 750 t。竣工后,整个结构将不会用一根柱子支撑,全靠弧形钢梁本身来承受巨大重力。国家大剧院的椭球屋面由 2 万多块钛金属板和

图 3-31 中国国家大剧院

1 200多块大小不等的有色玻璃幕组成。它们的施工规模均为国内之最。椭球体面对长安街对称部分为一个渐开式玻璃幕墙，形状就像一个逐渐垂下来的水滴形状。晚上，来往于长安街的行人和乘客，可以通过晶莹剔透的玻璃幕墙，观赏到国家大剧院金碧辉煌的观众休息大厅。建成后的国家大剧院，四周是碧波荡漾的水池，而且这个水池里的水“冬天不结冰，夏天不长草”，一年四季都碧波荡漾。秘密就在于巧妙地使用了“地热”这种廉价的资源。因为地热的缘故，即使在冬天，地下水的温度也在十几摄氏度。为此，国家大剧院专门设计了一套系统，通过抽取温暖的地下水，与水池里的水进行热交换，始终将露天巨形水池的水温控制在零度以上。

3.3.2 多层与高层建筑

多层和高层结构主要应用于居民住宅、商场、办公楼、旅馆等建筑。近几年来，国家为提高居民的人均居住面积，解决居民的居住困难问题，大力推动中国的住宅建设。

(1)多层建筑

多层建筑常用的结构形式为混合结构、框架结构。

混合结构是指用不同的材料建造的房屋结构，通常墙体采用砖砌体，屋面和楼板采用钢筋混凝土结构，故亦称砖混结构。目前，我国的混合结构最高已达到11层，局部已达到12层。以前混合结构的墙体主要采用普通黏土砖，但因普通黏土砖的制作需使用大量的黏土，对我们宝贵的土地资源是很大的消耗。因此，国家已逐渐在各地区禁止大面积使用普通黏土砖，而推广空心砌块砖。

框架结构强度高、自重轻、整体性和抗震性能好，可使建筑平面布置灵活并获得较大的使用空间，因而被广泛采用，主要应用于多层工业厂房、仓库、商场、办公楼等建筑。

多层建筑可采用现浇，也可采用装配式或装配整体式结构。其中，现浇钢筋混凝土结构整体性好，适应于各种有特殊布局的建筑；装配式和装配整体式结构采用预制构件，现场组装，其整体性较差，但便于工业化生产和机械化施工。装配式结构在前段时期比较盛行，但泵送混凝土的出现，使混凝土的浇筑变得方便快捷，机械化施工程度也较高，因此近年来，多层建筑已逐渐趋向于采用现浇混凝土结构。

(2)高层建筑

高层建筑近年来在我国发展迅猛。高层建筑的结构形式主要有框架结构、框架-剪力墙结构、剪力墙结构、框支-剪力墙结构、筒体结构等。

框架结构受力体系由梁和柱组成，在承受竖向荷载方面能够满足要求，在承受水平荷载方面能力很差，因此仅适用于房屋高度不大、层数不多时采用。当层数较多时，水平荷载的影响会造成梁、柱的截面尺寸很大，与其他结构体系相比，在技术经济方面并不合理。

框架-剪力墙结构(见图3-32)中利用了剪力墙(一段钢筋混凝土墙体)，抗剪能力很强，可以承受绝大部分水平荷载作用，使框架与剪力墙协同受力，而框架则以承受竖向荷载作用为主，这样可大大减小柱子的截面。剪力墙在一定程度上限制了建筑平面布置的灵活性。这种体系一般用于办公楼、旅馆、住宅以及某些工艺用房。广州市中天广场大厦(办公楼)为80层的框架-剪力墙结构(见图3-33)。

剪力墙结构全部由纵横布置的剪力墙组成，此时的剪力墙不仅承受水平荷载作用，亦承受竖向荷载作用，适用于房屋的层数高、横向水平荷载已对结构设计起控制作用的结构。剪力墙结构空间

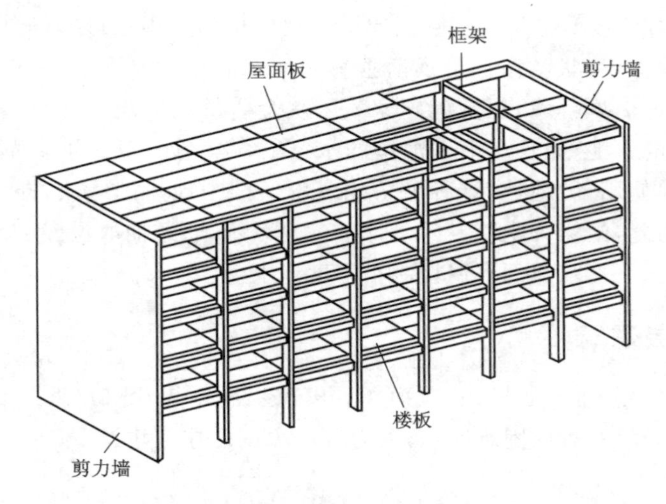

图 3-32　框架-剪力墙结构

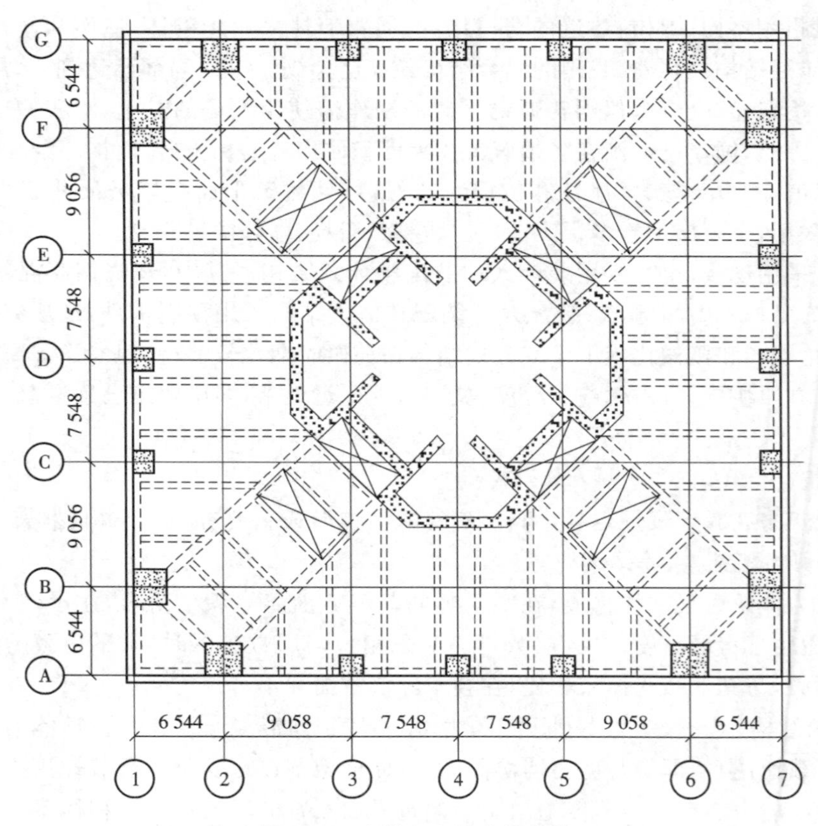

图 3-33　广州市中天广场大厦

分隔固定，建筑布置极不灵活，所以一般用于住宅、旅馆等建筑中。建于 1976 年的广州白云宾馆，地上 33 层，地下 1 层，高 112.45 m，采用钢筋混凝土剪力墙结构，是我国第一座超过 100 m 的高层建筑。

框支-剪力墙结构(见图 3-34)是为了缓解现代城市用地紧张而采用上部为住宅楼或办公楼、下部开设商店的结构形式。由于建筑物上、下两部分的使用功能完全不同,对空间大小的需求不同,因此将剪力墙结构与框架结构组合在一起。在其交界位置设置巨型的转换大梁,将上部剪力墙的荷载传到下部柱子上。框支-剪力墙结构中的转换大梁一般高度较大,常接近于一个层高,该层常常用作设备层。上部的剪力墙刚度较大,而下部的框架结构刚度较小,其差别一般较大,这对整体建筑的抗震是非常不利的,同时,转换梁作为连接节点,受力亦非常复杂,因此设计时应予以充分考虑,特别是在抗震设防要求高的地区应慎用。

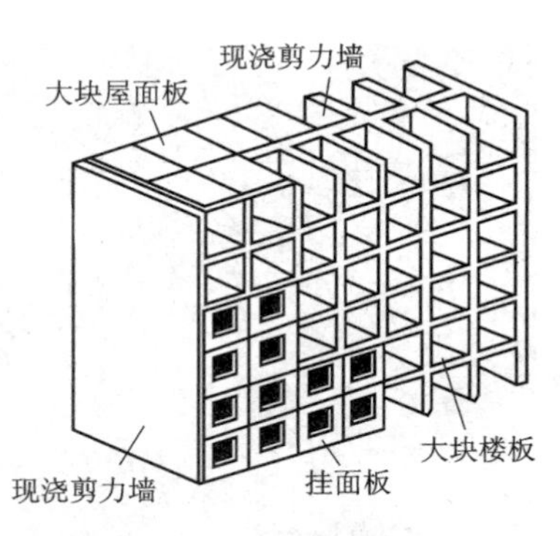

图 3-34 框支-剪力墙结构

筒体结构是由一个或多个筒体作为承重结构的高层建筑体系,适用于层数较多的高层建筑。筒体在侧向风荷载的作用下,其受力类似于刚性的箱形截面的悬臂梁,迎风面将受拉,而背风面将受压。筒体结构可分为框筒体系、筒中筒体系、桁架筒体系、成束筒体系等。

建于 1989 年的深圳华联大厦是框筒体系(指内芯由剪力墙构成,周边为框架结构的筒体),地上 26 层,地下 1 层,高 88.8 m(见图 3-35)。

建于 1990 年的广东国际大厦是筒中筒体系(周边的框架柱布置较密时可将其视为外筒,而将内芯的剪力墙视为内筒),如图 3-36 所示,地上 63 层,地下 3 层,高 200.18 m。

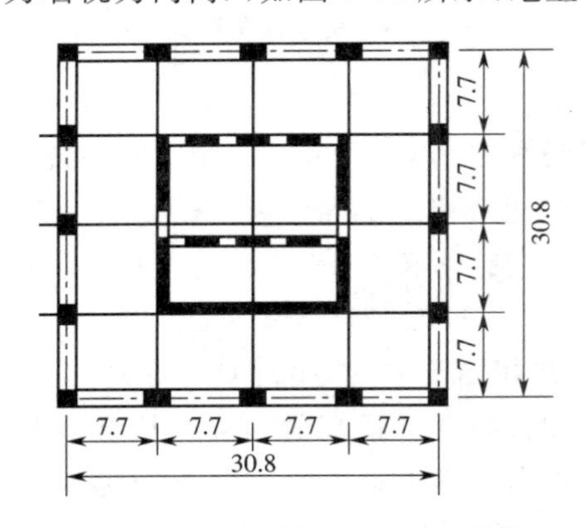

图 3-35 深圳华联大厦平面示意图

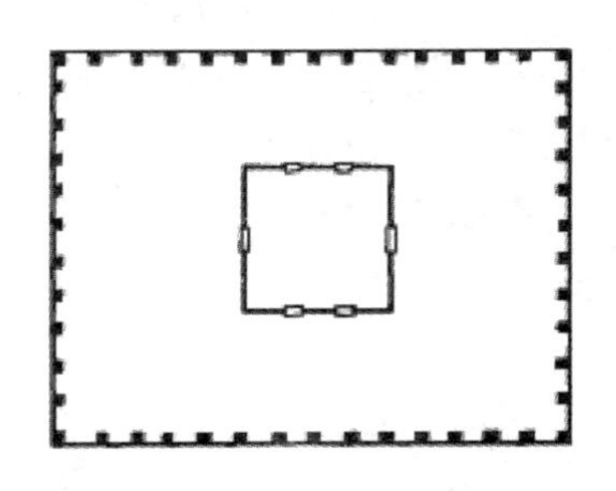
图 3-36 筒中筒体系

建于 1990 年的中国香港中国银行大厦是桁架筒体系(在筒体结构中增加斜撑来抵抗水平荷载,进一步提高结构承受水平荷载的能力,增加体系的刚度),平面为 52 m×52 m 的正方形,70 层,高 315 m,至天线顶高为 367.4 m(见图 3-37)。上部结构为 4 个巨型三角形桁架,斜腹杆为钢结构,竖杆为钢筋混凝土结构。钢结构楼面支承在巨型桁架上。4 个巨型桁架支承在底部 3 层高的巨大钢筋混凝土框架上,最后由 4 根巨型柱将全部荷载传至基础。4 个巨型桁架延伸到不同的高度,最后只有 1 个桁架到顶。

建于 1974 年的美国芝加哥的西尔斯大厦塔楼是钢结构成束筒体系(由多个筒体组成的筒体结构),地上 110 层,地下 3 层,高 443 m,加 2 根电视天线高 475.18 m(见图 3-38)。1～50 层由 9 个小方筒组成一个大方形筒体,在 51～66 层截去对角线上的 2 个筒,67～90 层又截去另一对角线上的另 2 个筒,91 层以上只保留 2 个筒,形成立面的参差错落,使立面富有变化和层次,简洁明快。

图 3-37 中国香港中国银行大厦

图 3-38 美国西尔斯大厦塔楼

目前,据世界高楼协会排名,全球 10 座最高摩天大楼分别是哈利法塔(迪拜塔)、上海中心大厦、麦加皇家钟塔饭店、台北 101、上海环球金融中心、香港环球贸易广场、马来西亚国家石油公司双塔大厦、南京紫峰大厦、芝加哥西尔斯大厦、京基 100 大厦。当今世界十大高楼当中,中国占 6 栋。

哈利法塔又名迪拜塔(见图 3-39),位于阿拉伯联合酋长国(阿联酋)最大的城市迪拜市。哈利法塔项目,由美国芝加哥公司的美国建筑师阿德里安·史密斯设计,总高度 828 m,地上 162 层、地下 7 层。整个建筑外墙用玻璃 8.3 万 m^2,金属 2.7 万 m^2,总共相当于 17 个足球场。在迪拜塔的第 76 层,建有一个游泳池,这也成为了世界上高度最高的游泳池,而全球最高的清真寺则建在迪拜塔的 158 层。大楼内共有 56 部电梯穿梭其间,速度达 18 m/s,为世界上速度最快且运行距离最长的电梯。哈利法塔外观呈 Y 形,具有太空时代风格,但基础造型则为伊斯兰教建筑风格——六瓣的沙漠之花,各个部分最终螺旋式上升扭结成塔尖。

上海中心大厦(见图 3-40)简称上海塔,位于上海陆家嘴金融中心区。大厦面积 433 954 m^2,建筑主体为 118 层,建筑层数为 128 层(地上 118 层、5 层裙楼和 5 层地下室),总高为 632 m,结构高度为 580 m,2008 年 11 月 29 日进行主楼桩基开工,于 2015 年年中正式投入使用。上海塔有两个玻璃正面,一内一外,主体形状为内圆外三角,玻璃正面之间的空间在 0.9~10 m 之间,为空中大厅提供空间,同时充当一个类似于热水瓶的隔热层,降低整座大楼的供暖和冷气需求。根据设计,118、119 层为室内观光空间层,121 层为室外平台观光层,以及 125、126 层为风阻尼器观光层,乘超高速电梯从 B2 层一站直达 118 层观光层,以 18 m/s 的速度,1 分多钟就可以抵达"皇冠"部位,鸟瞰上海。

麦加皇家钟塔饭店(见图 3-41)为复合型建筑。建筑高度 601 m,建筑层数 95 层,为全球最高的饭店建筑。整个复合建筑物拥有 150 万 m^2 的楼板面积,为全球之最。麦加钟塔主体包括 662 m 的

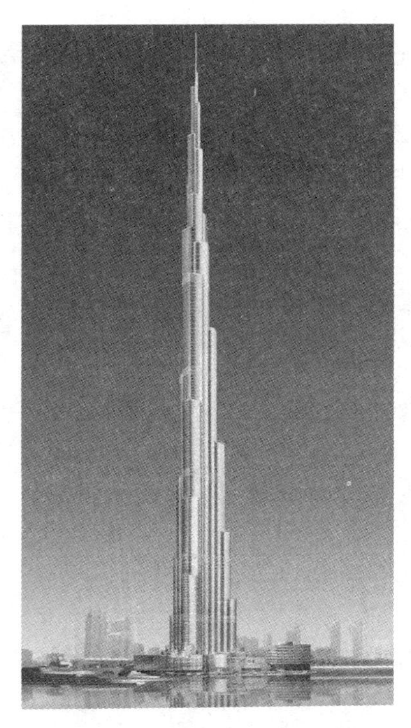

图 3-39 哈利法塔

图 3-40 上海中心大厦

混凝土建筑和 155 m 高的“克雷森特”金属尖顶，顶端是个新月标志。钟塔最大的亮点在于由德国建筑公司设计制造的巨大时钟，这个高 43 m、宽 45 m、四面立体的时钟成为了世界上最大的时钟。

图 3-41 麦加皇家钟塔饭店

台北 101(见图 3-42)位于中国台北,2004 年建成,共 101 层,楼高 509 m。它融合了东方古典文化及台湾本土特色,造型宛若劲竹,节节高升、柔韧有余,象征生生不息的中国传统建筑内涵。运用高科技材质及创意照明,以透明、清晰营造视觉穿透效果,与自然及周围环境和谐融合,为人们带来视觉上全新的体验。台北 101 拥有曾列入吉尼斯世界纪录的最快速电梯 2 部,为观景台使用,上升速度为 16.8 m/s,下降速度为 10 m/s,每小时运行距离为 60.6 km。

图 3-42 台北 101

上海环球金融中心(见图 3-43)位于上海市陆家嘴浦东新区世纪大道 100 号,比邻上海中心大厦。原本设计高 460 m,后修改为 492 m,工程地块面积为 3 万 m^2,总建筑面积达 38.16 万 m^2,上海环球金融中心共 104 层(地上 101 层、地下 3 层),其中 94~100 层都为观光层。其中倒梯形底部为 97 层观光天桥,而倒梯形顶部为 100 层,设置了长约 55 m 的贵宾观光天阁。

香港环球贸易广场简称 ICC(见图 3-44),楼高 490 m,共有 118 层,是目前香港最高的建筑。大楼 100 层设有“天际 100”香港观景台,是香港唯一能 360°俯瞰香港景色的地点。位于大楼顶部 102~118 层的香港丽思卡尔顿酒店是目前全球位处楼层最高的酒店,可尽览维多利亚港两岸的壮丽景致。

马来西亚国家石油公司双塔大厦(见图 3-45)位于吉隆坡市中心美芝律,高 88 层,是当今世界闻名的超级建筑。巍峨壮观,气势雄壮,是马来西亚的骄傲。它曾以 451.9 m 的高度打破了美国芝加哥西尔斯大楼保持了 22 年的最高纪录。此工程于 1993 年 12 月 27 日动工,1996 年 2 月 13 日正式封顶,1997 年建成使用。登上双塔大楼,整个吉隆坡市秀丽风光尽收眼底,夜间城内万灯齐放,景色尤为壮美。

南京紫峰大厦(见图 3-46)位于南京市鼓楼区鼓楼广场。2010 年 12 月 18 日,大厦正式竣工。与上海金茂大厦一样,紫峰大厦也是由世界摩天大楼设计领域翘楚——美国 SOM 设计事务所设计的。

图 3-43　上海环球金融中心

图 3-44　香港环球贸易广场

主楼地上 89 层，地下 3 层，总高度 450 m，屋顶高度 389 m。由于紫峰大厦本身定位较高，其外立面玻璃的安装方式也和常见的平板式不同，像龙鳞一样呈纵横交错的锯齿状；设计、安装这种新型幕墙玻璃的方法，是世界上唯一的，具体制作、安装都有相当的难度，加上特殊的灯光照射，美轮美奂。

图 3-45　马来西亚国家石油公司双塔大厦

图 3-46　南京紫峰大厦

西尔斯大厦,现名韦莱集团大厦(Willis Tower),位于美国伊利诺伊州芝加哥市。根据高楼与都市住宅委员会(Council on Tall Buildings and Urban Habitat)所使用的四分类建筑物高度判断法,加上楼顶天线后总高为 527.3 m。韦莱集团大厦在 1974 年落成,超越纽约的世界贸易中心,成为当时世界上最高的大楼。整个施工工期不到两年半时间,高 443 m,总建筑面积 418 000 m^2,地上 110 层,地下 3 层。整个大厦平面随层数增加而分段收缩。在 51 层以上切去两个对角正方形,67 层以上切去另外两个对角正方形,91 层以上又切去三个正方形,剩下两个正方形到顶。内部总共有 41.8 万 m^2 的办公室和商业空间。

图 3-47　京基 100 大厦

大厦的造型有如 9 个高低不一的方形空心筒子集束在一起,挺拔利索、简洁稳定。不同方向的立面形态各不相同,突破了一般高层建筑呆板对称的造型手法。这种束筒结构体系是建筑设计与结构创新相结合的成果。

京基 100 大厦(见图 3-47),原名京基金融中心,楼高 441.8 m,共 100 层,是目前深圳第一高楼,位于我国广东省深圳市罗湖区,由来自英国的两大国际著名建筑设计公司 TFP 和 ARUP 联合设计,中国建筑第四工程局有限公司承建。京基 100 大厦是深圳房企京基集团旗下的世界级地标,也是中国民营地产企业投资建造的最高建筑,保持了多项中国纪录、世界纪录,并获得了多项世界级奖项。京基 100 大厦作为深圳又一新地标,打破了赛格和地王的记录,是中国经济与技术发展的新体现。

3.3.3　特种结构

特种结构是指具有特殊用途的工程结构,包括高耸结构、海洋工程结构、管道结构和容器结构等,如烟囱、水塔、水池、筒仓等。

(1)烟囱

烟囱是工业中常用的构筑物,是把烟气排入高空的高耸结构,能改善燃烧条件,减轻烟气对环境的污染。烟囱的建造可采用砖、钢筋混凝土和钢等三类材料。

砖烟囱的高度一般不超过 50 m,多数呈圆锥形,用普通黏土砖和水泥石灰砂浆砌筑。其优点:可以就地取材,节省钢材、水泥和模板;砖的耐热性能比普通钢筋混凝土好;由于砖烟囱体积较大,重心较其他材料建造的烟囱低,故稳定性较好。其缺点:自重大,材料用量多;整体性和抗震性能较差;在温度应力作用下易开裂;施工较复杂,手工操作多,需要技术较熟练的工人施工。

钢筋混凝土烟囱多用于高度超过 50 m 的烟囱,外形为圆锥形,一般采用滑模施工。其优点:自重较小,造型美观,整体性、抗风性、抗震性好,施工简便,维修量小。钢筋混凝土烟囱按内衬布置方式的不同,可分为单筒式、双筒式和多筒式等。目前,我国最高的单筒式钢筋混凝土烟囱高度为 210 m。最高的多筒式钢筋混凝土烟囱是秦岭电厂 212 m 高的四筒式烟囱。现在世界上已建成的高度超过 300 m 的烟囱达数十座,如米切尔电站的单筒式钢筋混凝土烟囱高达 368 m。

钢烟囱自重小、有韧性、抗震性好，适用于地基差的场地，且造价明显比砖烟囱低，但钢烟囱耐腐蚀性差，需要经常维护。钢烟囱按其结构可分为拉线式（高度不超过 50 m）、自立式（高度不超过 120 m）和塔架式（高度超过 120 m）等。

（2）水塔

水塔是储水和配水的高耸结构，是给水工程中常用的构筑物，用来保持和调节给水管网中的水量和水压。水塔由水箱、塔身和基础三部分组成。

水塔按建筑材料分为钢筋混凝土水塔、钢水塔、砖石塔身与钢筋混凝土水箱组合的水塔。水箱也可用钢丝网水泥、玻璃钢和木材等建造，过去欧洲曾建造过一些具有城堡式外形的水塔。法国有一座多功能的水塔，在最高处设置水箱，中部为办公用房，底层是商场。中国也有烟囱和水塔合在一起的双功能构筑物。水箱的形式分为圆柱壳式水箱和倒锥壳式水箱，在中国，这种形式应用最多，此外还有球形水塔、箱形水塔、碗形水塔和水珠形水塔等多种形式的水塔。

塔身一般用钢筋混凝土或砖石做成圆筒形，塔身支架多用钢筋混凝土刚架或钢构架组成。

水塔基础有钢筋混凝土圆板基础、环板基础、单个锥壳与组合锥壳基础和桩基础等。当水塔容量较小、高度不大时，也可采用砖石材料砌筑的刚性基础。

（3）水池

水池同水塔一样用于储水。不同的是，水塔用支架或支筒支承，而水池多建造在地面或地下。

水池按材料可分为钢水池、钢筋混凝土水池、钢丝网水泥水池、砖石水池等。其中，钢筋混凝土水池具有耐久性好、节约钢材、构造简单等优点，应用最广。水池按施工方法可分为预制装配式水池和现浇整体式水池两种。目前推荐用预制圆弧形壁板与工字形柱组成池壁的预制装配式圆形水池，预制装配式矩形水池则用 V 形折板作池壁。

（4）筒仓

筒仓是贮存粒状和粉状松散物体（如谷物、面粉、水泥、碎煤、精矿粉等）的立式容器，可作为生产企业调节和短期贮存生产用物质的附属设施，也可作为长期贮存粮食的仓库。

根据所用的材料，筒仓可做成钢筋混凝土筒仓、钢筒仓和砖砌筒仓等。钢筋混凝土筒仓又可分为整体式浇筑和预制装配、预应力和非预应力的筒仓。从经济、耐久和抗冲击性能等方面考虑，中国目前应用最广泛的是整体浇筑的普通钢筋混凝土筒仓。

按照平面形状的不同，筒仓可做成圆形、矩形（正方形）、多边形和菱形，目前国内使用最多的是圆形和矩形（正方形）筒仓。圆形筒仓的直径为 12 m 或 12 m 以下时，其直径采用 2 m 的倍数系列；圆形筒仓的直径为 12 m 以上时，其直径采用 3 m 的倍数系列。

按照筒仓的贮料高度与直径或宽度的比例关系，可将筒仓划分为浅仓和深仓两卷。浅仓主要作为短期贮料用，深仓主要供长期贮料用。

3.4 土木工程设计规范简介

3.4.1 制定设计规范的作用和意义

设计规范是建筑行业的法律，是在建筑设计、施工过程中强制执行的技术标准，具有强制性法规的性质,它规定了设计中基本的低限要求,并具有一定的技术管理内容。

规范的贯彻执行是建筑物质量的基本保证。规范为整个建筑行业制定了统一的专业标准,使建筑设计、施工过程有法可依。

规范是最新的建筑科研成果在工程中的体现,建立在严格的理论研究和长期的实践经验基础上,以大量的试验为依据。在保证安全的基础上,做到经济性和适用性的最大化。

3.4.2 常用设计规范

(1)结构安全可靠性

《工程结构可靠度设计统一标准》(GB 50153—2008)是制定房屋建筑、铁路、公路、港口、水利水电工程结构可靠度设计统一标准应遵守的准则。在各类工程结构的统一标准中尚应制定相应的具体规定。该标准适用于整个结构、组成整个结构的构件以及地基基础,适用于结构的施工阶段和使用阶段。结构在规定的时间内,在规定的条件下,对完成其预定功能应具有足够的可靠度,可靠度一般可用概率度量。

(2)地基

《建筑地基处理技术规范》(JGJ 79—2012)适用于建筑工程地基处理的设计、施工和质量检验。

《建筑地基基础设计规范》(GB 50007—2011)适用于工业与民用建筑(包括构筑物)的地基基础设计。采用该规范设计时,荷载取值应符合现行国家标准《建筑结构荷载规范》(GB 50009—2012)的规定;基础的计算尚应符合现行国家标准《混凝土结构设计规范》(GB 50010—2010)和《砌体结构设计规范》(GB 50003—2011)的规定。

《地下工程防水技术规范》(GB 50108—2008)适用于工业与民用建筑地下工程、市政隧道、防护工程、山岭及水底隧道、地下铁道等地下工程防水的设计和施工。

(3)房屋结构设计

《建筑抗震设计规范》(GB 50011—2010)是为贯彻执行《中华人民共和国建筑法》和《中华人民共和国防震减灾法》并实行以预防为主的方针,使建筑经抗震设防后,减轻建筑的地震破坏、避免人员伤亡、减少经济损失而制定的规范。

《混凝土结构设计规范》(GB 50010—2010)适用于房屋和一般构筑物的钢筋混凝土、预应力混凝土以及素混凝土承重结构的设计。

《高层建筑混凝土结构技术规程》(JGJ 3—2010)适用于10层及10层以上或房屋高度超过28 m的非抗震设计和抗震设防烈度为6～9度抗震设计的高层民用建筑结构。

《建筑结构荷载规范》(GB 50009—2012)的适用范围限于工业与民用建筑的结构设计,其中也包括附属于该类建筑的一般构筑物在内,如烟囱、水塔等构筑物。

《钢结构设计规范》(GB 50017—2013)是适用于工业与民用房屋和一般构筑物的钢结构设计。

(4)施工图绘制

《房屋建筑制图统一标准》(GB/T 50001—2010)是为了统一房屋建筑制图规则,保证制图质量,提高制图效率,做到图面清晰、简明,符合设计、施工、存档的要求,适应工程建设的需要而制定的标准。该标准是房屋建筑制图的基本规定,适用于总图及建筑、结构、给水排水、暖通空调、电气等各专业制图。

【本章要点】

结构是建筑物的基本受力骨架。组成建筑结构的基本构件可分为板、梁、柱、拱等类型。而构件的基本受力状态可以分为拉、压、弯、剪、扭五种。建筑结构是由许多结构构件组成的系统，其中主要的受力系统称为结构总体系。结构总体系是由基本水平分体系、基本竖向分体系以及基础体系三部分组成的。建筑结构按层数可分为单层、多层、高层和超高层建筑几类。建筑结构按材料可分为木结构、砌体结构、混凝土结构、钢结构和混合结构等。建筑结构按用途可分为居住建筑、公共建筑、工业建筑、农业建筑等。建筑结构按结构形式可分为框架结构、框架-剪力墙结构、剪力墙结构、框支-剪力墙结构、筒体结构等。

本章要求掌握建筑结构的基本构建类型，了解建筑结构的类型。

【思考与练习】

3-1　什么是建筑物的结构？

3-2　按所用材料分，结构有哪些形式？

3-3　你对哪种结构形式最感兴趣？你周围的建筑物都有哪些结构形式？

第 4 章　基础与地下工程

任何建造在地球上的建筑物或构筑物都摆脱不了地球对它的引力作用，因此地球的表层——地壳就构成了一切工程建筑的环境和物质基础。人们如果想让自己所建造的工程能够正常地发挥预期的效益，有适当、合理的工期及造价，并与周围的环境协调适应，就必须根据实际需要，充分地考虑工程的建筑场地和地基岩土条件，结合施工条件以及工期、造价等各方面的要求，深入研究地质环境，合理选择地基基础方案并能解决土木工程中出现的工程地质问题。这就是基础工程(foundation engineering)要解决的问题。

承受建筑物或构筑物荷载的那一部分土层称为地基(foundation soil)。将上部结构荷载均匀地传给地基并连接上部结构与地基的下部结构称为基础(foundation)。

基础一般设置在天然地基(natural base)上。当天然地基很软弱，不能满足地基承载力和变形的设计要求时，需要经过人工处理，这样的处理过程称为地基处理(ground treatment)或地基加固。

随着城市规模的扩展，基坑工程逐渐在城市基础工程中占有了一席之地，成为人们利用和开发地下空间不可或缺的手段之一。天然地基是否软弱、是否能够满足承载力和变形的要求，需要对建筑物或构筑物地基作出岩土工程评价。这项工作是为地基基础设计提供参数，并对地基基础设计和施工以及地基加固和不良地质的防治工程提出具体的方案和建议，使工程设计结合实际进行所做的工作称为工程地质勘察。

4.1　工程地质勘察

工程地质勘察，在行业中也常被称为岩土工程勘察，是指以特定工程为背景，为查明影响工程建筑物安全或正常使用的地质影响因素，而开展的地质调查工作。

4.1.1　工程地质勘察的目的和意义

由于土木工程建筑物或结构物与其建造场地的工程地质情况有密不可分的联系，因此，场地工程地质条件的优劣，直接影响到建筑物的地基与基础设计方案的类型、施工工期的长短和投资的多少。对场地地质情况的了解程度更关系到建筑物是否可以正常使用和安全运行。

很多工程实例证明，没有勘察工程地质情况而盲目施工，危害巨大。

例如，甘肃天水市某重型机器厂因确定厂址时未勘察场地的整体稳定性，而将厂房建在一个稀性大泥石流沟谷里，尽管地基有一定的承载力，但当泥石流爆发时，整个场地包括全部工程设施均被埋没在泥石流中，虽然花费了巨额投资进行整治，但结果仍无济于事，使整个工程报废，经济损失极为巨大。又如处于地面沉降区、洪水泛滥区及大面积地震液化区中的建筑物，尽管局部地基是稳定的，但一旦发生整个场地的大面积灾害，则所有建筑物都不能逃脱灾难，发生在 1976 年的唐山大地震的宏观液化灾害就是一个明显的实例。由于大面积宏观液化波及整个滦河下游的各县城，东矿区钱家营矿工业广场虽局部地基稳定，但大面积液化造成的破坏使整个场地失稳，喷水冒砂的场地瞬间变成一片翻滚的砂涛，将已建成的一些工业厂房摇晃得支离破碎。可见没有场地的稳定性则不能确保整个工程建设的成功。反之，只注意研究场地宏观的稳定性而忽视地基的局部稳定问题，则基础工程设计与施工无从实施，工程安全与使用要求也无从确保。此外，严重喷水冒砂的结果必然造成场地地基的沉陷。因此，对建(构)筑物的场地勘察应严密注意这个问题。

某学校六层教工住宅，在建成钢筋混凝土筏板基础后，出现整块板基断裂事故。原因是此住宅楼并没有进行正规的勘察，设计师观察发现，当地的地形平坦、地表土坚实，认为是简单场地，并借用与之相隔 20 余米距离的经过正规勘察、设计并建成的其他六层教工住宅的勘察资料。事故发生后，停工补做勘察，发现板基断裂一侧地基中存在软弱淤泥层。经考古查明，过去有一条铁路通过，路基坚实，但路基两侧排水沟因常年积水，沟底形成淤泥，板基横跨路基与排水沟，因土质软硬悬殊而断裂。

北京工人体育馆售票房曾是单层平房，因屋顶与墙体严重开裂，不得不拆除重建。原因是这里的地基从前是一片芦苇塘，而工程未经勘察，盲目设计、盲目施工。

工程地质勘察的目的在于以各种勘察手段和方法，调查研究和分析评价建筑场地和地基的工程地质条件，为地基基础设计提供参数，并对地基基础设计和施工以及地基加固和不良地质的防治工程提出具体的方案和建议，使工程设计结合实际进行。

工程地质勘察的任务是按照不同勘察阶段的要求，正确反映场地的工程地质条件及岩土体性状的影响，并结合工程设计、施工条件，以及地基处理等工程的具体要求，进行技术论证和评价，提出解决问题的决策性具体建议，为设计、施工提供依据，服务于工程建设的全过程。

在工程实践中，有因不经过调查研究而盲目进行地基基础设计和施工而造成严重事故的事例，更有因勘察不详或分析结论有误，以至延误工期、浪费资金甚至遗留后患的教训。因此，各项工程建设在设计和施工之前，必须按基本建设程序进行岩土工程勘察。岩土工程勘察应按工程建设各勘察阶段的要求，正确反映工程地质条件，查明不良地质作用和地质灾害，精心勘察、精心分析，提出资料完整、评价正确的勘察报告。先勘察、后设计、再施工，是工程建设必须遵守的程序，是国家一再强调的十分重要的基本政策。

4.1.2　工程地质勘察的分类

工程地质勘察按工程门类可分为建筑工程勘察、线路勘察、水工建筑勘察、港工建筑勘察、近海工程勘察及核电站工程勘察等。

(1)建筑工程勘察

建筑工程勘察的目的是勘察房屋建筑场地地基的岩土性质，以便使地基基础能确保建筑物的正常使用、耐久安全与造价低廉。

建筑工程勘察是在搜集建筑物上部荷载、功能特点、结构类型、基础形式、埋置深度和变形限制等方面资料的基础上进行的，其主要工作有：①查明场地和地基的稳定性、地层结构、持力层和下卧层的工程特性，土的应力历史和地下水条件以及不良地质作用等；②提供满足设计、施工所需的岩土参数，确定地基承载力，预测地基变形性状；③提出地基基础、基坑支护、工程降水和地基处理设计与施工方案的建议；④提出对建筑物有影响的不良地质作用的防治方案建议；⑤对于抗震设防烈度等于或大于6度的场地,进行场地与地基的地震效应评价。

建筑物的工程地质勘察宜分阶段进行,可行性研究勘察应符合选择场址方案的要求;初步勘察应符合初步设计的要求;详细勘察应符合施工图设计的要求;场地条件复杂或有特殊要求的工程,宜进行施工勘察。如果工程场地较小且无特殊要求,也可以合并勘察阶段。当建筑物平面布置已经确定,并且场地或其附近已有岩土工程资料时,可根据实际情况,直接进行详细勘察。

(2)线路勘察

线路勘察的重点是为各种线路工程(如铁路、公路、桥涵、隧道及输水、输气、输油管道、输电线路工程等)选线所进行的勘察。线路选得好则可以节省大量工程投资和缩短工期。如在山区修筑一条运输路线是穿山跨河还是盘山绕水,在穿山中是明洞开挖还是暗挖隧道,在很大程度上取决于勘察中对岩土体的稳定性、完整性(或破碎程度)、土石方量及土石方工程难易程度(包括岩体残余应力及地下水涌水量大小等)做出的评价。

(3)水工建筑勘察

水工建筑勘察范围很广,程序也很复杂。在规划阶段的勘察,重点在于勘察汇水面积的大小、库区的构造断裂情况及渗漏。在规划性勘察确认了可行性后,初步设计及技术设计阶段的勘察则侧重于坝基的稳定性和渗透性、坝体筑坝材料性能(抗剪强度、压实性及压缩性等)及坝肩岩体的抗滑能力等。

(4)港工建筑勘察

港工建筑勘察往往针对特殊工程,如大吨位的船闸、码头、驳岸、干船坞、滑道以及防洪堤等外围工程,在施工开挖及建成后运营负荷过程中岩土体(特别是边岸软土层)的强度、变形特性是否足以保证工程的正常使用与安全等问题,提供地质、地形资料及岩土特性参数,以便从岩土工程角度作出评价。

(5)近海工程勘察

近海工程勘察的目的是在浅海大陆架部分寻找一个较为稳定的且直接位于储油构造之上的海底区域。为此要选择波浪水流冲刷作用最小、下卧层土质较好的地段。所以勘察工作要着重于设法测求浅海大陆架海底土的动力性质,为近海工程设施抗地震、抗浪震、抗风震设计提供参数及查明海底工程地质、近海水文情况。

(6)核电站工程勘察

核电站工程勘察在于通过规划勘察确定设计地震参数,如设计地震加速度、主震周期、场地地震背景与前景及地面动力反应特征等。在此基础上进一步查明地基的稳定性、变形等力学性质。此外还需进行处理核废料场地的选址及其工程地质评价的勘察。

4.1.3 工程地质勘察的方法

(1)工程地质测绘与调查

工程地质测绘(engineering geological mapping)就是采用搜集资料、调查访问、地质测量、遥感解译等方法,查明场地的工程地质要素,并绘制相应的工程地质图件。其目的是为了查明场地及其邻近地段的地貌、地质条件,并结合其他勘察资料对场地或建筑地段的稳定性和适宜性做出评价,并为勘察方案的布置提供依据。

常用的测绘方法是在地形图上布置一定数量的观察点或观察线，以便按点或沿线观察地质现象。观察点一般选择在不同地貌单元、不同地层的交接处以及对工程有意义的地质构造和可能出现不良地质现象的地段。观察线通常与岩层走向、构造线方向以及地貌单元轴线相垂直（例如横穿河谷阶地），以便能观察到较多的地质现象。有时为了追索地层界线或断层等构造线，观察线也可以顺着走向布置。观察到的地质现象应标示于地形图上。对场地的地形地貌、地层岩性、地质构造、地下水与地表水、不良地质现象进行调查，综合研究勘察区的地质条件，将得到的地质现象成果填绘在适当比例尺地形图上加以综合反映。

目前，遥感技术（见图4-1）已在工程地质测绘中得到广泛应用。遥感是根据电磁辐射的理论，应用现代技术中的各种探测器，对远距离目标辐射来的电磁波信息进行接收、传送到地面接收站加工处理成遥感资料（图像或数据），用来探测识别目标物的整个过程。将卫星照片和航空照片的解释应用于工程地质测绘，能在很大程度上节省地面测绘的工作量，提高测绘质量与效率，节省工程勘探费用。

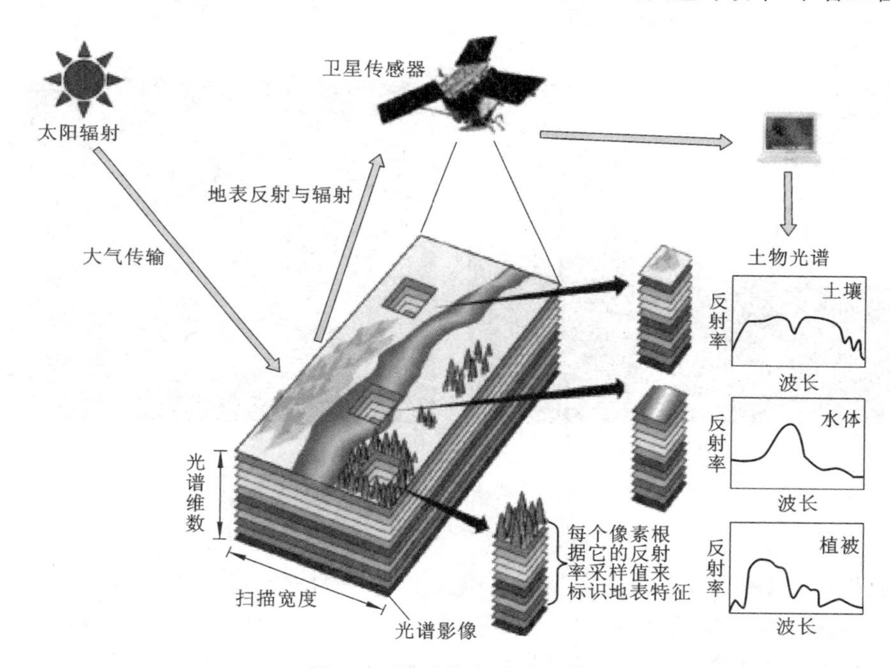

图4-1 遥感技术测绘示意

(2)工程地质勘探

工程地质勘探（engineering geological exploration）是在工程地质测绘的基础上，为了进一步查明地表以下的工程质量问题，取得深层地质资料而进行的工作。勘探方法主要有坑（槽）探、钻探、触探和地球物理勘探等方法。

坑（槽）探就是在工程场地挖掘坑、槽、井、洞，以便直接观察岩土层的天然状态以及地层的地质结构，并能取出接近实际的原状结构土样的一种常用勘探方法（见图4-2）。

钻探是指用钻机在地层中钻孔，以鉴别和划分地表下地层，并可以沿孔深取样的一种勘探方法。钻探是工程地质勘察中应用最为广泛的一种勘探手段（见图4-3），用以测定岩石和土层的物理力学性质。

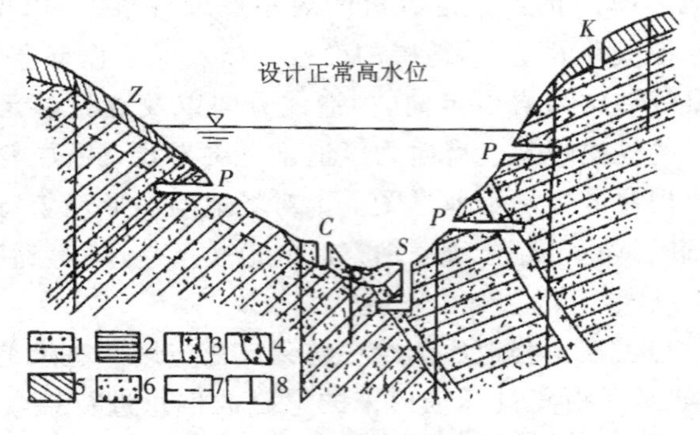

图 4-2 某坝址区坑探布置图

1—砂岩;2—页岩;3—花岗岩脉;4—断层带;5—坡积层;6—冲积层;
7—风化层界线;8—钻孔;Z—探槽;P—平洞;C—浅井;S—竖井;K—探井

(a)

(b)

图 4-3 钻探

(a)陆地钻探;(b)海上钻探

触探是通过探杆用静力或动力将金属探头压入土层,并且测出各层土对触探头的贯入阻力大小的指标,从而间接地判断土层及其性质的一类勘探方法和原位测试技术。作为勘探手段,触探可用于划分土层、了解地层的均匀性;作为测试技术,则触探可以估计地基承载力和土的变形指标等。

地球物理勘探(简称物探)是通过研究和观测各种地球物理场的变化来探测地层岩性、地质构造等地质条件的。因为不同的岩石、土层和地质构造往往具有不同的物理性质,利用其导电性、磁性、弹性、湿度、密度、天然放射性等的差异,通过专门的物探仪器的量测,就可以区别和推断有关地质问题。常用的地球物探方法有电阻率法、电位法、地震勘探、声波勘探、放射性勘探等。

4.2 工程结构对基础的要求

4.2.1 基础对工程结构的重要性

地基与基础是建筑物的根基,又属于地下隐蔽工程,其勘察、设计和施工质量,直接关系着建筑物的安危。据统计，世界各国建筑工程事故中，以地基基础事故居首。而且，一旦发生地基基础事故，则补救非常困难。此外，基础工程费用与建筑物总造价的比例，视其复杂程度和设计、施工的合理与否，可以变动百分之几到百分之几十之间。因此，基础工程在整个建筑工程中的重要性是不言而喻的。在桥梁工程及其他工程中，基础工程都是非常重要的。

中国苏州虎丘塔（见图 4-4）落成于公元 961 年（宋太祖建隆二年）。全塔 7 层，高 47.5 m。塔的平面呈八角形，由外壁、回廊与塔心三部分组成。塔身全部青砖砌筑，外形仿楼阁式木塔，每层都有 8 个壶门，拐角处的砖特制成圆弧形，建筑精美，被国务院列为全国重点保护文物。但此塔现已经向东北方向严重倾斜，塔身砖体开裂，成为危险建筑物而停止开放。为保护虎丘塔所做的工作从勘察、测试分析事故原因，讨论研究加固方案，到分期施工处理，前后花了七八年时间。

始建于 1173 年的比萨斜塔（见图 4-5）为 8 层圆柱形建筑，高 54.5 m。塔身 1～6 层由优质大理石砌成，顶部 7～8 层采用砖和轻石料，塔身每层都有精美的圆柱与花纹图案。塔内共有螺旋状楼梯 294 级，登上塔顶可眺望比萨城全景。

该塔在建造过程中因地基沉陷而出现倾斜。1370 年完工时，塔顶中心点已偏离垂直中心线 2.1 m，其后倾斜不断加剧，最严重时达 5 m 之多。为拯救这座宏伟而精致的罗马式建筑，意大利政府做出了巨大的努力。比萨斜塔的拯救工程始于 1990 年初，整个工程由意大利政府专门成立的一个拯救比萨斜塔专家委员会负责，共耗资约 500 亿里拉（约合 2 400 万美元）。据称，目前塔顶中心点偏离垂直中心线的距离为 4.5 m，比拯救前减少 43.8 cm。

图 4-4　苏州虎丘塔

图 4-5　意大利比萨斜塔

加拿大特朗斯康谷仓（见图 4-6）平面呈矩形，长 59.44 m，宽 23.47 m，高 31.00 m，容积 36 368 m^3。谷仓为圆筒仓，有 5 排，每排 13 个圆筒仓，一共由 65 个圆筒仓组成。谷仓的基础为钢筋混凝土筏板基础，厚 61 cm，基础埋深 3.66 m。谷仓于 1911 年开始施工，1913 年秋完工。谷仓自重 20 000 t，相当于装满谷物后满载总质量的 42.5%。1913 年 9 月起往谷仓装谷物，仔细地装载，使谷物均匀分布。10 月，当谷仓装了 31 822 m^3 谷物时，发现 1 h 内垂直沉降达 30.5 cm。结构物向西倾斜，并在 24 h 内谷仓倾倒，倾斜度距垂线达 26°53′。谷仓西端下沉 7.32 m，东端上抬 1.52 m。上部钢筋混凝土筒仓坚如磐石,仅有极少的表面裂缝。这是地基整体滑动强度破坏的典型工程实例。事后在筒仓下增设70多个支承于基岩上的混凝土墩,用了388个50 t的千斤顶才将其逐步纠正,但标高比原来降低了4 m。

上海"莲花河畔景苑"在建楼房倒覆事故,如图4-7所示。楼房附近有过两次堆土施工:第一次堆土施工发生在2009年1月,堆土高3~4 m;第二次堆土施工发生在2009年6月下旬,堆土在6 d内即高达10 m。第二次堆土是造成楼房倒覆的主要原因。土方在短时间内快速堆积,产生了3 000 t左右的侧向力,加之楼房南侧由于开挖基坑出现凌空面,导致楼房产生10 cm左右的位移,对PHC桩(预应力高强混凝土)产生很大的偏心弯矩,最终破坏桩基,引起楼房整体倒覆。

图4-6 加拿大特朗斯康谷仓

图4-7 上海"莲花河畔景苑"倒覆的在建楼房

1972年7月,香港发生一次大滑坡,从山坡上滑下的土方将宝城大厦冲毁(见图4-8),并砸毁相邻一幢大楼一角。此次事故造成120人死亡。

2001年5月1日20点30分,重庆武隆县基岩滑坡(见图4-9)造成79人死亡,摧毁一幢9层楼房。

图4-8 香港宝城大厦

图4-9 重庆武隆县基岩滑坡

2006年3月27日下午4时45分,太原到旧关高速公路寿阳段发生严重塌陷(见图4-10),路面整体沉陷,路基向外滑移。塌陷处长130 m,宽12 m,深8.5 m,所幸没有发生交通事故,未造成人员伤亡。专家勘察后,初步确定此地段原是旧河槽,底层土壤渗水液化造成塌陷。

1964年6月16日,日本新潟县发生7.6级强烈地震,使大面积砂土地基液化,丧失地基承载力。新潟机场建筑物下沉915 mm,机场跑道严重破坏,无法使用。当地的卡车和混凝土结构沉入土中。地下一座污水池浮出地面高达3 m。高层公寓陷入土中并发生严重倾斜,无法居住(见图4-11)。

图 4-10　高速公路寿阳段发生严重塌陷

1995 年阪神大地震中，地震引起大面积砂土地基液化后产生很大的侧向变形和沉降，大量的建筑物倒塌或遭到严重损坏。图 4-12 为神户码头沉箱式岸墙因砂土地基液化失稳滑入海中。

铁的事实和血的教训充分证明了基础对工程结构的重要性。

图 4-11　日本新潟地震

图 4-12　日本阪神地震

4.2.2　良好基础应具备的条件

良好的基础应该能适应上部结构，符合使用要求，满足地基基础设计要求，以及技术上可行、经济上合理。为保证上述要求，地基基础设计必须满足以下三个基本条件。

(1)强度要求

通过基础作用在地基上的荷载不能超过地基的承载能力，保证地基不因为地基土中的剪应力超过地基土的抗剪强度而破坏，并且有足够的安全储备。

(2)变形要求

基础的设计还应保证基础沉降或其他特征变形不超过建筑物变形的允许值，保证上部结构不因沉降或其他特征变形过大而受损或影响正常使用。

(3)稳定性要求

地基和基础应该保证经常受水平荷载作用的高层建筑、高耸结构和挡土墙等，以及建造在斜坡上或边坡附近的建筑物和构筑物的稳定性。

4.3 基础的类型

常见的基础方案有天然地基或人工地基上的浅基础、深基础、深浅结合的基础(如桩—筏、桩—箱基础等)。上述方案中各有多种基础类型和做法,工程中是根据实际情况来选择的。

4.3.1 浅基础

通常把位于天然地基上、埋置深度小于 5 m 的一般基础(柱基或墙基)以及埋置深度虽超过 5 m,但小于基础宽度的大尺寸基础(如箱形基础),统称为天然地基上的浅基础。

在建筑地基基础中,埋置深度是指室外设计地面到基础底面的距离。在桥梁结构中,对于无冲刷河流,埋置深度是指河底或地面至基础底面的距离;对于有冲刷河流,埋置深度是指局部冲刷线至基础底面的距离。

当地基土软弱(通常指承载力低于 100 kPa 的土层),不适合做天然地基上的浅基础时,也可将浅基础做在人工地基上。

天然地基上的浅基础埋置深度较浅,用料较省,无需复杂的施工设备,在开挖基坑、必要时支护坑壁和排水输干后,对地基不加处理即可修建,工期短、造价低,因而设计时宜优先选用天然地基。只有在这类基础及上部结构难以适应较差的地基条件时才考虑采用大型或复杂的基础形式,如连续基础、桩基础等。

浅基础可以按基础刚度的不同分为刚性基础和钢筋混凝土扩展基础。

(1)刚性基础

刚性基础是由砖、毛石、素混凝土、毛石混凝土、灰土(石灰和土料按体积比 3∶7 或 2∶8)和三合土(石灰、砂和骨料加水泥混合而成)等材料做成的无需配置钢筋的基础(见图 4-13)。刚性基础的材料具有较好的抗压性能,但抗拉、抗剪强度不高。为了使基础内产生的拉应力和剪应力不超过相应的材料强度设计值,设计时需要加大基础的高度。因此这种基础几乎不发生挠曲变形。刚性基础适用于多层民用建筑和轻型厂房。

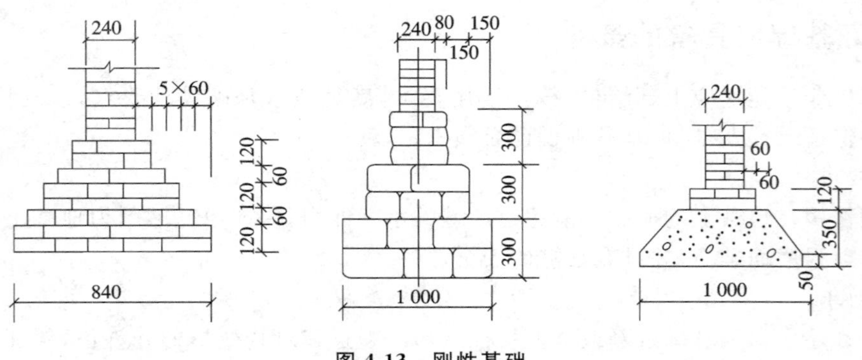

图 4-13　刚性基础

在桥梁结构中,刚性基础常用的材料有混凝土、粗石料和片石、砖。

(2)钢筋混凝土扩展基础

柱下钢筋混凝土独立基础和墙下钢筋混凝土条形基础被称为钢筋混凝土扩展基础。这类基础的抗弯和抗剪性能良好，可在竖向荷载较大、地基承载力不高以及承受水平力和力矩荷载等情况下使用。其优于刚性基础之处为基础高度较小，更适合在需要较小基础埋置深度时使用。图4-14为墙下钢筋混凝土条形基础的示意图。

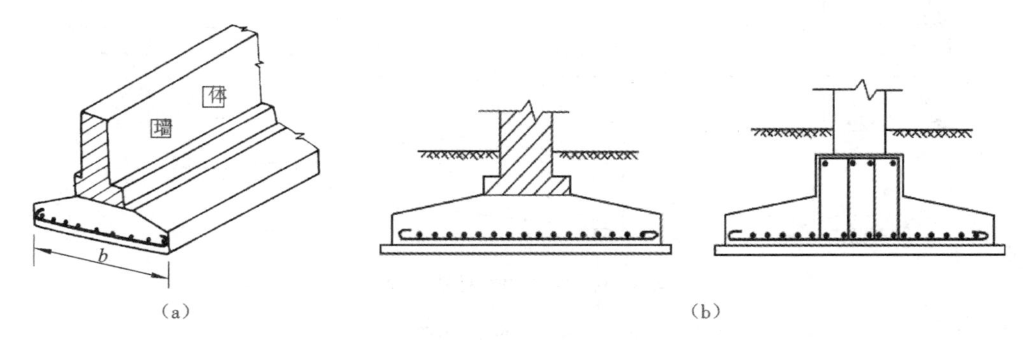

图4-14 墙下钢筋混凝土条形基础

(a)板式；(b)梁式

柱下钢筋混凝土独立基础的构造如图4-15所示。现浇筑的独立基础可做成锥形或阶梯形；预制柱则采用杯口基础，用于装配式单层工业厂房。

砖基础、毛石基础和钢筋混凝土基础在施工前常在基坑底面铺筑100 mm厚、强度等级C10(或C15)的混凝土垫层，目的是保护坑底土体不受人为扰动和雨水浸泡，同时改善基础的施工条件。

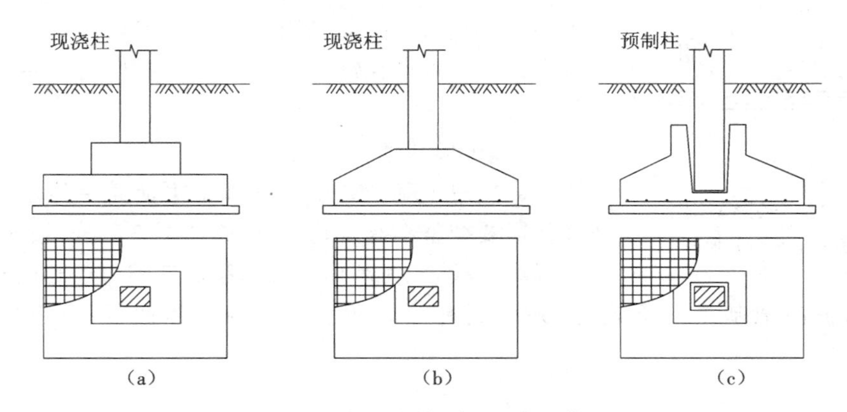

图4-15 柱下钢筋混凝土独立基础

(a)阶梯形；(b)锥形；(c)杯形

浅基础按结构形式分类，除了扩展基础以外，还有联合基础、柱下条形基础、柱下交叉基础、筏形基础、箱形基础和壳体基础。

(1)联合基础

联合基础(见图4-16)主要指同列相邻两柱公共的钢筋混凝土基础，即双柱联合基础。当为相邻两柱分别配置钢筋时，如果其中一柱靠近建筑界线或因为两柱间距过小而出现基底面积不足，以及荷载偏心过大等情况，就应该考虑采用联合基础。联合基础也可以用于调整相邻两柱的沉降差或防止二者之间的相向倾斜等。

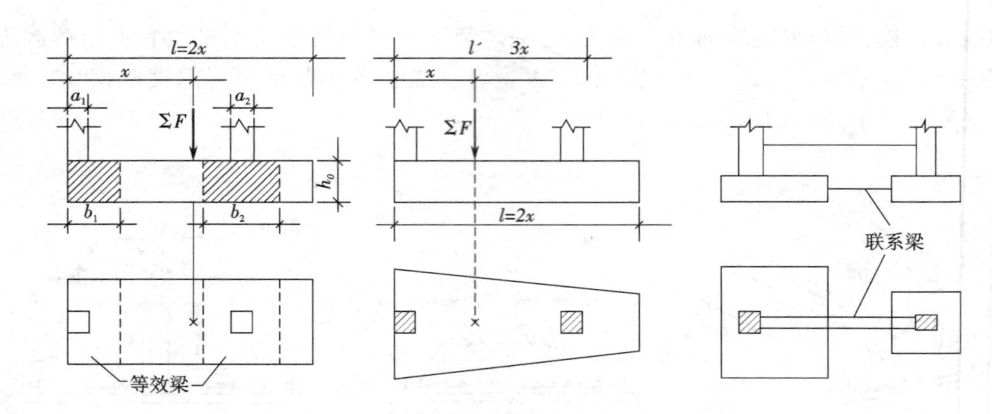

图 4-16　典型的双柱联合基础

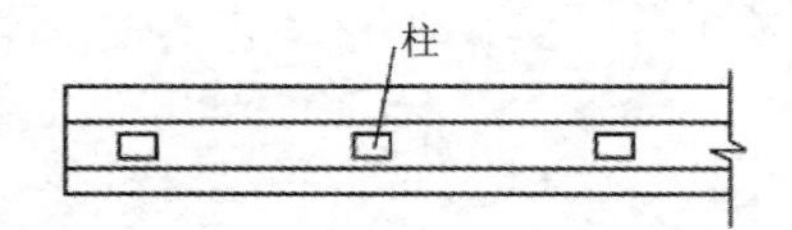

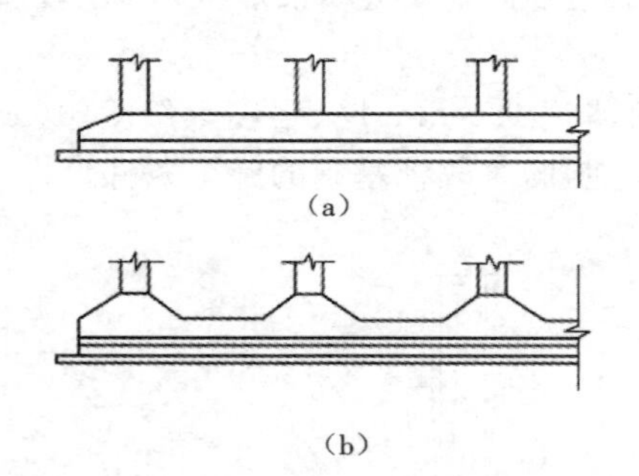

图 4-17　柱下条形基础

(a)等截面;(b)柱位处加腋

(2)柱下条形基础

当地基较为软弱、柱荷载或地基压缩性分布不均匀,需要控制基础的不均匀沉降时常将同一方向(或同一轴线)上若干柱子的基础连成条形。柱下条形基础(见图 4-17)的抗弯刚度较大,常用于软弱地基上框架或排架结构。

(3)柱下交叉基础

如果地基软弱且在两个方向分布不均匀,而基础需要两个方向均有足够的刚度来调整不均匀沉降,则可在柱网下沿纵横两个方向分别设置钢筋混凝土条形基础,形成柱下交叉基础(见图 4-18)。

(4)筏形基础

当用单独基础或条形基础都不能满足地基承载力要求时,往往需要把整个建筑物基础(或地下室部分)做成一片连续的钢筋混凝土板,成为筏形基础。筏形基础由于底面积大,故可减小基底压力,同时提高地基土的承载力,并能更有效地增强基础的整体性,调整不均匀沉降(见图 4-19)。

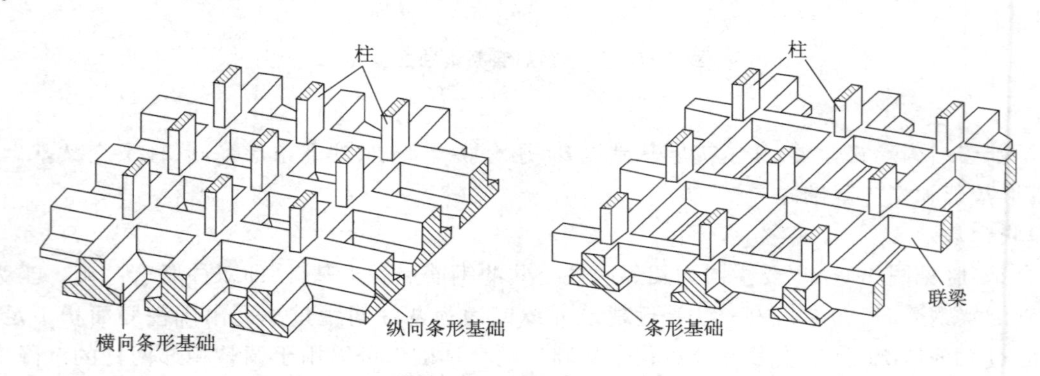

图 4-18　柱下交叉基础

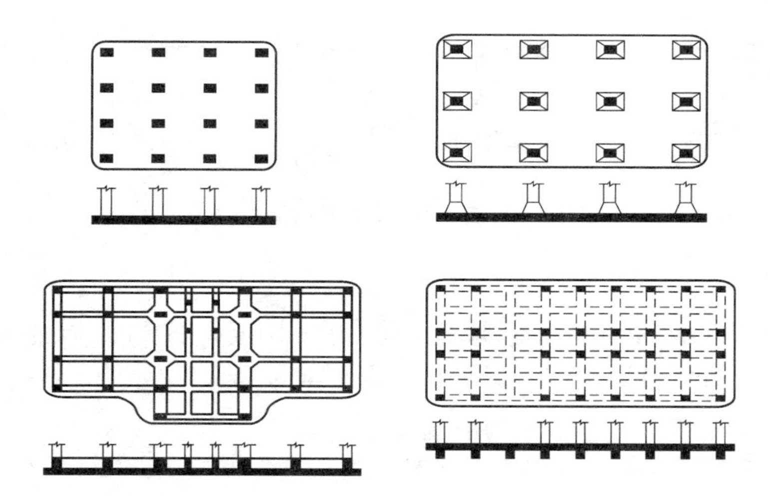

图 4-19　筏形基础

(5)箱形基础

高层建筑往往把地下室的底板、顶板、侧墙及一定数量的内墙合在一起构成一个整体刚度很大的钢筋混凝土箱形结构，称为箱形基础(见图4-20)。箱形基础具有更大的抗弯刚度，只能产生大致均匀的沉降或整体倾斜，从而基本上消除了因地基变形而使建筑物开裂的可能性。

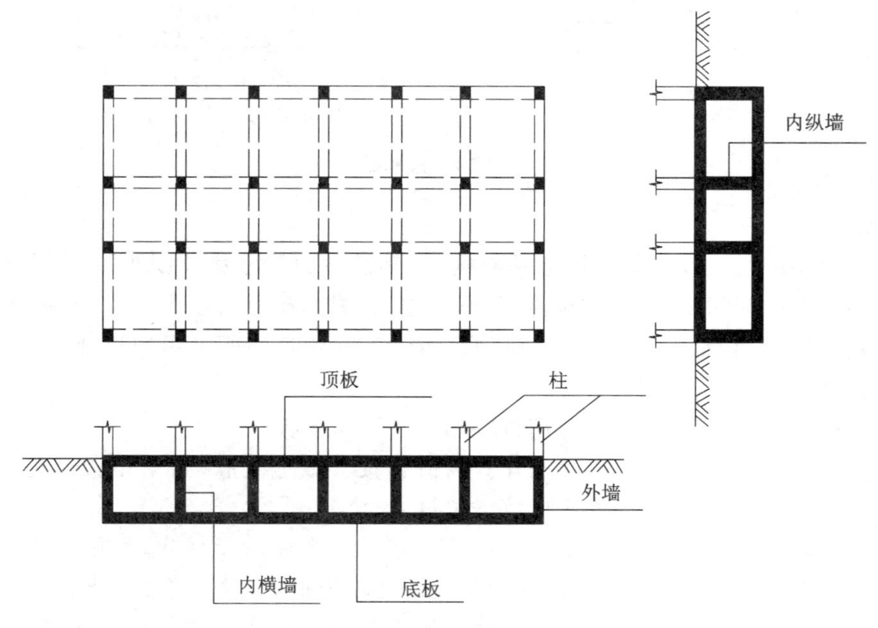

图 4-20　箱形基础

(6)壳体基础

为了更好地发挥混凝土的抗压性能，基础的形式可做成各种形式的壳体，称作壳体基础(见图4-21)。壳体基础的优点是省材料、造价低。

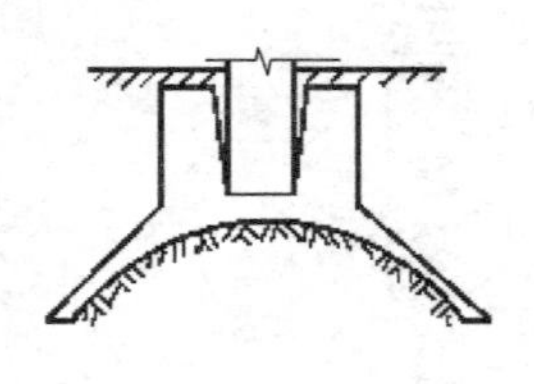
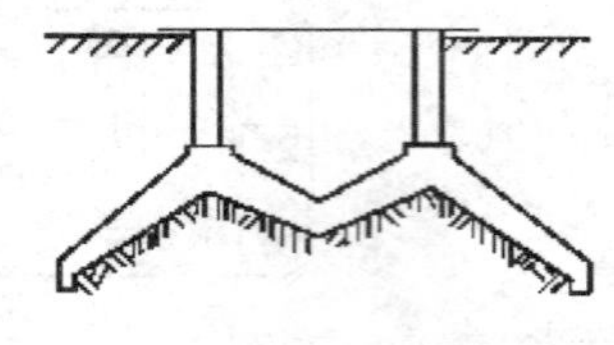
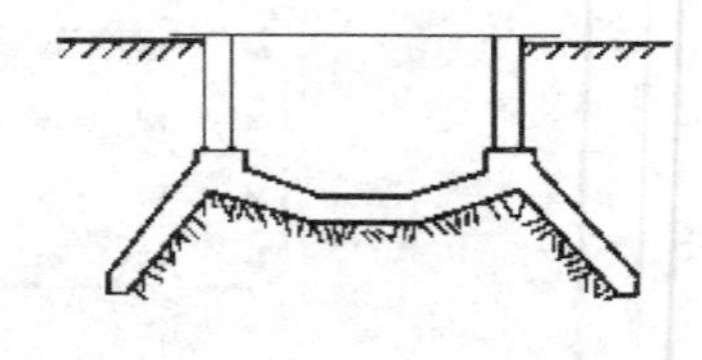

图 4-21 壳体基础

4.3.2 深基础

位于地基深处承载力较高的土层上，埋置深度大于 5 m 或大于基础宽度的基础，称为深基础。深基础主要有桩基、地下连续墙、墩基和沉井等，如图 4-22 所示。

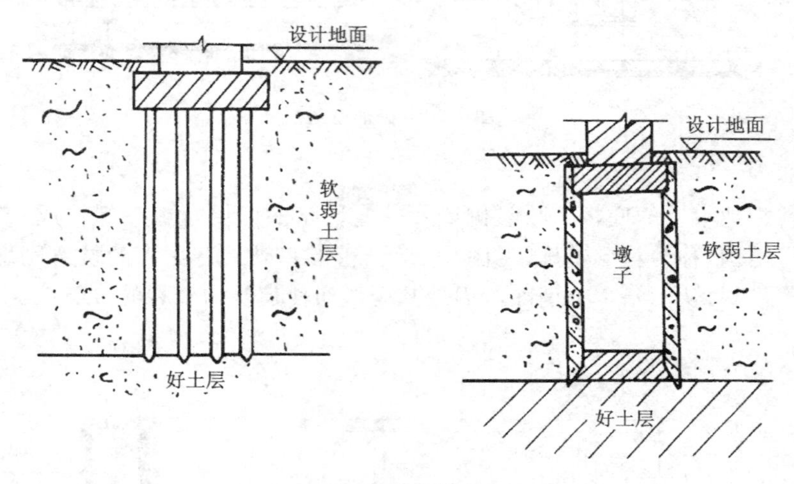

图 4-22 深基础

(1)桩基础

桩是设置于土中的竖直或倾斜的柱型基础构件，其横截面尺寸比长度小得多，它与连接柱顶和承接上部结构的承台组成深基础，简称桩基(见图 4-23)。桩基础具有承载力高、稳定性好、沉降量小而均匀等特点，因此，桩基础成为在不良土质地区修建各种建筑物所采用的基础形式，在高层建筑、桥梁、港口和近海结构等工程中得到广泛应用。

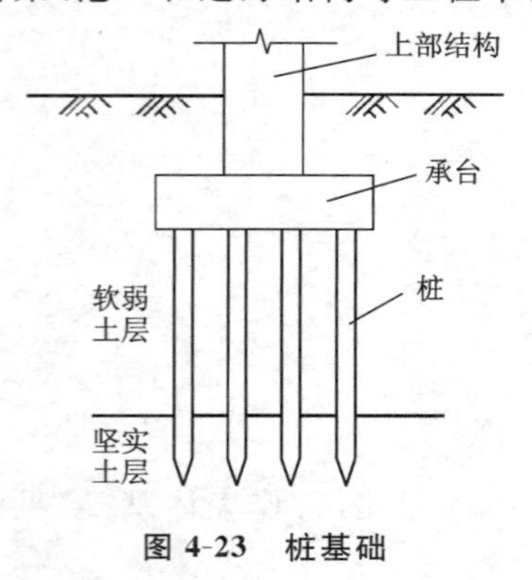

图 4-23 桩基础

采用桩基础的条件如下所述。

①当建筑物荷载较大或地基软弱，采用天然地基时地基承载力不足或沉降量过大时。

②即使天然地基承载力能满足要求，但因采用天然地基时沉降量过大，或是建筑物较为重要，对沉降要求严格时。

③高耸建筑物或构筑物在水平力作用下为防止倾覆，可采用桩基来提高抗倾覆稳定性，此时部分桩将受到上拔力；对限制倾斜有特殊要求时，往往也需要采用桩基础。

④为防止新建建筑物地基沉降对邻近建筑物产生影响，对新建建筑物可采用桩基础。

⑤设有大吨位的重级工作制吊车的重型单层工业厂房，吊车载重量大，使用频繁，车间内设备平台多，基础密集时。

⑥精密设备基础安装和使用过程中对地基沉降及沉降速率有严格要求，动力机械基础对允许振幅有一定要求。这些设备基础常常需要采用桩基础。

⑦在地震区，采用桩穿过液化土层并伸入到下部密实稳定土层，可消除或减轻液化对建筑物的危害。

⑧浅层土为杂填土或欠固结土时，采用换填或地基处理困难较大或处理后仍不能满足要求时，采用桩基础是较好的解决方法。

⑨已有建筑物加层、纠偏、基础托换时可采用桩基础。

按桩身材料不同，桩可分为木桩、混凝土桩、钢筋混凝土桩、钢桩、其他组合材料桩等。按施工方法可分为预制桩、灌注桩。按成桩过程中的挤土效应可分为挤土桩、小量挤土桩和非挤土桩。按达到承载力极限状态时桩的荷载传递主要方式，可分为端承型桩和摩擦型桩。

(2)沉井基础

沉井是井筒状的结构物，它是以井内挖土，依靠自身重量克服井壁摩擦力后下沉至设计标高，然后经过混凝土封底，并填塞井孔，使其成为桥梁墩台或其他构筑物的基础，如图4-24所示。我国的南京长江大桥、天津永和斜拉桥等均采用沉井基础。

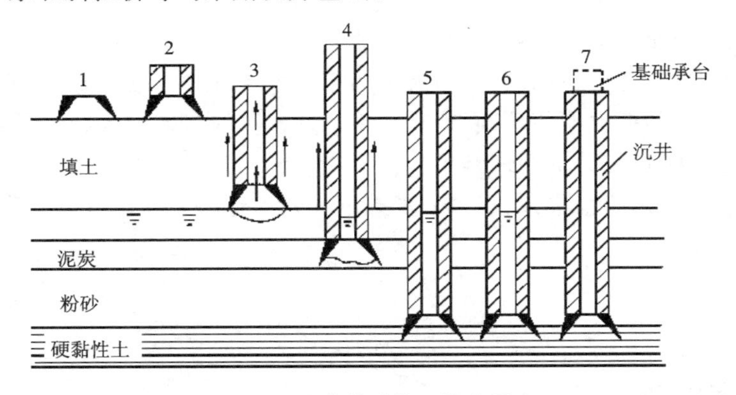

图4-24 沉井基础施工顺序示意

沉井既是基础，又是施工时的挡土和挡水围堰结构，施工工艺并不复杂。沉井的优点是埋置深度可以很大、整体性强、稳定性好，能承受较大的垂直荷载和水平荷载。沉井的缺点是施工工期较长；对细砂及粉砂类土在井内抽水易发生流砂现象，造成沉井倾斜；沉井下沉过程中遇到的大孤石、树干或井底岩层表面倾斜过大，均会给施工带来一定困难。

考虑经济上合理和施工上的可能，通常在下列情况采用沉井基础。

①上部荷载较大，结构对基础的变位敏感，而表层地基土的允许承载力不足，做扩大基础开挖工作量大以及支撑困难，但在一定深度下有好的持力层，采用沉井基础与其他深基础相比较，经济上较为合理时。

②在山区河流中，虽然浅层土质较好，但冲刷大，或河中有较大卵石不便于桩基础施工时。

③岩层表面较平坦且覆盖层薄，但河水较深，采用扩大基础施工围堰很困难时。

深基础的其他两种类型——地下连续墙和墩基础也是土木工程中常用的基础工程形式。

4.4 基础工程设计方法

4.4.1 天然浅基础设计内容

天然地基上的浅基础设计包括下列内容:①初步设计基础的类型、材料与平面布置;②确定地基持力层和基础的埋置深度;③确定地基承载力;④计算基础底面积,必要时进行地基变形与稳定性验算;⑤设计基础高度、剖面形状;⑥如果有软弱下卧层,则验算其承载力;⑦绘施工图,提出施工说明。

上述各设计内容相互关联,设计时可按项逐次进行,若发现前面的选择不合理,则须修改设计直至符合要求为止。对规模较大的基础工程,还宜对若干方案作出技术经济比较,优化采用。

4.4.2 浅基础设计方法

常规设计方法是将上部结构、基础和地基三者分离开来,分别对三者进行计算,其缺点是:虽然满足了静力平衡条件,但却忽略了地基、基础和上部结构三者之间受荷前后的变形连续性。因此,地基越软弱,按常规方法计算的结果与实际情况的差别就越大。

合理的分析方法,原则上应该以地基、基础和上部结构三者之间必须同时满足静力平衡和变形协调两个条件为前提。这种方法从整体上进行相互作用分析有较大难度。一般的基础设计仍然采用常规设计法,对于复杂的或大型的基础,则在常规设计方法的基础上,区别不同情况采用目前可行的方法考虑地基、基础、上部结构的共同作用。

常规设计方法在满足沉降较小或较均匀、基础刚度较大这两个条件时可以认为是可行的。

4.5 地基处理

4.5.1 地基处理的意义

我国地域辽阔,环境多样,土质各异,地基条件有时很复杂。为了使建造在地基上的建筑物都能够很好地满足使用要求,人们对地基进行了合理处理。地基处理的历史可追溯到古代,我国劳动人民在地基处理方面有着极其丰富的宝贵经验,许多现代的地基处理技术都可以在古代找到它的雏形。根据历史记载,早在两千年前就已采用了软土中夯入碎石等压密土层的夯实法;灰土和三合土的垫层法,也是我国古代传统的建筑技术之一;我国古代在沿海地区极其软弱的地基上修建海塘时,采用每年农闲时逐年填筑,即现代堆载预压法中称为分期填筑的方法,利用前期荷载使地基逐年固结,从而提高土的抗剪强度,以适应下一期荷载的施加。

现在,随着国家经济建设的迅速发展,建设项目不仅要选择在地质条件良好的场地上进行,有时也不得不在地质条件较差的地基上进行。此外,随着科学的进步,建筑物的荷载日益增大,同时对建筑物变形的要求也越来越严格,因而原来一般可被评价为良好的地基,也可能在特定条件下非进行地基处理不可。面临建筑物地基的四方面问题——强度和稳定性、变形、渗漏、液化,我们不仅要善于针对不同的地质条件和不同的建筑物选定最合适的基础形式、尺寸及布置方案，而且要善于选取最恰当的地基处理方法。

对于不能满足设计建筑物对地基强度与稳定性和变形要求的地基，采用各种地基加固、补强等技术措施，改善地基土的工程性状，以满足工程要求的措施为地基处理。

地基处理（ground treatment）的对象是软弱地基（soft foundation）和特殊土地基（special ground）。《建筑地基基础设计规范》(GB 50007—2011)中明确规定："软弱地基系指主要由淤泥、淤泥质土、冲填土、杂填土或其他高压缩性土层构成的地基。"特殊土地基带有地区性特点，包括软土、湿陷性黄土、膨胀土、红黏土和冻土等地基。当承受建筑物荷载的天然地基不能满足建筑物对地基承载力和变形的要求时，需要对地基进行加固处理后才能修建上部建筑物。

经过地基处理，可以达到改善地基条件的目的，即改善剪切特性、压缩特性、透水性、动力特性和特殊土的不良地基特性。

地基的剪切破坏表现在建筑物的地基承载力不够，使结构失稳或土方开挖时边坡失稳；使临近地基产生隆起或基坑开挖时坑底隆起。地基的高压缩性表现在建筑物的沉降和差异沉降大。地基的透水性表现在堤坝、房屋等基础产生的地基渗漏，基坑开挖过程中产生流砂和管涌。地基的动力特性表现在地震时粉土、砂土将会产生液化；由于交通荷载或打桩等原因，邻近地基产生振动下沉。黄土具有湿陷性而膨胀土具有胀缩性，采用地基处理，地基的上述不良性质将会得到改善，从而满足工程要求。

4.5.2　地基处理的方法

地基处理方法有很多种。按时间可分为临时处理和永久处理；按处理深度可分为浅层处理和深层处理；按土性对象可分为砂性土处理和黏性土处理，饱和土处理和非饱和土处理；也可按照地基处理的作用机理进行分类。

地基处理的基本方法主要有置换、夯实、挤密、排水、胶结、加筋和冷热等处理方法，这些方法也是千百年以来仍然有效的方法。按照地基处理的作用机理进行分类，因为能够体现各种地基处理方法的主要特点而被认为是较为妥当的一种分类方法，但是严格地按照地基处理的作用机理进行分类也是困难的，很多地基处理的方法具有多种处理的效果。如碎石桩具有置换、挤密、排水和加筋等多重作用；石灰桩又挤密又吸水，吸水后又进一步挤密等反复作用；在各种挤密法中，同时都有置换作用。由此可见，每一种处理方法都可能具有多种处理的效果。

以下按地基处理的作用机理对地基处理方法进行分类。

(1)换土垫层法(置换法)

换土垫层法(replacement method)的原理：当软弱地基的承载力或变形不能满足建筑物的要求，而软弱土层的厚度又不很大时，挖除浅层软弱土或不良土，分层碾压或夯实土，按回填的材料不同可分为砂(石)垫层、碎石垫层、粉煤灰垫层、矿渣垫层、土(灰土)垫层等。该方法可提高持力层的承载力，减小沉降量；消除或部分消除土的湿陷性和胀缩性；防止土的冻胀作用和改善土的抗液化性。

换土垫层法(见图 4-25)常用于基坑面积宽大和开挖土方量较大的土方回填工程。适用于处理浅层地基，一般不大于 3 m。

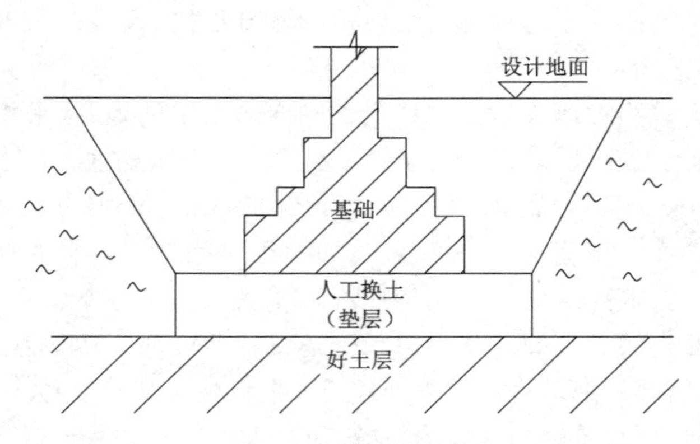

图 4-25　换土垫层法

(2)深层密实法

深层密实法(deep compaction method)是指采用爆破、夯击、挤压和振动等方法,对松软地基土进行振密和挤密使地基土体孔隙比减小,抗剪强度提高,达到地基处理的目的。深层密实可以使地基土在较大深度范围内得到密实,按照施工机具和方式的不同,常有爆破法、强夯法和挤密法之分。

(3)排水固结法

排水固结法(drainage method)也称预压法(preloading),是对天然地基或先在地基中设置砂井等竖向排水体,然后利用建筑物本身重量分级逐渐加载,或在建筑物建造前在场地先行加载预压,使土体中的孔隙水排出,逐渐固结,地基发生沉降,同时强度逐步提高的方法。该法常用于解决软黏土地基的沉降和稳定问题,可使地基的沉降在加载预压期间基本完成或大部分完成,使建筑物在使用期间不致产生过大的沉降和沉降差。同时,可增加地基土的抗剪强度,从而提高地基的承载力和稳定性。

(4)加筋法

加筋法(reinforced earth)的原理:在人工填土的路堤或挡墙内铺设土工合成材料、钢带、钢条、尼龙绳或玻璃纤维等作为拉筋;土锚、土钉和锚定板都是为了提高土体的自身强度和自稳能力;或在软弱土层上设置树根桩、碎石桩、砂(石)桩等,使这种人工复合土体具有抗拉、抗压、抗剪和抗弯性能,用以提高地基承载力,减少沉降和增加地基稳定性。

加筋法中采用土工合成材料适用于砂土、黏性土和软土;采用加筋土适用于人工填土的路堤和挡墙结构;土锚、土钉和锚定板适用于土坡稳定;树根桩适用于各类土,可用于稳定土坡支挡结构,或用于对既有建筑物的托换工程;碎石桩、砂石桩、砂桩适用于黏性土、疏松砂性土、人工填土。

(5)化学加固法

化学加固法(chemical stabilization)指利用水泥浆液、黏土浆液或其他化学浆液,通过灌注压入、高压喷射或机械搅拌,使浆液与土颗粒胶结起来,以改善地基土的物理和力学性质的地基处理方法。工程上可进一步分为注浆法、高压喷射注浆法和水泥土搅拌法。

化学加固法适用于处理淤泥、淤泥质土、黏性土、粉土等地基。

(6)热学法

利用热学原理进行地基加固处理的方法有热加固法(thermal stabilization)和冻结法(freezing

method)。热加固法是通过渗入压缩的热空气和燃烧物，并依靠热传导将细颗粒土加热到 100 ℃以上，则土的强度就会增加，压缩性随之降低。而冻结法是采用液体氮或二氧化碳的机械制冷设备与一个封闭式液压系统相连接，而使冷却液在内流动，从而使软而湿的土进行冻结，以提高地基土的强度和降低土的压缩性。

热加固法适用于非饱和黏性土、粉土和湿陷性黄土。冻结法适用于各类土，特别是在软土地质条件，开挖深度大于 7～8 m，以及低于地下水位的情况下是一种普遍而有用的施工措施。

(7)基础托换

基础托换(underpinning)也称托换技术，是指解决对既有建筑物的地基需要处理和基础需要加固的问题，和对既有建筑物基础下需要修建地下工程以及其临近需要建造新工程而影响到既有建筑物的安全等问题的技术总称。

托换技术是一种建筑技术难度较大、费用较高、工期较长的特殊施工方法，需要应用各种地基处理方法。

随着地基处理的工程实践和发展，人们在改造土的工程性质的同时，又不断丰富了对土特性的研究和认识，对地基处理的技术和方法也进一步更新。在 20 世纪 60 年代中期，从如何提高土的抗拉强度这一思路中，发展了土的“加筋法”；从如何有利于土的排水和排水固结这一基本观点出发，发展了土工合成材料、砂井预压和塑料排水带；从如何进行深层密实处理的方法考虑，采用增大击实功的措施，发展了“强夯法”和“振动水冲法”等。另外，现代工业的发展，为地基工程提供了强大的生产手段，如能制造重达几十吨的强夯起重机械；潜水电机的出现，带来了振动水冲法中振冲器的施工机械；真空泵的问世，建立了“真空预压法”；生产出大于 200 个大气压的压缩空气机，从而产生了“高压喷射注浆法”。

但是应当注意，各类地基处理对每种地基处理方法使用时，必须注意每种地基处理方法的加固机理、适用范围、优点和局限性。因为同样的一种地基处理技术，在不同土类中的作用原理和作用效果往往存在显著的差别。例如振冲法，在砂土中其主要作用是振冲挤密；在饱和黏土中则为振冲置换组成复合地基；两者的技术要求不同，设计方法也不同。如果把原理搞错了，就可能导致工程事故。

选择地基处理方案时首先应根据搜集的资料，运用土力学原理初步选定可供考虑的一种或几种地基处理方案。然后进行技术经济分析和对比，从中选择最优的地基处理方案。必要时也可采用两种或多种地基处理的综合处理方案。选择地基处理方案时，尚应同时考虑加强上部结构的整体性和刚度。

对已选定的地基处理方案，可在有代表性的场地上进行相应的现场实体试验，以检验设计参数、选择合理的施工方法和确定处理效果。现场实体试验最好安排在初步设计阶段进行，以便及时为施工图设计提供必要的参数。

4.6　基坑工程及其特点

随着经济的发展，城市化步伐的加快，为满足日益增长的市民出行、轨道交通换乘、商业、停车等功能的需要，在用地愈发紧张的密集城市中心，结合城市建设来改造开发大型地下空间已成为一种必然,诸如高层建筑多层地下室、地下铁道及地下车站、地下道路、地下停车库、地下街道、地下商场、地下医院、地下变电站、地下仓库、地下民防工事以及多种地下民用和工业设施等。为保护地下主体结构施工及其周边的建(构)筑物、地下管线、道路、岩土体与地下水体等基坑周边环境的安全,采取的支护结构、地下水控制和土方开挖与回填,称为基坑工程,典型的基坑工程现场如图 4-26 所示。对基坑采取的支挡、加固、保护与地下水控制(如降水)等措施,可称为基坑支护体系。

图 4-26 基坑工程现场

基坑支护体系通常需要满足如下三个方面的要求。

①确保基坑周围边坡的稳定性,满足地下室等地下结构有足够空间的要求,即基坑支护要能起到挡土的作用,这是土方开挖和地下室施工的必要条件。

②确保基坑周边环境在基坑工程施工过程中不受损害。这要求在支护体系施工、土方开挖及地下室施工过程中控制土体的变形,使基坑周围地面沉降和水平位移控制在容许范围内。

③确保基坑工程施工作业面在地下水位以上。支护体系需要通过降水、排水、截水等措施保证基坑施工作业面在地下水位以上。

对支护体系的这三个方面要求,应根据具体工程确定。一般来说,基坑支护体系必须满足第一和第三方面的要求;第一方面的要求根据基坑周边环境情况、承受变形的能力、重要性及被损害可能发生的后果确定其具体要求。有时需要确定应变控制的变形量,按变形要求进行设计。

基坑工程主要包括基坑支护体系设计与施工和土方开挖,是一项综合性很强的系统工程。它要求岩土工程和结构工程技术人员密切配合。基坑工程具有下述特点。

①基坑支护体系是临时结构,具有较大的风险性。一般情况下,基坑支护是临时措施,地下室主体施工完成时,支护体系就完成任务。与永久性结构相比,其安全储备要求可小一些,具有较大的风险性。因此,基坑工程施工过程中应进行监测,可极早地发现险情,及时进行补救。

②基坑工程具有很强的区域性和个性。基坑工程具有区域性是源于岩土工程的区域性特点,即基坑工程所处的工程地质条件和水文地质条件在不同的地区具有很大的差异,甚至同一城市不同区域也有很大差异。因此,基坑支护体系的设计和施工必须要因地制宜。基坑工程的个性源自基坑周边环境的特殊性,即基坑工程不仅要考虑具有特殊的工程地质和水文地质条件,还必须考虑其对相邻的建筑物、构筑物及地下管线等基坑周边环境的影响。

③基坑工程是系统工程。基坑工程主要包括基坑支护体系的设计及施工、土方开挖这两个部分。支护体系施工和土方开挖之间必须要有合理的施工组织顺序,施工组织是否合理对支护体系的

安全性具有重要影响。不合理的土方开挖方式、步骤和速度可能导致主体结构过大的变形，甚至导致失稳破坏。

【本章要点】

①承受建筑物或构筑物荷载的那部分土层称为地基。将上部结构荷载均匀地传给地基并连接上部结构与地基的下部结构称为基础。基础工程是岩土地基上开展的工程技术问题。地基处理是对不能满足地基承载力和变形要求的天然地基进行人工处理。工程地质勘察是对建筑物或构筑物地基做出岩土工程评价，为地基基础设计和施工以及地基加固和不良地质的防治工程提出具体的方案和建议。

②本章要求了解地基、基础、基础工程、地基处理、工程地质勘察的基本概念，了解工程地质勘察的意义，了解工程结构对地基基础的要求，了解地基处理的基本方法，了解基坑支护的主要形式。

【思考与练习】

4-1　什么是地基？什么是基础？它们的联系与区别是什么？

4-2　什么是工程地质勘察？工程地质勘察有必要吗？

4-3　建筑的基础类型有哪些？

4-4　什么是地基处理？地基处理需要“对症下药”吗？

4-5　基坑支护体系需要满足哪些要求？

第5章　道路、桥梁与隧道工程

5.1　道路与铁路工程

道路和铁路都属于陆上运输设施，它们有各自不同的特点和适用范围。道路运输具有很强的灵活性，可以实现门到门、即时、随量的运输。铁路运输虽然没有道路运输灵活，但铁路运输的运输能力大，适合远距离的大众客货运输，运输成本低，同时较少受气象和季节的影响。在工程建设上，道路和铁路工程具有一定的相似性，如两者线路都是由路基和桥隧建筑物等组成，由于其承载的交通运输工具以及要求的不同，其技术标准具有明显的差异。

5.1.1　道路与铁道工程的特点

1)道路分类

道路分为城市道路和公路。城市道路是指大、中、小城市以及大城市的卫星城镇等规划区内的道路、广场和停车场，不包括街坊内部道路。城市道路还包括城市与卫星城镇等规划区以外的进出口道路。城市道路与公路的分界线为城市规划区的边线。

(1)城市道路分类

按照道路在道路网中的地位、交通功能及对沿线建筑物的服务功能分为四类。

①快速路。快速路是解决城市中大量、长距离、快速的交通服务，具有单向多车道(双车道以上)，设置中央分隔带，进出口采用全部或部分控制的城市道路。其两侧不应设置具有大量车流和人流的公共建筑物进出口。

②主干路。主干路是连接城市各主要分区的干道，是城市路网的骨架，以交通功能为主。当机动车辆和非机动车辆交通量较大时，宜采用分隔形式，如三幅路或四幅路。

③次干路。次干路是分布在城市各区域内的地方性干道，沿线可以分布大量的住宅、公共建筑停车场和公共交通枢纽等服务设施。次干路和主干路组合成城市道路网，起集散交通的作用，兼有服务功能。

④支路。支路是次干路与街坊及小区的连接线，目的是解决局部地区的交通，以服务功能为主。

除快速路外，每类道路按照城市的规模、设计交通量、地形等分为Ⅰ、Ⅱ、Ⅲ级。

(2)公路分类

公路根据使用任务、功能和适用的交通量分为高速公路、一级公路、二级公路、三级公路、四级公路五个等级。

①高速公路为专供汽车分向、分车道行驶并全部控制出入的干线公路。

四车道高速公路一般能适应将各种汽车折合成小客车的远景设计年限，年平均昼夜交通量为

25 000～55 000 辆。

六车道高速公路一般能适应将各种汽车折合成小客车的远景设计年限，年平均昼夜交通量为45 000～80 000 辆 。

八车道高速公路一般能适应将各种汽车折合成小客车的远景设计年限，年平均昼夜交通量为60 000～100 000 辆。

其他公路为除高速公路以外的干线公路、集散公路、地方公路，均分为四个等级。

②一级公路为供汽车分向、分车道行驶的公路，一般能适应将各种汽车折合成小客车的远景设计年限，年平均昼夜交通量为 15 000～30 000 辆。

③二级公路一般能适应将各种车辆折合成小客车的远景设计年限，年平均昼夜交通量为5 000～15 000 辆。

④三级公路一般能适应将各种车辆折合成小客车的远景设计年限，年平均昼夜交通量为2 000～6 000 辆。

⑤四级公路一般能适应将各种车辆折合成小客车的远景设计年限，年平均昼夜交通量为：双车道 2 000 辆以下，单车道 400 辆以下。

公路等级应根据公路网的规划，从全局出发，按照公路的使用任务、功能和远景交通量综合确定。

一条公路，可根据交通量等情况分段采用不同的车道数或不同的公路等级。

各级公路远景设计年限：高速公路和一级公路为 20 年，二级公路为 15 年，三级公路为 15 年，四级公路一般为 10 年，也可根据实际情况适当调整。

2)铁路线路分类

铁路运输是以固定轨道作为运输道路，有轨道机械动力牵引车辆运送旅客和货物的运输方式。铁路运输与其他各种现代化运输方式相比，具有运输能力大、速度快，运输成本低，且受气候条件限制小，可以全天候安全正点的特点。

铁路运输业是一个庞大的物质生产产品，拥有大量的技术设备。其基本设备如下。

①线路设备，它是机车、车辆和列车的运行基础。

②车辆设备，它是装载货物和运送旅客的工具。

③机车设备，它是牵引列车和调车的基本动力。

④车站设备，它是办理旅客和货物运输的基地。

⑤通信和信号设备，它是确保行车安全和提高运输效率的必要手段，是铁路运输的“耳目”。

本书将只对涉及土木工程的铁路线路做简单介绍。

(1)线路等级

在铁路线路的各项设计标准中，线路等级居主导地位，影响到线路平、纵断面设计采用的技术标准和装备类型。根据我国《铁路线路设计规范》(GB 50090—2006)的规定，新建和改建铁路(或区段)的等级，应根据其在铁路网中的作用、性质和远期客货运量确定。我国铁路共划分四个等级，详细划分条件见表 5-1。

表 5-1 铁路等级

铁路等级	铁路在路网中的意义	远期年客货运量
Ⅰ	在路网中起骨干作用的铁路	≥20 Mt
Ⅱ	在路网中起联络、辅助作用的铁路	<20 Mt 且≥10 Mt
Ⅲ	为某一地区或企业服务的铁路	<10 Mt 且≥5 Mt
Ⅳ	为某一地区或企业服务的铁路	<5 Mt

注:年客货运量为重车方向的货运量与由客车对数折算的货运量之和,旅客列车 1 对每天按年货运量 1.0 Mt。

(2)线路分类

除按等级分类外,还可以按其他方式分类。

①按线路正线数目分类。

单线铁路:区间只有一条正线的铁路线路。

双线铁路:区间有两条正线的铁路线路。

部分双线铁路:在一个区段内只有部分区间为双线的铁路线路。

多线铁路:区间正线为三条及以上的铁路线路。

②按线路允许的最高行车速度分类。

普通线路:行车速度为 120 km/h 以下。

快速线路:行车速度为 120～200 km/h。

高速线路:行车速度为 200～350 km/h。

超高速线路:行车速度为 350 km/h 以上。

此外,按钢轨轨节长度不同分为普通线路和无缝线路。

3)道路和铁路的组成

城市道路、公路和铁路线路有很多相似之处,都是建造于大地表面上的供车辆行驶的一种带状三维空间人工构筑物,包括路基、路面、桥梁、隧道、涵洞等工程实体。因为所处的地理条件、交通条件和周围环境具有一定的差异,在一些几何和结构设计方面也存在不同之处。

(1)公路的基本组成

①线型组成。

a. 路线。路线是指公路的中线,线型是指公路中线在空间的几何形状和尺寸。公路是一条三维空间曲线,由直线、圆曲线及缓和曲线相互连接组合而成。

b. 平、纵断面。在公路线型设计中,要分别从平面线型、纵面线型以及两者的组合来研究(见图 5-1)。

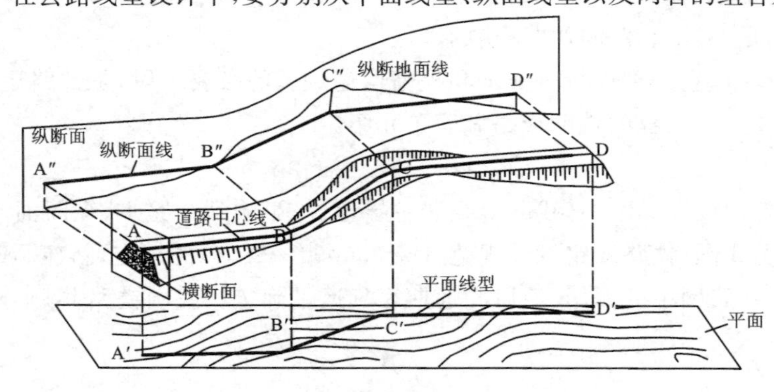

图 5-1 道路平、纵断面示意图

②公路的结构组成。

公路的结构组成包括路基、路面、桥涵、隧道、路线交叉及沿线设施等，其中路基、路面是主要的工程结构物。

a. 路基。路基是指在天然地表面按照道路的设计线形（位置）和设计断面（几何尺寸）的要求开挖或堆填，满足一定要求的岩土结构物。

用一个法向切面通过道路中心线剖切路基得到的图形叫作路基的横断面（见图 5-2 至图 5-4），它由行车道、中间带、路肩、边沟、边坡、截水沟、碎落台、护坡道等组成。

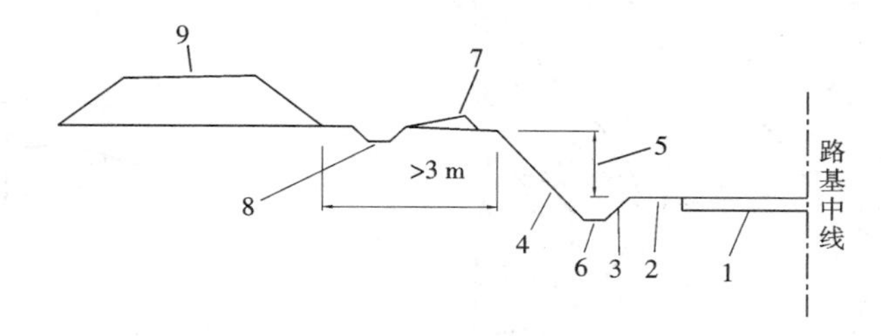

图 5-2　路基的横断面示意图

1—路面；2—路肩；3—内侧边坡；4—外侧边坡；5—边坡高度；6—边沟；7—土埂；8—截水沟；9—弃土堆

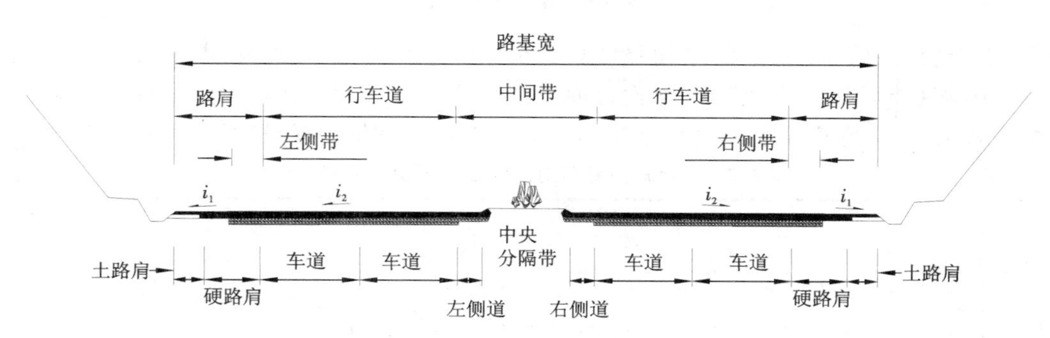

图 5-3　高速公路与一级公路的横断面

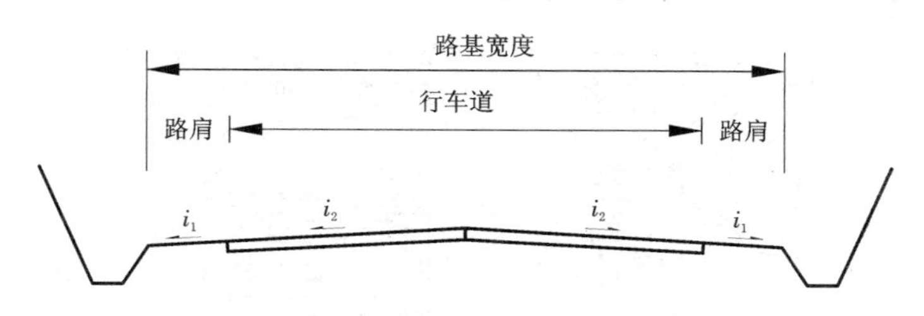

图 5-4　二、三、四级公路横断面

路基断面形式通常分为路堑、路堤、半填半挖路基三种（见图 5-5）。

为保持路基的稳定性和强度，在路基范围内设置地面和地下排水设施。公路排水系统按其排水方向可分纵向排水系统和横向排水系统。纵向排水系统常见的有边沟、截水沟、排水沟等，横向排水系统常见的有路拱、桥涵、透水路堤、过水路面、渡槽以及地下排水系统的横向排水管等。

b. 路面。路面是指在路基顶面的行车部分用各种混合料铺筑而成的层状结构物。

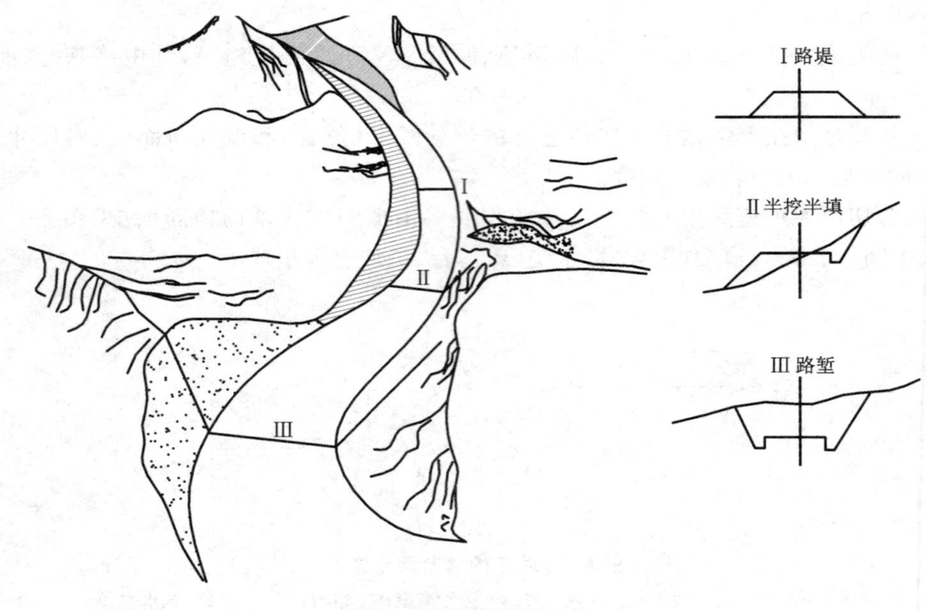

图 5-5 路基断面形式

路面按其使用品质、材料组成、结构强度和稳定性可分为高级、次高级、中级、低级四个等级(见表 5-2),按力学性能可分为柔性路面、刚性路面及半刚性路面;路面结构层可分为面层、基层、垫层。有时为施工需要,可以在面层上加铺磨耗层,在面层和基层之间铺的铺设联结层(见图 5-6)。

表 5-2 各路面等级所对应的面层类型及公路等级

路面等级	面层类型	公路等级
高级	水泥混凝土、沥青混凝土、厂拌沥青碎石、整齐石块或条石	高速、一、二级
次高级	沥青贯入碎砾石、路拌沥青碎砾石、沥青表面处置、半整齐石块	二、三级
中级	泥结或级配碎砾石、水结碎石、不整齐石块、其他粒料	三、四级
低级	各种粒料或当地材料改善土,如炉渣土、砾石土和砂砾石	四级

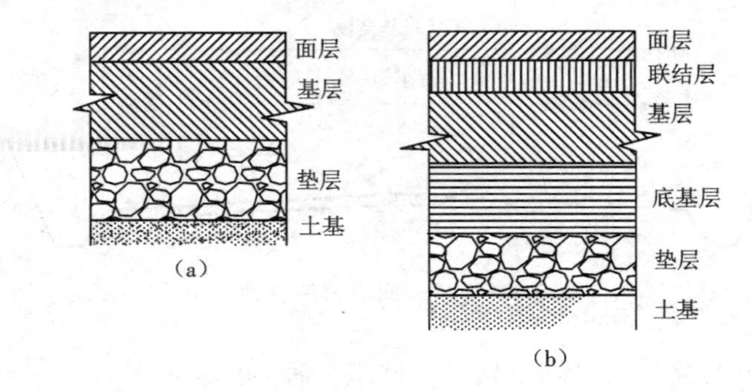

图 5-6 路面结构层

(a)低、中级路面;(b)高级路面

c. 桥涵和隧道。当公路需要跨越障碍物,如河流、山谷及其他结构物时,为缩短公路里程需要架设桥梁,当公路需要穿越山丘、下穿地面或河流海底时就得开挖、修建隧道。关于桥涵和隧道的详细内容,参考本章后两节内容。

d. 沿线设施。为保证行车安全、舒适和增加路容美观,公路还需设置各种沿线设施。沿线设施是公路沿线交通安全、管理、服务、环保等设施的总称。

交通安全设施:为保证行车与行人安全和充分发挥公路的作用而设置的设施,包括人行地下通道、人行天桥、标志、标线、交通信号灯、护栏、防护网、反光标志、照明等设施。

交通管理设施:为保障良好的交通秩序、防止事故发生而设置的各种设施,包括公路标志,如指示标志、警告标志、禁令标志、指路标志、路面标线、路面标志、紧急电话、公路情报、公路监视设施、交通控制设施等。

防护设施:为防护公路上的塌方、泥石流、滚碎石、滑坡、积雪、风沙及水毁等危害设置的各种设施和构造物,如碎落台、调治结构物、防雪走廊等。

停车设施:为方便旅客和保证安全,在沿线适当地点设置的停车场、汽车站、回车道等设施。

路用房屋及其他沿线设施:包括养护房屋、营运房屋、收费站、加油站等。

绿化:绿化是公路不可缺少的部分,它有稳定路基、荫蔽路面、美化路容、增加行车安全等功能,有时兼作防雪、沙、风等作用。

(2)城市道路的基本组成

城市交通特点与公路有很大不同,城市中交通组成有行人、自行车等非机动车、汽车、公共汽车及货车等。典型的城市道路概貌如图5-7所示。

图5-7 城市道路概貌

通常其组成部分包括如下内容。

①供汽车行驶的机动车道,供自行车、三轮车等行驶的非机动车道。

②供行人步行的人行道(地下人行道、人行天桥)及身体不方便人群利用的设施。

③交叉口、交通广场、停车场、公共汽车停靠站台等。

④大量的、完善的交通管理和控制设施,如信号灯、各种标志标线、交通岛、护栏等。

⑤排水系统,如锯齿形街沟、边沟、雨水口、窨井、雨水管等。

⑥沿街地上设施,如照明灯柱、电线杆、邮筒、给水柱等。

⑦地下各种管线,如电缆、煤气管、给水管、供热管道等。

⑧具有卫生、防护和美化作用的绿化带。

⑨各种高架道路。

5.1.2 道路与铁道工程的设计标准

1)道路工程设计标准

城市道路和公路在几何和结构设计中存在许多相似之处,本章不再分门别类地对城市道路和公路作单独介绍,只是指出其异同点。

(1)公路工程技术标准

公路工程技术标准是指对公路路线和构造物的设计及施工在技术性能、几何形状和尺寸、结构组成上的具体尺寸和要求。技术标准是根据汽车行驶性能、数量、荷载等方面的要求,在总结公路设计、施工养护和汽车运输经验的基础上,经过调查研究、理论分析制定出来的,是公路设计和施工的基本依据和必须遵守的准则。

我国现行的《公路工程技术标准》(JTG B01—2014)分总则、一般规定、路线、路基路面、桥涵、汽车及人群荷载、隧道、路线交叉、交通工程及沿线设施等10章。

在公路设计中,指标的运用要求合理,不要轻易取极限的指标,也不要片面地取高指标,需要从公路建设和运营管理、养护方法综合考虑,以寻求系统最佳。

(2)城市道路技术标准

城市道路设计是在城市总体规划指导下,确定的道路类别、级别、红线宽度、横断面类型、地面控制标高、地下杆线与地下管线布置。在运用城市道路设计标准时应该注意以下原则。

①应按交通量大小、交通特性、主要构筑物的技术要求进行道路设计,并应符合环境保护的要求。

②在道路设计中应处理好近期与远期、新建与改建、局部与整体的关系,重视经济效益、社会效益与环境效益。

③在道路设计中应妥善处理地下管线与地上设施的矛盾,贯彻先地下后地上的原则,避免造成反复开挖、修复的浪费。

④在道路设计中应综合考虑道路的建设投资、运输效益与养护费用等关系,正确运用技术标准,不宜单纯为节约建设投资而不适当地采用技术指标中的低限值。

⑤道路设计应根据交通工程要求,处理好人、车、路、环境之间的关系。

⑥道路的平面、纵断面、横断面应相互协调。道路标高应与地面排水、地下管线、两侧建筑物等配合。

⑦在道路设计中注意节约用地,合理拆迁房屋,妥善处理文物、名木、古迹等。

⑧在道路设计中应考虑残疾人的使用要求。

交通安全设施是为了保证行车安全和发挥公路的作用,各级公路的急弯、陡坡等路段,均应按规定设置必要的安全设施,如护栏、护柱等。

服务性设施一般是指渡口码头、汽车站、加油站、修理站、停车场、餐厅、旅馆等。环境美化设施是美化公路、保护环境不可缺少的部分,如道路两侧和中间分隔带等地的绿化等,原则上以不影响司机的视线和视距为宜。

2)铁道工程设计及轨道构造

铁道线路是供铁路列车不间断运行的带状建筑物,也就是机车车辆走行的道路。铁路线路由轨道、路基、桥涵、隧道等组合而成。

线路分为正线、站线、段管线、岔线和特别用途线。

正线是指连接两车站并贯穿或直接伸入车站的线路;站线是车站内除正线以外的线路,它包括到发线、调车线、牵出线、货物线以及站内指定用途的其他线路;段管线是指机务、车辆、工务、电务、房产等段专用并由其管理的线路;岔线是因特殊需要,在区间或站内接轨,通往路内外单位的专用线路;特别用途线是为保证行车安全而设置的线路,如安全线、避难线。

(1)铁路技术标准

铁路主要技术标准是指对铁路输送能力、工程造价、运营质量以及选定其他有关技术条件有显著影响的基本标准和设备类型。《铁路线路设计规范》(GB 50090—2006)中规定正线数目、限制坡度、最小曲线半径、车站分布、到发线有效长度、牵引种类、机车类型、机车交路、闭塞类型为各级铁路的主要技术标准。其中前五项属于工程标准,建成后很难改变;后四项则属于技术装备类型,可以随运量增长逐步进行更新改造。

(2)轨道构造

路基和桥隧建筑物建成后,就可以在上面铺筑轨道。轨道由钢轨、轨枕、道床、联结零件、防爬设备及道岔等主要部件组成,如图 5-8 所示。

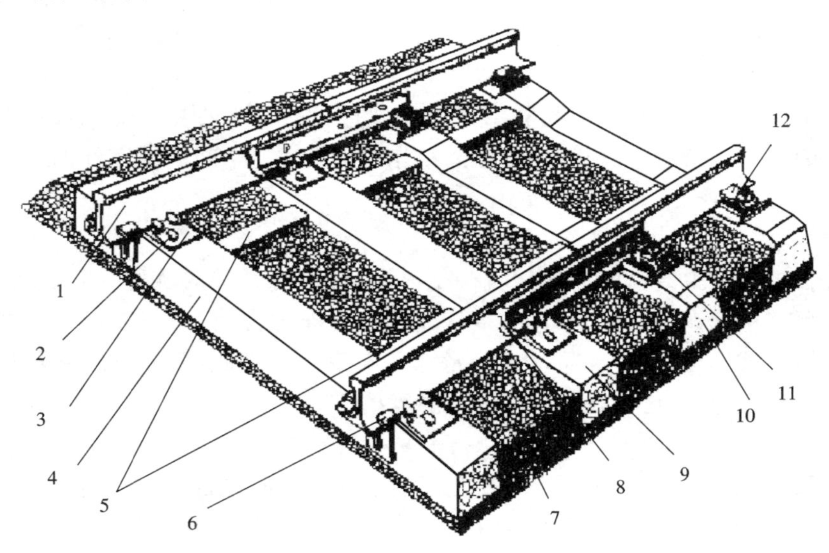

图 5-8　轨道的基本组成

1—钢轨;2—普通道钉;3—垫板;4,9—木枕;5—防爬撑;6—防爬器;7—道床;8—鱼尾板;10—钢筋混凝土枕轨;11—扣板式联结零件;12—弹片式中间联结零件

①钢轨。

钢轨的作用如下:

a. 支承并引导机车车辆的车轮前进;

b. 直接承受来自车轮的力(弯曲应力、接触应力、温度应力),并为车轮滚动提供阻力最小的表面;

c. 将车轮的压力传递到轨枕上;

d. 在电气化铁路或自动闭塞区段,钢轨兼作轨道电路。

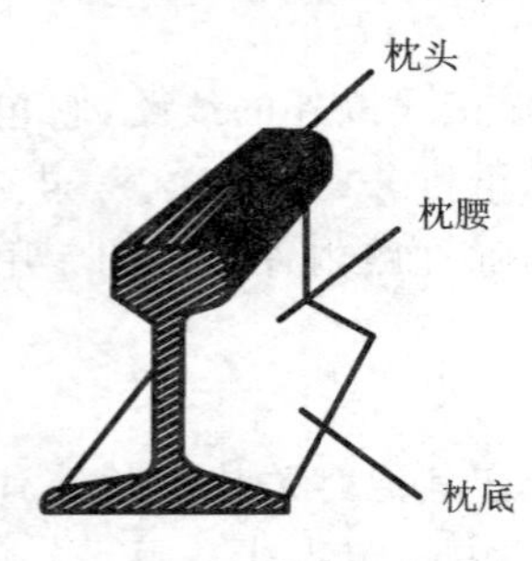

图 5-9　钢轨断面形式

钢轨断面形状采用具有最佳抗弯性能的工字形断面,由轨头、轨腰、轨底三部分组成,如图 5-9 所示。钢轨的类型用单位长度的质量(kg/m)来表示。我国标准钢轨类型有 75 kg/m、60 kg/m、50 kg/m 及 43 kg/m。目前我国钢轨标准长度有 12.5 m 和 25 m 两种。

②轨枕。

轨枕的作用是支承钢轨,并将钢轨传来的压力均匀地传递给道床,保持钢轨应有的位置和轨距。轨枕要求坚固、有弹性和耐久,且造价低廉,制作简单,铺设及养护方便。

轨枕按制作材料分为木轨和钢筋混凝土枕两种。木轨寿命较短,但经防腐处理后一般可用 15 年。钢筋混凝土枕寿命长,我国主要使用这种类型的轨枕。普通轨枕长度为 2.5 m,道岔的岔枕长度为 2.5～4.8 m,钢桥用的轨枕一般长度为 3.0～4.8 m。单位长度线路铺设的轨枕数量,由轨道类型决定,一般铺设 1 520～1 840 根/km。

③道床。

道床是铺设在路基面上的石碴层。其主要作用是支承轨枕,把轨枕传来的压力均匀地传递给路基;固定枕轨的位置,阻止纵向和横向移动;缓和机车车轮对钢轨的冲击;调整线路的平面和纵断面。

④联结零件。

联结零件包括接头联结零件和中间联结零件(也叫钢轨扣件)两类。接头联结零件是用来联结钢轨和钢轨接头的零件,它包括夹板、螺栓、螺帽和弹性垫圈等。中间联结零件的作用就是将钢轨扣紧在轨枕上,使钢轨与轨枕连为一体。

⑤防爬设备。

列车运行过程中所产生的纵向力使钢轨产生纵向移动,有时带动轨枕一起移动,这种现象叫轨道爬行。一般出现在单线铁路的重车方向、双线铁路的行车方向、长大下坡道及进站前的制动距离内。轨道爬行对轨道破坏性极大,严重时还会危及行车安全。因此,要加以限制。除增加钢轨与轨枕间的扣压力和道床阻力外,还要设置防爬器预防爬撑。

⑥道岔。

把两条或两条以上的轨道,在平面上进行相互连接或交叉的设备称为道岔。其作用是使机车车辆由一条轨道转入或越过另一条轨道,以满足铁路运输中的各种作业需要。一般在车站区设置,完成车辆的调转。最常用、最简单的是普通单开岔道。它的组成包括转辙器、辙叉、护轨及连接部分,如图 5-10 所示。转辙器由两根尖轨、两根基本轨及转辙机械组成,尖轨是转辙器的主要部件,通过连接杆与转辙机械相连,操纵转辙机械就可以变换尖轨的位置,以确定道岔的开通方向。辙叉、护轨包括辙叉心、翼轨及护轨,其作用是保证车轮安全通过两条钢轨的相互交叉处。连接部分即连接转辙器和辙叉及护轨的部分,包括直线轨和导曲线轨。其他构造形式,如对称双开道岔、菱形交叉、交叉渡线和交分道岔等,可以供多个方向转向。

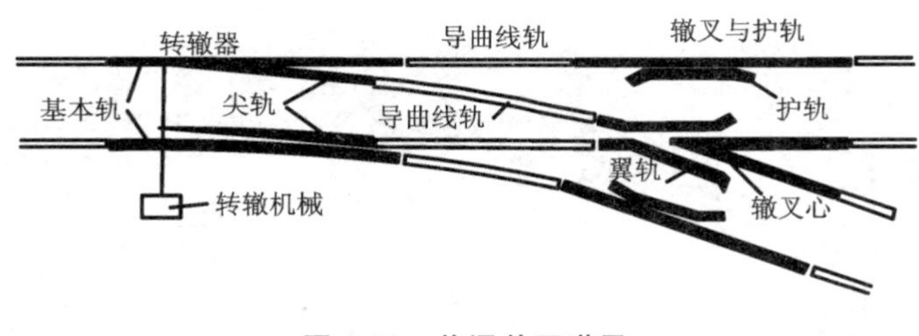

图 5-10 普通单开道叉

5.1.3 现代道路与铁道工程的发展趋势

国民经济持续快速增长，交通需求旺盛，人民生活水平普遍提高，交通消费结构进一步升级，交通必须为加快城镇化进程提供有力支撑。道路和铁道运输必须在技术标准、服务质量、安全运营等方面进行完善和科技创新。

1)道路工程发展趋势

(1)高速公路建设方兴未艾

高速公路是20世纪30年代在西方发达国家开始出现的专门为汽车交通服务的基础设施。高速公路在运输能力、速度和安全性方面具有突出优势，对实现国土均衡开发、缩小地区差别、建立统一的市场经济体系、提高现代物流效率具有重要作用。目前全世界已有80多个国家和地区拥有高速公路，通车里程超过了23万km。高速公路不仅是交通运输现代化的重要标志，也是一个国家现代化的重要标志。

截至2006年年底，全国公路通车总里程达到348万km，高速公路达4.54万km。到2010年末，实现“东网、中联、西通”的目标，建成5万～5.5万km，完成西部开发八条省际通道中的高速公路。2012年全国高速公路通车里程已达9.6万km，已经超越了美国的9.2万km，居世界第一。据统计，截至2013年12月下旬，当年新增高速公路里程8 268 km，我国高速公路总里程已达10.44万km。2014年，我国高速公路总里程已达11.2万km，2015年末我国高速公路总里程有望达到12.3万km，如图5-11所示。高速公路路网规划布局如图5-12所示。

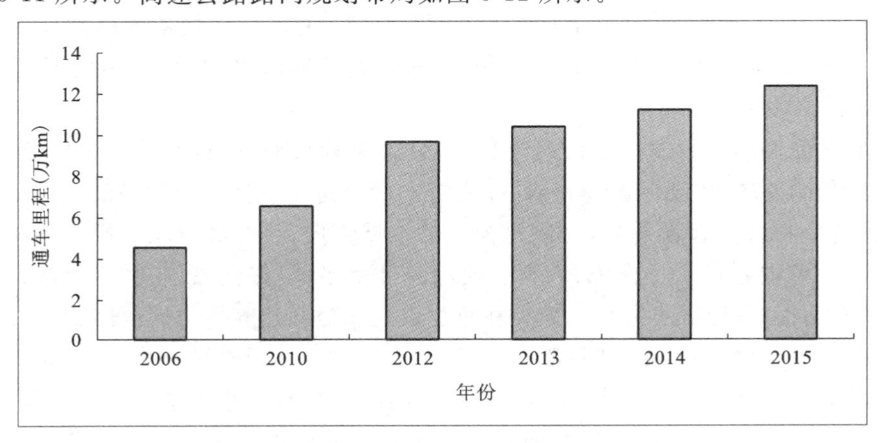

图 5-11 高速公路里程

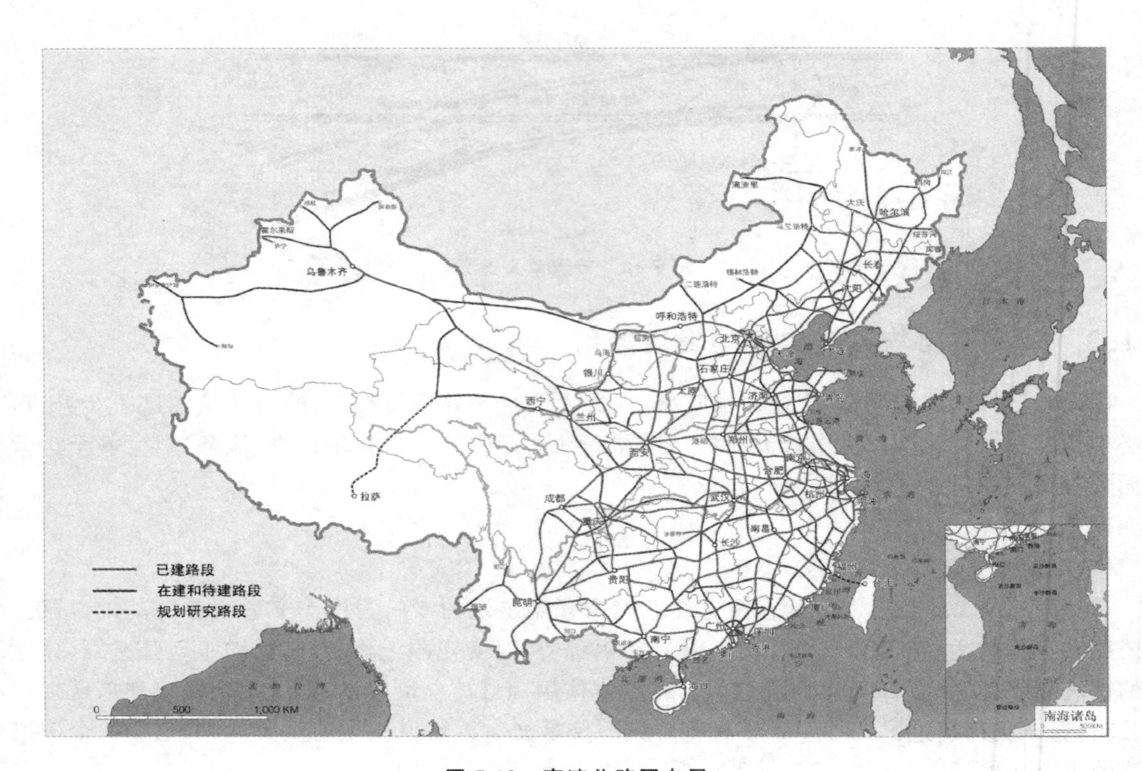

图 5-12　高速公路网布局

(2)农村公路建设大有作为

农村公路是我国公路网的重要组成部分,规模大、覆盖面广,其里程占全国公路通车总里程的3/4以上,连接广大的县、乡、村,直接服务于农业、农村经济发展和农民出行,是解决“三农”问题的基础条件之一。改革开放以来,国家投入大量车购税、国债、以工代赈等资金改变农村公路的落后面貌,近期先后实施的贫困县出口路、通县油路、县际和农村公路改造工程等,使农村公路总里程显著增长。县乡公路由 1978 年的 59 万 km 增至 2003 年的 137.1 万 km,技术等级逐年提高,等级路由 1978 年的 26 万 km 增至 2003 年的 103.9 万 km,路面状况不断改善,2003 年有路面里程占县乡公路总里程的 89.5%。

尽管我国农村公路的面貌发生了较大改观,但总体上看水平不高,不适应农村经济社会发展和提高农民生活质量的要求,主要问题是:长期以来对农村公路这一公益性物品的认识不尽一致;没有全国性、系统性的农村公路建设规划,对农村公路的发展方向、目标和政策等缺乏系统的指导;从中央到地方都没有稳定的建设资金保障;农村公路的总体水平低,路网密度、技术等级低,路况差;东、中、西部间发展不均衡;各地区不同程度地存在重建设、轻养护、建养不协调等问题。

到 2020 年,具备条件的乡(镇)和建制村通沥青(水泥)路,全国农村公路里程达 370 万 km,全面提高农村公路的密度和服务水平,形成以县道为局域骨干、乡村公路为基础的干支相连、布局合理、具有较高服务水平的农村公路网,适应全面建设小康社会的要求。在“十二五”的基础上,继续推进农村公路“通畅工程”和“通达工程”。

①东部地区:继续安排乡通村公路建设,全面实现“油路到村”。

②中部地区:在继续实施通村公路建设的同时,全面实现“油路到乡”,基本实现“油路到村”。

③西部地区:重点改造县通乡公路,加快建设通村公路,基本实现“油路到乡”“公路到村”(西藏自治区视建设条件确定)。

(3)我国公路交通科技发展趋势

交通事业的快速发展为交通科技提供了广阔的舞台,交通科技的发展也为交通事业的发展提供了有力支撑。本着扩充能力、改善服务、保障安全、降低成本、可持续性发展的原则,当前,公路交通科技发展呈现如下特点。

①三大趋势:提高通行能力,加强环境保护,开展智能化运输和环保专项技术的研究;以人为本,重点开展交通安全技术的研究;确定经济合理的目标,促进新材料的广泛应用和开发。

②公路交通科技研究的热点:利用全球定位系统实现测试自动化;利用交通地理信息系统促进公路建设管理现代化;发展计算机辅助设计技术达到智能化;利用高科技检测技术促进工程质量监测和道路养护智能化;智能运输系统方兴未艾。

③六个领域期待取得重大突破:一是新材料、新工艺的推广使用将大大提高工程建设的效率和质量;二是快速无损检测设备大量应用,进一步保证工程施工质量和提高运营管理水平;三是以交通地理信息和三维计算机辅助的开发应用为突破,全面提高计算机应用水平,促进公路勘测设计和养护管理自动化;四是高度重视公路环保技术,借助交通地理信息系统开展公路环境评价和绿色设计,开发边坡的生物稳定技术,推广废旧材料的综合利用;五是智能运输系统的诸多使用技术进一步引入我国高等级公路管理,交通安全和管理控制水平进一步提高,道路更具智能特色;六是山区高级公路建设技术有所突破。

2)铁路工程发展趋势

从 2005 年到 2020 年,铁道部将投入两万亿元资金进行铁路建设,平均每年投资在 1 000 亿元以上。从 2004 年起,铁路固定资产投资开始增加,由 2003 年的 707 亿元跃升到 2004 年的 822 亿元,而 2005 年铁路固定资产投资额将达到 1 000 亿元,增速达 39%左右。按照中长期规划,从 2006 年开始到 2010 年,每年都有 1 600 亿左右的铁路固定资产投资。

我国铁路的路网密度东部最高、中部次之、西部最低。就运输密度而言,顺序相同。因此,不能因为西部的路网密度低就认为中国路网布局不合理。由于中国的铁路建设不完全是按照经济利益原则,而是照顾到民族问题、地区公平等,因此在西部铁路运输密度低于全国平均水平的情况下,国家仍旧在大力发展西部铁路。

国家《中长期铁路网规划》于 2004 年经国务院审议通过,其发展目标为:到 2020 年,全国铁路营业里程达到 10 万 km,主要繁忙干线实现客货分线,复线率和电化率均达到 50%,运输能力满足国民经济和社会发展需要,主要技术装备达到或接近国际先进水平。

20 世纪中期以来,在世界范围内,铁路以信息技术和高速技术为龙头,带动铁路整体技术迅猛发展。主要发达国家实现了客运高速化、货运重载化、客货快运网络化、市场营销信息化、行车指挥自动化、安全装备系统化,使传统铁路的产业面貌焕然一新,铁路市场竞争能力大大提高。当前,加快发展铁路已成为许多国家带动经济增长,保护生态环境,实现可持续发展的重要战略选择。

经过持续的铁路科技研发和创新,我国在铁路设计、施工、铁路管理以及铁路装备方面涌现出大批成果和产品。这极大地推动了我国铁路和轨道交通建设,为当前的经济发展提供了强有力的支持。但我国铁路总体技术与世界其他发达国家相差约20年。21世纪,我国经济发展将迈入为实现第三步战略目标而奋斗的新阶段。未来10年,中国铁路将面临既要扩大路网规模,又要提高运输质量,还要提高经济效益、保证安全运输的艰巨任务。路网建设要大发展,运输质量要大提高,要依靠信息技术强化管理、提高效益,铁路安全要上新台阶。为此,《中长期铁路网规划》确定了铁路发展的六项重点任务。

①加快建设发达铁路网,包括建设快速客运网络、强化煤炭运输通道、加强港口和口岸后方通道建设、继续扩展西部路网、优化和完善东中部路网、建设集装箱运输系统、加强主要枢纽建设。

②大力推进技术装备现代化,包括加快机车车辆升级换代、提升线路基础设施技术水平、加快通信信号技术现代化、积极推进铁路信息化、加强资源节约和环境保护、加快铁路创新体系建设。

③确保铁路运输安全,包括加速铁路行车安全装备现代化,坚持安全第一、预防为主、综合治理的原则等。

④提高铁路服务质量,包括继续推进内涵扩大再生产、巩固和提高铁路在中长途客运和大宗货运市场份额、提高短途客运和高附加值货运市场份额。

⑤积极稳妥推进铁路改革,包括推进铁路投融资体制改革、铁路股份制改革和运输管理体制改革等。

⑥加强人才队伍建设,实施人才强路战略,以经营管理人才、专业技术人才、技能人才三支队伍建设为重点。

5.2 桥梁工程

桥梁是供人、车通行的跨越障碍(江河、山谷或其他线路等)的人工构造物。从线路(公路或铁路)的角度讲,桥梁就是线路在跨越障碍时的延伸部分或连接部分。“桥梁工程”一词通常包含两层含义:一是指桥梁建筑的实体,二是指建造桥梁所需的科学知识和技术,包括桥梁的基础理论和研究,桥梁的规划、勘测设计、建造和养护维修等。桥梁工程在学科上是土木工程中结构工程的一个分支,在功能上是交通工程的咽喉。

桥梁是随着历史的演进和社会的进步而逐渐发展起来的。它源自远古自然,比如一棵树偶然倒下横过溪流,藤蔓从河一岸的一棵树到另一岸的一棵树。纵观近代历史,每当陆地交通工具(火车、汽车)发生重大变化,对桥梁在载重和跨度方面会提出新的要求,因而推动了桥梁工程技术的发展。新材料的应用也是桥梁技术前进的巨大动力之一,而计算理论的发展、计算机应用普及后计算方法的发展是桥梁技术进步的另一个重要因素。从远古的经验积累,到后来的材料力学、结构力学、弹塑性力学等计算理论,容许应力法、极限状态法以及全概率设计的设计理论,也不断地推动着桥梁技术的进步。施工技术的进步和创新更使得当今的桥梁结构日新月异。一座桥梁,应满足功能要求,即为工程结构物;从观赏美学要求而言,应是一件建筑艺术品。桥梁不仅是一个国家文化的表征,更是社会发展和科学进步的写照。可以说,从古代发展到今天,桥梁建筑已经进入辉煌的时代(见图5-13至图5-16)。

图 5-13 赵州桥

图 5-14 江苏民主桥

图 5-15 英国塔桥

图 5-16 加拿大联邦大桥

5.2.1 桥梁的基本组成及其分类

1)桥梁的基本组成

图 5-17 表示一座公路桥梁的概貌,从图中可见,桥梁一般由以下几部分组成。

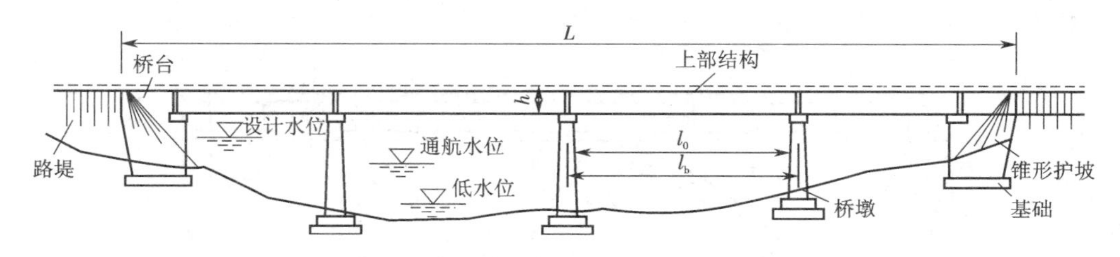

图 5-17 梁式桥概貌

(1)上部结构

上部结构包括桥跨结构和支座系统两部分。前者指桥梁中直接承受桥上交通荷载并且架空的结构部分;后者是支承上部结构并把荷载传递于桥墩上,它应满足上部结构在荷载、温度变化或其他因素作用下预计产生的位移大小。

(2)下部结构

下部结构包括桥墩、桥台和墩台的基础,是支承上部结构、向下传递荷载的结构物。桥墩的布置是与桥跨结构相对应的。桥台设在桥跨结构的两端。桥墩则设在两桥台之间。

桥台除起到支承和传力作用外，还起到与路堤衔接、防止路堤滑塌的作用。因此，通常应在桥台周围设置锥体护坡。

墩台基础是承受了由上至下的全部作用(包括交通荷载和结构自重)并将其传递给地基的结构物。它通常埋入土层中或建筑在基岩之上，时常需要在水中施工，因而遇到的问题比较复杂。

(3)与桥梁服务功能有关的部分(或称为桥面构造)

随着现代化工业发展水平的提高，人类的文明水平随之提高，人们对桥梁行车的舒适性和结构物的观赏水平要求也愈来愈高，因而在桥梁设计中非常重视桥面构造。桥面构造主要包括以下部分。

①桥面铺装(或称行车道铺装)。铺装的平整性、耐磨性、不翘曲、不渗水是保证行车舒适的关键。特别在钢箱梁上铺设沥青路面的技术要求很高。

②排水防水系统。应迅速排除桥面上积水，并使渗水的可能性降至最低限度。城市桥梁排水系统还应保证桥下无滴水和结构上无漏水现象。

③栏杆(或防撞栏杆)。它既是保证安全的构造措施，又是有利于观赏、表现桥梁特色的一个建筑物。

④伸缩缝。在桥跨上部结构之间，或在桥跨上部结构与桥台端墙之间所设的缝隙，保证结构在各种因素作用下的变位。为使桥面上行车顺畅，不颠簸，在缝隙处要设置伸缩装置。特别是大桥或城市桥梁的伸缩装置，不但要结构牢固、外观光洁，而且需要经常扫除掉入伸缩装置中的垃圾尘土，以保证其使用功能。

⑤灯光照明。现代城市中，大型桥梁通常是一个城市的标志性建筑，大多装置了灯光照明系统，成为构成城市夜景的组成部分。

2)桥梁设计专业术语

(1)净跨径

对于设支座的桥梁，净跨径是指相邻两墩、台身顶内缘之间的水平净距；对于不设支座的桥梁，净跨径是指上、下部结构相交处内缘间的水平净距，用 l_0 表示，如图 5-18 所示。

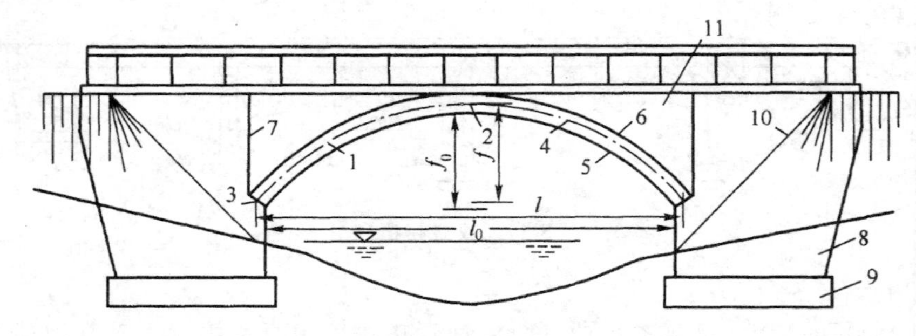

图 5-18 拱桥

1—拱圈；2—拱顶；3—拱脚；4—拱轴线；5—拱腹；6—拱背；7—变形缝；8—桥墩；9—基础；10—锥坡；11—拱上结构

(2)总跨径

总跨径是指多孔桥梁中各孔净跨径的总和($\sum l_0$)，它反映了桥下宣泄洪水的能力。

(3)计算跨径

对于设支座的桥梁，计算跨径是指相邻支座中心的水平距离；对于不设支座的桥梁(如拱桥、刚构桥等)，计算跨径是指上、下部结构的相交面之中心间的水平距离，用 l 表示，桥梁结构的力学计算是以 l 为标准的。

(4)桥梁全长

桥梁全长简称桥长，对于有桥台的桥梁为两岸侧墙或八字墙尾端间的距离，对于无桥台的桥梁为桥面系长度，用 L 表示。

(5)桥下净空

桥下净空是指为了满足通航(或行车、行人)的需要和保证桥梁安全而对上部结构底缘以下规定的空间界限。

(6)桥梁建筑高度

桥梁建筑高度是指上部结构底缘至桥面顶面的垂直距离，线路定线中所确定的桥面高程与通航(或桥下通车、人)净空界限顶部高程之差，称为容许建筑高度。桥梁建筑高度不得大于容许建筑高度。

根据容许建筑高度的大小和实际需要，桥面可布置在桥跨结构的上面或下面。桥面布置在桥跨结构上面的，称为上承式桥梁；桥面布置在桥跨结构下面的，称为下承式桥梁；桥面布置在桥跨结构中间的，称为中承式桥梁。

(7)桥面净空

桥面净空是指桥梁行车道、人行道上方应保持的空间界限，公路、铁路和城市桥梁对桥面净空都有相应的规定。

(8)水位

河流中的水位是变动的，枯水季节时的最低水位称为低水位，洪峰季节时河流中的最高水位称为高水位。桥梁设计中按规定的设计洪水频率计算所得到的高水位(很多情况下是推算水位)，称为设计水位。在各级航道中，能够保持船舶正常航行时的水位，称为通航水位。

设计洪水位或设计通航水位与桥跨结构最下缘的高差 H，称为桥下净空高度。桥下净空高度应能保证安全排洪，并不得小于对该河流通航所规定的净空高度。

在桥梁建筑工程中，除了上述基本结构外，常常有路堤、护岸、导流结构物等附属工程，其建设费用有时占整个桥梁建筑费用的相当一部分。

3)桥梁的分类

(1)按结构体系分类

工程结构中的构件，总离不开拉、压和弯曲三种基本受力方式。由基本构件所组成的各种结构物，在力学上也可归结为梁式、拱式、悬吊式三种基本体系以及它们之间的各种组合。按桥梁结构的体系分类，桥梁有梁式桥、拱式桥、刚架桥、悬索桥等基本体系，以及由基本体系组合而成的组合体系桥。

①梁式桥。

梁式桥是一种在竖向荷载作用下无水平反力的结构，如图 5-19(a)、(b)所示。由于外力的作用方向与梁式桥承重结构轴线接近垂直，与同样跨径的其他结构体系相比，梁桥内产生的弯矩最大，通常需要用抗弯、抗拉能力强的材料(如钢、配筋混凝土、钢筋混凝土组合结构等)来建造。梁桥分简支梁、悬臂梁、固端梁和连续梁等。悬臂梁、固端梁和连续梁都是利用支座上的卸载弯矩去减少跨中弯矩,使桥梁跨内的内力分配更加合理,以同等抗弯能力的构件断面就可以建成更大跨径的桥梁。

对于中、小跨径桥梁,目前在公路上应用最广的是钢筋混凝土简支梁桥、预应力钢筋混凝土简支梁桥,施工方法有预制装配和现浇两种,钢筋混凝土简支梁桥常用跨径在 25 m 以下。当跨径较大时,需采用预应力混凝土简支梁桥,现在预应力简支梁的最大跨径已达 76 m。为了改善受力条件和使用性能,地质条件较好时,中、小跨径梁桥也可修建连续梁桥,如图 5-19(c)、(d)所示。连续梁的最大跨径可达 200 m。

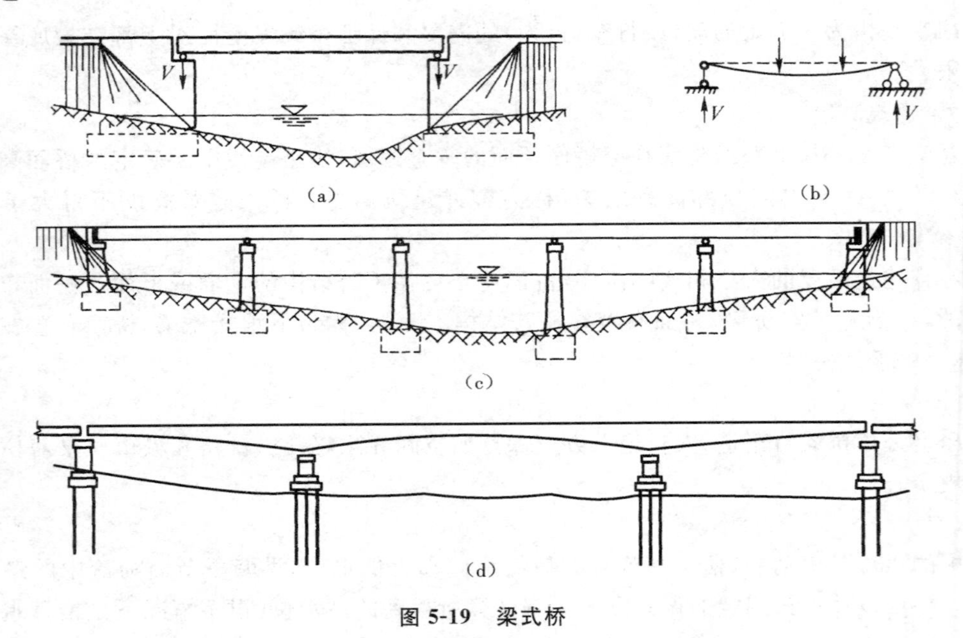

图 5-19 梁式桥

②拱式桥。

拱式桥在竖向荷载作用下,桥墩和桥台将承受水平推力,如图 5-20(c)所示。拱式桥的主要承重结构是拱圈(或拱肋)。由于水平反力的作用大大抵消了拱圈(或拱肋)内由荷载所引起的弯矩,因此,与同跨径的梁相比,拱的弯矩、剪力和变形都要小得多,鉴于拱桥的承重结构以受压为主,通常可用抗压能力强的圬工材料(如砖、石、混凝土)和钢筋混凝土等来建造。

拱可以分为单铰拱、双铰拱、三铰拱和无铰拱。由于拱是有推力的结构,对地基要求较高,一般常建于地基良好的地区。拱桥不仅跨越能力很大,而且外形似彩虹卧波,十分美观,在条件许可情况下,修建拱桥往往是经济合理的,现在拱桥最大跨径已达 420 m。

按照行车道处于主拱圈的不同位置,拱桥分为上承式拱、中承式拱和下承式拱三种(见图 5-20)。

③组合体系。

a."T"形刚构和连续刚构。

"T"形刚构和连续刚构都是由梁和刚架相结合的体系,是预应力混凝土结构采用悬臂施工法发展起来的一种新体系。结构的上部梁在墩上向两边采用平衡悬臂施工,形成一个"T"字形的悬臂结构。相邻的两个"T"形悬臂在跨中可用剪力铰或跨径较小的挂梁连成一体,称为带铰或带挂梁的

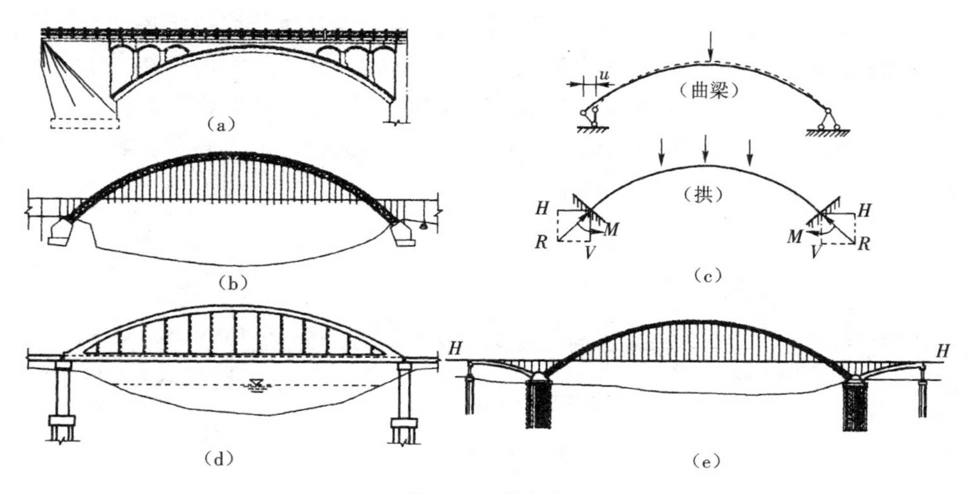

图 5-20　拱式桥

“T”形刚构。如结构在跨中采用预应力筋和现浇混凝土区段连成整体，即成为连续刚构。它们又可派生出不同的组合形式，如采用双薄壁墩或边墩上采用连续梁组合等。

不管体系如何组合，刚构桥上部的梁主要是承弯构件。采用悬臂施工法，施工机具简单，施工快速，结构在悬臂施工时的受力状态与使用时的受力状态基本一致，所以省料、省工、省时，这就使结构的应用范围得到了迅猛发展。据统计，在预应力混凝土桥梁中，这类结构体系（包括连续梁）占 50% 以上。图 5-21(a)所示为“T”形刚构桥，图 5-21(b)所示为连续刚构桥，图 5-21(c)所示为刚构—连续组合体系桥型。

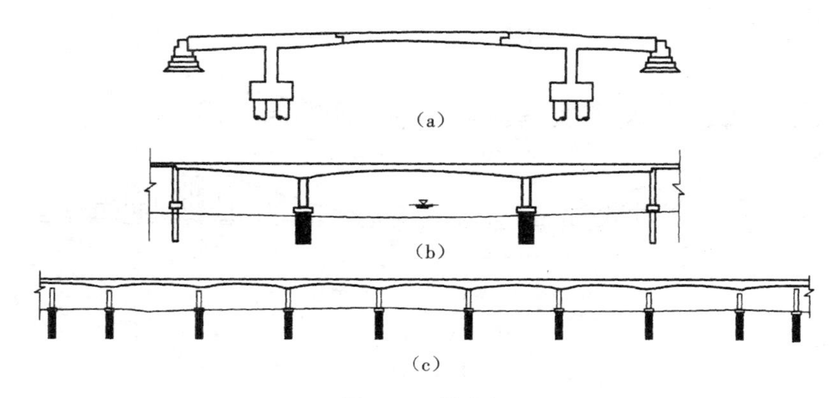

图 5-21　拱式桥

b. 梁、拱组合体系。

这类体系中有系杆拱、桁架拱、多跨拱梁结构等。它们利用梁的受弯与拱的承压特点组成联合结构。在预应力混凝土结构中，因梁体内可储备巨大的压力来承受拱的水平推力，所以这类结构既具有拱的特点，又非推力结构，对地基要求不高。这种结构施工比较复杂，一般用于城市跨河桥上，最大跨径也已突破 150 m。

④斜拉桥。

斜拉桥是由承压的塔、受拉的斜索与承弯的梁体组合起来的一种结构体系（见图 5-22）。它的受力特点:受拉的斜索将主梁多点吊起,并将主梁的恒载和车辆等其他荷载传至塔柱,再通过塔柱基础传至地基。塔柱以受压为主,主梁如同多点弹性支承的连续梁,使主梁内的弯矩大大减小,结构自重显著减轻,大幅度提高了斜拉桥的跨越能力。由于同时受到斜拉索水平分力的作用,主梁截面的基本受力特征是偏心受压构件。此外,由于塔柱、拉索和主梁构成稳定的三角形,斜拉桥的结构刚度较大。已建成的斜拉桥最大跨径已达 1 018 m。

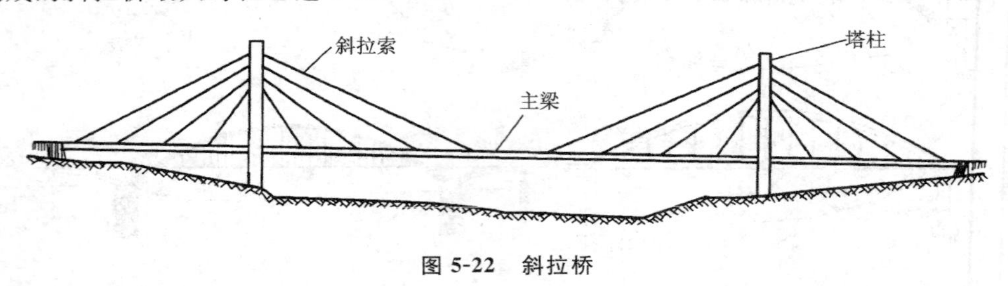

图 5-22 斜拉桥

⑤悬索桥。

悬索桥(也称吊桥)的承载系统包括缆索、塔柱和锚锭三部分。缆索是主要承重结构,在桥面系竖向荷载作用下,通过吊杆使缆索承受很大的拉力,缆索锚于悬索桥两端的锚锭结构中。为了承受巨大的缆索拉力,锚锭结构需要做得很大(重力式锚锭),或者依靠整块的天然岩体来承受水平拉力(隧道式锚锭)。由于缆索传至锚锭的拉力可分解为垂直和水平两个分力,因而悬索桥也是具有水平反力(拉力)的结构。现代悬索桥广泛采用高强度的多股钢丝编织形成钢缆,以充分发挥其优良的抗拉性能。悬索桥以其受力性能好、跨越能力大、轻型美观、抗震能力好而成为跨越大江大河和海峡港湾的首选桥型,已建成的悬索桥最大跨径已达 1 991 m。图 5-23(a)所示为单跨式悬索桥,图 5-23(b)所示则为三跨式悬索桥。

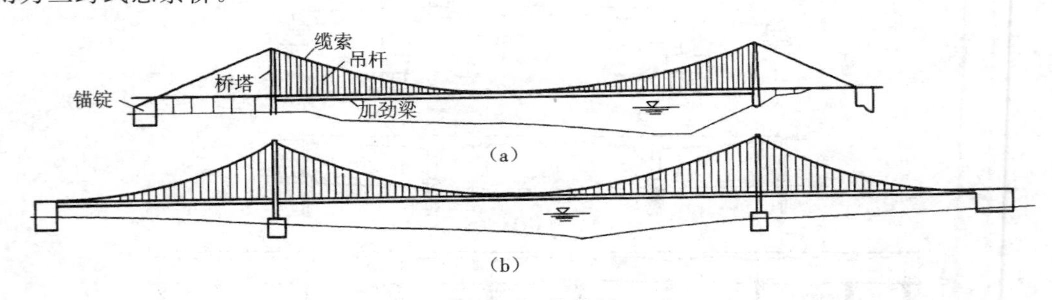

图 5-23 悬索桥

(a)单跨式悬索桥;(b)三跨式悬索桥

悬索桥的刚度较小,属柔性结构,在车辆荷载作用下,悬索桥将产生较大的变形,另外悬索桥的风致振动及稳定性在设计和施工中也需予以特别的重视。

(2)其他分类简介

除了上述按受力特点分成不同的结构体系外,还可以按桥梁的用途、大小规模和建桥材料等将桥梁进行分类。

①按用途来划分,有公路桥、铁路桥、公铁两用桥、农桥(或机耕道桥)、人行桥、水运桥(或渡槽)及其他专用桥梁(如通过管线、电缆等)。

②按桥梁全长和跨径的不同,分为特大桥、大桥、中桥、小桥和涵洞,见表 5-3。

③按照主要承重结构所用的材料划分，有圬工桥（包括砖、石、混凝土桥）、钢筋混凝土桥、预应力混凝土桥、钢桥、钢筋混凝土组合桥和木桥等。木材易腐，且资源有限，一般不用于永久性桥梁。

表 5-3　桥梁涵洞分类

桥梁分类	多孔桥全长 L/m	单孔跨径 l/m
特大桥	$L>1\ 000$	$l>150$ m
大桥	$100\leqslant L\leqslant 1\ 000$	$40\leqslant l\leqslant 150$
中桥	$30<L<100$	$20\leqslant l\leqslant 40$
小桥	$8\leqslant L\leqslant 20$	$5<l<20$
涵洞	—	$l<5$

④按跨越障碍的性质，可分为跨河桥、立交桥、高架桥和栈桥。高架桥一般指跨越深沟峡谷以替代高路堤的桥梁，以及在城市桥梁中跨越道路的桥梁。

⑤按桥跨结构的平面布置，可分为正交桥、斜交桥和曲线桥。

⑥按上部结构的行车道位置，分为上承式桥、中承式桥和下承式桥。除了固定式的桥梁以外，还有开启桥、浮桥、漫水桥等。

5.2.2　桥梁工程的设计原则和设计荷载

1）桥梁工程的设计原则

《公路桥梁通用设计规范》（JTG D60—2004）（以下简称《桥规》）规定：桥梁工程的设计必须符合“技术先进、安全可靠、适用耐久、经济合理”的要求，同时还应按照外形美观和有利于环保的原则进行设计，并考虑因地制宜、就地取材、便于施工和养护等因素。《桥规》还规定：公路桥涵结构的设计基准期为 100 年。桥梁设计应遵循的各项原则如下。

（1）技术先进

在因地制宜的前提下，桥梁设计尽可能采用较成熟的新结构、新设备、新材料、新工艺；必须认真学习国外的先进技术，充分利用国际最新科学技术成就，把学习外国和自己独创结合起来，提高我国的桥梁建设水平，赶上和超过世界先进水平。

（2）安全可靠

①桥梁结构在强度、稳定和耐久性方面应有足够的安全储备。

②防撞栏杆应具有足够的高度和强度，人与车流之间应做好防护栏，防止车辆撞入人行道或撞坏栏杆而落到桥下。

③对于交通繁忙的桥梁，应设计好照明设施，并有明确的交通标志，两端引桥坡度不宜太陡，以避免发生车辆碰撞等引起的车祸。

④修建在地震区的桥梁，应按抗震要求采取防震措施；对于河床易变迁的河道，应设计好导流设施，防止桥梁基础底部被过度冲刷；对于通行大吨位船舶的河道，除按规定加大桥孔跨径外，必要时应设置防撞构筑物等。

（3）适用耐久

①桥面宽度能满足当前以及今后规划年限内的交通流量（包括行人通行）。

②桥梁结构在通过设计荷载时不出现过大的变形和过宽的裂缝。

③桥跨结构的下面有利于泄洪、通航(跨河桥)或车辆和行人的通行(旱桥)。

④桥梁的两端方便车辆的进入和疏散,不致产生交通堵塞现象等。

⑤考虑综合利用,方便各种管线(水、电气、通信等)的搭载。

(4)经济合理

①桥梁设计应遵循因地制宜、就地取材和方便施工的原则。

②经济的桥型应该是造价和使用年限内养护费用综合最省的桥型,设计中应充分考虑维修方便和维修费用少,维修时尽可能不中断交通或中断交通的时间最短。

③所选择的桥位应是地质、水文条件好,桥梁长度也较短。

④桥位应考虑建在能缩短河道两岸的运距,促进该地区的经济发展,产生最大的效益,对于过桥收费的桥梁应能吸引更多的车辆通过,达到尽可能快地回收投资的目的。

(5)外形美观

在实用、经济和安全的前提下,尽可能使桥梁具有优美的外形,这就是美观的要求。合理的结构布局和轮廓是美观的主要因素,桥梁各部分结构在空间应有和谐的比例,结构细部的美学处理也十分重要。桥型应与周围自然环境和景观相协调;城市桥梁和游览地区的桥梁,可较多地考虑建筑艺术上的要求;特殊大桥宜进行景观设计。另外,施工质量对桥梁美观也有重大影响。但是不要把美观片面地理解为豪华的细部装饰,在这方面增加很多费用是不妥当的。

(6)有利于环保

桥梁设计必须考虑环境保护,以及保持生态、水、空气等几方面的可持续发展,这就是“有利于环保”的原则。要从桥位选择、桥跨布置、基础方案、墩身外形、上部结构施工方法、施工组织设计等多方面全面考虑环境要求,采取必要的工程控制措施,并建立环境监测保护体系,将不利影响减至最小。

桥梁施工完成后,将两头植被恢复或进一步美化桥梁周边的景观,亦属环境保护的内容。除了满足上述基本要求外,由于桥梁建设与当地的社会、经济、文化及人民生活密切相关,还应适当考虑当地的需要,如考虑农田排灌的需要等;靠近村镇、城市、铁路及水利设施的桥梁,也应结合各有关方面的要求,适当考虑综合利用。

2)桥梁的设计荷载

在对桥梁结构进行分析计算之前,需要确定实际和可能作用于桥梁的各种荷载。荷载的种类、形式、大小的确定是否恰当,既关系到桥梁建设的投资,也关系到桥梁建成后的使用寿命与安全。

随着桥梁工程的发展,作用于桥梁结构上的荷载(及其组合)可能会越来越复杂,随着人们对结构行为和材料行为的认识的不断加深,荷载标准也随之适当修订。

引起结构反应的原因可以按其作用的性质分为截然不同的两类:一类是施加于结构上的外力,如车辆、人群、结构自重等,它们是直接施加于结构上,可用“荷载”这一术语来概括;另一类不是以外力形式施加于结构,如地震、基础变位、混凝土收缩和徐变、温度变化等,它们产生的效应与结构本身的特性、结构所处环境等有关,是间接作用于结构,如果也称“荷载”,则容易引起人们误解,因此,目前国际上普遍地将所有引起结构反应的原因统称为“作用”,而“荷载”仅限于表达施加于结构上的直接作用。我国现行《桥规》将“作用”定义为施加在结构上的一组集中力或分布力,或引起结构外加变形或约束变形的原因。前者称为直接作用,亦称荷载,后者称为间接作用。

桥梁上的作用按时间变化可分为永久作用、可变作用和偶然作用三类。各类作用列于表5-4中。

表 5-4 作用分类

编 号	作用分类	作用名称
一	永久作用	结构重力(包括结构附加重力)
		预加力
		土的重力
		土侧压力
		混凝土收缩及徐变作用
		水的浮力
		基础变位作用
二	可变作用	汽车荷载
		汽车冲击力
		汽车离心力
		汽车引起的土侧压力
		人群荷载
		汽车制动力
		风荷载
		流水压力
		冰压力
		温度(均匀温度和梯度温度)作用
		支座摩阻力
三	偶然作用	地震作用
		船舶或漂浮物的撞击作用
		汽车撞击作用

(1)永久作用

永久作用(如恒载)是指在结构使用期内,其量值不随时间变化,或其变化值与平均值比较可忽略不计的作用。

结构重力亦称恒载,它包括结构物自重、桥面铺装及附属设备的重力。结构重力标准值可按实际体积乘以材料的重力密度值(重度)计算。

对于公路桥梁,结构物的自重往往占全部设计荷载的很大一部分,例如当桥梁跨度为20~150 m时,结构自重占30%~60%,跨径愈大所占比例愈高。

对于特大跨度的圬工桥、钢筋混凝土桥或预应力混凝土桥,可变作用的影响往往降至次要地位。在此情况下,宜采用轻质、高强材料来减轻桥梁的自重。

(2)可变作用

可变作用(如活载)是指在结构使用期内,其量值随时间变化,并且其变化值与平均值比较不可忽略的作用。

①汽车荷载。

公路桥涵设计时,汽车荷载的计算图式、荷载等级及其标准值、加载方法和纵横向折减等应符合下列规定。

a. 汽车荷载分为公路—I级和公路—II级两个等级。

b. 汽车荷载由车道荷载和车辆荷载组成。车道荷载由均布荷载和集中荷载组成。桥梁结构的整体计算采用车道荷载,桥梁结构的局部加载、涵洞、桥台和挡土墙土压力等的计算采用车辆荷载。车辆荷载与车道荷载的作用不得叠加。

c. 各级公路桥涵设计的汽车荷载等级应符合表5-5的规定。

表5-5 各级公路桥涵设计的汽车荷载等级

公路等级	高速公路	一级公路	二级公路	三级公路	四级公路
汽车荷载等级	公路—I级	公路—I级	公路—II级	公路—II级	公路—II级

d. 车道荷载的计算图式如图5-24所示。p_k 和 q_k 取值可按相应规范查取。

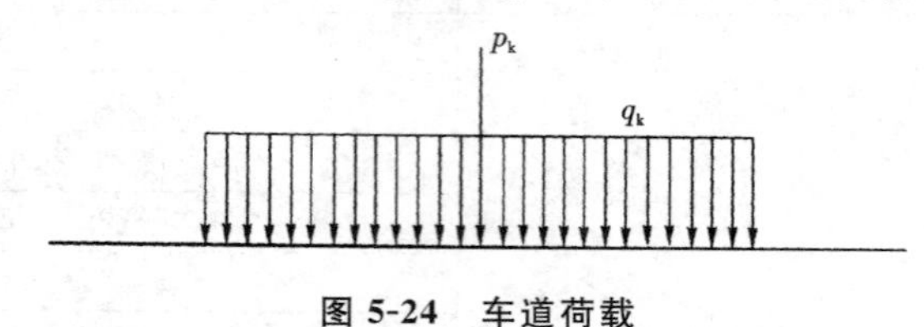

图5-24 车道荷载

e. 车辆荷载的立面布置、平面尺寸见图5-25。

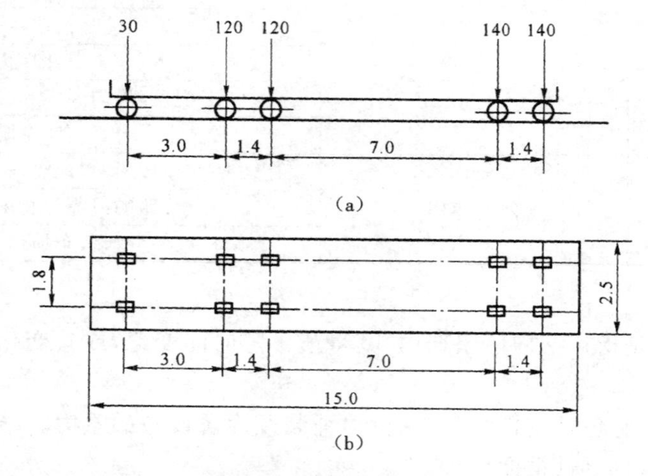

图5-25 车辆荷载的立面布置及平面尺寸

(图中尺寸单位为m,荷载单位为kN)

(a)立面布置;(b)平面尺寸

②汽车冲击力。

车辆驶过桥梁时,由于桥面不平整、车轮不圆以及发动机抖动等原因,会引起桥梁结构振动,这种动力效应通常称为冲击作用。在此情况下,车辆荷载(动荷载)对桥梁结构所造成的应力和变形,要比同样大小的静荷载引起的大。鉴于目前对冲击作用还不能在理论上作出符合实际的精确计算,一般就将车辆荷载的动力影响用车辆的重力乘以冲击系数来表达。汽车的冲击系数是汽车过桥时对桥梁结构产生的竖向动力效应增大系数,用 μ 表示。汽车荷载的冲击力为汽车荷载乘以冲击系数 μ。

③汽车离心力。

当弯道桥的曲线半径等于或小于250 m时,应计算汽车荷载引起的离心力。汽车荷载离心力为前述车辆荷载(不计冲击力)乘以离心系数 C。

④汽车引起的土侧压力。

汽车荷载引起的土侧压力采用车辆荷载加载。

⑤汽车制动力。

汽车制动力是汽车在桥上刹车时为克服其惯性力而在车轮与路面之间发生的滑动摩擦力(摩擦系数可达 0.5 以上)。鉴于一行汽车不可能全部同时刹车,因此,制动力并不等于摩擦系数乘以桥上全部车辆荷载。

⑥人群荷载。

设有人行道的桥梁,在以汽车荷载计算内力时,应同时计入人行道上人群荷载所产生的内力。

(3)偶然作用

偶然作用是指在结构使用期间出现的概率很小,一旦出现,其值很大且持续时间很短的作用。它包括地震作用、船舶或漂流物的撞击作用和汽车撞击作用。偶然作用会对结构的安全产生非常巨大的影响,甚至导致桥梁毁坏和交通中断,因此,建造在地震区或有可能出现受到船只或漂流物以及汽车撞击的桥梁应谨慎地进行抗震和防撞设计。

①地震作用。

地震作用主要是指地震时强烈的地面运动引起的结构惯性力,它是随机变化的动力作用,其值的大小取决于地震强烈程度和结构的动力特性(频率与阻尼等)以及结构或杆件的质量。地震作用分竖直方向与水平方向,经验表明地震的水平运动是导致结构破坏的主要因素,结构抗震验算时,一般主要考虑水平地震作用。

公路桥梁地震作用的计算及结构的设计,应符合现行《公路桥梁抗震设计细则》(JTG/T B02-01—2008)的规定。对于重要的桥梁工程,必须进行场地地震安全性评价,确定抗震设防要求后进行抗震设计。一般应对结构建立动力计算图式,直接输入地震波,进行线性或非线性动态时程分析,研究结构的抗震安全度。

②船舶或漂流物的撞击作用。

跨越江、河、海湾的桥梁,必须考虑船舶或漂流物对桥梁墩台的偶然作用。

船舶或漂流物与桥梁结构的碰撞过程十分复杂,其与碰撞时的环境因素(风浪、气候、水流等)、船舶特性(船舶类型、行进速度、装载情况以及船舶的强度和刚度等)、桥梁结构(桥梁的尺寸、材料、质量和抗力特性等)及驾驶员的反应时间等因素有关。

③汽车撞击作用。

桥梁结构必要时可考虑汽车的撞击作用。对于设有防撞设施的结构构件,可视防撞设施的防撞能力,对汽车撞击力予以折减,但折减后的汽车撞击力不应低于上述规定值的 1/6。

除上述规范中规定的三种作用以外,在桥梁设计中还必须注意结构物在预制、运输、架设安装及各施工阶段可能遇到的各种临时荷载,如起重机具的重力等,可总称为施工荷载。桥梁设计中因为对施工荷载的取值不当或验算上的疏忽而造成的毁桥事故并不少见。

5.2.3　桥梁工程发展趋势

21 世纪将会实现桥梁界沟通全球交通的梦想。20 世纪末已经开拓的海峡工程,桥梁最大跨径尚没有超过 2 000 m,深水基础深度也在 50 m 左右。现在人们已经在规划的几项大的海峡工程,其设想方案的桥梁最大跨径要超过 2 000 m,达到 3 000~5 000 m,深水基础深度可能在百米以上,如白令海峡工程,20 世纪提出过桥梁方案,总长 75 km;连接欧洲和非洲的直布罗陀海峡工程,总长约 15 km,最大水深 900 m;连接德国与丹麦的费曼带海峡工程,总长 25 km,最大水深 110 m;连接意大利本土与西西里岛的墨西海峡工程,总长 3.3 km,最大水深 300 m。

日本是一个岛国,一直梦想采用跨海工程将各主要岛屿交通连成一个大网络,计划在 21 世纪兴建五大海峡工程,即东京海湾工程,总长 15 km,最大水深 80 m;伊势海湾工程,总长 20 km,最大水深 100 m;纪淡海峡工程(连接本州四国),总长约 11 km,最大水深 120 m;丰予海峡工程(连接九州四国),总长约 14 km,最大水深 200 m;津轻海峡工程(连接日本本州北海道),总长约 19 km,最大水深 270 m。

21 世纪面临伟大的海峡工程建设,从先进国家国内的交通运输网络发展到组成各洲际、各国间主要连线网络,去适应 21 世纪信息革命而形成智能化与高效率的社会发展需要,以信息为核心的知识产业革命将把人类带入知识经济的新时代。知识经济时代的桥梁工程将具有以下特征。

①在结构理论上,要研究更符合实际状态的力学分析方法与新的设计理论,充分发挥结构潜在的承载力,充分利用建筑材料的强度,力求工程结构的安全度更为科学和可靠;在大跨度桥梁的设计中,会愈来愈重视空气动力学、振动、稳定、疲劳、非线性等研究成果的应用,并广泛应用计算机辅助设计。

②在桥梁的规划和设计阶段,人们将运用高度发展的计算机辅助手段有效、快速地进行优化和仿真分析,虚拟现实技术的应用,使业主事先可以看到桥梁建成后的十分逼真的外形与功能,模拟地震和台风袭击下的表现,对环境的影响和昼夜的景观等,以便于决策。

③在桥梁的制造和架设阶段,人们将运用智能化的制造系统在工厂完成部件的加工,然后用全球定位系统(GPS)和遥控技术,在离工地千里以外的总部管理和控制桥梁的施工。

④在桥梁建成交付使用后,将通过自动监测和管理系统,保证桥梁的安全和正常运行。一旦有故障或损伤,健康诊断和专家系统将自动报告损伤部位和养护对策。随着计算机技术和智能材料的应用,桥梁结构也将变得灵敏,更易于使用和管理。通过在桥梁上装配计算机系统和智能传感系统,就可以感知风力、气温等天气状况,并随时获取桥梁的承载和交通状况。例如,埋入结构内的智能传感器,可随时监测结构的潜在危险(如应力超限、疲劳裂纹扩展等)并及时发出预报;桥面传感器可以指引车辆顺利过桥、监控车辆超载等。

⑤桥梁结构向高强、轻型、大跨度的方向发展,建桥材料也必将随之向高强、轻质、新功能方向发展。为此,在建筑材料上,需要研制和生产超大跨径桥梁(3 000~5 000m)的新型建筑材料。

知识经济时代的桥梁工程和其他行业一样,具有智能化、信息化和远距离自动控制的特征。受计算机软件管理的各种智能性建筑机器人将在总部控制人员的指挥下,完成野外条件下的水下和空中作业,按计划精确完成桥梁工程建设,这将是一幅 21 世纪桥梁工程的壮观景象。

为描绘 21 世纪桥梁建设的宏伟蓝图,科学家和工程师们要对建桥的有关课题和关键技术进行探讨。探索超大跨径桥梁(主跨 3 000~5 000 m)的新型建筑材料,合理结构形式,抗风、抗震、抗海浪的技术措施;要结合海洋工程的经验,探索 100~500 m 的深水基础形式与施工方法,探索结构材料防腐的措施与方法,探索智能化结构的设计理论。21 世纪除面临新建大工程外,还担负着对 20 世纪上半世纪建造的桥梁加固、改建与修复的重任,约占 20 世纪总建筑桥梁数的 50%。由此不但促使科学家与工程师们研究有效的维修、加固措施,而且提出安全耐久性和可靠性研究的新课题,包括结构的施工控制与质量保证体系、桥梁生命期的监测系统、桥梁损伤判断与评估、桥梁生命保护的管理系统等。

实现全球的陆路交通网是世界桥梁工程界的共同奋斗目标和梦想。相信这一桥梁之梦将在 21 世纪中实现。桥梁工程所包括的各项内容如图 5-26 所示。

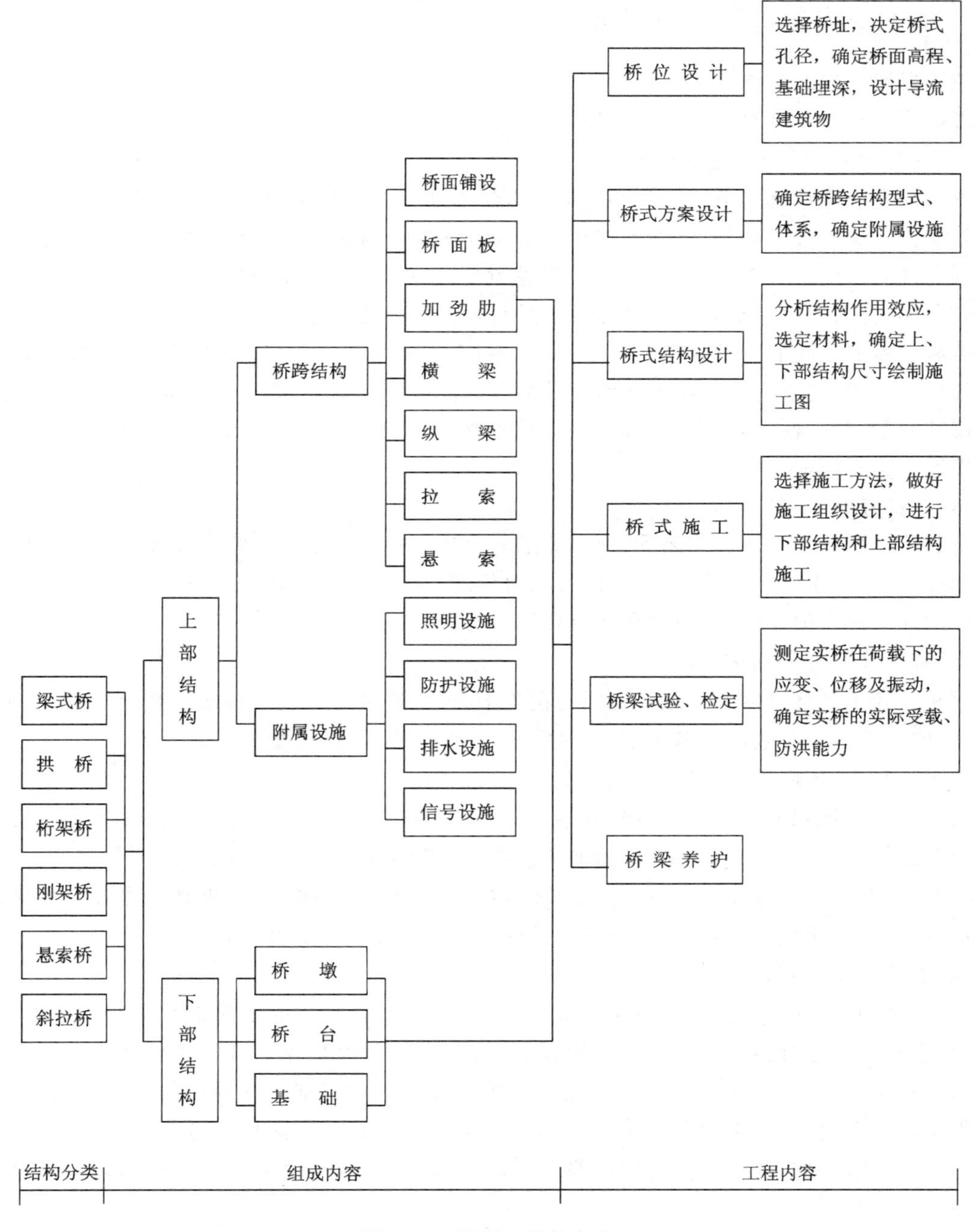

图 5-26　桥梁工程的内容

5.3 地下空间工程与隧道工程

5.3.1 地下空间工程的特点及其分类

1)地下空间工程的特点

城市地下空间工程具有以下几方面的特征。

(1)为人类的生存开拓广阔的空间

随着国民经济现代化水平的提高和城市人口的增加,人类因居住和从事各种活动而争占土地的矛盾日趋激化。从宏观上看,人口的增加和生活需求的增长与土地等自然条件的日益恶化和资源的逐渐枯竭引起的人类生存空间问题,应该说已达到了危机程度。在这种情况下,地下空间资源的开发与综合利用,为人类生存空间的扩展提供了具有很大潜力的自然资源。

目前城市地下空间的开发深度已达 30 m 左右,有人曾大胆地估计,即使只开发相当于城市总容积 1/3 的地下空间,就等于全部城市地面建筑的容积。这足以说明,地下空间资源的潜力很大。

不仅开发利用本身创造提供了空间,而且用挖掘出的弃土废渣填筑低洼地、河滩地等也可将城市的无用地变为有用地。

(2)具有良好的热稳定性和密闭性

岩土的特性是热稳定性和密闭性,使得地下建筑周围有一个比较稳定的温度场,对于要求恒温、恒湿、超净的生产和生活用建筑非常适宜,尤其对低温或高温状态下贮存物资效果更为显著,在地下创造这样的环境比在地面容易,造价和运营费用也较低。

(3)具有良好的抗灾和防护性能

地下建筑处于一定厚度的土层或岩层的覆盖下,可免遭或减轻包括核武器在内的空袭、炮轰、爆破的破坏,同时也能较有效地抗御地震、台风等自然灾害,以及火灾、爆炸等人为灾害。

(4)社会、经济、环境等多方面的综合效益好

在大城市中有规划地建造地下各种建筑工程,对节省城市占地、节约能源(有统计说明:地下与地面同类型建筑空间相比,其空间内部的加热或冷冻负荷所耗能源可节省费用 30%～60%),克服地面各种障碍、改善城市交通、减少城市污染、扩大城市空间容量、节省时间、提高工作效率和提高城市生活质量等方面,都能起到极其重要的作用,是现代化城市建设的必经之路。

(5)施工条件较复杂、造价较高

城市地下空间工程往往是在大城市形成之后兴建的,而且要与地面建筑及交通设施等分工、配合和衔接,因而它要通过各种土岩层或者河湖、建筑物基础和市政地下管道等。修建时既不能影响地面交通与正常生活,又不能使地面沉陷、开裂,绝对保证地面或地下建筑物与设施的安全,这就给地下工程增加了难度,为此必须有万无一失的施工组织设计和可靠的技术措施来保证。一般来讲,地下空间工程的施工期较长,工程造价较高。但随着科技的进步,地下空间工程的某些局限性将会逐渐得到改善或克服。

城市地下空间工程是研究城市各种地下工程的规划、勘察、设计、施工和维护的一门综合性应用科学与工程技术,是土木工程的又一个分支。

在城市地面以下土体、岩体中或水底以下修建的各种类型的地下建筑物或结构物的工程，均称为城市地下空间工程。它包括交通运输方面的地下铁道、公路隧道、地下停车场、过街或穿越障碍的各种地下通道等；工业与民用方面的各种地下制作车间、电站、各种储存库房、商店、人防与地下市政工程，以及文化、体育、娱乐与生活等方面的联合建筑体等。

2)地下空间工程分类

地下空间工程有许多分类方法，如按其使用功能、周围岩介质、设计施工方法分类，也有按其结构形式、衬砌材料和构造分类的。

(1)按使用功能分类

地下空间工程按使用功能分为交通工程、市政管道工程、地下工业建筑、地下民用建筑、地下军事工程、地下仓储工程、地下娱乐体育设施等。

(2)按周围岩介质分类

地下空间工程按周围岩介质的不同，分为软土地下空间工程、硬土(岩石)地下空间工程、海(河、湖)底或悬浮工程；按照地下空间工程周围岩介质的覆盖层厚度的不同，又分为深埋、浅埋、中埋等埋深工程。

(3)按设计施工方法分类

地下空间工程按施工方法分为浅埋明挖法地下空间工程、盖挖逆作法地下空间工程、矿山法隧道、盾构法隧道、顶管法隧道、沉管法隧道、沉井(箱)基础工程等。

(4)按结构形式分类

地下建筑和地面建筑结合在一起的常称为附建式，独立修建的地下空间工程为单建式，如图5-27所示。地下空间工程结构形式可以为隧道形式，横断面尺寸远远小于纵向长度尺寸，即廊道式。平面布局上也可以构成棋盘式或者类似地面房间布置，可以单跨、多跨，也可以单层或多层，通常的浅埋地下结构为多跨多层框架结构。横断面最常见的有圆形、口形、马蹄形、直墙拱形、曲墙拱形、落地拱、联拱(塔拱)、穹顶直墙等。

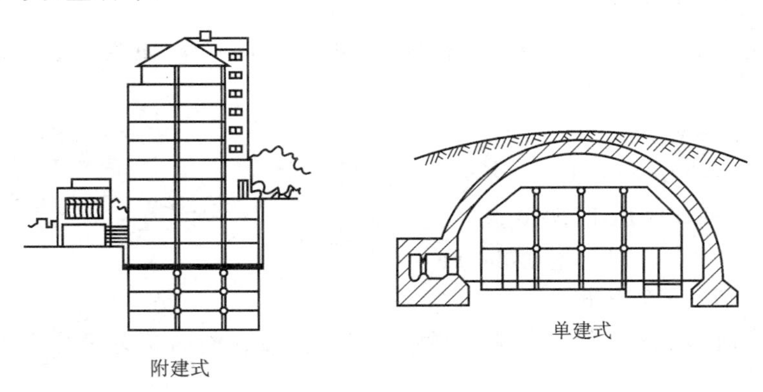

图5-27 附建式和单建式地下建筑

(5)按衬砌材料和构造分类

衬砌材料主要有砖、石、砌块混凝土、钢筋混凝土、钢轨、锚杆、喷射混凝土、铸铁、钢纤维混凝土、聚合物钢纤维混凝土等。根据现场浇筑施工方法不同，衬砌构造形式分为：①模筑衬砌；②离壁式衬砌；③装配式衬砌；④喷锚支护衬砌。

(6)地下空间工程的防灾减灾

地下空间较之地上空间具有较强的抗暴、抗震、防火、防毒、防风的能力。因为岩土具有削弱冲击波的能力,地面的火灾不容易蔓延到地下空间,只需在出入口采取一定的防火措施。

地下空间内部防灾的要求:一是对灾情的控制,包括控制火源、起火感知和信息发布、阻止火势蔓延和烟流扩散及组织有效的灭火;二是内部人员的疏散和撤离,主要从规划设计上做到对火灾的隔离,保证疏散通道有足够的宽度,满足出入口的数量要求并使其位置保持与疏散人员的最小距离。地下空间的内部灾害防治需要引起重视。

5.3.2 隧道工程的特点及其分类

1)隧道工程的特点

隧道是埋置于地层中的工程建筑物,是人类利用地下空间的一种形式。它属于地下空间的一种。1970 年国际经济合作组织召开的隧道会议综合了各种因素,对隧道所下的定义为:“以某种用途、在地面下用任何方法按规定形状和尺寸修筑的断面面积大于 2 m^2 的洞室。”

2)隧道工程分类

隧道的种类繁多,从不同的角度来区分,就有不同的分类方法。从地质条件可分为土质隧道和石质隧道,按埋深分为浅埋隧道和深埋隧道,从所处的位置分为山岭隧道、水底隧道和城市隧道。

(1)按用途分类

①交通隧道。它是隧道中数量比较多的一种,它主要是为交通提供一种克服障碍物和高差的运输通道,如铁路隧道、公路隧道、水底隧道、地下铁道、航运隧道及人行地道等。

②水工隧道。它是水利枢纽的一个重要组成部分。根据用途可以分为引水隧道、尾水隧道(发电机的排水通道)、导流隧道或泄洪隧道以及排沙隧道。

③市政隧道。它是城市中为安置各种不同市政设施而修建的地下孔道,如给水隧道、污水隧道、管路隧道、线路隧道以及人防隧道等。

④矿山隧道。在矿山的开采过程中,常架设一些隧道通往矿床,也叫巷道,如运输巷道、给水巷道以及通风巷道等。

(2)按照隧道的长短划分

①特长隧道:全长 10 000 m 以上。

②长隧道:全长 3 000 m 以上至 10 000 m。

③中长隧道:全长 500 m 以上至 3 000 m。

④短隧道:全长 500 m 及以下。

此外,隧道按平面布置可分为直线隧道和曲线隧道,按纵断面布置可分为水平隧道和斜坡隧道等。

(3)采用隧道的优势

①山岭地区可以大大减少展线,缩短线路长度。

②减少对植被的破坏,保护生态环境。

③减少深挖路堑,避免高架桥和挡土墙。

④减少线路受自然因素(如风、沙、雨、雪、塌方及冻害等)的影响,延长线路使用寿命,减少阻碍

行车的事故。

⑤在城市可减少交通占地，形成立体交通；在江河、海峡及港湾地区，可不影响水路通航。

隧道是一种地下工程结构物，通常要修建主体建筑物和附属建筑物。前者包括洞身衬砌和洞门，后者包括通风、照明、防排水和安全设备等。由于地层内结构受力以及地质环境的复杂性，隧道衬砌的结构计算理论和施工方面与地面结构相比有许多不同之处。由于隧道施工场地空间有限、光线暗、劳动条件差，隧道的施工与地面建筑物的施工也不同。

5.3.3 隧道工程结构构造

道路隧道结构构造由主体构造物和附属构造物两大类组成。主体构造物是为了保持岩体的稳定和行车安全而修建的人工永久建筑物，通常指洞身衬砌和洞门构造物。洞身衬砌的平、纵、横断面的形状由道路隧道的几何设计确定，衬砌断面的轴线形状和厚度由衬砌计算决定。在山体坡面有发生崩坍和落石可能时，往往需要接长洞身或修筑明洞。洞门的构造型式由多方面的因素决定，如岩体的稳定性、通风方式、照明状况、地形地貌以及环境条件等。附属构造物是主体构造物以外的其他建筑物，是为了运营管理、维修养护、给水排水、供蓄发电、通风、照明、通信、安全等而修建的构造物。

1)洞身衬砌

隧道的衬砌结构形式，主要是根据隧道所处的地质地形条件，考虑其结构受力的合理性、施工方法和施工技术水平等因素来确定的。随着人们对隧道工程实践经验的积累，对围岩压力和衬砌结构所起作用的认识的发展，结构形式发生了很大变化，出现各种适应不同地质条件的结构类型，大致有下列几类。

(1)直墙式衬砌

这种类型的衬砌适用于地质条件比较好、以垂直围岩压力为主而水平围岩压力较小的情况。

(2)曲墙式衬砌

通常在Ⅲ类以下围岩中，水平压力较大，为了抵抗较大的水平压力把边墙也做成曲线形状。当地基条件较差时，为防止衬砌沉陷，抵御底鼓压力，使衬砌形成环状封闭结构，可以设置仰拱。

(3)喷混凝土衬砌、喷锚衬砌及复合式衬砌

喷射混凝土是利用高压空气将掺有速凝剂的混凝土混合料通过混凝土喷射机与高压水混合喷射到岩面上迅速凝结而成的，喷锚支护是喷射混凝土、锚杆、钢筋网喷射混凝土等结构组合起来的支护形式，可以根据不同围岩的稳定状况，采用喷锚支护中的一种或几种结构的组合。复合式衬砌是指把衬砌分成两层或两层以上，可以是同一种形式、方法和材料制作的，也可以是不同形式、方法和材料制作的，如图5-28所示。目前，大都采用内外两层衬砌，按内外衬砌的组合可分为喷锚支护和混凝土衬砌。

2)洞门

洞门是隧道两端的外露部分，也是联系洞内衬砌与洞口外路堑的支护结构，其作用是保证洞口边坡的安全和仰坡的稳定，引离地表流水，减少洞口土石方开挖量。洞门也是标志隧道的建筑物，因此，洞门应与隧道规模、使用特性以及周围建筑物、地形条件等相协调。洞门附近的岩(土)体通常都比较破碎、松软，易于失稳，形成崩塌。为了保护岩(土)体的稳定和使车辆不受崩塌、落石等威胁，确

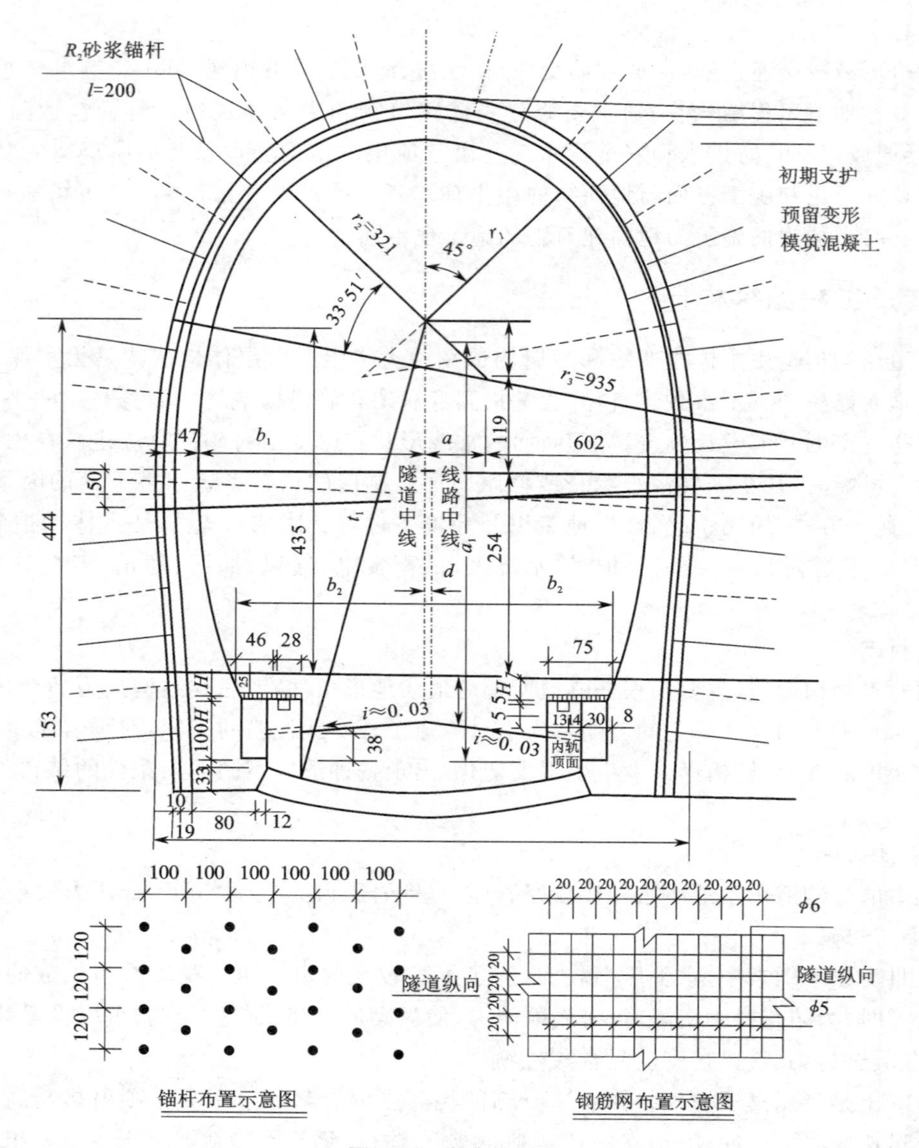

图 5-28　复合式衬砌

保行车安全，应该根据实际情况，选择合理的洞门形式。洞门是各类隧道的咽喉，在保障安全的同时，还应适当进行洞门的美化和环境的美化。

道路隧道在照明上有相当高的要求，为了处理好司机在通过隧道时的一系列视觉上的变化，有时考虑在入口一侧设置减光棚等减光构造物，对洞外环境做某些减光处理。这样洞门位置上就不再设置洞门建筑，而是用明洞和减光建筑将衬砌接长，直至减光建筑物的端部构成新的入口。

洞门还必须具备拦截、汇集、排除地表水的功能，使地表水沿排水渠道有序排离洞门，防止地表水沿洞门流入洞内。因此，洞门上方女儿墙应有一定的高度，并有排水沟渠。

当岩(土)体有滚落碎石可能时，一般应接长明洞，减少对仰坡、边坡的扰动，使洞门墙离开仰坡底部一段距离，确保落石不会滚落在车行道上。

由于隧道洞口所处的地形、地质条件不同，隧道常用的洞门形式主要有端墙式、翼墙式、柱式、斜交式、喇叭口式和环框式等。图 5-29 所示为隧道洞门立面和侧面图。

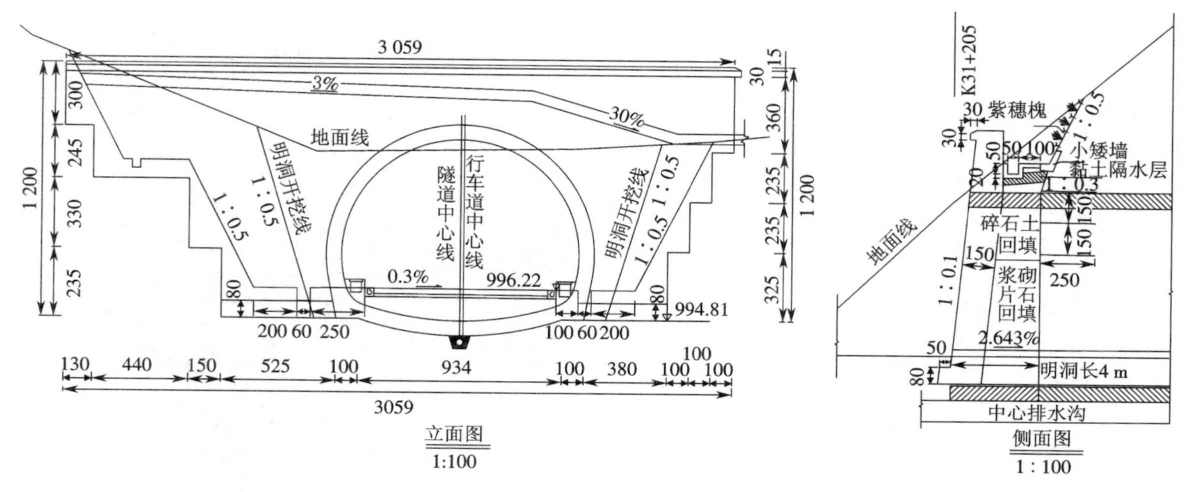

图 5-29　隧道洞门立面和侧面图

3）明洞

当隧道埋深较浅，上覆岩（土）体较薄，难采用暗挖法时，则应采用明挖法来开挖隧道。用这种明挖法修筑的隧道结构，通常称为明洞。

明洞具有地面、地下建筑物的双重特点，既作为地面建筑物用以抵御边坡和仰坡的塌方、落石、滑坡、泥石流等危害，又作为地下建筑物用于在深路堑、浅埋地段不适宜暗挖隧道时，取代隧道的作用。另外，它还可以用在与公路、灌溉渠立交处，以减少建筑物之间的干扰。

明洞净空必须满足隧道建筑限界要求，洞门一般做成直立端墙式。

明洞的结构形式应根据地形、地质、经济、运营安全及施工难易等条件进行选择，采用最多的是拱式明洞和棚式明洞，具体见图 5-30 和图 5-31。拱式明洞由拱圈、边墙和仰拱（或铺底）组成，它的内轮廓与隧道相一致，但结构截面的厚度要比隧道大一些。有些傍山隧道，地形的自然横坡比较陡，外侧没有足够的场地设置外墙及基础或无法确保其稳定，这时可考虑采用另一种建筑物——棚式明洞。棚式明洞常见的结构形式有盖板式、刚架式和悬臂式三种。

4）附属建筑物

为了使隧道正常使用，除了上述主体建筑物外，还要修建一些附属建筑物，其中包括防排水设施、电力、通风以及通信设施等。当然，不同用途的隧道在附属设施上有一定的差异，如铁路隧道需要为保障洞内行人、维修人员及维修设备的安全在两侧边墙上交错均匀修建人员躲避和设备存放的洞室，即避车洞。

为了保障行车安全，公路隧道内的环境（如亮度）必须要保持在合适的水平上。因此，需要对墙面和顶棚进行合理的处理。通过内部装修提高隧道内的环境，增强能见度，吸收噪声（见图 5-32）。内部装修材料应当表面光洁，同时要具有吸收噪声的性能，另外，要求材料具有一定的抵抗隧道内污染和腐蚀的性能。

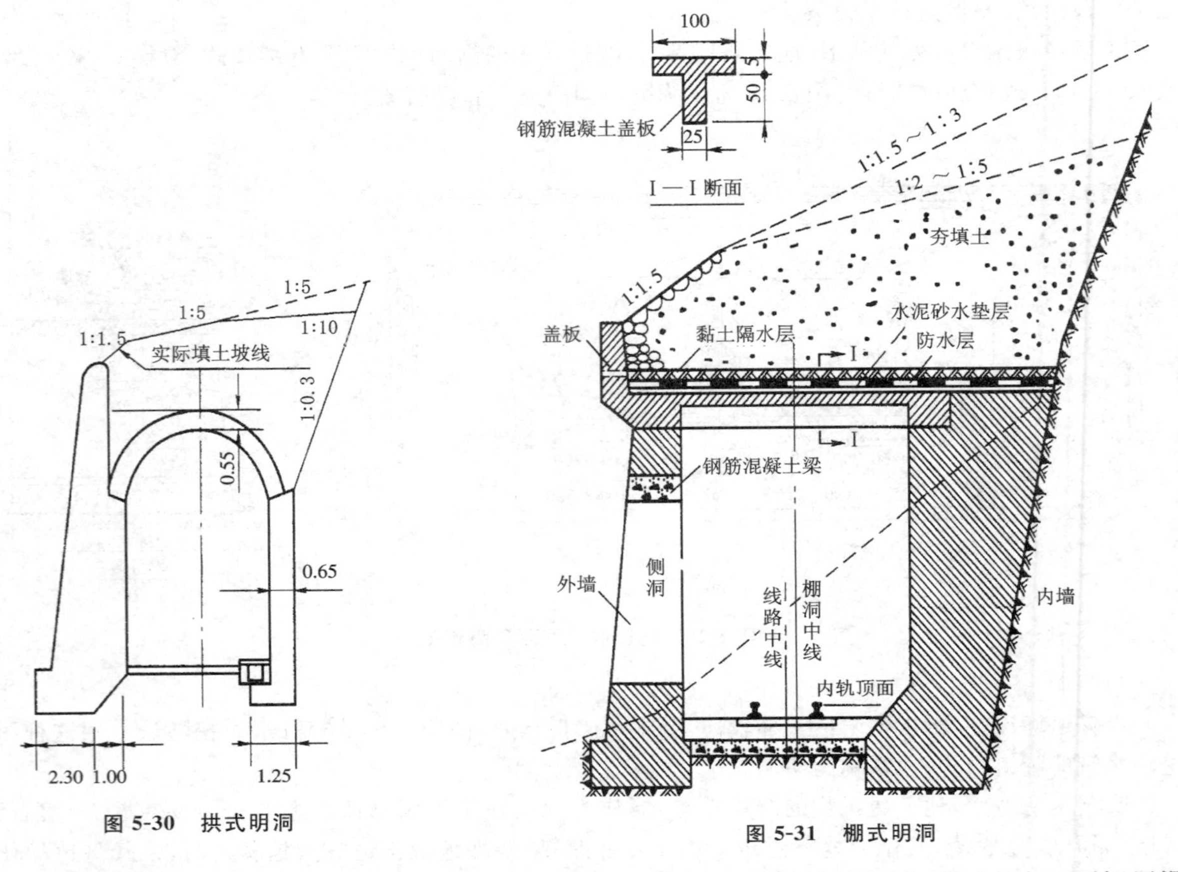

图 5-30　拱式明洞

图 5-31　棚式明洞

顶棚对提高照明效果有利，经顶棚的发射光使路面产生二次反射，能增加路面亮度。顶棚用漫反射材料可以避免产生眩光。同时顶棚是背景的一部分，尤其在变坡点附近对识别障碍和察觉隧道内的异常现象有帮助。顶棚除了有诱导作用外，还可起到美化作用。

图 5-32　公路隧道内部装修

公路隧道为保障故障车辆离开干道进行避让，以免发生交通事故，引起混乱，影响通行能力而设置专供紧急停车使用的停车位置，即紧急停车带。紧急停车带间隔一般取 500～800 m。汽车专用隧道取 500 m，混合隧道取 800 m。紧急停车带的有效长度，应满足停放车辆进入所需长度，一般对全挂车可设置为 20 m，最低 15 m，宽度 3.0 m。

5.3.4　地下与隧道工程发展趋势

城市是现代文明的标志和社会进步的标志，是经济和社会发展的主要载体。伴随着我国城市化进程的加快，城市建设快速发展，城市规模不断地扩大，城市人口急剧膨胀，许多城市不同程度地出现了用地紧张、生存空间拥挤、交通堵塞、基础设施落后、生态失衡、环境恶化等问题，被称为“城市病”，给人类居住环境带来很大影响，也制约了经济和社会的进一步发展，成为现代城市可持续发展的障碍。如何治理“城市病”，提高居民的生活质量，达到经济与社会、环境的协调发展，成为亟待解决的重要社会课题。

改革开放以后，中国经济高速发展，促进了城市化水平的迅速提高。从 1989 年的不到 20%，提高到 2000 年的 35.7%，2010 年达到 45%左右。城市化水平提高表现在城市数量增加，城市规模扩大。据气象卫星遥感资料判断和测算，1986—1996 年 10 年间，全国 31 个特大城市城区实际占地规模扩大 50.2%。据国家土地管理局检测数据分析，已建城区规模扩展都在 60%以上，其中有的城市成倍增长，其结果是占用了大量的耕地。我国人多地少，人均耕地占有面积只有世界平均水平的1/4。城市不能无限制地蔓延扩张，只能着眼于走内涵式集约发展的道路。城市地下空间作为一种新型的国土资源，适时地、有序地加以开发利用，使有限的城市土地发挥更大的效用，这是必然的趋势。

围绕着隧道及地下空间工程建设所形成的产业规模巨大，前景诱人。铁路和公路大建设的高潮已经到来，如 2020 年我国大陆铁路干线将达到 10 万 km，从现在起每年平均应新筑铁路干线 2 000 km，而且有半数分布在中西部重丘和高山地区，按照以往的隧道含量比例统计计算，平均每年应建隧道在 300 km 以上。国家公路建设也一直保持着较高的速度，这些年来平均新建等级公路为 50 000 km，其中建成公路隧道每年也在 150 km 上下，这个速度近期内不会降低。城市轨道交通发展迅速，我国已有和正在修筑轨道交通的大城市近十个，正在规划和设计轨道交通的大城市有 7 个，初步估计到 2020 年我国城市轨道交通将会达到 2 500～3 000 km，其中半数以上为地铁。正在不断推进和已部分实施的“南水北调”工程将会开创隧道及地下空间工程建设史上的新篇章，规划中的西线方案可能会有多条数十千米长的输水隧洞以及出现单座上百千米长的输水隧洞。加上其他水利电力开发、输送和储存油气、煤炭和矿山开采及市政工程，隧道及地下工程的规模非常可观，堪称世界第一。由此可见，我国快速持久的经济发展将会给隧道及地下工程建设事业带来空前的发展机遇。

但是，也应该看到发展中所存在的问题和不足，尤其是在隧道及地下空间工程技术的运用程度和建设管理水平上，与先进国家相比，还有较大的差距。譬如工程决策缺乏长远的和全面的考虑，缺少环境保护和工程经济的合理比较；产业化程度低，施工机具、设备和建筑材料品种稀少且品质低劣；大型施工专用设备如盾构机、TBM 掘进机、液压凿岩台车及其关键配件等仍依赖于从国外进口；建设管理十分落后，表现为工程质量水平不高、质量稳定性差、施工安全没有保证、人身事故率高；施工队伍专业化水平低，尤其施工现场上较高素质的管理技术人才奇缺，施工机械化水平、信息化水平普遍较低，城市地下空间工程的运行管理技术有待提高等。这些与国家快速发展的经济形势对隧道及地下工程建设的需求是不相适应的。

【本章要点】

①城市道路、公路以及铁路线路的分类。要求理解分类的原则。

②道路和铁路的线型和结构组成。要求理解城市道路、公路和铁路组成的异同点。

③国内外道路和铁道建设的现状和我国发展趋势、我国有关道路和铁道的交通科技现状和展望。了解我国在道路和铁道建设以及交通科技方面的规划。

④桥梁由上部结构、下部结构、支座和附属建筑物组成。桥梁按结构体系分类有梁式桥、拱桥、刚架桥和吊桥,以及由以上基本体系组合而成的组合体系桥,如刚构桥和斜拉桥等。桥梁上的作用分为永久作用、可变作用和偶然作用三类。

⑤桥梁结构将向着高强、轻型、大跨度的方向发展,同时桥梁将在结构理论上,在桥梁的规划和设计阶段,在桥梁的制造和架设阶段,在桥梁建成交付使用后,在新型建桥材料上,也向着智能化、信息化的方向发展。

⑥城市地下空间工程的特点、分类及分类依据。了解地下空间工程的特点及分类方法。

⑦隧道特点以及分类依据。

⑧隧道结构构造概念和分类,洞身衬砌、洞门、明洞以及附属结构物定义以及设计要求。

⑨我国地下空间工程和隧道工程建筑前景,与地下空间工程或隧道工程相关的交通科技的不足及发展趋势。

【思考与练习】

5-1 简述城市道路和公路的分类以及依据。

5-2 城市道路和公路有哪些基本组成,有何异同点?

5-3 轨道由哪几部分组成?各自的作用是什么?

5-4 简述梁式桥的基本组成部分。

5-5 简述净跨径、计算跨径的含义。

5-6 概述桥梁的主要分类。

5-7 总结梁、拱、索的结构受力特点。

5-8 试分别列出永久作用、可变作用和偶然作用的主要内容。

5-9 试论述桥梁工程的发展方向。

5-10 简述地下和隧道工程的分类。

5-11 通过查阅文献,论述地下空间工程和隧道工程的发展趋势。

第6章　给排水工程

水是地球上普通却珍贵的资源，是人类社会不断进步和发展的基础。给排水科学与工程是研究水的开采、净化、供给、保护、利用、再生等的有关水的社会循环中各个环节的科学。因此，给排水科学与工程是一个涉及领域广、内涵精深的综合性和交叉性的学科。

按我国的学科分类，给水排水工程是土木工程学科下的一个二级学科。传统给水排水工程中水的输送、净化和处理等主要是通过土木工程的构筑物来实现的，所以给排水工程和土木工程有着密不可分的关系。

6.1　给水工程

6.1.1　给水系统组成和影响因素

给水系统由相互联系的一系列构筑物和输配水管网组成。它的任务是从水源取水，按照用户对水质的要求进行处理，然后将水输送到用水区，并向用户配水（见图6-1）。因此，给水系统一般由下列工程设施组成。

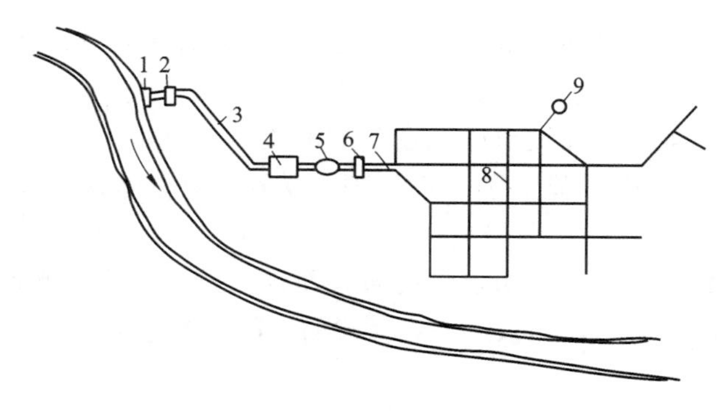

图6-1　给水系统示意图

1—取水构筑物；2 一级泵站；3—水处理构筑物；4—水处理厂；5—清水池；
6—二级泵站；7—输水管渠；8—管网；9—调节构筑物

①取水构筑物用以从选定的水源取水，主要包括地表水取水构筑物（固定式取水构筑物、移动式取水构筑物、山区浅水河流取水构筑物）和地下水取水构筑物（管井、大口井、辐射井、渗渠）。

②水处理构筑物是将取水构筑物的来水进行处理，以符合用户对水质的要求。

③泵站用以将所需水量提升到要求的高度，可分为抽取原水的一级泵站、输送清水的二级泵站和设于管网中的增压泵站。

④输水管渠和管网，输水管渠是将原水送到水厂的管渠，管网则是将处理后的水送到各个给水区的全部管道。

⑤调节构筑物,它包括各种类型的贮水构筑物,如高地水池、水塔、清水池等,用以贮存和调节水量。

按照城市规划、水源条件、地形,以及用户对水量、水质和水压等方面的具体要求,给水系统有多种布置方式,常见的有如下两种。

①统一给水管网系统。该系统用同一个系统供应生活、生产和消防等各种用水。这类给水管网系统适用于新建中小城市、工业区或大型厂矿企业用水户较集中、地形较平坦,并且对水质、水压要求比较接近的情况。

②分系统给水管网系统。该系统可以是同一水源,经过不同的水处理过程和管网,将不同水质的水供给各类用户的给水系统。也可以是不同水源,根据具体情况而定,有根据水压要求不同而分别供给的分压给水管网系统。或根据用户对水质要求的不同而分别供给用户的分质给水管网系统,以及根据城市和工业区的特点设置的分区给水管网系统等。

影响给水系统的布置大致有以下三个方面的因素。

(1)城市规划的影响

给水系统的布置,应密切配合城市和工业区的建设规划,做到通盘考虑分期建设,既能及时供应生产、生活和消防用水,又能适应今后发展的需要。水源选择、给水系统布置和水源卫生防护地带的确定,都应以城市和工业区的建设规划为基础。因此,城市规划与给水系统设计的关系极为密切。

(2)水源的影响

任何城市都会因水源种类、水源距给水区的远近、水质条件的不同等因素,影响到给水系统的布置。

当地如有丰富的地下水,则可在城市上游或就在给水区内开凿管井或大口井,井水经消毒后,由泵站加压送入管网,供用户使用。

以地表水为水源时,一般从流经城市或工业区的河流上游取水。因地表水多半是浑浊的,并且难免受到污染,如作为生活饮用水,则必须加以处理。受到污染的水源,水处理过程比较复杂,给水成本也会提高。

城市附近的水源丰富时,往往随着用水量的增长而逐步发展成为多水源给水系统,从不同部位向管网供水。它可以从几条河流取水,或从一条河流的不同位置取水,或同时取地表水和地下水,或取不同地层的地下水等。

(3)地形的影响

地形条件对给水系统的布置有很大的影响。中小城市如地形比较平坦,而工业用水量小,对水压又无特殊要求时,可采用统一给水系统。地形起伏较大的城市,可采用分区给水或局部加压的给水系统。整个给水系统按水压分成高低两区,相比统一给水管网系统,可以降低管网的供水水压并减少动力费用。

城市给水系统的布置,首先应密切配合城市和工业区的建设规划,做到通盘考虑,分期建设,既能及时供应生产、生活和消防用水,又能适应今后发展的需要;其次,水源种类、水源距给水区的远近、水质条件的不同也会影响到给水系统的布置;地形条件对给水系统的布置也有很大的影响。

工业用水系统的组成和布置原则与城市给水系统相同。一般情况下,工业用水常由城市管网供给,但是如果对水质、水压、水温有不同要求时,可以自建给水系统或自备给水处理系统,以满足企业要求。

6.1.2 给水处理的方法与工艺

给水处理的对象通常为天然淡水水源，水中含有的杂质分为无机物、有机物和微生物三种，按杂质的颗粒大小以及存在形态可分为悬浮颗粒、胶体和溶解物质三种。

给水处理的任务是通过必要的处理方法去除或降低原水中悬浮物质、胶体、有害细菌生物以及水中含有的其他有害物质，使之符合生活饮用或工业使用所要求的水质。基本原则是利用现有的各种技术、方法和手段，采用尽可能低的工程造价，将水中所含的杂质分离出去，使水质得到净化。常用的给水处理方法见表 6-1。

表 6-1 常用的给水处理方法

处理方法	去除对象
混凝沉淀	使用混凝药剂沉淀或澄清去除水中胶体和悬浮杂质等
过滤	使水通过细孔性滤料层，截留去除经沉淀或澄清后剩余的细微杂质
消毒	去除水中病毒和细菌，保证饮水卫生和生产用水安全
离子交换	去除水中钙、镁离子，多用于水的软化和脱盐等领域
化学氧化	降低水的色度，降低臭和味，氧化水中有机物及铁、锰
膜法	去除水中杂质、细菌和病毒
吸附	去除水中的色度和臭味等物质

根据水源水质和使用要求，往往将几种处理方法联合使用，构成一个处理流程，使净水厂出水水质达到相应的水质标准。现介绍几种比较典型的给水处理工艺流程见表 6-2。

表 6-2 典型的给水处理工艺流程及适用条件

工艺流程	使用条件
原水→简单处理(如筛网隔滤、消毒)	水质较好时采用
原水→接触过滤→消毒	一般用于处理浊度和色度较低的湖泊水和水库水，进水悬浮物一般小于 100 mg/L，水质稳定、变化小且无藻类繁殖
原水→混凝、沉淀或澄清→过滤→消毒	以地表水作为水源时处理厂常采用常规处理流程，可对低浊度、无污染的水不加絮凝剂或跨越沉淀直接过滤
原水→调蓄预沉→混凝沉淀或澄清→过滤→消毒	当原水浊度高、含沙量大时，为了达到预期的混凝沉淀效果，则减少混凝剂用量，增设预沉池或沉砂池

对于不同水源的水质，流程中反应器可以增减，下面给出几种不同水质的给水处理流程(见图 6-2至图 6-4)。

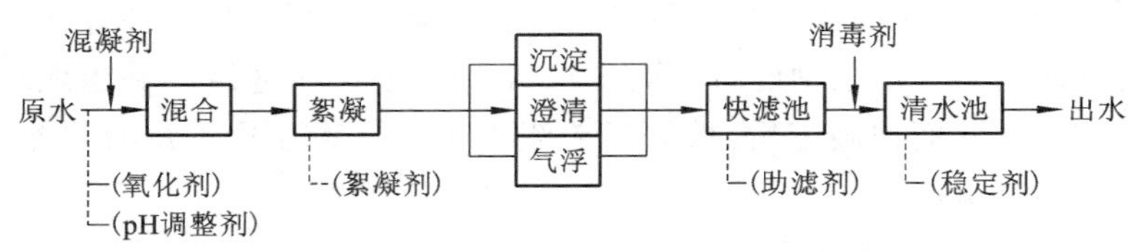

图 6-2 常规给水处理工艺流程

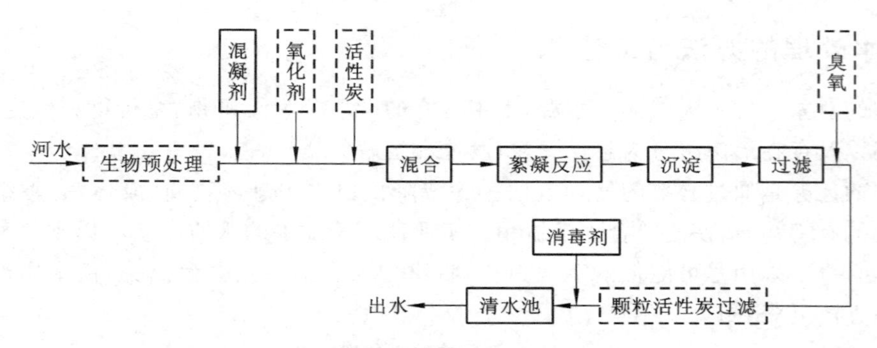

图 6-3 微污染水源水的处理工艺流程

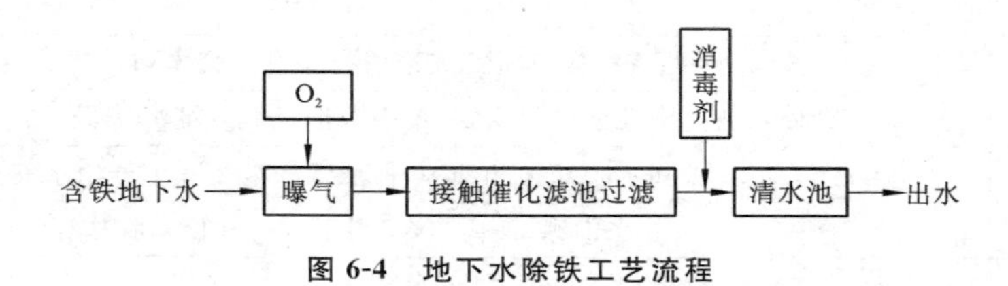

图 6-4 地下水除铁工艺流程

6.1.3 给水处理构筑物的类型

给水处理构筑物是指按给水处理工艺设计的构筑物,主要包括配水井、药剂间、混凝沉淀池、澄清池、过滤池、反应池、吸滤池、清水池、二级泵站等。

水处理构筑物和泵房多数采用地下或半地下钢筋混凝土结构,特点是构件断面较薄,属于薄板或薄壳型结构,配筋率较高,具有较高抗渗性和良好的整体性要求。常见的施工方法如下。

①全现浇混凝土施工,水处理构筑物的钢筋混凝土池体大多数采用现浇混凝土施工。

②单元组合现浇混凝土施工,沉砂池、清水池等大型池体的断面形式可分为圆形水池和矩形水池,易采用单元组合式现浇混凝土结构,池体由相类似底板及池壁板块单元组合而成。

③预制拼装施工,沉砂池、调节池等圆形水池可采用装配式预应力钢筋混凝土结构,以便获得较好的抗裂性和不透水性。

④预制沉井施工,预制沉井施工通常采取排水下沉干式沉井和不排水下沉湿式沉井方法,前者适用于渗水量不大、稳定的黏性土,后者适用于比较深的沉井或有严重流砂的情况。排水下沉分为人工挖土下沉、机具挖土下沉、水力机具下沉;不排水下沉分为水下抓土下沉、水下水力吸泥下沉和空气吸泥下沉。

⑤砌筑施工多用于工艺辅助构筑物,可采用砖石砌筑结构。

根据原水水质、处理后水质的要求、水厂规模、水厂用地面积和地形条件等,通过技术经济比较,选择合适的水处理构筑物。生产辅助建筑物面积根据水厂规模、工艺流程和当地具体情况确定。当各构筑物和建筑物的个数及面积确定后,根据工艺流程及构筑物和建筑物的功能要求,结合地形和地质条件,进行平面布置(见图 6-5)。

进行给水厂平面布置时,应考虑下述几点要求。

①生产构(建)筑物和生产附属建筑物宜分别集中布置。

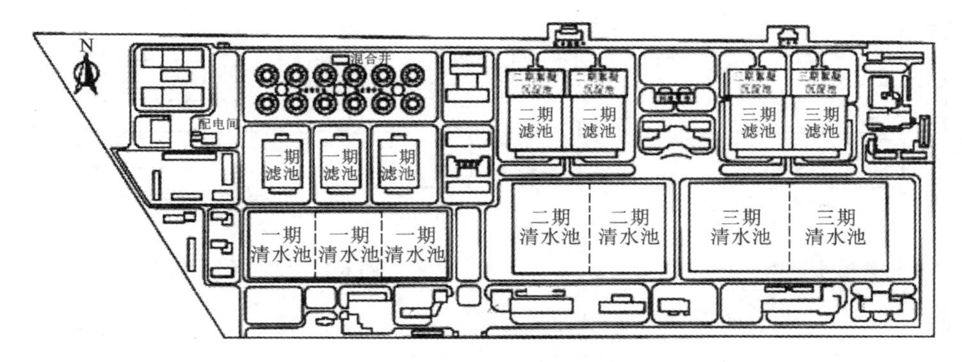

图 6-5 水厂平面布置

②生活区宜与生产区分开布置。

③分期建设时，近、远期应协调。

④生产附属建筑物的面积及组成应根据水厂规模、工艺流程和经济条件确定。

⑤加药间、消毒间应分别靠近投加点，并与其药剂仓库毗邻；消毒间及其仓库宜设在水厂的下风处，并与值班室、居住区保持一定的安全距离。

⑥滤料、管配件等堆料场地应根据需要分别设置，并有遮阳避雨措施。

⑦厕所和化粪池的位置与生产构(建)筑物的距离应大于 10 m，不应采用旱厕和渗水厕所。

⑧应考虑绿化美化，新建水厂的绿化占地面积不宜小于水厂总面积的 20%。

⑨应根据需要设置通向各构(建)筑物的道路。单车道宽度宜为 3.5 m，并应有回车道，转弯半径不宜小于 6 m，在山丘区纵坡不宜大于 8%；人行道宽度宜为 1.5～2.0 m。

⑩应有雨水排除措施，厂区地坪宜高于厂外地坪和内涝水位。

⑪水厂周围应设围墙及安全防护措施。

6.1.4 给水管网的布置原则

给水管网的布置应满足下列要求。

①按照城市规划平面图布置管网，布置时应考虑给水系统分期建设的可能，并留有充分的发展余地。

②管网布置必须保证供水安全可靠，当局部管网发生事故时，断水范围应减到最小。

③管线遍布在整个给水区内，保证用户有足够的水量和水压。

④力求以最短距离敷设管线，以降低管网造价和供水能量费用。

给水管网的布置一般有树状网(见图 6-6)和环状网(见图 6-7)两种。树状网一般适用于小城市和小型工矿企业，其供水可靠性差，管网中任一段管线损坏时，在该管段之后的所有管段都会断水。并且，树状管网的末端水量较小，流动缓慢，因此水质容易变坏，可能会出现浑水和红水。

环状管网的管线连接成环状，当管网中任一段管线损坏时，可以关闭附近的阀门使其和其余管线隔开，水可以从其他管线进行供应，断水的地区尽可能缩小，提高供水的安全性。

城市给水管网定线取决于城市平面布置，供水区的地形，水源和调节池位置，街区和用户特别是大用户的分布，河流、铁路、桥梁等的位置，因此在布线时应考虑下面几个因素。

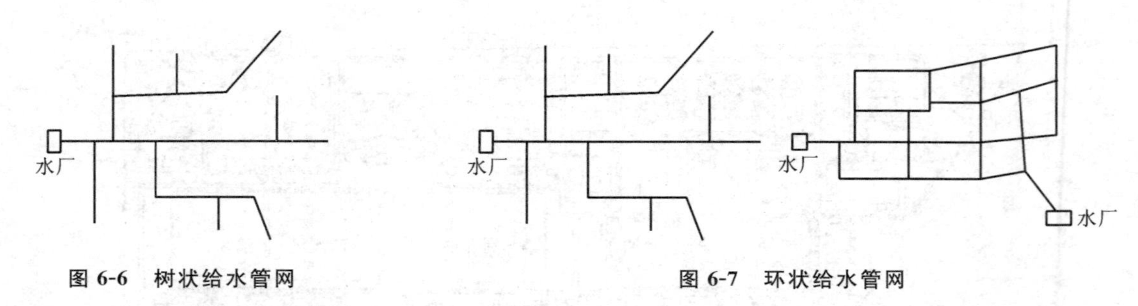

图 6-6　树状给水管网　　　　图 6-7　环状给水管网

①干管延伸方向应和二级泵站输水到水池、水塔、大用户的水流方向基本一致。循水流方向以最短的距离布置一条或数条干管,干管位置应从用水量较大的街区通过。

②干管一般按照城市规划道路定线,应尽量避免在高级路面或重要道路下通过,以减少检修时的困难。管线在道路下的平面位置和标高,应符合城市或厂区地下管线综合设计的要求,给水管线和建筑物、铁路以及其他管道的水平净距,均应符合相关规定。

6.2 排水工程

6.2.1 污水的分类及处理方法

污水是生活污水、工业废水、被污染的雨水的总称。工业废水又可分为生产污水与生产废水两类。生活污水和生产污水统称为城市污水。

污水需要经过必要的处理,使之达到国家规定的水质控制标准后方能回用或排放。从污水处理的角度来说,水中污染物可分为悬浮固体污染物、有机污染物、有毒物质、污染生物和污染营养物质。

处理方法按处理原理可分为物理处理法、化学处理法、生物处理法;按照处理程度分为一级处理、二级处理、三级处理等工艺流程。

污水物理处理法是利用物理作用分离与去除污水中的漂浮物、悬浮物。常用方法有筛滤截留法、重力分离法、离心分离法等,相应的处理设备主要有格栅、沉砂池、沉淀池、离心机等。

生物处理法是利用微生物的代谢作用,去除水中有机物质的方法。常用的有活性污泥法、生物膜法、生物氧化塘法、污水土地处理法等。

化学处理法主要是采用中和、化学沉淀、氧化还原等方法去除水中有机物。

污水处理后残留的污泥也需要经过处理才能防止二次污染,污泥的处理方法有浓缩法、厌氧消化法、脱水法及热处理方法等。

6.2.2 污水处理的工艺流程

污水一级处理又称污水物理处理。通过简单的沉淀、过滤或适当的曝气,以去除污水中的悬浮物,调整 pH 值及减轻污水的腐化程度的工艺过程。处理方法可由筛选、重力沉淀和浮选等方法串联组成,除去污水中大部分粒径在 100 μm 以上的颗粒物质。筛滤可除去较大物质,重力沉淀可除去无机颗粒和相对密度大于 1 的有凝聚性的有机颗粒,浮选可去除相对密度小于 1 的颗粒物(油类等)。一级处理后,虽然已去除部分悬浮物和 25%～40%的生化需氧量(BOD),但一般不能去除污水中呈溶解状态和胶体状态的有机物、氧化物、硫化物等有毒物质，不能达到污水排放标准，需要进行二级处理。

二级处理的工艺按 BOD 的去除率可分为两类：一类是不完全的二级处理，这种工艺可以去除 75%左右的 BOD(包括一级处理)，主要采用高负荷生物滤池等设施；另一类是完全的二级处理，这种工艺可以去除 85%～95%的 BOD(包括一级处理)，主要采用活性污泥处理法。活性污泥处理法是当前应用最为广泛的处理技术之一，曝气池是其反应器。污水与污泥在曝气池中混合，污泥中的微生物通过好氧或厌氧作用将污水中复杂的有机物进行降解。图 6-8 是典型的城市污水处理工艺流程。

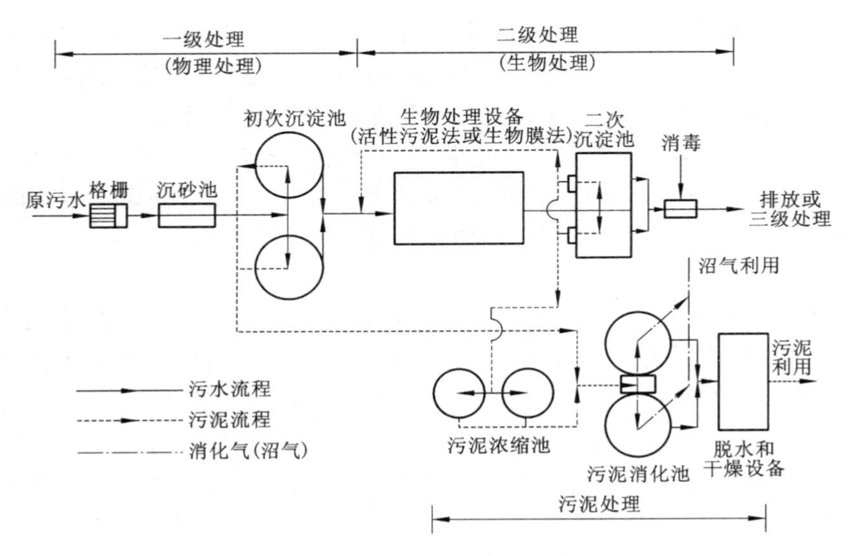

图 6-8　城市污水处理的典型工艺流程

污水经过二级处理后，仍含有极细微的悬浮物、磷、氮和难以生物降解的有机物、矿物质、病原体等，需进一步净化处理，以供重复使用或补充水源。为此，有时要在二级处理基础上，再进行污水三级处理，三级处理是污水处理的最高级别。一般采用的三级处理方法有凝聚沉淀法、砂滤法、活性炭或硅藻土过滤法、臭氧化法、离子交换、蒸发、冷冻、反渗透、电渗析等。图 6-9 给出了城市污水三级处理工艺流程。

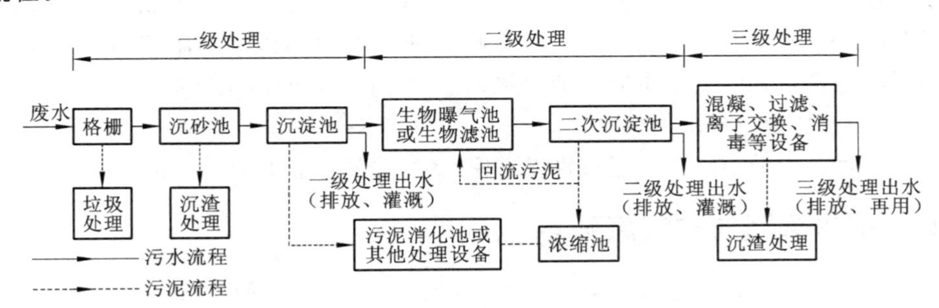

图 6-9　城市污水三级处理工艺流程

污水经三级处理后可以回收,重复利用于生活或生产,既可充分利用水资源,又可提高环境质量,污水再生回用可分为五类:①排放水体,作为水体的补给水;②回用于农田灌溉、市政杂用,如浇灌城市绿地、冲洗街道、车辆、景观用水等;③居民小区中的水回用于冲洗厕所;④作为冷却水和工艺用水的补充用水,回用于工业、企业;⑤用于防止地面下沉或海水入侵,回灌地下。

6.2.3 污水处理厂的平面布置原则

(1)处理构筑物的布置

污水处理厂的主体是处理构筑物。平面布置时,要根据各构筑物(包括其附属辅助建筑物,如泵房、鼓风机房等)的功能要求和流程的水力要求,结合厂址地形、地质条件,确定它们在平面图上的位置。在这一工作中,应使联系各构筑物的管、渠简单而便捷,避免迂回曲折,运行时工人的巡回路线应简短和方便;在进行高程布置时,土方量能基本平衡,并使构筑物避开劣质土壤。布置应尽量紧凑,缩短管线,以节约用地,但也必须有一定间距,这一间距主要考虑管、渠敷设的要求,施工时地基的相互影响,以及远期发展的可能性。构筑物之间如需布置管道时,其间距一般可取 5～8 m,某些有特殊要求的构筑物(如消化池、消化气罐等)的间距则按有关规定确定。

(2)管线的布置

污水处理厂中有各种管线,最主要的是联系各处理构筑物的污水、污泥管、污泥渠。污泥管、污泥渠的布置应使各处理构筑物或各处理单元能独立运行,当某一处理构筑物或某处理单元因故停止运行时,也不致影响其他构筑物的正常运行;若构筑物分期施工,则管、渠在布置上也应满足分期施工的要求;必须敷设连接入厂污水管和出流尾渠的超越管,在不得已的情况下可通过此超越管将污水直接排入水体,但有毒废水不得任意排放。厂内尚有给水管、输电线、空气管、消化气管和蒸气管等。所有管线的安排,既要有一定的施工位置,又要紧凑,并应尽可能平行布置和不穿越空地,以节约用地。这些管线都要易于检查和维修。污水处理厂内应有完善的雨水管道系统,避免因积水而影响处理厂的运行。

(3)辅助建筑物的布置

辅助建筑物包括泵房、鼓风机房、办公室、集中控制室、化验室、变电所、机修、仓库、食堂等。它们是污水处理厂设计不可缺少的组成部分,其建筑面积大小应按具体情况与条件而定。有可能时,可设立试验车间,以不断研究与改进污水处理方法。辅助建筑物的位置应根据安全、方便等原则确定,如鼓风机房应设于曝气池附近以节省管道与动力;变电所宜设于耗电量大的构筑物附近;化验室应远离机器间和污泥干化场,以保证良好的工作条件;办公室、化验室等均应与处理构筑物保持适当距离,并应位于处理构筑物的夏季主风向的上风向处;操作工人的值班室应尽量布置在使工人能够便于观察各处理构筑物运行情况的位置。

此外,污水处理厂内的道路应合理布置以方便运输,并尽可能地加大绿化面积以改善卫生条件。

6.2.4 城市排水管网的布置原则

城市排水管网的平面布置,应根据城市地形、竖向规划、污水厂的位置、土壤条件、水体情况,以及污水的种类和污染程度等因素确定。同时应满足下面几项原则。

①按照城市总体规划,结合当地实际情况布置排水管网,并进行多方案技术经济比较。

②要充分利用地形，采用重力自流排除污水和雨水，并使管线最短和埋深最小。

③协调好与其他管道、电缆和道路等工程的关系，近远期规划相结合，考虑发展，尽可能安排分期实施。

下面介绍几种以地形为主要因素的排水管道布置形式(见图6-10)。

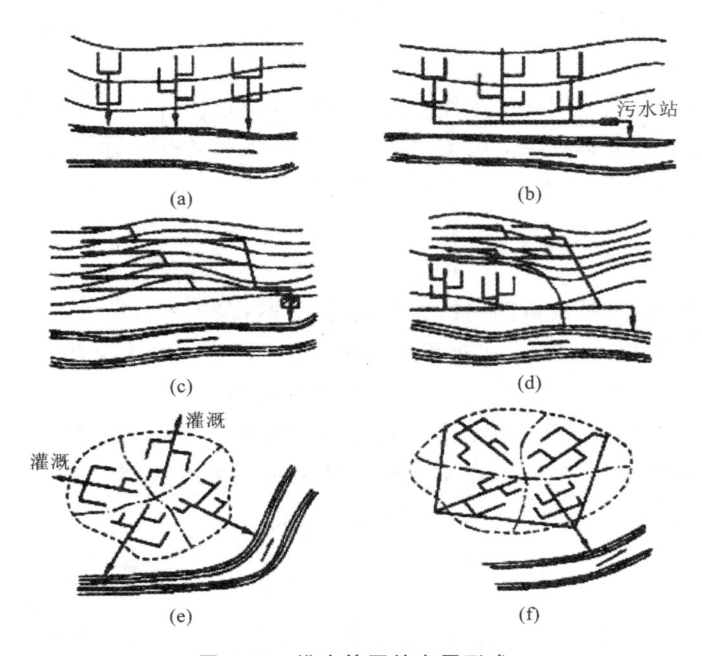

图6-10　排水管网的布置形式

(a)正交式；(b)截流式；(c)扇形(平行式)；(d)分区式；(e)辐射(分散式)；(f)环绕式

(1)正交式布置

在地势向水体适当倾斜的地区，各排水流域的干管可以以最短距离沿与水体大体垂直相交的方向布置，这种布置方式称为正交式布置。正交式布置的干管长度短、管径小，造价经济，污水排出迅速。但污水未经处理直接排放会使水体遭受严重污染。因此，在现代城市中，正交式排放形式仅用于雨水排除。

(2)截流式布置

在正交式布置的基础上，沿河岸再敷设总干管将各干管的污水截流并输送至污水处理厂，这种布置称为截流式布置。截流式布置对减轻水体污染、改善和保护环境有重大作用。截流式布置适用于分流制的污水排水系统，将生活污水和工业废水经处理后排入水体；也适用于区域排水系统，区域性的管截流总干管需要截流区域内各城镇的所有污水输送至区域污水处理厂进行处理。截流式合流制排水系统的缺点是雨天有部分混合污水泄入水体，会对水体造成污染。

(3)扇形(平行式)布置

在地势向河流方向有较大倾斜的地区，为了避免干管坡度及管内流速过大，使管道受到严重冲刷，可采取干管与等高线及河道基本平行、主干管与等高线及河道成一定角度的形式敷设，这种布置方式称为平行式布置。但是，能否采用平行式布置，取决于城镇规划道路网的形态。

(4)分区式布置

在地势高低相差较大的地区,当污水不能靠重力流至污水处理厂时,可采用分区式布置。分区式布置是指分别在地形较高区和地形较低区依各自的地形和路网情况敷设独立的管道系统。高地区污水靠重力流直接流入污水处理厂,低地区污水用水泵抽送至高地区干管或污水厂。这种布置方式可用于个别阶梯地形或起伏很大的地区,其优点是能充分利用较高区的地形排水,节省能源。

(5)辐射(分散式)布置

当城市周围有河流,或城市中央部分地势较高、地势向四周倾斜时,各排水流域的干管可采用放射状分散式布置,各排水流域具有独立的排水系统。这种布置具有干管长度短、管径小、管道埋深浅等优点,但污水处理厂和泵站(如需要设置时)的数量将会增多。在地形平坦的大城市,采用辐射状分散布置也可能是比较有利的。

(6)环绕式布置

在分散式布置的基础上,沿城市四周布置截流总干管,将各干管的污水截流送往污水处理厂,这种布置方式称为环绕式布置。在环绕式布置中,便于实现只建一座大型污水处理厂,避免修建多个小型污水处理厂,可减少占地、节省基建投资和运行管理费用。

由于各个城市地形差异很大,大中城市不同区域的地形条件也不相同,排水管网的布置要紧密结合各区域地形特点和排水体制进行,在实际中单独采用一种形式布置管道的情况较少,通常是根据当地条件,因地制宜地采用各种形式综合布置。

6.2.5 雨水管网

随着城市化进程和路面普及率的提高,地面的存水、滞洪能力大大下降,雨水的径流量随之增加,近年来城市内涝问题日益严重,这就要求雨水管渠布置合理,使雨水能顺畅、及时地从城镇和厂区内排出去,一般可以从以下几个方面进行考虑。

(1)充分利用地形,就近排入水体

雨水管渠应尽量利用自然地形坡度以最短的距离靠重力流排入附近的池塘、河流、湖泊等水体中。一般情况下,当地形坡度变化较大时,雨水干管宜布置在地形较低侧;当地形平坦时,雨水干管宜布置在排水流域的中间,尽可能扩大重力流排除雨水的范围,以便于两侧布设接入支管,节省干管的数量。

(2)雨水管渠布置应与城镇规划相协调

应根据建筑物的分布、道路布置及街区内部的地形、出水口位置等布置雨水管道,使雨水以最短距离排入街道低侧的雨水主管道。

雨水主管道应平行道路布设,布置在人行道下。当道路宽度大于 40 m 时,可考虑在道路两侧分别设置雨水管道。雨水干管的平面和竖向布置应协调配合其他地下构筑物(包括各种管线及地下结构等)。雨水管道与其他各种管线(构筑物)的间距在布置上要满足国家相关规范规定的最小净距的要求。在有池塘、坑洼的地方,可考虑雨水的调蓄。在有连接条件的地方,应考虑两个管道系统之间的连接。

(3)雨水口的布置原则

为便于行人穿过街道和机动车辆识别运行路线,雨水不能漫过路口。因此,在街道交叉路口的汇水点、低洼处一般应设置雨水口。此外，沿道路的方向每隔一定距离处也应设置雨水口，其间距一般为 30～80 m，容易产生积水的区域应增加雨水口的数量。

(4)合理采用明渠或暗管

在城市郊区等建筑密度较低、交通量较小的地方，可考虑采用明渠排出雨水，以节省工程费用、降低造价。在城市市区或工厂内，由于建筑密度较高、交通量较大，同时考虑卫生情况，一般采用暗管。在地形平坦地区、埋设深度或出水口深度受限制地区，也可采用盖板暗渠排除雨水。

在每条雨水干管的起端，应尽可能采用道路边沟排除路面雨水。当管道接入明渠时，管道应设置挡土的端墙，连接处的土明渠应加铺砌。铺砌高度不低于设计超高，铺砌长度自管道末端算起达到 3～10 m 时，宜适当采用跌水。当跌差为 0.3～2 m 时，跌水需做 45°斜坡，斜坡应加铺砌。当跌差大于 2 m 时，应按水工构筑物设计。

明渠接入暗管时，除应采取上述措施外，尚应设置格栅，栅条间距以 100～150 mm 为宜。也可适当采用跌水，在跌水前 3.5 m 处需进行铺砌。

(5)排洪沟的设置

在进行城市雨水排水系统设计时，应考虑不允许规划范围以外的雨水、洪水进入市区并通过市区雨水管道下泻。对于靠近山麓建设的工厂和居住区，除在厂区和居住区设雨水管渠外，尚应考虑在设计地区的周边外围设置排洪沟，以拦截城镇外围的下泄洪水，使其不进入城区，并将其单独引入附近水体，保证工厂和居住区的防洪安全。

6.2.6　排水体制

我国城市排水系统主要为截流式合流制、分流制或者两者并存的混流式排水系统。将生活污水、工业废水和雨水排泄到同一个管渠内排除的系统称为合流制排水系统。最早出现的合流制排水系统是将泄入其中的污水和雨水不经处理直接就近排入水体。由于污水未经处理即排放，从而使收纳水体受到严重污染。为此，在改造合流制排水系统时设置截流干管，在旱季时将所有污水输送至污水处理厂，经过处理后再排入水体，在雨季时将超出管道输送和污水处理厂处理能力的部分合流污水直接排入水体中，这就是截留式合流制排水系统(见图 6-11)，目前常用在旧城区原有排水系统的改造工程中。

分流制排水系统(见图 6-12)是将生活污水、工业废水、雨水分别采用污水管网和雨水管网收集。其中，生活污水和工业废水经污水管网收集、输送至污水处理厂处理后排放至水体中；雨水经雨水管网收集后，直接或者通过雨水泵站提升排入水体中。我国新建城镇和工矿区多采用完全分流制排水系统。

城市排水体制选择应遵循的原则如下。

①应结合我国具体情况，因地制宜地选择排水体制。不能盲目地选择分流制，老城区合流制改造为分流制则更应慎重。主要原因为城市管道错接、混接严重，生活污水乱排现象突出，雨水非点源污染严重，无法实现完全意义上的分流制，即使实现完全分流，雨水非点源污染得不到有效治理，城市水环境仍然难以得到保障。

②注重新型排水体制的构建。新型排水体制的特点：资源节约、环境友好、点源污染控制与非点源污染控制相结合，污染物减量—水资源利用—防涝减灾三位一体。新型排水体制应能满足内涝控

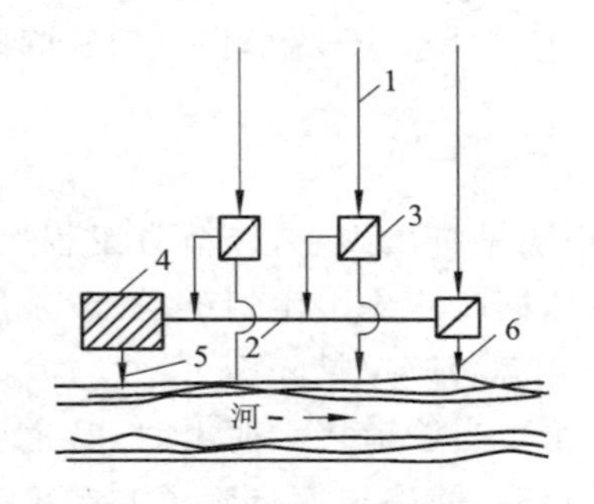

图 6-11 截留式合流制排水系统

1—合流制管;2—截留主干管;3—溢流井;4—污水处理厂;5—出水口;6—溢流出水口

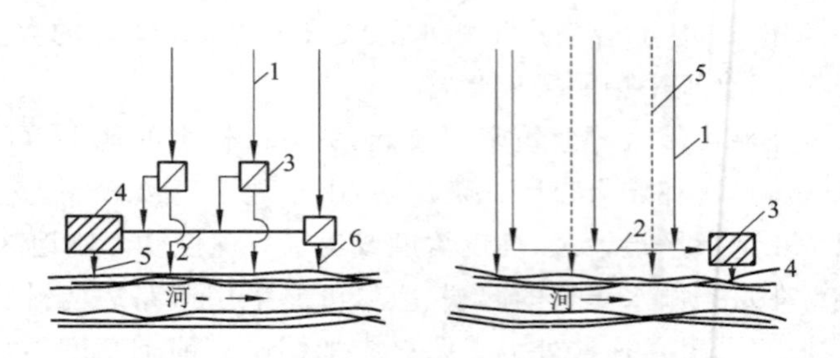

图 6-12 分流制排水系统

1—污水干管;2—污水主干管;3—污水处理厂;4—出水口

制、资源利用、污染控制等多重目标,促进城市水系统健康循环。

③应结合当地水资源、水环境的特点,建立多目标的雨水控制利用系统。旧城改造与新区建设必须树立尊重自然、顺应自然、保护自然的生态文明理念,按照低影响开发的理念,有效控制地表径流,最大限度地减少对城市原有水生态环境的破坏;要与城市开发、道路建设、园林绿化统筹协调,因地制宜地配套建设雨水滞渗减排、收集利用和调蓄排放等设施。

排水制度的选择应根据城镇及工矿企业的规划、环境保护的要求、污水利用的情况、原有排水设施、水质、水量、地形、气候和水体等条件,从全局出发,在满足环境条件的前提下,通过技术经济比较综合考虑决定。

6.3 建筑给水排水工程

建筑给水排水工程是给水排水工程的重要组成部分,也是建筑安装工程的一个分支。建筑给水排水工程主要是研究建筑内部的给水以及排水问题,保证建筑的功能以及安全的一门学科。建筑给水排水工程主要分为建筑给水系统、建筑排水系统(含雨水以及污水、废水)、消火栓给水系统、自动喷淋灭火系统、景观系统、热水系统、中水系统等。

6.3.1 建筑给水方式

建筑给水方式是根据建筑物的性质、高度、配水点的布置情况以及室内所需水压、室外管网水压和水量等因素决定的,常用的给水方式有以下几种。

(1)直接给水方式

当室外管网压力、水量在一天的时间内均能满足室内用水需要时采用直接给水方式。供水方式为室外管网与室内管网直接相连,利用室外管网水压直接工作。该供水方式结构简单,安装维护方便,充分利用室外管网压力,内部无贮水设备,外停内停。

(2)单设水箱或水泵的给水方式

单设水箱或水泵的给水方式适用于室外管网水压周期性不足,一天内大部分时间能满足需要,仅在用水高峰时,由于水量的增加而使市政管网压力降低,不能保证建筑上层的用水时的情况。其供水方式为室内外管道直接相连,屋顶加设水箱,室外管网压力充足时(夜间)向水箱充水;当室外管网压力不足时(白天),由水箱供室内用水。其优点是能贮备一定量的水,在室外管网压力不足时,不中断室内用水;缺点是高位水箱重量大、位于屋顶,需加大建筑梁、柱的断面尺寸,并影响建筑立面处理。

若一天内室外给水管网压力大部分时间不足,且室内用水量较大而均匀时,可采用单设水泵的给水方式,如生产车间局部增压供水。

(3)水、泵、水箱联合给水方式

水泵、水箱联合给水方式适用于室外管网压力经常不足且室内用水又不很均匀的供水方式,水箱充满后,由水箱供水,以保证用水。其特点为水泵及时向水箱充水,使水箱容积减小,又由于水箱的调节作用,水泵工作状态稳定,可以使其在高效率下工作,同时水箱的调节可以延时供水,供水压力稳定,可以在水箱上设置液体继电器,使水泵启闭自动化。

(4)气压给水设备供水方式

气压给水设备供水方式是一种集加压、贮存和调节供水于一体的供水方式,利用密闭压力水罐代替水泵水箱联合给水方式中高位水箱,形成气压给水方式。其优点是设备可设在任何高度上,安装方便,便于隐蔽,投资少,建设周期短,水质不易受污染,便于实现自动化,可用于建筑不宜设置高位水箱的场所,如纪念性、艺术性建筑等;缺点是耗能、造价高,给水压力波动较大。

(5)分区给水方式

高层建筑物的管网静水压力很大,下层管网由于压力过大,管道接头和配水附件等极易损坏,因此,可采用竖向技术分区,下层管网直接供水,上层采用水箱、水泵方式给水。

建筑给水系统管网的布置方式按水平干管的设置位置分为下行上给式、上行下给式、环状供给式。这三种供给方式也可联合使用,各种布置的优缺点见表6-3。

表6-3　管网布置方式的比较

名　称	特征及使用范围	优　缺　点
下行上给式	水平配水干管敷设在底层(明装、埋设或沟敷)或地下室顶棚下,居住建筑、公共建筑或工业建筑在利用外网水压直接供水时多采用这种方式	图式简单,明装时便于维修;最高层配水点流出压力较低,埋地管道检修不便
上行下给式	水平配水干管敷设在顶层顶棚下或吊顶内,对于非冰冻地区,也有敷设在屋顶上的,对于高层建筑也可设于技术夹层内设有高位水箱的居住建筑、公共建筑,机械设备或地下管线较多的工业厂房多采用这种方式	最高层配水点流出水头较高;安装在吊顶内的配水干管可能因漏水、结露而损坏吊顶和墙面
环状供给式	水平配水干管或配水立管互相连接成环,组成水平干管环状或立管环状,在有两个引入管时,也可将两个引入管通过配水立管和水平配水干管相连接,组成贯穿环状高层建筑,大型公共建筑和工艺要求不间断供水的工业建筑常采用这种方式	任何管段发生事故时,可用阀门关闭事故管段而不中断供水,水流通畅,水头损失小,水质不易因滞留变质;管网造价较高

6.3.2 建筑内部给水系统

建筑内部给水系统由下列各部分组成,如图 6-13 所示。

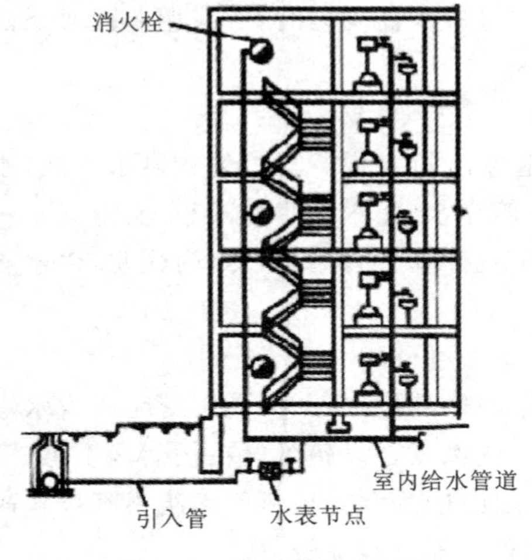

图 6-13 室内给水系统图

室内给水管道设置的合理性主要有两个方面的因素:①设计室内给水系统时,应根据建筑标准及用水要求,合理地布置室内给水管道并确定管道的敷设方式,以保证供水安全可靠、节省工料、便于施工和日常维护管理;②管道施工时应严格按照施工及验收规范的要求进行,在设计合理的前提下,针对施工现场的具体情况、施工工艺的要求、使用的要求等诸多因素进行合理的施工,以满足使用的需要。

(1)引入管

建筑物的引入管一般宜从建筑物用水量最大处接入。当建筑物内部卫生器具和用水设备分布较均匀时,可从建筑物中部引入,这样可使大口径管段最短,并且便于平衡水压。对于不允许间断供水的建筑,应从室外管网的不同侧设两条及两条以上的引入管,在室内连成环状或贯通枝状双向供水。

生活给水引入管与污水排出管外壁的水平净距不宜小于 1.0 m。引入管上应设置阀门,必要时还应设置泄水装置,以便于管网检修时放水。

引入管穿过承重墙或基础时,应预留孔洞,其孔洞尺寸见表 6-4。管顶上部净空不得小于建筑物的沉降量,一般不小于 0.1 m,当沉降量较大时,应由结构设计人员提交资料决定。图 6-14 为引入管穿过带形基础剖面图。

表 6-4 引入管穿过承重墙基础预留孔洞尺寸规格

管径/mm	50 以下	50～100	125～150
孔洞尺寸/mm	200×200	300×300	400×400

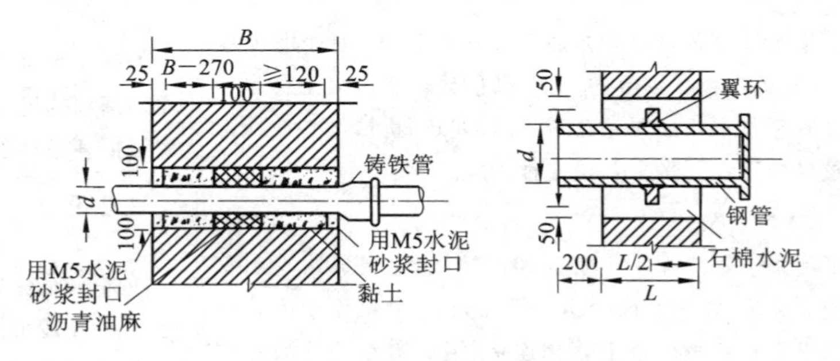

图 6-14 引入管穿过带形基础剖面图(单位:mm)

(2)水表节点

水表节点是对用水量进行监测的设备。应根据规范的要求在建筑物的引入管上或每户总支管上装设水表，并在其前后装有阀门及排放阀，以便于维修和拆换水表。

(3)室内给水管道

室内给水管道一般布置成枝状，单向供水，对于不允许间断供水的建筑物在室内应连成环状，双向供水。管道布置应力求长度最短，尽可能呈直线走向，一般与墙、梁、柱平行布置。

根据建筑物性质和卫生标准要求不同，室内给水管道敷设分为明装和暗装两种方式。

①明装：即管道在建筑物内沿墙、梁、柱、地板暴露敷设。这种敷设方式造价低，安装维修方便。一般的民用建筑和大部分生产车间内的给水管道均采用明装。其缺点有管道表面易积灰、产生凝结水而影响环境卫生、妨碍室内美观等。

②暗装：指管道敷设在地下室、楼层等处的吊顶中，以及管沟、管道井、管槽和管廊内。这种敷设方式的优点是室内整洁、美观；缺点是施工复杂、维护管理不便、工程造价高。常用于标准较高的民用建筑、宾馆及工艺要求较高的生产车间内的给水管道。

管道暗装时，必须考虑便于安装和检修。给水水平干管敷设在地下室、技术夹层、吊顶或管沟内，立管和支管可设在管道井或管槽内。管道井的尺寸，应根据管道的数量、管径大小、排列方式、维修条件，结合建筑平面的结构形式等合理确定，当需进人检修时，其通道宽度不宜小于 0.6 m。管道井应按照规范的要求设置检修门，暗装在顶棚或管槽内的管道在阀门处应留有检修门，检修门应开向走廊。

为了便于干管管道的安装和检修，管沟内的管道应尽量采用单层布置。当采取双层或多层布置时，一般将管径较小、阀门较多的管道放在上层。管沟应有与管道相同的坡度和防水、排水设施。

6.3.3　建筑内部排水系统

一般建筑内部排水系统如图 6-15 所示。

(1)室内排污管道的布置要求

①排水管道一般应地下设置或地面上楼板下明设，当建筑工艺有特殊的要求时，可在管槽、管道井或吊顶内暗设，但应便于安装和检修。

②不得布置在遇水引起燃烧、爆炸或损坏的原料、产品和设备上面。

③架空管道不得敷设在生产工艺或卫生有特殊要求的生产房内，以及食品和贵重商品仓库、通风小室和配电间内。

④不得布置在食堂、饮食业的副食操作烹调位上方。当条件限制不能避免时，应采取防护措施。

⑤管道不得穿过沉降缝、伸缩缝、烟道和风道，当条件限制必须穿过时，应采取相应的技术措施。

⑥管道不得布置在可能受重物压坏处或穿越生产设备基础。在特殊情况下，应与相关专业协商处理。

⑦生活污水管不得穿越卧室、病房等对卫生和安静要求较高的房间，并不宜靠近与卧室相邻的外墙。

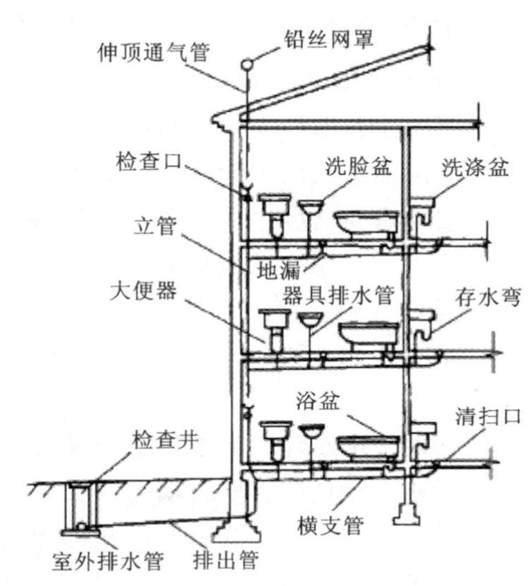

图 6-15　建筑内部排水系统组成图

⑧排污立管应设在靠近最脏、杂质最多的排水点。

⑨管道应避免曲线偏置,当条件限制时,宜用乙字管或两个45°弯头连接。

⑩管道穿过承重墙或基础处,应预留洞口,且管顶上部净空不得小于建筑物的沉降量,一般不宜小于0.15 m。

⑪高耸构筑物和构筑高度在50 m以上,或抗震设防8度地区的高层建筑,应在立管每隔二层设置伸缩接头。

⑫立管仅设置伸顶通管时,最低排水横管与立管相接处距立管底部距离不得小于表6-5的规定。

表6-5 最低排水横管与立管连接处至立管底部距离

立管连接卫生器具的层数/层	最低排水横管与立管连接处至立管底部距离/m
≤4	0.45
5～6	0.75
7～12	1.2
13～19	3.0
≥20	6.0

注:①当与排出管连接的立管底部放大一号管径或横干管比与之连接的立管大一号管径时,可将表中垂直距离缩小一档。
②排水支管连接在排出管或排水横干管上时,连接点距立管底部水平距离不宜小于3.0 m。
③不能满足上述两个条件时,则排水支管应单独排出室外。

⑬对于一般厂房,为防止机械损坏管道,其管道最小埋设深度应符合表6-6的规定。

表6-6 埋管深度

管　　材	素土夯实、缸砖、木砖地面	水泥混凝土、沥青地面
PVC管材	1.0 m	0.60 m

注:在铁路下应敷设钢管或给水铸铁管,管道的埋设深度不小于1.0 m。

(2)雨水管道的布置

①雨水管道的布置,应将雨水以最短距离就近排至室外。

②屋面雨水由天沟进入管道入口处,应设置雨水斗,雨水斗应有格栅。

③雨水斗格栅进水孔有效面积,应等于连接管横断面面积的2.5倍。

④雨水的排水系统宜采用单斗排水。当采用多斗排水时,悬吊管上设置的雨水斗不得多于4个,悬吊管径不得大于315 mm。

⑤布置雨水斗时,应以伸缩缝或沉降缝作为天沟排水分水线,否则应在该缝两侧各设一个雨水斗。

⑥两个雨水斗同时连接于一根立管或吊管上时,应采用伸缩接头,并保证密封。

⑦防火墙处应在防火墙两侧各设一个雨水斗。

⑧接入同一根立管的雨水斗,其安装高度宜在同一标高层。

⑨雨斗的连接管径不得小于110 mm,并应固定在建筑物承重结构上。

⑩雨水管悬吊管不宜多于两根,生活污水管禁止接入雨水管。

⑪雨水立管与吊横管相连接时，立管管径不得小于横管管径。

⑫雨水立管上应设检查口，从检查口中心至地面的距离，宜为 1.0 m。

⑬雨水密闭系统埋地管在靠近立管处，应设水平检查口。

6.3.4　建筑内部消防系统

建筑内部消防系统是为了扑灭建筑物中的火灾而设置的固定灭火设备。按照灭火设备中灭火剂的种类和灭火方式不同分为不同的消防灭火系统，具体分类如图 6-16 所示。

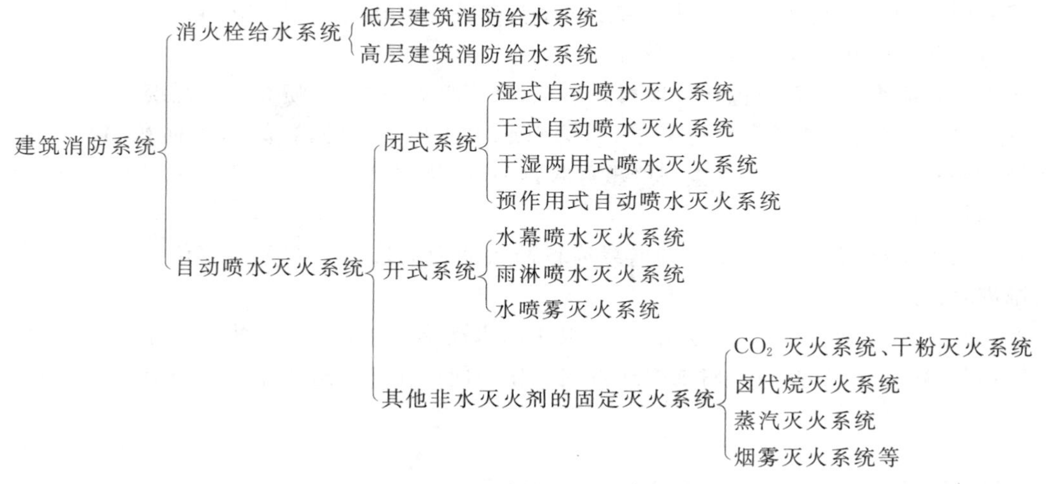

图 6-16　建筑消防系统

①消防栓给水系统是利用室外消防给水系统提供的水量，扑灭建筑物中与水接触不能引起燃烧、爆炸的火灾而在室内设置的灭火设备。

消火栓给水系统设置的范围包括：

a. 高度不超过 24 m 的厂房、仓库和高度不超过 24 m 的科研楼（存有与水接触能引起燃烧爆炸的物品除外）；

b. 超过 800 个座位的剧院、电影院、俱乐部和超过 1 200 个座位的礼堂与体育馆；

c. 体积超过 5 000 m^3 的车站、码头、机场建筑物、展览馆、商店、病房楼、门诊楼、教学楼、图书馆和书库等建筑物；

d. 超过 7 层的单元式住宅楼、超过 6 层的塔式住宅、通廊式住宅、底层设有商店的单元式住宅等；

e. 超过 5 层或体积超过 10 000 m^3 的其他民用建筑；

f. 国家级文物保护单位的重点砖木或木结构古建筑；

g. 各类高层民用建筑；

h. 使用面积超过 300 m^2 的人防工程。

②闭式自动喷水灭火系统，喷头以适当的间距和高度安装于建筑物、构筑物内部，当建筑物内发生火灾时，喷头自动开启灭火，同时发出火警信号，启动消防水泵从水源抽水灭火。

a. 湿式自动喷水灭火系统报警阀前后的管网中充满有压水，灭火及时，效率高，适用于环境温度在4～70 ℃且不允许有水渍损失的建筑物,不适宜在寒冷地区使用。

b. 干式自动喷水灭火系统报警阀前后的管网中充满压缩空气,灭火时,先放气,再喷水,灭火效果不如湿式的好。但是该系统不受建筑内低温的限制,可用于不采暖的房屋。干式自动喷水灭火系统设备复杂,维护不便。

c. 预作用自动喷水灭火系统,平时管道不充水,由感烟、感温火灾自动报警系统开启预作用报警阀,使系统在闭式喷头动作前转换为湿式系统。适用于严禁管道漏水、严禁系统误喷的场所,可以替代干式系统,避免系统滞后喷水。

d. 重复启闭预作用自动喷水灭火系统,扑灭火灾后能自动关闭、复燃时再次开阀喷水的预作用系统。适用于灭火后必须停止喷水的场所。

③开式自动喷水灭火系统包括雨淋灭火系统、水幕灭火系统、水喷雾灭火系统。

a. 雨淋式灭火系统,是指在易燃易爆、迅速引起大面积火灾的情况下,大面积喷洒大量水流灭火,如同暴雨一样扑灭火灾。常设置在严重危险物品(硝化棉、胶片)的生产厂房以及大型摄影棚、演播室,大型剧院等。

b. 水幕灭火系统,常设置在舞台的前缘应设防火墙而无法设置的开口部位。也可以用来消尘,如矿山掘进时使用。

c. 水喷雾灭火系统,将高压水雾化,喷出很小的水滴雾状水流,包围燃烧物体,具有冲淡和隔绝空(氧)气,同时冷却降温的作用;对油类还可起乳化表面的作用。适用于飞机发动机试验台、各种电气设备、石油加工场所等。

6.4 给排水材料及施工方法

6.4.1 给排水材料

按照给水管的工作条件,给水管材性能应满足下列要求:①有足够的强度,可以承受各种内外荷载;②水密性好;③水力条件好;④化学稳定性好;⑤水管接口施工维修方便,尽可能缩短维修所造成的停水时间;⑥价格低,建设投资省;⑦使用寿命长。

根据上述性能要求,给水管的管材主要有铸铁管、钢管、塑料管、复合管、玻璃钢管、铜管等。选择时应根据管径、承受的水压、外部荷载和管道敷设区的地形、地质条件,按照运行安全、耐久、减少漏损、施工和维护方便、经济合理以及防止清水管道二次污染的原则,进行技术、经济、安全等方面的综合分析确定。

排水管材必须有足够的强度,从而承受外部的荷载和内部的水压。除此之外,还需要具有抗腐蚀性、不透水性、内壁光滑、预制方便等特点。常用的排水管有铸铁管、钢管、混凝土管、钢筋混凝土管、玻璃纤维筋混凝土管、塑料管、陶土管等。

选择排水管材时需要考虑污水的化学性质、管道埋设点及土质条件对管材的影响,并且在满足技术要求的前提下,尽可能地就地取材,方便运输,降低施工总费用。表 6-7 给出了各种管材的用途和主要优缺点。

表 6-7　各种管材的选用及主要优缺点

管　材	用　途	优　缺　点
普通钢管	生产和消防给水管道、卫生器具排水支管及生产设备的非腐蚀生产性排水支管、工业厂房雨水管道	强度高，接口方便，承受内压力大，内表面光滑，水力条件好，易腐蚀，造价较高
刚衬塑复合管	不仅可以用于给水，而且可输送腐蚀性液体；S/PP 适用温度为－25～＋100 ℃；S/PE 适用温度为－25～＋70 ℃；S/PVC 适用温度为－25～＋65 ℃	一种高性能防腐管道，既有较强的抗腐蚀及耐磨性能，又有较好的强度和抗老化性能，管壁较厚，承压力有限，加工安装有一定特殊要求
镀锌钢管（热浸）	管径小于及等于 150 mm 的消防系统及生产给水管道	强度高接口方便，承受内压力大，内表面光滑，水力条件好，易腐蚀，造价较高
双金属复合管	有专门适用于生活冷热水管	卫生无毒，耐热耐压，安装方便，管道阻力小，机械性能好，管道直径范围大，焊接工艺复杂，内外复合层不应出现破损，否则会出现镀锌管效应
不锈钢管	输送纯水、腐蚀性生产污水	外观美，耐腐蚀，不渗透，气密性好，内壁光滑，质量轻，安装方便，耐高压，耐振，不易施工，造价高
不锈钢衬塑复合管	有专门适用于生活冷热水管	外观美，耐腐蚀，不渗透，气密性好，内壁光滑，质量轻，安装方便，耐高压，不锈钢材料，价格高
钢管（紫铜、铜）	热水管道	对淡水的耐腐蚀性较好，机械强度高，抗挠性较强，易加工，内表面光滑，不易结水垢，美观，管壁薄，易碰坏
铝合金衬塑复合管	有专门适用于生活冷热水管	外观美，保温，耐腐蚀，不渗透，气密性好，内壁光滑，质量轻，安装方便，外层怕酸碱腐蚀，管件为外接头，不利于暗装
橡胶管	移动性、临时性管道	耐腐蚀，耐振，防噪，接口方便，水流阻力大，耐压强度低
混凝土管、钢筋混凝土管	大中型室外给水输送管道	价格便宜，处理好后耐腐蚀性较好，质量大，施工困难，配件易损坏
玻璃钢管	较适宜于地质腐蚀性强的大中型室外给水输送管道	保温、耐腐蚀、内壁光滑、接口要求高，易漏水，不易施工，价格贵
铝塑复合管	用于生活冷、热水管，内外塑料层采用交联聚乙烯的复合管，可用于热水管，工作温度可达 90 ℃	具有一定柔性的管材，保温、耐腐蚀，不渗透、气密性好，内壁光滑、质量轻、安装方便，强度有限，易损坏，固定支撑较多，美观度受限，管壁薄厚不均

续表

管　材	用　途	优 缺 点
给水 UPVC 管	适用于给水管网	质地坚硬,价廉,易于黏结,阻燃,不抗撞击,耐久性差,接头黏合技术要求高,固化时间较长
HDPE 管	适用于输送酸性、碱性物质,输送污水、天然气、煤气等物质,可用作室内和室外给水管道	韧性好,较好的疲劳强度,耐温性能较好,可挠性和抗冲击性能好,熔接需要电力,机械连接件大,易燃
ABS 管	适用于纯水输送	强度大,耐冲击,可直接套丝,卫生性能好,适宜于做纯水输送,黏结固化时间较长,易燃
PP-R 管	适用于可直接饮用的纯净水供水系统、建筑物的冷热水系统、集中供热系统、采暖系统、中央空调系统,输送或排放化学介质等工业用管道系统,用于气缸传送的气路等管道系统	耐温性能好,可回收再利用,绿色环保,卫生性能好,适宜于做纯水输送,在同等压力和介质温度的条件下,管壁厚,易燃
PEX 管	适用于室内给水管、热水管、纯净水输送管,水暖供热系统、中央空调管道系统、地面辐射采暖系统、太阳能热水器系统等,食品中液体食品输送管道,电信、电气用配管	耐温性能好,抗蠕变性能好,易于校正,只能用金属件连接,不能回收重复利用
CPVC 管	可用作工厂的热污水管,电镀溶液管道,热化学试剂输送管,氯碱厂的湿氯气输送管道以及高压、超高压电力输送电缆护管	耐温性能最好,抗老化性能好,良好的阻燃性能,价高,仅适用于热水系统
PB 管	适用于给水管、热水管、供暖用管、空调管道系统、农业及园艺用管、消防自动喷淋系统用管	耐温性能好,良好的抗拉、压强度,耐冲击,低蠕变,高柔韧性,在同等压力和介质温度的条件下,管壁最薄,属于绿色产品;国内目前还没有 PB 树脂原料,依赖进口,价格高,易燃
PPPE	比较适合于住宅和公共建筑等室内给水	温度范围较宽,耐压强度高,在同等承压力条件下,管壁小,价格低,与阀门、龙头和水表等连接处理金属嵌件的管件品种规格、产量有限
纳米聚丙烯管(NPPR)	适用于饮用水管输水工程	耐腐蚀,安装方便,内壁光滑,不易积垢阻塞,质轻,直接暗敷设,100%的杀菌功能,质密耐冲击,绿色产品,成本高,产量有限

6.4.2 施工方法

由于城市地下敷设管线较多，当各种管线布置发生矛盾时处理的原则：未建让已建、临时让永久、小管让大管、压力管让重力管、可弯管让不可弯管。

当工程管线交叉敷设时，自上而下的排列顺序：电力电缆、电信电缆、热力管道、燃气管道、给水管道、雨水管道、污水管道。

管道铺设方法分为开槽施工和不开槽施工。开槽铺设预制品成管是目前国内外地下管道工程施工的主要方法。

沟槽施工主要包括：①绘制沟槽施工平面布置图及开挖断面图；②确定沟槽形式、开挖方法及堆土要求；③确定沟槽边坡；④施工设备机具要求；⑤护坡和防止沟槽坍塌的安全技术措施；⑥施工安全、文明施工、沿线管线及构(建)筑物保护要求等。

沟槽底部开挖宽度应符合设计要求，无设计要求时按照经验公式计算得出。开挖深度：人工开挖沟槽的槽深超过 3 m 时应分层开挖，每层的深度不超过 2 m；采用机械挖槽时，沟槽分层的深度按机械性能确定，开挖时，槽底预留 200～300 mm 土层，由人工开挖至设计高程，整平。当槽底局部受扰动或被水浸泡时，宜采用天然级配砂砾石或石灰土回填。若槽底土层为杂填土、腐蚀性土时，应全部挖除并按设计要求进行地基处理。

不开槽管道施工的方法是相对于开槽管道施工而言的，常用的不开槽管道施工方法有顶管法、盾构法、浅埋暗挖法、地表式水平定向钻法、夯管法等。表 6-8 给出了几种不开槽施工方法的优缺点和适用条件。

表 6-8　不开槽施工方法与使用条件

施工工法	密闭式顶管	盾构	浅埋暗挖	定向钻	夯管
工法优点	施工精度高	施工速度快	适用性强	施工速度快	施工速度快，成本较低
工法缺点	施工成本高	施工成本高	施工速度慢 施工成本高	控制精度低	控制精度低，适用于钢管
适用范围	给水排水管道、 综合管道	给水排水管道 综合管道	给水排水管道 综合管道	给水管道	给水排水管道
适用管径/mm	300～4 000	3 000 以上	1 000 以上	300～1 000	200～1 800
施工精度/mm	小于±50	不可控	小于±1 000	小于±1 000	不可控
施工距离	较长	长	较长	较短	短
适用地质条件	各种土层	各种土层	各种土层	砂卵石及含 水地层不适用	含水地层不适用， 砂卵石地层困难

【本章要点】

①给水系统由相互联系的一系列构筑物和输配水管网组成。城市规划、水源、地形条件是影响给水系统布置的三大因素。

②城市输配水管网中，给水管是压力管，一般布置成树状网和环状网。排水管是非满流重力流

管,在敷设时需要根据城市地形、竖向规划、污水处理厂的位置、土壤条件、水体情况,以及污水的种类和污染程度等因素确定。常见的有正交式、截流式、扇形(平形)式、分区式、辐射(分散)式、环绕式等多种布置形式。

③给水处理的任务是通过物理、化学以及生物处理等方法去除水中的悬浮物质、胶体、有害细菌生物以及水中含有的其他有害物质。常用的给水处理方法有混凝沉淀、离子交换、化学氧化、吸附、过滤、膜法等。而污水需要经过处理,达到国家规定的水质控制标准后方能回收利用或排放。处理方法可分为物理处理法、化学处理法、生物处理法。

④建筑给水方式是根据建筑物的性质、高度、配水点的布置情况以及室内所需水压、室外管网水压和水量等因素决定的,常用的给水方式有直接给水方式、单设水箱或水泵的给水方式、水泵水箱联合给水方式、气压给水方式、分区给水方式。

⑤建筑内部消防系统按照灭火设备中灭火剂的种类和灭火方式不同分为消火栓给水系统、自动喷水灭火系统和非水灭火剂的固定灭火系统。了解这三种灭火系统的工作方式和适用范围。

⑥城市地下敷设管线布置发生矛盾时处理的原则:未建让已建、临时让永久、小管让大管、压力管让重力管、可弯管让不可弯管。管道施工方法分为开槽施工和不开槽施工两大类,了解管道施工的具体施工方法及适用条件。

【思考与练习】

6-1　城镇给水排水工程规划的基本原则、影响因素有哪些?

6-2　建筑给水方式有哪些?各有什么优缺点?

6-3　对于不同水质,给水处理工艺的选择有什么不同?

6-4　排水管道的布置形式有哪几种?

6-5　简述消火栓给水系统设置的范围。

6-6　管道施工的方法有哪些?各适用于什么施工条件?

第7章 工程的防灾与减灾

7.1 工程灾害概述

7.1.1 概述

人们在土木工程建设和使用过程中，应了解和预防土木工程可能受到的自然灾害及社会灾难。自然灾害包括地震灾害、风灾害、洪水灾害、泥石流灾害、虫灾（我国南方有些地区白蚁成灾，对木结构房屋、桥梁损害极大）等；社会灾难有火灾、燃气爆炸、地陷（人为地大量抽地下水造成）以及工程质量低劣造成工程事故的灾难等。目前人们对灾害还没有统一的定义，一般来说，灾害是一种突发的、逐渐积累的自然或人为事件，它的侵害是如此之重，以至于受影响的社会必须对它采取专门的对策。

7.1.2 工程灾害的分析

1)自然灾害与灾象

自然灾害按岩石圈、水圈、生物圈、大气圈的地球物理分层特点，可分为地震、风灾、水灾、旱灾、山崩、滑坡、塌陷、地裂、泥石流、森林（草原）大火、虫灾、流行性传染病、冻（雪）灾、海冰、风暴潮和高温等。

自然灾害和灾象是两个概念。自然现象或自然变化按照是否对人类及其发展有利，可以区分为灾象和益象。所谓灾象，是指可能会给人类或社会带来破坏作用的自然现象；所谓益象，是指会给人类或社会带来有利的或利大于弊甚至无消极影响的自然现象或自然变化。在自然界中，灾象是不可避免地要发生的，人们目前还没有能力制止灾象的发生。但发生在自然界中的灾象并不都是自然灾害。只有这种灾象作用于人类及社会，并造成损失或破坏的后果，才能称之为自然灾害。

(1)地震灾害

据统计，世界上每年要发生数百万次地震。3级左右的有感地震每年约发生5万次，它对人的生命和工程建设并无危害；而造成严重破坏的地震，平均每年发生18次。

地震对土木工程设施所起的破坏作用是复杂的。地震的地面运动使工程结构受到反复多次的地震荷载，其结果就好像在高低不平的公路上的汽车在行驶过程中和紧急刹车中都会使乘客不停地上下跳动和前后晃动。如果房屋、桥梁、铁路经受不住这种地震荷载，轻者会断裂，重者会倒塌。

地震还会造成地裂、地陷、山崩、滑坡，以及因土壤受震后液化而使地面冒水喷砂的现象。地裂、地陷、山崩和滑坡会使工程结构随之断裂，甚至倒塌；液化会使地基丧失承载能力，甚至失效。它们都会使位于其上的工程设施倾斜、开裂或倾倒。世界各地发生的几次大地震如表7-1所示。

表 7-1 世界各地发生的几次大地震

国　家	地震发生地区	地震发生时间	震　级	死亡人数
中国	台湾地震	1999.9.21	7.3	2 300 多人
印尼	苏门答腊岛	2004.12.26	8.9	20 余万人
印尼	爪哇岛	2006.5.27	6.2	5 782 人
秘鲁	秘鲁城区地震	2007.8.15	8.0	510 人
中国	四川汶川县	2008.5.12	8.0	约 7 万人
意大利	意大利中部	2009.4.6	6.3	约 294 人
海地	海地地震	2010.1.12	7	20 余万人

地震给土木工程施工造成灾害的一般现象(见图 7-1 至图 7-4)描述如下。

图 7-1 墨西哥城大地震

图 7-2 地震对铁路的破坏

图7-3 唐山大地震

图7-4 印度大地震

①房屋的轮廓、体形、结构体系往往是它遭受震害的主要原因。

②多层砖房结构的震害往往体现在窗间墙或窗下墙的交叉裂缝。

③钢筋混凝土构架结构的震害往往表现在填充墙四周开裂或墙体出现交叉裂缝，以及梁柱节点破坏、立柱断裂和倾斜。

④地基液化失效的震害往往引起房屋倾斜和开裂。

⑤桥梁结构的震害往往表现为桥墩和桥台毁损、主梁坠落。

⑥烟囱、水塔的震害虽因所用材料有异而不同，但一般都表现为水平交叉裂缝。

⑦地震时一旦水坝、供电、供燃气系统破坏，还会引起水灾、火灾、空气污染等次生灾害。

2001年1月26日，印度发生里氏7.9级地震，估计死亡人数达十万余人，财产损失达45亿美元。地震波及邻国巴基斯坦和尼泊尔。

土木工程防震抗震的方针是“预防为主”。预防地震灾害的主要措施包括两大方面:加强地震的观测和强震预报工作,对土木工程设施进行地震设防。后者的工作大体有以下内容。

①确定每个国家的地震烈度区划图,规定各地区的基本烈度(即可能遭遇超越概率为10%的设防烈度),作为工程设计和各项建设工作的依据。

②国家建设主管部门颁布工程抗震设防标准,各建设项目主管部门应在建设的过程(包括地址的选择、可行性研究、编制计划任务书等)中遵照执行。

③国家建设主管部门颁布抗震设计规范。

④设计单位在对抗震设防区的土木工程设施进行设计时,应严格遵守抗震设计规范,并尽可能地采取隔震、消能等地震减灾措施。

⑤施工单位和质量监督部门应严格保证建设项目的抗震施工质量。

⑥位于抗震设防区内的未按抗震要求设计的土木工程项目,要按抗震设防标准的要求补充进行抗震加固。

土木工程考虑抗震设防后必然会增加建设资金。由于任一地区的抗震设防要求不可能与实际发生的地震烈度相同,实际发生的地震又有小震(可能遭遇的概率较大)、中震和大震(可能遭遇的概率极小)之分,故抗震设计的原则是“小震不坏,中震可修,大震不倒”。根据这个原则所设计的土木工程,不但能减轻地震灾害,而且能合理使用建设资金。

地震是可怕的,但满足抗震设防要求所设计和施工的土木工程又应该是可靠的,至少是可以裂而不倒,不会引起生命伤亡的。

(2)风灾

风灾大多来自台风(也称飓风)和龙卷风的动力作用。这些风对工程结构施加的荷载比结构设计中通常假设的风荷载大许多倍,会对人类生命及财产造成极大危险。各较大风力等级如表7-2所示。

表7-2 较大风力等级

风力等级	陆地地面征象	自由海面浪高/m	距地10 m高处风速/(m/s)
7	树摇动,迎风步行感觉不便	4.0(5.5)	13.9～17.1(50～61 km/h)
8	树枝折毁,人向前行感觉阻力较大	5.5(7.5)	17.2～20.7(62～74 km/h)
9	建筑物有小损坏(烟囱顶部及平屋顶摇动)	7.0(10.0)	20.8～24.4(75～88 km/h)
10	陆上少见,可将树木拔起或使房屋损坏较重	9.0(12.5)	24.5～28.4(89～102 km/h)
11	陆上少见,有则必有广泛损坏	11.5(16.0)	28.5～32.6(103～117 km/h)
12	陆上绝少见,摧毁力极大	14.0(—)	32.7～36.9(118～133 km/h)

台风是大气的剧烈扰动。它的形成有两个条件——热和湿。因而,其仅起源于热带(也称热带气旋),起源后几乎总是首先向西方移动,然后由赤道移开,或登陆进行毁坏性袭击,或越过洋面遇冷的水表面而自然消亡。由于它是海洋面上局部积聚的湿热空气大规模上升至高空,使周围低层空气向中心流动所形成的,因而呈大旋涡状。其直径200～1 000 km,巨型台风可达1 000 km以上,中心

“台风眼”半径多为 5～30 km。台风形成时的风速虽为 10～20 km/h，但我国规定台风中心附近地面最大风力为 8～11 级时才成为台风或热带风暴，12 级以上时为强台风或强热带风暴。

龙卷风是一种涡旋：空气绕龙卷的轴快速旋转，受龙卷中心气压极度减小的吸引，近地面几十米厚的一薄层空气内，气流被从四面八方吸入涡旋的底部，并随即变为绕轴心向上的涡流，龙卷中的风总是气旋性的，其中心的气压可以比周围气压低百分之十。

龙卷风是一种伴随着高速旋转的漏斗状云柱的强风涡旋。龙卷风中心附近风速可达 100～200 m/s，最大 300 m/s，比台风近中心最大风速大好几倍。中心气压很低，一般可低至 400 hPa，最低可达 200 hPa。它具有很大的吸吮作用，可把海（湖）水吸离海（湖）面，形成水柱，然后同云相接，俗称“龙取水”。由于龙卷风内部空气极为稀薄，导致温度急剧降低，促使水汽迅速凝结，这是形成“漏斗云柱”的重要原因。“漏斗云柱”的直径平均只有 250 m 左右。龙卷风产生于强烈不稳定的积雨云中。它的形成与暖湿空气强烈上升、冷空气南下、地形作用等有关。它的生命短暂，一般维持十几分钟到一两个小时，但其破坏力惊人，能把大树连根拔起、建筑物吹倒，或把部分地面物卷至空中。

要将土木工程设计成能直接抵御台风和龙卷风是不可能的。但将可能发生区的房屋屋面板、屋盖、幕墙等加以特殊锚固，则是必要的；尤其对重要设施（如核能设施）更应重点防范。科学家们正在研究各种方法降低风速，如播撒碘化银榴弹以释放云中潜热，降低气压差使风速减小；又如通过“播云”法将汽和能量从台风核中心区抽走。

大风对房屋和桥梁也能造成灾害，如大风可以将之吹倒；大风可以使高烟囱、高电视塔以及高层建筑发生大幅度摇晃而无法使用，甚至倾倒；柔性结构（如悬索桥）还可能因风振引起共振而毁坏，如图 7-5 至图 7-7 所示。

图 7-5　台风过后对民用建筑的破坏

(3)泥石流

泥石流是山区主要的地质灾害类型。泥石流沟谷流域面积较小，一般为 0.2～10.0 km^2。流域内山高谷深，沟谷坡降较大。在强烈的构造运动的作用下，岩石节理裂隙发育，长期遭受强烈风化剥蚀，在沟坡形成较厚的松散残坡积物。山区森林资源遭受严重破坏，一些农民在山坡开荒毁林种地，破坏植被保持水土作用，增强地表径流对岩土层的冲刷侵蚀，造成山坡水土流失；修路、采矿、采石形成的大量弃土废石堆积在山坡上，也为泥石流的形成提供了大量物质来源。上游形成区地形地貌有利于降雨汇集，中游流通区峡谷幽深，坡降较大，在有较大降雨时，极易发生泥石流。

图 7-6 大连风暴潮

图 7-7 台风对建筑物的破坏

泥石流具有突发性强、来势凶猛、迅速、破坏力大等特点。多发生在大雨或暴雨期间，危害性极大。如 2000 年 8 月，吉林省吉林市桦甸市桦树林子乡富民村发生泥石流，冲毁农田 50 km^2，淤埋公路数公里，冲走拖拉机、牲畜等农业生产工具，造成直接经济损失 100 余万元。泥石流主要为山坡型。山坡型泥石流形成于地势险峻、结构松散、风化严重、节理发育的软岩及各种松散物质较厚的地区。在较大集中降雨时，雨水冲刷，浸泡山坡松散物质，在径流和自身重力作用下，泥石沿山坡迅速流入沟谷。同时，陡峻的山坡体在大雨、暴雨期间，雨水入渗，岩土软化，抗滑力减弱，山坡岩土体结构强度减小，在强度较软、残坡积层较厚的山坡地段，岩土体失稳，往往形成小型崩塌、滑坡，滑入谷底的堆积物与上游流下来的洪水融合形成泥石流。泥石流携带大量土石、矿渣以巨大的动能冲向下游堆积区，淤埋冲毁沟口附近公路、农田、村庄房屋、输电通信设备等，造成重大人民生命财产损失和自然生态环境的破坏，如图 7-8 所示。

图 7-8　泥石流灾害

2）社会灾难

（1）火灾

火灾对土木工程的影响表现在对所用工程材料和工程结构承载能力的影响。世界多种社会灾难发生最频繁、影响面最广的首属火灾。表 7-3 概述了世界几个主要国家火灾及其损失的情况。

表 7-3　世界几个主要国家火灾及其损失情况

国别	火灾起数	死亡人数	受伤人数	直接损失	直接损失占国民生产总值/（%）	统计年份
美国	1 964 500	4 730	28 700	82.95 亿美元	0.14	1992
俄罗斯	331 000	135 000	—	2 000 亿卢布	0.14	1993
日本	56 691	1 838	—	1 576.6 亿日元	0.04	1993
英国	436 000	—	—	4.75 亿英镑	0.16	1985
中国	39 337	2 765	4 249	12.4 亿元	0.028	1994

火灾是一个燃烧过程，要经过“发生、蔓延和充分燃烧”几个阶段。火灾的严重程度主要取决于持续时间和温度，这两者又受到工程材料、燃烧空间、灭火能力等多种因素的影响，如图 7-9 所示。而不同工程材料有着不同的耐火性能，如表 7-4 所示。

图 7-9 火灾后的建筑物

表 7-4 工程材料的耐火性能

材　料	耐火温度及表征/℃
岩石	600～900,热裂
黏土砖	800～900,热裂
混凝土	550～700,热裂
钢筋混凝土	300～400,钢筋与混凝土黏着力破坏
钢材	300～400,强度下降 600,丧失承载力
木材	240～270,可点着火 400,自燃

(2)工程事故灾难

工程事故灾难是由于勘察、设计、施工和使用过程中存在重大的失误造成工程倒塌而引起的人为灾难。它往往带来人员的伤亡和经济上的巨大损失,如表 7-5 所示。

表 7-5 建筑工程事故级别

重大事故级别	伤亡人数	直接经济损失
一级	死亡 30 人以上	30 万元以上
二级	死亡 10～29 人	100 万元以上 300 万元以下
三级	死亡 2 人以上,重伤 20 人以上	30 万元以上 100 万元以下
四级	死亡 2 人以下,重伤 3～19 人	10 万元以上 30 万元以下
一般质量事故	重伤 2 人以下	5 千元以上 10 万元以下

一般来说，造成工程事故灾难的原因有以下两大方面。

从技术方面看，大体如下所述：

①地质资料的勘察严重失误，或根本没有勘察；

②地基过于软弱，同时基础设施有严重失误；

③结构方案、结构计算或结构施工图有重大错误；

④材料或半成品的质量低劣；

⑤施工安装过程中偷工减料、粗制滥造，如图7-10所示；

⑥施工的技术方案和措施有重大失误；

⑦使用中盲目增加荷载，随意变更使用环境和使用状态；

⑧任意对已建成工程打洞、拆墙、移柱、改扩建、加层等。

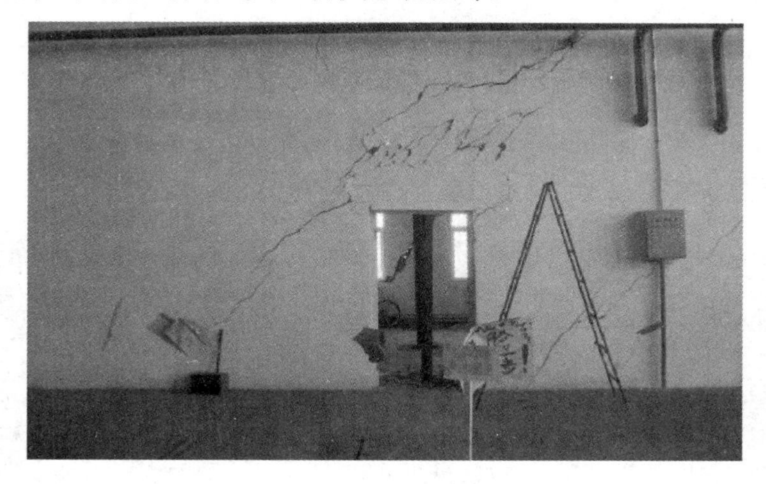

图7-10 豆腐渣工程

从管理方面看，大体如下所述：

①由非相应资质的设计、施工单位进行设计、施工；

②建筑市场混乱无序；

③设计施工的管理处于严重失控状态；

④企业管理不当，片面追求利润，没有建立可靠的质量保证体系；

⑤无固定技术队伍，技术工人和管理人员素质太低。

(3)工程爆破灾难

爆破会对环境产生剧烈的冲击效应，传统狭义上的爆破灾难包括飞石、地面震动、冲击波、噪声、炮烟、尘埃等对环境造成的危害。从广义上讲，爆破灾难是指由爆破引起的人们不希望出现的效果，如爆破震动引起结构物的破坏、飞石撞击毁坏、灰尘、坍塌范围超限、偶然性爆炸等。随着城市化进程的加快及各种构筑物的改扩建，拆除爆破工程的应用日渐扩大，其对既有建筑、构筑物的影响也逐渐引起了人们的重视。工程爆破对建筑物的影响如图7-11所示。

(4)地面塌陷

地面塌陷主要是由于对矿藏的过度开采造成的，随着时间的推移，有的采空区构造发育，岩体破碎，岩体结构强度相对较小，矿区支护结构破坏，在开采强度大的矿区，采区上部岩土层在自重作用

图 7-11 工程爆破对建筑物的影响

下产生塌陷,严重危害了矿山的正常安全生产及周围居民的生命、财产安全,直接破坏了国土地貌,危害了农业正常生产,对上部的建筑物造成严重的破坏,如图 7-12 所示。

图 7-12 地面塌陷

7.2 工程结构的防灾减灾

7.2.1 防灾减灾工程与防护工程的任务

土木工程是一个历史悠久并具有传统特色的大学科,它覆盖了六个二级学科,防灾减灾工程与防护工程是土木工程学科中的边缘学科，涉及地震学、气象学、爆炸学、水利学、地质学和工程材料学等众多学科，该学科的主要任务是：建立和发展用以提高工程结构和工程系统抵御自然灾害和人为灾害能力的科学理论、设计方法和工程技术，通过工程措施最大限度地减轻未来灾害可能造成的破坏，保证人民生命和财产的安全，保障灾后经济恢复和发展的能力，提高国防工程和人防工程的防护能力。

本学科目前所研究的灾害包括地震、风、武器作用、偶然性爆炸、失控物体撞击等具有动态特性的灾害以及火灾等其他灾害。它主要研究各类灾害的成灾机理、毁损效应，各类工程结构与工程系统在灾害作用下的破坏机理、响应分析方法和试验技术、防灾减灾的设计理论、方法和工程技术，灾害荷载引起的工程机构与工程系统和周围环境的相互作用等。

7.2.2 工程防灾减灾的研究现状

在各国政府和研究人员对于减轻各种自然灾害进行大量研究和实际工作的基础上，目前已有一些灾种的防灾减灾规划的编制思路和模式可供参考。总体上讲，日、美等国都比较重视应急预案和应急疏散的研究和实施，重视单体工程的抗灾。日本把防灾减灾的措施和城市总体规划合并在一起实施，起到了比较好的效果；美国的研究比较重视城市工程设施的易损性分析，美国FEMA目前正在推广一项计划，即给地震区的主要城市建立工程设施数据库，并采用专门软件进行实时易损性分析，这些思路都是我国进行抗震防灾规划编制和研究值得借鉴的。从国内外的研究状况来看，对城市工程设施的易损性分析过多注重对现状的评价，针对城市规划中不同发展阶段的防灾分析和评价关注不够，相关研究也不充分。

编制和实施城市抗震防灾规划对保障城市抗震安全和提高城市综合抗震防灾能力具有极其重要的意义。与城市总体规划保持协调一致、采取现状和发展并重的规划理念是当前我国城市建设与发展对抗震防灾规划提出的时代要求，以人为本、平灾结合、加强防灾规划的实用性和可操作性是当前防灾规划发展所面临的一个重要课题。既要重视城市现状的防灾问题，更要将城市建设与发展过程中可能遭遇的防灾问题放到重要地位。2007年国家建设部颁布了《城市抗震防灾规划标准》，编制组调查总结了近年来国内外大地震的经验教训，总结了我国二十多年来城市抗震防灾规划编制和实施的经验与教训，充分吸收了当前城市抗震防灾规划的研究成果和实践经验，采纳了地震工程新的科研成果，考虑了我国的经济条件和工程实践，并在全国范围内广泛征求了有关规划、设计、勘察、科研、教学单位及抗震管理部门的意见，经反复讨论、修改、充实，最后经审查定稿。

我国政府长期以来一贯重视防灾减灾事业，1998年，联合国把世界防灾减灾最高奖——“联合国灾害防御奖”授予了中国国际减灾十年委员会负责人和科学家。2011年联合国减灾署授予我国四川成都“灾后重建发展范例城市”，赞扬成都市在汶川地震灾后重建中，展现了令人惊叹的韧性，取得了瞩目成就，还建立了一套综合防控体系，形成了独具特色的经验和成果。我国政府于2011年发布《国家综合防灾减灾规划(2011—2015)》，规划要求进一步提高防灾减灾能力，最大限度保障人民群众生命财产安全，并明确了“十二五”期间防灾减灾工作的目标。

7.3 工程结构的加固

工程结构应当满足安全性、适用性、耐久性三项基本功能要求，当结构物存在的缺陷和损伤使得其丧失某项或某几项功能要求时,就应进行补强或加固。补强与加固的目的就是提高结构及构件的强度、刚度、延性、稳定性和耐久性,满足安全要求,改善使用功能,延长结构寿命。而工程灾害往往造成结构物部分功能丧失,尤其容易存在强度、刚度、延性、稳定性和耐久性问题。因此,工程结构灾后的加固显得特别重要。

7.3.1 常用的加固方法

1)加大截面法

加大截面法是用加大结构构件截面面积进行加固的方法。它可以提高结构构件的承载力、增大截面刚度,主要用于加固混凝土结构梁、板、柱,以及钢结构中的梁、柱及屋架和砌体结构的墙、柱等。

2)外包钢加固法

它是在结构构件四周包以型钢的加固方法。这种方法可以在基本不增大构件截面尺寸的情况下增加构件承载力,提高构件的刚度和延性。适用于混凝土和砌体结构,但用钢量大,加固费用较高。

3)预应力加固法

预应力加固法是采用外加预应力钢拉杆或型钢撑杆对结构构件或整体进行加固的方法,特点是通过预应力手段强迫后加部分拉杆或撑杆受力,适用于大跨结构加固,以及采用一般方法无法加固或加固效果不理想的较高应力应变状态下的大型结构加固。

4)改变传力途径加固法

改变传力途径加固法是通过增设支点或采用托梁拔柱的方法改变结构受力体系的一种加固方法。改变结构的传力途径,能大幅度地降低计算弯矩,提高结构构件的承载力,达到加强原结构的目的。

5)粘钢加固法

粘钢加固法是一种用胶结剂把钢板粘贴在构件外部进行加固的一种方法。该法的显著特点是施工工期短。

6)化学灌浆法

该法是用压送设备将化学浆液灌入结构裂缝的一种加固方法。灌入的化学浆液能修复裂缝,防锈补强,提高构件的整体性和耐久性。

7)地基加固与纠偏

对已有结构物的地基和基础进行加固称为基础托换,基础托换方法可以分为四类:加大基底面积的基础扩大技术,新做混凝土墩或砖墩加深基础的坑式托换技术,增设基桩支撑原基础的桩式托换技术,采用化学灌浆固化地基土的灌浆托换技术。基础纠偏主要有两条途径:一是在基础沉降小的部位采取措施促沉,将结构物纠正;二是在基础沉降大的部位采取措施顶升,达到纠偏目的。

7.3.2 工程结构的抗震加固

结构抗震加固技术是对正在使用的已有建筑进行检测、评价、维修、加固或改造等技术对策的总称。对原有建筑结构进行加固改造,一方面既可以节省投资,满足业主要求,又可以提高结构的抗震能力,减轻其在遭遇地震时的破坏程度,保障人民生命和财产安全;另一方面,结构的安全性、使用寿命以及抵御意外突发事故(如振动、爆炸等)的能力等也均因结构的加固而有所提高。因此,对结构进行抗震加固成为提高已有建筑抗震能力的最有效的手段之一。

传统抗震加固方法主要是通过加强主体结构的强度和刚度来满足抗震要求,但存在以下缺点:①加固后结构的刚度和延性难以达到良好匹配,易造成刚度突变、局部应力集中和薄弱层转移;②在高烈度地区,单靠提高结构的承载力和刚度来抵御地震显得不经济;③施工方法较复杂,周期长,干扰性大;④材料用量大,人工费用高。而耗能减震加固方法是通过在结构中附加耗能减震装置,利用耗能减震装置耗散地震输入的能量,减小主体结构的地震反应,从而避免主体结构倒塌或破坏,达到抗震加固目标。耗能减震加固方法是传统抗震加固方法的突破和发展,它具有加固机理明确、加固效果好、安全可靠、节约材料、施工方便、周期短、费用低等优点,近年来备受关注。

金属耗能器作为耗能减震装置中的一种,有着构造简单、制作方便、造价低廉、易于更换等特点,因而在美国、日本及我国台湾地区被广泛用于建筑、桥梁等结构的抗震加固工程中,取得了很好的效果。

用金属耗能器进行结构加固的部分工程实例如下。

1)墨西哥 Izazaga 38—40 号楼

墨西哥 Izazaga 38—40 号楼,如图 7-13 所示,建于 20 世纪 70 年代后期,为砖填充端墙的钢筋混凝土框架结构。1985 年墨西哥城大地震后,该建筑进行了首次加固,但不成功,之后采用被动耗能技术进行了第二次加固(T. T. Soong 等,2005)。该加固工程项目在外框架跨间共安装了 250 个 ADAS 耗能器,并且整个施工过程中,建筑物一直在正常使用。计算结果分析表明,加固后结构主方向的基本周期分别从 3.82 s 和 2.33 s 减小到 2.24 s 和 2.01 s,楼层间侧移降低了 40%。

2)加拿大温哥华狮门大桥

加拿大温哥华狮门大桥(Nicholas P. Jones 等)是加拿大西部最长的悬索桥,如图 7-14 所示,竣工通车于 1938 年,全长 842 m,主跨长 473 m。采用无黏结支撑构件对桥的上部结构锚固点表面进行了抗震加固(Michael Pollino 等),有效地控制了桥梁在风荷载作用下的振动以及地震后桥梁的屈服变形。

图 7-13　墨西哥 Izazaga 38—40 号楼

图 7-14　加拿大温哥华狮门大桥

7.3.3 工程加固的新成就

有人预言,将来的建筑在地震中可以像漂在水中的船一样摇摆而不倒塌。今天,一种建筑防震减灾基础隔震新技术,可以使房屋建筑在大地震中完好无损、安全可靠。基础隔震技术是用某种横向柔性隔震元件将上部建筑结构与基础隔离的一种抗震技术。由于隔震层的刚度很小,当地震发生时,隔震层将发挥缓冲的作用,承受地震振动引起的位移运动,层间变形很小,因而上部建筑结构便一改原来地震反应的大振幅晃动为小间距平动,位移范围可减小 1/12～1/4。这样不仅建筑结构不会破坏,大大提高了安全度,而且建筑内的装修、设施也能保持完好。1994 年 1 月 17 日,在美国圣费尔南多发生了洛杉矶地震,震级为 6.7 级,伤亡超过 7 000 人,损失很大。大多数医院因建筑内部设备损坏而失去使用功能。与此相对应,USC 大学医院是一个地下一层、地上七层的隔震建筑。地震中该建筑内的各种仪器设备均未损坏,甚至花瓶也一个都没有掉下来。该医院在当时起到了救护中心的作用,减少了地震损失。

目前这项技术中应用较多的隔震元件是建筑隔震橡胶支座。它是由一层钢板、一层橡胶一层层叠合起来,并经过生产工艺使橡胶与钢板牢固地黏结在一起。首先,隔震橡胶支座有很高的竖向承载特性和很小的压缩变形,可确保建筑的安全;其次,隔震橡胶支座还具有较大的水平变形能力,剪切变形可达到 250%而不破坏;最后,隔震橡胶支座具有弹性复位特性,地震后可使建筑自动恢复原位。采用隔震橡胶支座的建筑物,建筑设防目标一般可以提高一个设防等级。此外,采用隔震橡胶支座建造的房屋,可适当降低上部结构的设防水准(一般可降低一度到一度半),这样就有可能使建筑布置更加灵活,并可减少一些结构的构造措施或减小一些结构构件的尺寸和配筋(如墙体厚度),从而可以降低结构的造价。

基础隔震技术适用面很广,尤其适用于量大面广的中、低层砖混房屋和钢筋混凝土房屋建筑。在高裂度地震区,采用基础隔震技术建造的房屋,可以突破现行抗震规范中对房屋层数的限制,在保证高宽比的前提下可以加高一到两层,这样可以增大建筑物的容积率,节省建设用地,提高土地利用率。

基础隔震技术在国内外已得到实际应用,防震减灾效果很好。例如,1995 年 1 月 17 日,日本发生了阪神大地震,地震震级为 7.2 级,是日本战后经历的最大灾害,地震又一次考验了基础隔震建筑。震区有两栋基础隔震建筑,一个为邮政楼,一个为研究所。神奇的是,基础隔震建筑不仅结构完好无损,而且内部设施也完全可以正常工作。基础隔震技术在地震中的卓越表现,大大推动了这一技术的研究和应用。在我国,目前已有解放军某部的科技楼、宿迁市劳动局综合楼、邯郸市釜山房地产开发公司住宅楼等几百栋基础隔震建筑建成。

在我国,除了橡胶隔震支座技术的研究和应用外,还有砂垫层隔震、石墨垫层隔震、摩擦滑移支座隔震及隔震橡胶支座与摩擦滑移支座联复合隔震技术等。不同隔震技术的发展,可充分地适应我国的国情,适应不同的地区、城市及乡村的不同要求。基础隔震技术可作为地震区城市抗震防灾的对策之一,用于防灾指挥中心、生命线工程、避难中心、救护中心以及居民住宅建筑的建设。可以预见,基础隔震技术在我国建筑的防震减灾事业中将起到巨大的积极作用。

我国虽然在 1990 年成立了“全国建筑物鉴定和加固标准技术委员会”,现在的名称是“中国工程建设标准化协会建筑物鉴定与加固委员会”(committee of assessment and strengthening of buildings,China association for engineering construction standardization),对工程结构加固工作的

开展是一种有力的推动，旧房改造、受灾房屋加固、早年建造的建筑及桥梁加固等工程项目也越来越多，但很少对工程结构加固的理论、方法和效果作出系统分析和试验论证。工程结构加固尚未形成一门系统的学科，今后应加强这一领域的研究工作。

1)工程防灾减灾的新成就

(1)同济大学防灾减灾工程与防护工程的研究方向

①工程结构抗震：各类工程结构在地震作用下的破坏机理、抗震特性、抗震设计理论、减震防灾及抗震加固技术等。

②工程结构抗风：工程结构的风致振动理论及应用，工程结构风振控制理论及应用，结构抗风研究的风洞试验方法，计算空气动力学及气动弹性力学，工程结构的抗风设计方法。

③生命线工程抗震：生命线系统的震害预测及可靠度估计，各种生命线工程设施及结构的反应分析和抗震技术措施。

④地面运动及地震波传播：地震、脉冲引起的地面运动特性，地形地质条件对地面运动的影响，强震观测及记录的分析处理，地脉动观测及应用。

⑤防护工程：防护工程在武器作用下的毁伤机理、动力反应分析、结构防护设计原理和工程技术等。

⑥城市综合防灾减灾：城市与大型企业灾害危险性分析与区划，城市防灾减灾理论与关键技术，灾害风险管理系统工程与GIS系统应用。

十多年来，同济大学在国内率先引进了具有世界先进水平的地震模拟振动台，建立了高校系统唯一的强地震观测台网，自行设计和建立了规模处于世界第二的大型边界层风洞。1991年10月正式通过验收建立了我国土木工程学科唯一的国家重点实验室——土木工程防灾国家重点实验室，成为土木工程防灾减灾基础理论研究和重点工程应用研究的国家级实验基地。

(2)解放军理工大学防灾减灾工程与防护工程研究方向

①武器效应及工程防护：主要研究以常规武器为主的武器破坏效应，以及国防、人防工程的防护技术。

②环境岩土工程：主要研究岩土介质的力学特性、本构模型，以及地下结构的计算理论和设计方法。

③防护工程系统分析：以数学规划、防护工程效率系统分析、决策理论为基础理论，掌握软科学研究各种方法，研究防护工程系统防护效率评估、优化与综合防护等问题。

④阵地工程及新型材料：在防护工程中应用主要研究阵地工程规划、设计的理论与方法，以及新型材料及其在防护工程中的应用。

⑤防护工程抗电磁毁伤：主要研究核电磁脉冲及非核电磁武器对防护工程电子、电力设备与系统的毁伤效应极其防护技术。

⑥地下建筑设计原理与地下空间开发利用：主要研究地下空间开发的新途径、新理论，为国防、人防工程和城市地下空间建设开辟新的设计方法和思路。

⑦地下空间环境控制：主要研究地下空间空气质量要素、评价指标及其控制原理与方法，地下建筑热湿环境动态模拟与预测，人工智能在地下空间建筑设备管理和控制中的应用。

⑧气象灾害预测与预警：1996年5月，防灾减灾工程及防护工程学科被确定为全军重点建设学

科，结构爆炸试验中心被确定为全军重点建设试验室。教研室的研究方向包括武器效应及综合防护技术、结构抗暴实验及计算理论、结构抗震隔震及减震技术、防护工程数值模拟分析及仿真技术、防护工程及结构工程实验测试技术、桩基检测技术。

(3)大连理工大学目前从事的研究领域和方向

①工程结构抗震理论和模型试验新技术。

②各种大型建筑物的振动测试与评估技术。

③土工建筑物抗震理论及地震反应可视化研究。

④建筑结构的减振控制理论和技术。

⑤生命线地震工程及城市防灾减灾对策。

⑥土料动态特性及土工结构抗震。

⑦地下结构的抗震设计理论与应用。

⑧工业与民用建筑的抗震设计。

(4)东南大学防灾减灾工程与防护工程

①多高层建筑抗震理论及其应用。

②建筑结构隔震、减震与振动控制。

③工程结构抗震加固与防灾。

④结构健康监测与安全性评价。

2)工程防灾减灾的发展趋势

工程防灾减灾的发展趋势可以概括为以下几个方面。

①开展自然灾害危险性评价和风险评估：美国和俄罗斯等国家，重点对实际风险和可承受风险进行评估。其成果已成为减灾应用基础研究的重要前沿领域之一，并为城市生命线工程的抗震能力评估提供了依据。

②承灾体脆弱性研究：美国等国家积极开展大城市的地震易损性研究、自然灾害社会易损性研究、经济易损性和社区易损性研究，这些研究在理论和方法上促进承灾体易损性研究的深入，也表明承灾体易损性研究是综合科技减灾的前沿领域。

③灾害信息系统建设：美国、日本、加拿大和欧盟等国家，为进行灾害及紧急事务的管理，更好地沟通灾害信息，减轻灾害损失，均建立了灾害信息系统，实现灾害信息共享，以达到在灾害面前各方面的快速应急反应的要求。

【本章要点】

①工程灾害的种类及其分析。

②工程结构防灾减灾的研究现状及发展趋势。

③工程结构加固的方法。

【思考与练习】

7-1　结合本章内容谈谈对工程灾害的认识。

7-2　结合所学知识谈谈工程抗震加固的方法。

7-3　谈谈工程防灾减灾与加固的发展趋势。

第8章　建筑环境与能源应用

8.1　建筑环境与能源概述

8.1.1　建筑环境的概念及对人类生活的影响

衣、食、住、行是人类最基本的生活需求，也是人类发展永恒的主题。建筑物解决人们“住”的问题，应能够满足人们的生产和生活需要，提供卫生、安全而舒适的生活和工作环境。为此，要求在建筑物内设置完善的给水、排水、供热、通风及空气调节、燃气、供电等设备。与室外自然环境相对应，这种工作环境称为“建筑室内环境”，有时简称为“建筑环境”，建筑围护结构以及建筑设备是实现这种环境的硬件设施。设置在建筑物内的这些设备，必然要求与建筑、结构及生活需求、生产、工艺设备等相互协调，才能发挥应有的功能，并提高建筑物的使用质量，高效地发挥建筑物为生活和生产服务的作用。广义的“建筑环境”还包括建筑物周围的环境，以及由于建筑物建造和运行而造成的对周围环境的影响。因此，通过建筑结构本身及建筑设备提供健康舒适的建筑环境是实现建筑功能的基本前提。

建筑室内环境主要解决人类文明生活中所必需的舒适、健康和由此带来的工作效率问题，主要包括建筑室内热湿环境、室内空气品质、室内声环境和室内光环境等。现代城市的人群有80%以上的时间生活在室内，当自然界的温度、湿度、风速、太阳辐射等超出人类舒适的范围时，如果室外空气和热量直接和室内相通，人们就会产生不舒适的感觉。这种情况下，就需要利用建筑围护结构和建筑设备对室内环境进行调节。其中，利用建筑围护结构进行气候调节的方法称为“被动式”调节方法，利用建筑设备进行气候调节的方法称为“主动式”调节方法。主动式调节方法需要消耗能量，而被动式调节方法不需要消耗能量，这是二者的差别。随着社会发展和人民生活水平的提高，现代社会越来越多地依赖主动式调节方法调节建筑室内环境，导致建筑能源消耗越来越大，目前发达国家已经达到全社会能耗的30%以上，而我国也达到20%左右。这就使得建筑室内环境与能源消耗密切相关，而常规能源的消耗是影响和破坏地球自然环境重要因素。

调节建筑室内环境消耗的能量主要用于将室外空气处理到室内的状态。对于同样热湿状态的室外空气，需要处理的量越多，消耗的能量越多。因此，为了降低能耗，现代社会的建筑物密封状况越来越好。与此同时，室内装修材料、设备使用增多，导致建筑室内空气环境恶化，而生活方式和工作方式的改变，使得居民停留在室内的时间越来越长。室内环境严重影响居民身体健康，由于舒适和健康问题直接影响居民的工作效率，因而建筑室内环境与健康问题、工作效率问题的关系也成为新时期的重要研究目标。

8.1.2　我国建筑业的发展和建筑能耗

改革开放以来，我国的建筑业得到了很大的发展。城乡居民的住宅面积大幅增加，居住条件大为改善。根据建设部发布的公告，如表8-1所示，至2014年底，全国城镇房屋建筑总面积已达到

473.91 亿 m^2,其中住宅建筑面积 240.24 亿 m^2,占房屋建筑面积的比重为 50.7%,全国城镇人均住宅建筑面积 33.37 m^2。

表 8-1 2014 年各省城镇人均住宅建筑面积 单位:m^2

东部	北京	31.54	福建	32.13	辽宁	31.20	浙江	36.90
	广东	34.40	山东	38.20	江苏	39.51	河北	32.51
	天津	30.50	海南	29.34	上海	34.60	—	—
中部	山西	32.13	吉林	23.79	黑龙江	30.00	安徽	35.10
	江西	32.68	湖南	31.10	湖北	31.25	河南	29.00
西部	内蒙古	26.48	广西	29.47	四川	30.00	重庆	33.59
	贵州	36.58	陕西	33.37	云南	36.00	新疆	26.84
	甘肃	32.00	青海	27.77	宁夏	30.99	西藏	26.11

注:数据来源于中华人民共和国建设部公告。

自 1999 年开始,中国实施货币分房政策,极大地促进了住宅建筑的发展,1999—2004 年,中国住宅建筑竣工面积年均增长率达到 11%。例如:1996 年,中国完成的住宅建筑面积仅为 61.2 亿 m^2,到 2001 年就达到了 110.1 亿 m^2,2003 年更是增长到 140.9 亿 m^2,已经超过了 1996 的 1 倍多,到 2014 年中国完成的住宅建筑面积增长到了 240.24 亿 m^2。随着中国城市化进程的加快,中国的建筑业还将进一步繁荣和增长,如图 8-1 所示。表 8-2 预测了中国城市未来的建筑发展情况。

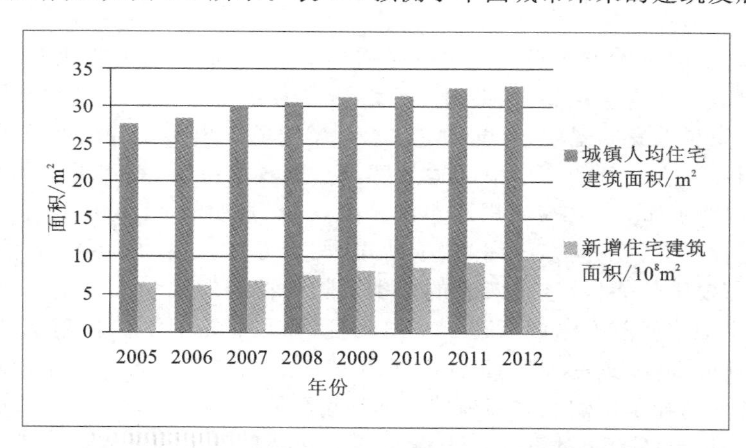

图 8-1 2005—2012 年中国城市住宅面积增长情况

(注:数据来源于中华人民共和国统计局报告。)

表 8-2 中国城市住宅与公共建筑面积预测

时间	2014 年	2020 年(预测)
城市化比例/%	54.77	60
城市人口/10^9 人	0.74	0.90
城市住宅面积/10^9 m^2	28.6	31.5
城市公共建筑面积/10^9 m^2	37.8	42.7

注:数据来源于中华人民共和国统计局公告。

目前，中国每年竣工的建筑面积达到 20～36 亿 m^2，几乎是所有发达国家之和。但是，在这些新建的建筑中，仅有 10%～15%的建筑面积能达到国家规定的节能标准，而 80%以上的建筑属于高能耗建筑。据预测，以目前的发展趋势，到 2020 年，我国高能耗建筑面积将达到 700 亿 m^2，将导致巨大的能源消耗问题。因此，从国家的能源安全和能源战略角度考虑，降低建筑能耗不仅是技术问题，更是经济问题和政治问题。

发达国家建筑能耗在社会总能耗（包括工业、交通和建筑能耗）中，一般达到 1/3 左右，在瑞典、丹麦、挪威等高纬度的北欧国家，由于建筑供热的时间比较长，建筑能耗在总能耗中的比例甚至接近 40%。中国的建筑能耗比例一直在增长，最近已经达到 20%左右。根据发达国家的发展经历，建筑能耗将达到社会总能耗比例的 1/3 左右。

8.1.3 能源分类以及在建筑中的应用

建筑物的生命周期包括原材料的提取和加工及运输、建筑物建造、建筑物使用、建筑设备维修、建筑物维护和建筑物的拆除等环节。在整个建筑物的生命周期中，需要消耗和使用大量的能源，建筑物的建设和使用过程就是能源的利用过程，如何合理利用能源和提高建筑能源效率、最大限度地降低建筑能耗，是当前社会发展中要特别关注或亟需解决的核心问题之一。

目前，建筑常用的能源就来源形式划分，可以分为一次能源和二次能源，所谓一次能源（即天然能源）就是在自然界以天然的形式存在的可直接利用的能量资源，如煤、石油和天然气，而二次能源（即人工能源）归根到底是由一次能源转化而来，如电力。按类型划分，建筑使用的能源可以分为两类：一类是常规能源，包括煤炭、石油、天然气、电能等；另一类是可再生的能源，包括太阳能、地热能、风能、生物质能等。表 8-3 给出了各种类型能源的特点及其在建筑中使用的形式。

表 8-3 建筑中常见的能源利用方式

能源分类	应用	特点
常规能源		
煤炭	炊事、燃煤锅炉、烧制建材等	污染大、使用方便
石油	燃油锅炉、直燃制冷设备	价格高、利用广
天然气	城市燃气、燃气锅炉、直燃制冷设备	清洁、适合管道运输
电能	电制冷机、照明、电梯、办公设备	容易使用和自动化
可再生能源		
太阳能	热水系统、光电转换、太阳房	能量密度低，受天气影响
地热能	地源（土壤、岩石、湖水等）热泵	投资有所增加
风能	风力发电、建筑冷却、自然通风	需要和建筑设计紧密结合
生物质能	主要在农村作为燃料使用	直接燃烧，效率低

1）建筑节能的类型

建筑节能作为我国可持续发展政策的重要组成部分，是未来中国一项长期的根本性任务。建筑领域的节能主要包括以下几个方面的内容。

(1)建筑围护结构的节能

建筑能源消耗的最重要用途是营造与室外气候不同的室内环境,而减少通过建筑围护结构的传热,是建筑节能的重要环节。根据我国的气候特点,按照建筑节能需求,我国分成5个气候区:寒冷气候区、严寒气候区、夏热冬冷区(过渡气候区)、夏热冬暖气候区和温和气候区。这5个气候区所要求的建筑围护结构、建筑材料、建筑布局、建筑风格等都有很大的区别,必须考虑有利于节能的通风设计、建筑墙体屋面的保温和隔热措施、门窗及玻璃幕墙的遮阳技术、建筑自然采光技术等。

(2)建筑设备的性能优化及其节能控制

建筑设备直接消耗建筑能源,其节能包括提高这些设备的效率,最优化设置和控制建筑设备系统。建筑设备包括冷水机组、空调设备、通风设备、给排水设备、照明设备等。

(3)可再生能源在建筑中的使用

这是建筑节能一个新的发展方向,如太阳能建筑应用技术、风能技术、地热利用技术等。可再生能源不一定节能,但这种能源不消耗地球上储量有限的化石能源,因而是全球鼓励的发展方向。

2)建筑围护结构与设备的节能

在建筑设备系统中,用于调节室内环境的暖通空调系统消耗的能量最多。通过如下途径可实现暖通空调系统的节能:合理进行建筑设计及室内环境参数的设定,降低系统能耗需求;精心进行暖通空调系统的节能设计,提高系统用能效率;优化系统运行模式,规范化管理,降低系统运行能耗。

(1)通过建筑围护结构设计,降低暖通空调系统的能耗需求

从建筑物的寿命周期来看,建筑物要经历规划、设计、建造、运行、管理、维护和拆除7个阶段。其中,建筑物的规划和设计阶段从根本上决定了建筑节能所能达到的最大限度,应当根据建筑功能的要求和当地的气候情况,科学合理地确定建筑朝向、平面形状、空间布局、外观体形、间距、层高,选用节能型建筑材料,保证建筑外围护结构的保温隔热等热工特性:对建筑的周围环境进行绿化设计,设计要有利于施工和维护;全面应用节能技术措施,最大限度地减少建筑物的能源消耗。

对建筑物外围护结构进行保温是降低暖通空调系统能耗需求的关键。外墙保温技术按保温层所在的位置分为外墙内保温、夹心保温和外墙外保温3大类。其中,外墙外保温技术得到越来越多的应用,广泛适用于寒冷的北方和炎热的中部、南部地区。外墙外保温系统起源于寒冷气候的欧洲大陆,自20世纪90年代起进入我国北方严寒和寒冷地区后,显示出了其在建筑节能方面的巨大潜能和发展前景。我国的外墙保温工作正由北向南推进,建设部2000年3月颁布的《民用建筑节能管理规定》鼓励对建筑外墙和屋面进行隔热保温,使用新型的隔热材料。国务院2008年8月颁布的《民用建筑节能条例》对保温材料的使用进行了进一步规范和说明。

外墙外保温技术是指在垂直外墙(砖石、混凝土等结构)的外表面上建造保温隔热层。由于从墙体外侧保温隔热,其构造能充分满足防水、抗风压以及温湿度变化等的要求,不会产生裂缝,能抵御外界撞击,还能与相邻部位(如门窗、管道等)之间及边角处及面层装饰等方面均得到良好的装饰和保护,因此市场应用日益广泛。外保温系统的应用使建筑物能几十年保持原状,综合成本远远小于因采暖、供热或空调降温等产生的耗能费用,且不产生任何有害物质,对于节约能源、环境保护等重大课题有着深远意义。建筑外墙采用外保温技术存在多方面的优越性,既明显改善了居住舒适性,又有良好的节能效果和综合经济效益。

门窗是建筑物的重要组成部分。通过门窗的传热量占建筑总传热量的50%左右,包括门窗玻璃

的传热和通风门窗缝隙的空气渗透，这种传热性能用传热系数、遮阳系数、空气渗透率、可见光透射比等参数表示。其中，通过门窗玻璃的传热量主要受玻璃特性和构造的影响。目前，普遍采用low-E玻璃、中空玻璃、双层玻璃和单层玻璃，可以大大降低传热量；通过门窗缝隙的空气渗透主要受门窗框材料和边框密封材料性能的影响。同时，节能门窗框主要有塑钢门窗、节能铝合金窗、实木及铝包木门窗、复合材质窗。

值得指出的是，围护结构保温隔热技术与气候密切相关。从节能角度看，对于寒冷地区，围护结构的主要功能是保温，即减少室内向室外的传热量；对于炎热地区，围护结构的主要功能是隔热，即减少室外向室内的传热量，而对于夏热冬冷地区，同一建筑围护结构需要做到冬天保温、夏天隔热，这就需要我们建筑类各专业设计人员利用科学知识、运用实验和模拟手段进行分析，保证围护结构全年的保温隔热效果最大化，减少建筑能耗。

(2)暖通空调系统的节能设计

暖通空调系统的选择及其设计，将直接影响其最终的能耗。暖通空调系统的节能设计应当做到：详细进行系统的冷热负荷计算，力求与实际需求相符，避免最终的设备选择超过实际需求，否则既增加了投资，又不节能；选择高效的冷热源设备；减少输送系统的动力能耗；选择高效的空调机组及末端设备；合理调节新风比；采用热回收与热交换设备，有效利用能量。

此外，在暖通空调系统设计之初，室内设计参数也是一个重要指标，它确定了空气处理的终极目标，决定了室内是否满足人们的舒适性要求，并且在很大程度上影响了冷热负荷的大小；因此，在暖通空调系统设计时，应当因人而异、因地制宜地确定室内热环境参数标准，这是实现建筑节能的另一个有效途径。

随着科学技术的不断进步，暖通空调领域新的技术不断出现，可以通过多种方法实现暖通空调系统的节能，如舒适、节能、便于分户计量的低温辐射空调及地板辐射采暖系统，节约传输系统能耗的变风量和变水量系统，适合于利用低品位能源的热泵技术，将多余的电网负荷低谷段的电力用于制冷或制热的蓄能空调系统，以及能将废热进行利用的热回收技术等。对这些新兴节能技术的熟练掌握并运用在合适的场合是暖通空调设计人员做到节能设计的前提，这些技术也是土木工程相关专业学生应该掌握的。

(3)暖通空调系统运行节能

暖通空调系统经过节能设计并安装使用后，系统的能耗最终将体现在其运行过程中。要做到暖通空调系统的运行节能，必须要确保系统运行的优化控制和管理，这样不仅可以保证建筑内采暖空调房间的温度、湿度要求，节省人力，而且是减少空调系统能量损失、节约能耗的重要环节。暖通空调系统的运行节能可从以下5个方面进行。

①合理调节建筑室内的温湿度，在保证合理的室内热环境的基础上，降低系统运行能耗。

②根据建筑负荷变化特性，充分利用建筑围护结构的蓄热特性，进行最佳启动和停机时间控制，降低系统运行能耗。

③合理利用和控制室外新风量，在过渡季节，可尽量利用室外新风，节约人工冷热源的能耗。

④利用计算机控制系统控制空调系统，优化系统的运行，如系统中冷热源、水泵、风机等用能设备的优化匹配(开启数量和容量调节等措施)运行，达到系统整体节能。

⑤采用能量计量和政策激励，促进用户主动节能。

除暖通空调系统外,照明、电梯等设备在公共建筑中也占有相当大的比例。采用自然采光、提高照明系统效率等是照明节能的重要途径。

8.2 建筑室内环境

建筑是人类发展到一定阶段后才出现的,不管是从最早的原始社会为了躲避猛兽、恶劣气候对自身的伤害而用树枝、石头建造的窝棚,还是使用现代高科技建造的智能建筑与洁净室,人类营造建筑的目的是为了满足人们的生产和生活需要。建筑的主要功能之一是创造满足人类生活和工作所需要的室内环境,使人们生活得更好,使人们的生活和工作更方便、更舒适。因此,创造有利于人们舒适健康和有利于生产的室内环境是土木工程相关专业的主要任务。

8.2.1 人工环境与建筑室内环境

人类生活和工作环境的含义极其广泛,既包括自然环境,又包括人工环境。自然环境包括地理位置、地形、气候、植被等要素,而人工环境包括一切非自然的人工营造的构筑物或封闭空间,如宇航舱、车辆、飞机、制药车间、实验室、住宅、办公室等内部的环境。人工环境不仅需要满足人们对舒适健康生活的需求,还需要服务于工业、农业、医学、航空航天等诸多方面。例如,传染病房和手术室必须有严格的环境控制和污染物控制措施;制药车间、电子产品车间对环境的温湿度和洁净度有严苛的要求;农业生产、航空航天等都对人工环境有不同的要求。

建筑室内环境是土木工程相关专业重点研究和涉及的人工环境,建筑室内环境主要指建筑室内的热(温度)环境、湿(湿度)环境、气流组织形式(流速大小、气流分布、换气方式、气流速皮)、室内光环境、室内声环境以及室内空气品质(污染物种类及其浓度等特性)。建筑所形成的各种不同的环境关系到人们的活动内容和方式、社会交往方式以及人的心理感受,从而影响到人的意识和由此支配的动机和行为。积极、舒适的建筑环境将促进居住者的个人健康和创造力,从而促进人类的文明和社会的发展;消极的、恶劣的建筑环境则会影响人们的工作情绪和身体健康,从而会阻碍社会和经济的发展。因此,土木工程相关专业的大学生应有强烈的责任感和良好的知识素养,从人类生存与发展的角度高度认识本专业的使命,认真学好专业知识,以便未来能够科学地营造有利于人类健康、舒适和高效的建筑环境。

8.2.2 建筑室内环境的基本目标

(1)热舒适——建筑室内环境的基本目标

近年来,随着经济的发展、生活水平的提高,建筑室内环境与人体热感觉、热舒适问题已越来越为人们所关注。室内环境包括室内热环境、声环境、光环境、空间环境、视觉环境、空气质量环境、心理环境等。其中,室内热环境直接影响人体的冷热感觉,与人体热舒适紧密相连。此外,室内环境的其他方面如声环境、光环境、空气质量环境等也在一定程度上对人体热舒适产生影响。因此,人们对室内环境的舒适感受是建筑室内环境诸多因素综合作用的结果。

狭义地说,建筑室内环境的基本目标就是为了满足人们的热舒适感。一个极端闷热或者寒冷的室内,即使看上去很漂亮,停留其中也很难给人舒适的感受。建筑环境与能源应用工程专业的第一目标就是为人们提供一个冷热得当、湿度合理、风速适宜的物理环境，让绝大多数人在此热环境中觉得舒适。从生理卫生学角度来讲，通风、空调系统不仅要满足人体热舒适的要求，更重要的是能够保证人体健康，以牺牲健康为代价的热舒适是不可取的。适当而正确地使用空调可以使人免受炎热、寒冷之苦，有利于身体健康。但是，过分强调空调的作用而任意使用，以致改变人类早已适应的气候变化，则不仅会影响人的健康，还会影响到地球的可持续发展。

(2)热舒适的定义

热舒适，即通常所说的冷热问题。过冷的环境容易使人生病，过热也让人不舒服。那么，如何定义一个舒适的热环境呢？简单来说，即人由新陈代谢产生的热量与散发出去的热量相平衡。热舒适在美国供暖制冷及空调工程师学会(American society of heating, refrigerating and air-congditioning engineers, ASHRAE)标准中，定义为人对热环境表示满意的意识状态。

人体通过自身的热平衡调节和感觉到的热环境状况来判断是否获得舒适的感觉，即热舒适是人对热环境满意度的主观评价，是评价建筑热环境的一项重要指标。它通过研究人体对热环境的主观热反应，得到人体热舒适的环境参数组合的最佳范围和允许范围，以及实现这一条件的控制、调节方法。通常认为，人体的热舒适主要与4个环境因素和2个人员因素有关，分别是环境温度、相对湿度、空气流速、平均辐射温度、人员衣着程度和人员的活动量。除此之外，热舒适还与人体对热环境生理上、行为上、心理上的适应性有关。以往常采用丹麦Fanger教授的PMV/PPD指标来评价室内环境的热舒适性，但是随着热舒适研究的发展，这个指标受到了质疑，而对热舒适的适应性理论研究越来越多，接受程度越来越高。

确切地说，热舒适是一个综合作用的结果，人们对室内环境的舒适感受是一个综合的主观判断。影响热舒适的因素较多，有与环境因素相关的，有与心理感受相关的，有与视觉相关的，还有一些其他影响因素，如室内的安全感、工作的适应程度和个人情绪等，甚至人与人之间性别、体重、籍贯、年龄等的差异。不同的人对同一热环境可能会有不同的感受，即使是同一个人，在不同时间处于同一环境也会有不同的感受。

人体热舒适不仅是一个个体的行为，它还决定室内人工环境设计参数的取值，与人员健康、建筑能耗等密切相关，是暖通空调、航空、航天、航海等领域的应用基础。

(3)热舒适的适应性与建筑节能

热舒适除与人的身体健康程度有关外，还与建筑能耗紧密相关，原因在于暖通空调的能耗与室内设计温、湿度有关，而室内设计温、湿度直接由人体热舒适决定。随着社会生产力和科学技术的提高，以人体热舒适为控制依据的空气调节技术得到了快速的发展，在现代建筑中的应用也越来越普遍。但任何事物都有两面性，空调也不例外。它在给人们带来方便的同时，也带来了一系列的问题。为了获得舒适的热环境，每年各国都要消耗大量的能源用于供热、空调。建筑设计人员因缺乏对热舒适的正确理解及对建筑热指标的正确使用，往往造成对建筑过分加热或过分冷却的情况。这样，既给人体造成不舒适的感觉，又浪费了大量的能源。在满足热舒适要求的前提下，如果能使空调(采暖)系统的设定温度值尽量接近室外参数，就可以减少冷(热)负荷，有效地降低空调(采暖)能耗。中国国家发展改革委员会能源研究所数据显示，夏天全国空调每调高1 ℃将节约数十亿kw·h用电量，同时还可以减排大量的二氧化硫和二氧化碳。可见，对于可接受的室内温度范围，如果夏天取上界临近值或者冬天取下界临近值，将对实现建筑节能、改善大气环境具有重要的意义。

众所周知,人类是在自然环境中经历长期的适应过程而生存繁衍的。人不仅是环境热刺激的被动接受者,同时还是积极的适应者,人的适应性对热感觉的影响超过了自身热平衡。适应性包括生理的、行为的和最主要的心理上的适应性。

人对环境的适应会使人逐渐对该环境满意。这样导致的结果便是:不同的背景、生活在不同气候下的人们对室内环境的期望温度是不相同的。现行的热舒适标准和建筑热指标没有考虑人体适应性能力,规定了统一的热舒适区和固定的环境参数(如温湿度、风速)设计值,这显然是不切实际且不利于人体热舒适和建筑节能的,应该在保证人体舒适前提下,寻找建筑节能与人体热舒适的最佳平衡点。事实上,人体对环境的适应能力有一个调节范围,在这个范围内主动调节室内相关环境参数,就能将人体适应性和建筑节能结合起来。

8.3 建筑环境性能的评价方法

建筑材料、能源消耗情况,建筑建造和运行过程对环境的影响,建筑室内环境等各个方面共同构成了建筑环境性能。对新建的或已经使用的建筑环境性能进行评价是鼓励和引导建筑相关的各类人士,如设计人员、建造者、用户、设备材料供应商对建筑环境问题更加重视,从而达到建筑可持续发展的目的。发达国家对可持续建筑进行的评价、分级、认证和鉴定已成为一个基本潮流和趋势。

常见的绿色建筑评价方法和工具如下。

8.3.1 美国 LEED 评价体系

美国 LEED(leadership in energy and environmental design)评价体系是美国绿色建筑协会研究推出的评价系统,目前也是国际上最负盛名的绿色建筑评价体系。该系统以现有的建筑技术为基础,是一种建立在资源综合利用基础之上的、以市场为导向的建筑环境性能评价系统。与其他建筑环境性能评价系统不同,LEED 只以已经得到公认的科学研究成果为基础,而对于一些存在争议的结果,LEED 暂时不考虑。LEED 可以对各种新建或已经使用的商用建筑、办公楼或高层建筑进行评价。LEED 采用与评价基准进行比较的方法,即当建筑的某个特性达到某个标准时,便会获得一定的分数。获得不同的总分,被评价的建筑物可以获得不同的可持续建筑认证资质。例如:总分为24~29 分为认证通过;30~35 分为银级认证;36~47 分为金级认证;48~64 分或更高为白金级认证。由于 LEED 的开发是由美国绿色建筑协会的会员们自发推动的,并且在使用前交给公众进行了详细的审查,这就使得 LEED 代表着建筑行业各个方面的意见,具有全面、科学、客观的特点。

8.3.2 英国 BREEAM 评价体系

英国 BREEAM(British research establishment environmental assessment methodology, BREEAM)评价体系是英国建筑研究院于 1990 年发布的,是世界上第一个建筑环境性能评价系统,也是国际上应用最为广泛的建筑环境性能评价工具之一。BREEAM 首先将建筑对环境的影响分为对室内环境的影响、对区域环境的影响和对全球环境的影响三类;然后,根据一定的基准分别对被评价建筑的管理、健康和舒适、能源、交通、用水量、原材料、土地使用、对生态环境的影响等 9 个方面的情况进行评价,给出分数;最后,BREEAM 将上述 9 个方面的得分进行综合,得出一个总的评价结果，并根据这个评价结果分别授予被评价建筑“一般、好、很好、优秀”等不同的分级。

8.3.3 澳大利亚 NABERS 评价体系

澳大利亚 NABERS(national Australian building environmental rating system，NABERS)评价体系的目标是通过对建筑环境性能的评价来确保澳大利亚的建筑能够朝着可持续的方向发展。NABERS 认为，在对建筑环境性能进行评价时，不仅要考虑建筑自身对环境的影响，而且还要考虑为建筑服务的其他一些基本要素，如原材料加工对环境的影响，如 NABERS 在进行建筑能耗计算时详细地考虑了建筑的内含能(embodied energy)，即建筑材料加工运输过程中消耗的能量。

8.3.4 加拿大 GBC 评价体系

GBC 评价体系是由国际组织绿色建筑挑战协会(green building challenge，GBC)采用国际合作的方法开发的一个建筑环境性能评价系统，加拿大采用这个评价系统。GBC 是一个由 20 多个国家的科学家组成的国际合作组织，其主要目标是提高建筑环境评价的水平，从可持续发展的角度来确定绿色建筑的含义及其建筑性能评价的内容和结构，促进建筑环境性能研究机构和建筑行业间的信息交换，并提供对建筑环境性能进行评价的示范工程。

GBC 评价体系只为各国的建筑环境性能评价提供一个框架，在具体的应用中，参与的国家可以选择将多个合作伙伴的方案集成起来，也可以选择根据 GBC 建筑环境性能评价系统提供的框架来制订自己的评价系统，GBC 2000 采用定性和定量的评价依据相结合的方法，其评价操作系统称为 GBTool，这是一套可以被调整适合不同国家、地区和建筑类型特征的软件系统，每个国家都可以根据本国的具体情况对系统中设置的一些参数进行调整。GBTool 采用的也是评分制。

8.3.5 其他国家的绿色建筑评价体系

目前，许多国家都在绿色建筑评价领域开发了自己的评价体系。例如：荷兰的 Eco-Quantum、德国的 ECO—PRO、法国的 EQUER、日本的 CASBEE 等，各自都有不同的特点。由于受到知识和技术的制约，各国对于建筑和环境的关系认识还不完全，评价体系也存在着一些局限性。概括而言：一是某些评价因素的简单化，毫无疑问，建筑环境影响是一个高度复杂的系统工程，特别是针对社会和文化方面的因素，其评价指标难以确定，量化更是不易，目前一些评价仅从技术的角度入手，回避了此类问题；二是各种因素的权值确定问题，即对于可以量化的指标，其评分的分值占总分值的比例是否与其对建筑影响的重要性相符。尽管 BREEAM、GBC 等系统已经使用有关机构制定出的权值系数，但对这一问题还需要进行审慎的研究。此外，还有如何运用评价结果促进建筑环境性能的改善，如何保证评价的客观性和公平性等问题都需要考虑。

8.3.6 我国的绿色建筑评价体系

我国绿色建筑的建设还处于初期研究阶段。2001 年，全国工商联房地产商会组织编写出版了一套比较客观、科学的绿色生态住宅评价体系——《中国生态住宅技术评估手册》，其指标体系主要参考了美国能源及环境设计先导计划(LEED 2.0)，同时融合了我国《国家康居示范工程建设技术要点》等法规的有关内容。2006 年，建设部正式公布了《绿色建筑评价标准》(征求意见稿)，这是我国第一个国家标准的绿色建筑评价体系。为了促进绿色建筑发展,规范绿色建筑活动,节约资源,提高人居环境质量,推动新型城镇化建设,根据《中华人民共和国建筑法》以及国家绿色建筑相关规定,2015 年 3 月 27 日江苏省第十二届人民代表大会常务委员会第十五次会议通过了《江苏省绿色建筑发展条例》,并于 2015 年 7 月 1 日起施行。这些标准和体系标志着我国在该方面的实践向前迈出了一大步。当然,绿色建筑评估是一个跨学科的、综合性的研究课题,为进一步建立我国完整的绿色建筑评价体系及评估方法,还需要借鉴国外的先进经验,进行更加深入有效的探索。

8.4 供暖系统

8.4.1 供暖系统分类与组成

(1)系统分类

供暖(也称采暖)就是为了创造适宜的生活或工作条件,用人工的方法保持一定的室内温度的技术。供暖系统主要由热源、热媒输配和散热设备三个部分组成。根据这三个主要组成部分的相互位置关系,供暖系统可分为局部供暖系统和集中供暖系统。其主要组成部分在构造上都在一起,仅为设施所在的局部区域供暖的供暖系统,称为局部供暖系统,如烟气供暖(火炉、火墙和火炕等)、电热供暖等。集中式供暖系统是指热源和散热设备分别设置,用热媒管道连接,由热源向各个房间或各个建筑物供给热量的供暖系统。

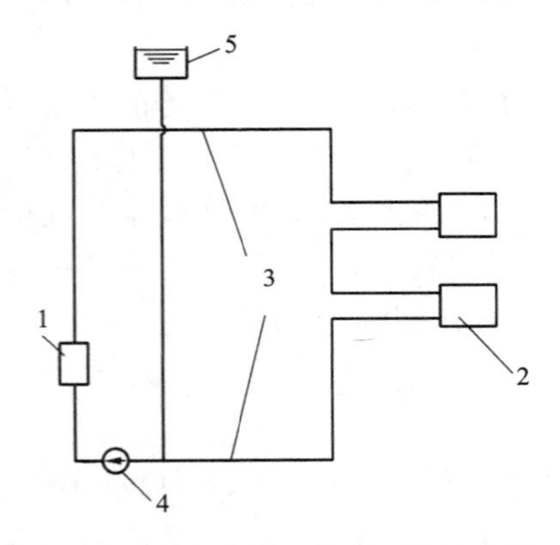

图 8-2 集中式热水供暖系统示意图

1—热水锅炉;2—散热器;3—回水管;4—循环水泵;5—膨胀水箱

图 8-2 所示为集中式热水供暖系统。热水锅炉 1 与散热器 2 分别设置,通过供水管和回水管 3 相连接,循环水泵 4 驱使热水在管道及锅炉内循环,膨胀水箱 5 用于容纳供暖系统温度变化时的膨胀水量,并使系统保持一定的压力和具有排除系统中空气的能力。该系统可以向单幢建筑物供暖,也可以向多幢建筑物供暖。对一个或几个小区多幢建筑物的集中供暖方式,在国内也称为区域供热(暖)。

(2)主要形式

自然循环热水供暖系统(见图 8-3)主要分单管系统和双管系统两种形式。图 8-4(a)为双管上供下回式系统,图 8-4(b)为单管上供下回式系统。

为了顺利地排除系统内的空气,以免形成气塞,影响水的正常循环,系统的供水干管必须有向膨胀水箱方向上升的坡向,其坡度 i 为 0.5%～1%,散热器支管的坡度不得小于 1%。为使系统顺利排气和在系统停止运行或检修时能通过回水干管顺利地排水,回水干管应有流向锅炉方向的向下坡度。

双管系统中,由于各层散热器与锅炉的高度差不同,虽然流入和流出各层散热器的供、回水温度相同(不考虑管路沿途冷却的影响),但竖向上与锅炉距离较大的作用压力大,距离小的作用压力小,即使选用不同管径,仍不能达到各层阻力平衡,将出现上下层流量分配不均、冷热不匀的现象,通常称作垂直失调。由此可见,双管系统的垂直失调,是由于通过各层的循环作用压力不同而出现的,而且楼层数越多,上下层的作用压力差值越大,垂直失调就会越严重。

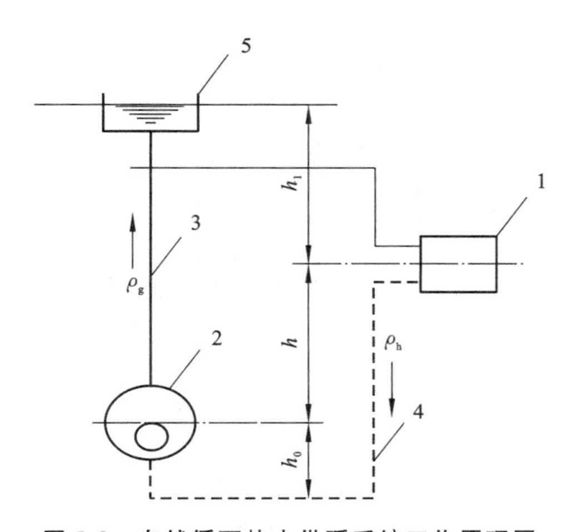

图 8-3　自然循环热水供暖系统工作原理图

1—散热器；2—热水锅炉；3—供水管路；
4—回水管路；5—膨胀水箱

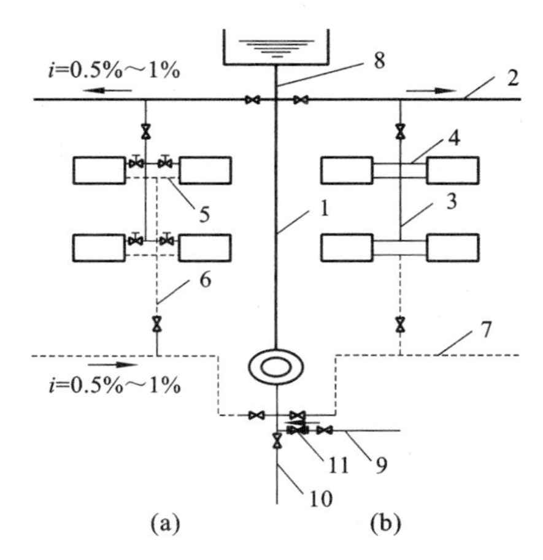

图 8-4　置力循环供暖系统

(a)双管上供下回式系统；(b)单管上供下回式系统
1—总立管；2—供水干管；3—供水立管；4—散热器供水支管；
5—散热器回水支管；6—回水立管；7—回水干管；
8—膨胀水箱连接管；9—充水管(接上水管)；
10—泄水管(接下水道)；11—止回阀

8.4.2　机械循环热水供暖系统

机械循环热水供暖系统与自然循环热水供暖系统的主要差别是机械循环系统中使用水泵强制循环。由于使用机械动力，因而供暖范围可以扩大。机械循环热水供暖系统可应用于单幢、多幢建筑热水供暖系统。

(1)机械循环上供下回式热水供暖系统

机械循环系统除膨胀水箱的连接位置与自然循环系统不同外，还增加了循环水泵和排气装置，如图 8-5 所示。

在机械循环系统中，水流速度较高，供水干管应按水流方向设上升坡度，使气泡随水流方向流动汇集到系统的最高点，从最高点的排气装置排出系统。回水干管的坡向与自然循环系统相同，坡度宜采用 0.3%。

(2)机械循环下供下回式系统

在设有地下室的建筑物，或在平屋顶建筑顶棚下难以布置供水干管的场合，常采用下供下回式系统，从而供水干管和回水干管都可敷设在底层散热器下面，如图 8-6 所示。

它与上供下回式系统相比，有如下特点：

①地下室布置供水干管，管路直接散热给地下室，无效热损失小；

②在施工中，每安装好一层散热器即可供暖，冬季施工方便；

③系统中空气的排除较困难。

下供下回式系统排除空气的方式主要有两种：通过顶层散热器的冷风阀手动分散排气或通过专设的空气管手动或自动集中排气。

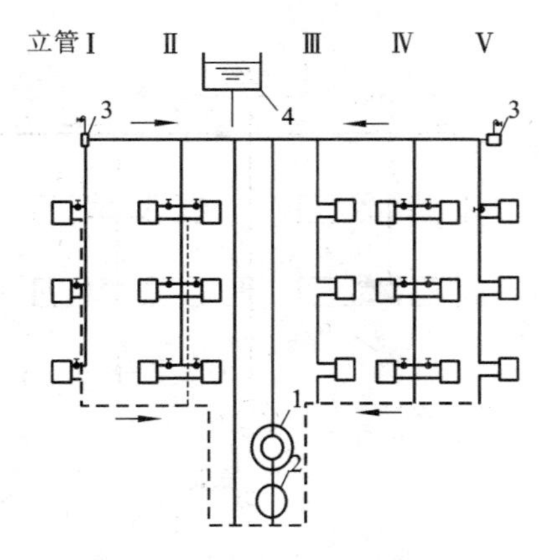

图 8-5　机械循环上供下回式热水供暖系统

1—热水锅炉;2—循环水泵;
3—集气装置;4—膨胀水箱

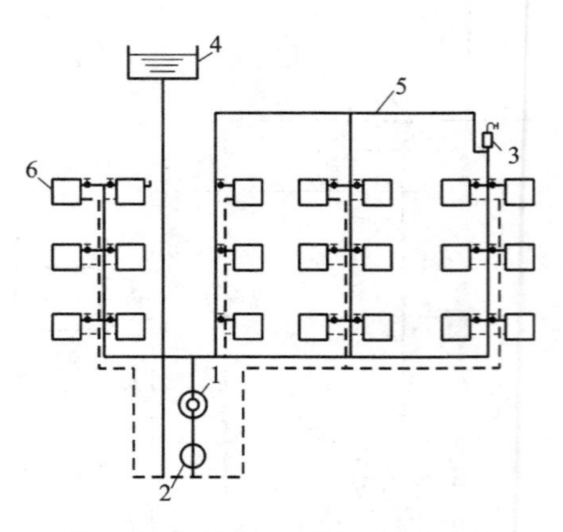

图 8-6　机械循环下供下回式系统

1—热水锅炉;2—循环水泵;3—集气罐;
4—膨胀水箱;5—空气管;6—冷风阀

(3)机械循环中供式热水供暖系统

从系统总立管引出的水平供水干管敷设在系统的中部,通常可设于建筑物的夹层内。下部系统呈上供下回式。上部系统可采用下供下回式,也可采用上供下回式,如图 8-7 所示。中供式系统可避免由于顶层梁底标高过低,致使供水干管遮挡顶层窗户的不合理布置,并弥补了上供下回式系统楼层过多,易出现严重垂直失调的缺陷,但其上部系统要增加排气装置。

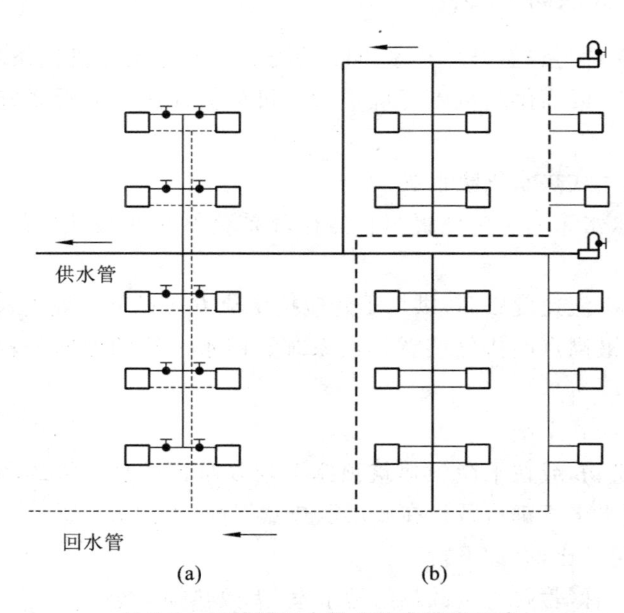

图 8-7　机械循环中供式热水供暖系统

(a)上部系统——下供下回式双管系统;(b)下部系统——上供下回式单管系统

(4)机械循环水平式系统

水平式系统按供水管与散热器的连接方式不同可分为串联式(见图 8-8)和跨越式(见图 8-9)

两类。

水平式系统的排气方式要比上供下回式系统复杂些，它需要在散热器上设置冷风阀排气。对于较小的系统，可用分散排气方式；对于散热器较多的系统，则可采用集中排气方式。

水平式系统与垂直式系统相比，具有如下优点：

①系统的总造价低；

②管路简单，无需穿过各层楼板的立管，施工方便；

③可利用最高层的辅助空间（如楼梯间、厕所等）架设膨胀水箱，不必另设专用膨胀水箱间；

④便于分层管理和调节。

(5)异程式系统与同程式系统

在供暖系统供、回水干管布置上，通过各个立管的循环管路的总长度不相等的布置形式称为异程式系统。

在机械循环系统中，由于作用半径较大，连接立管较多，异程式系统各立管循环管路长短不一，各个立管环路的压力损失较难平衡，因此会出现近处立管流量超过要求，而远处立管流量不足的现象，从而引起水平方向冷热不均，此情况称为水平失调。

为了消除或减轻系统的水平失调，可采用同程式系统。如图 8-9 所示，通过最近立管的循环环路与通过最远处立管的循环环路的总长度都相等，因而管道压力损失易于平衡，但金属消耗量要多于异程式系统，投资稍高。在较大的建筑物中，常采用同程式系统。

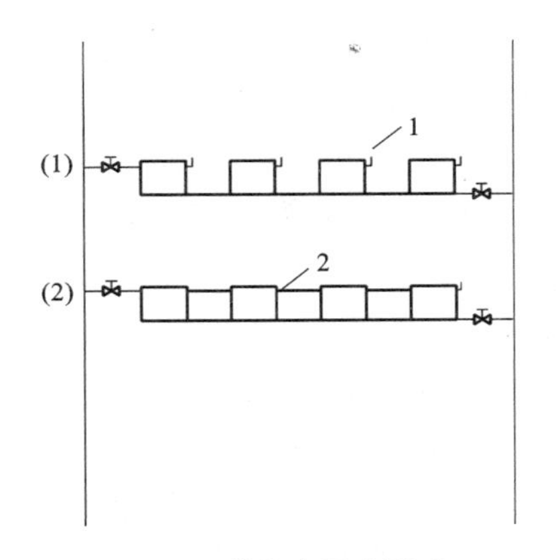

图 8-8　单管水平串联式

1—冷风阀；2—空气管

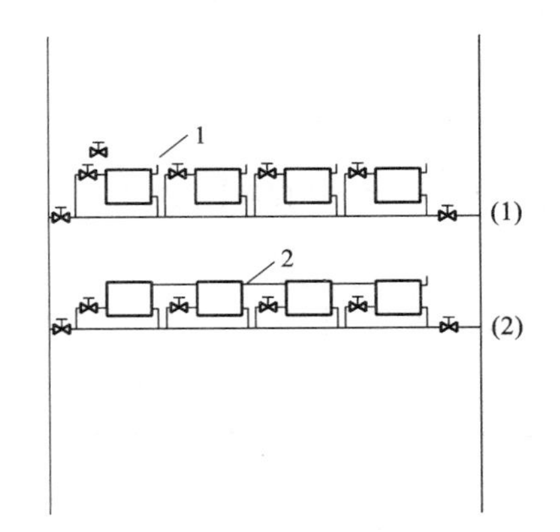

图 8-9　单管水平跨越式

1—冷风阀；2—空气管

8.5　通风

所谓通风，主要是为了保持室内的空气环境满足卫生标准和生产工艺的要求，把室内被污染的空气直接或经过净化后排至室外，同时将室外新鲜空气或经过净化后的空气补充进来。

8.5.1　自然通风概念及作用原理

自然通风是利用室外风力造成的风压，以及由室内外空气温度差和高度差产生的热压作用驱使空气流动,从而达到通风的目的。它是一种结构简单、不需要复杂装置、不消耗能量的经济通风方式。

(1)风压作用下的自然通风

室外气流与建筑物相通时将发生绕流,如图 8-10 所示。由于建筑物的阻挡,建筑物周围的空气压力将发生变化。在迎风面,空气流动受阻,速度减小,静压升高,室外压力大于室内压力。在背风面和侧面,由于空气绕流作用的影响,静压降低,室外压力小于室内压力。与远处未受干扰的气流相比,这种静压的升高或降低形成风压。静压升高,风压为正,称为正压;静压降低,风压为负,称为负压。

如图 8-11 所示,建筑物在迎风面和背风面外墙上各开一个窗孔。在迎风面,由于室外空气的静压大于室内空气的静压,室外空气从窗孔 a 流入室内;在背风面刚好相反,由于室外空气的静压小于室内空气的静压,室内空气从窗孔 b 流出室外。直到室内空气的流入量与流出量相等时,室内静压才保持为某个稳定值,空气流动才趋于稳定。

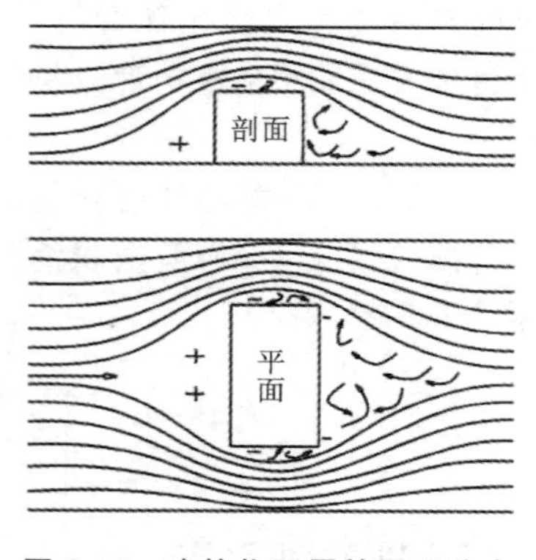

图 8-10　建筑物四周的风压分布

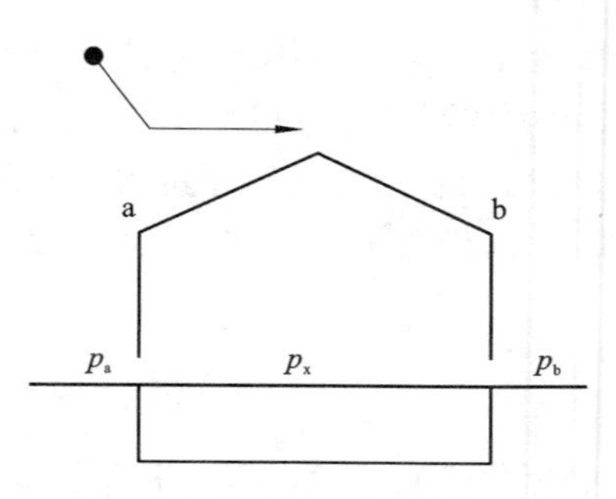

图 8-11　风压作用下的自然通风

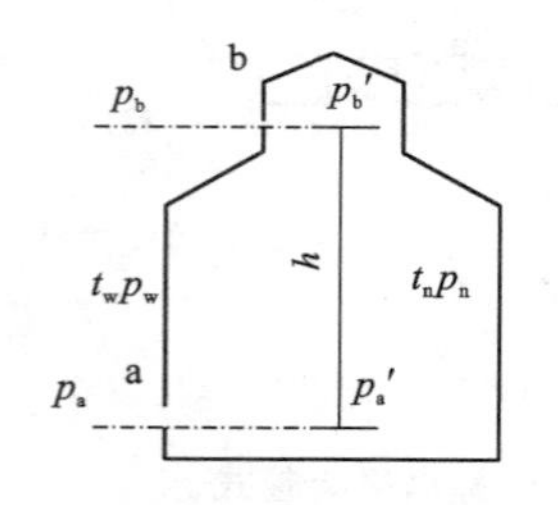

图 8-12　热压作用下的自然通风

(2)热压作用下的自然通风

如图 8-12 所示,建筑物外墙的不同高度上开有窗孔 a、b,两窗孔之间的高差为 h。在室内外空气温度不同的时候,由于室内空气温度高、密度小而向上运动,引起房屋上部静压增大,由于室内上部静压大于室外空气的静压,室内空气从窗孔 b 流向室外;热空气向上流动,造成房屋下部静压减小,室外较冷而密度较大的空气不断从窗孔 a 流入室内。直到从窗孔 a 流入室内的空气量等于从窗孔 b 排到室外的空气量时,空气流动才趋于稳定。

窗孔 a、b 两处的压力差实际上是由 $gh(\rho_w-\rho_n)$ 所造成,其大小与室内外空气的密度差 $(\rho_w-\rho_n)$ 和进、排风窗孔的高度差 h 有关,通常把 $gh(\rho_w-\rho_n)$ 称为热压。在进行自然通风的计算中,通常把外墙内外两侧的压差称为余压。余压为正,窗孔排风;余压为负,窗孔则进风。

(3)风压、热压共同作用下的自然通风

实际上,建筑物通风既有热压作用也有风压作用,建筑物围护结构各窗孔上作用的内外压差等于共同作用在其上的风压与热压之和。但是,由于室外风速、风向是经常变化的不稳定因素,为了保证自然通风的效果,在实际的自然通风设计中,通常重点考虑热压的作用,风压对自然通风效果的影响只作定性的分析。

8.5.2　自然通风设计原则

在工业建筑中，通常都是利用有组织的自然通风来改善工作区的工作条件。而自然通风效果的好坏与建筑形式、总平面布置、车间内的工艺布置以及风压和热压的作用情况等因素有关。

1)设计注意事项

①为避免有大面积的围护结构受西晒的影响，车间的长边应尽量布置成东西向，尤其是在炎热地区。

②建筑物的主要进风面应当与夏季主导风向成60°～90°，且不宜小于45°，并综合考虑避免西晒的问题。

③不宜将附属建筑物布置在迎风面一侧，为了避免风力在高大建筑物周围形成的正、负压力区影响与其相邻低矮建筑的自然通风，建筑之间应当留有一定的间距。

④在炎热地区，如果车间内无大量的有害气体和粉尘产生，车间内部阻挡物较少，且室外气流进入车间后的速度衰减比较小时，适宜采用以穿堂风为主的自然通风。这时，建筑物迎风面和背风面外墙上的进排风窗口面积应占外墙总面积的25%以上。

2)进、排风口的设计选择

(1)进风窗

布置车间自然通风的进风窗时，根据季节不同有两种情况。夏季进风窗的下缘距室内地坪越低，对进风越有利。因此，窗下缘一般不高于1.2 m，高温车间可取0.6～0.8 m，以便室外新鲜空气可直接进入工作区。在冬季，为了防止室外冷空气直接进入工作区，进风窗的下缘距室内地坪不宜小于4 m。在气候较寒冷的地区，则宜设置上、下两排进风窗，分别供冬、夏季使用。由于夏季室内的余热量大，下部进风窗面积应当比冬季下部进风窗的面积大一些。

(2)避风天窗

采用自然通风的热车间，当有风压作用时，迎风面上部排风天窗的热压会被风压抵消一部分，使天窗两侧的压差减小。当车间的热压较小或室外风压很大时，迎风面的排风天窗会排不出风，甚至会发生倒灌现象，严重影响热车间的自然通风效果。因此，为了防止发生排风天窗的倒灌现象，并能利用风压来改善自然通风的效果，可采用避风天窗和风帽。

所谓避风天窗，是指在普通天窗附近加设挡风板或采取其他措施，以保证天窗的排风口在任何风向下都处于负压区。常见的避风天窗有矩形避风天窗和下沉式避风天窗等形式。

矩形避风天窗如图8-13所示。挡风板通常用钢板或木板等材料制作，两端应封闭，上缘应与天窗的屋檐高度相同。挡风板与天窗窗扇之间的距离为天窗高度的1.2～1.3倍，挡风板下缘与屋面之间应留有50～100 mm的间距，以便排除屋面雨水。矩形避风天窗的采光面积大，便于排风，但结构复杂，造价高。

下沉式避风天窗(见图8-14)是利用屋架本身的高差形成的部分屋面的低凹区来作为避风区的。下沉式避风天窗不需要设专门的挡风板和天窗架，造价比矩形避风天窗低，但是不便于清扫积灰和排除屋面雨水。

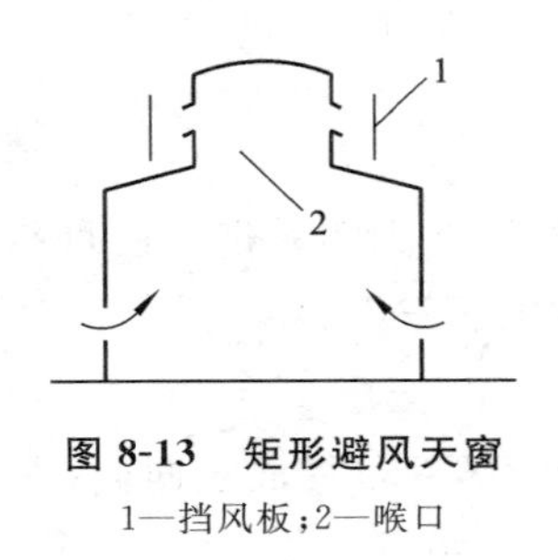

图 8-13 矩形避风天窗

1—挡风板;2—喉口

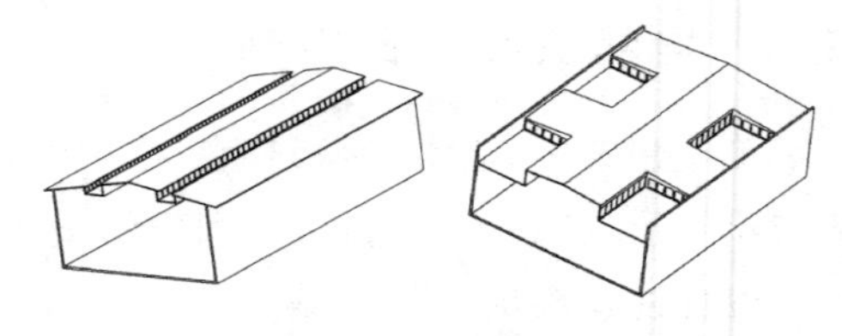

图 8-14 下沉式避风天窗

(3)避风风帽

避风风帽是一种在自然通风房间的排风口处,利用风力造成的抽力来加强排风能力的装置,其结构如图 8-15 所示。避风风帽是在普通风帽的周围增设一圈挡风圈,类似避风天窗挡风板的作用,利用室外气流吹过风帽时在排风口周围所形成的负压区,来防止室外空气倒灌,同时负压的抽吸作用可增强房间的通风换气能力。此外,风帽还具有防止雨水和污物进入风道或室内的作用。

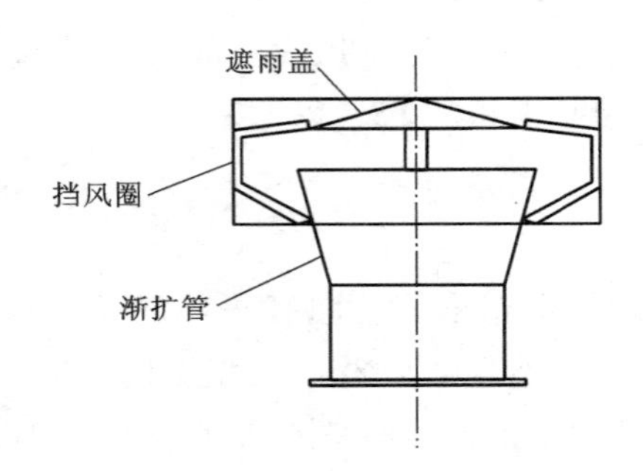

图 8-15 避风风帽构造示意图

8.5.3 机械通风概念与分类

机械通风是主要依靠风机提供的动力强制性地进行室内外空气交换的通风方式,一般被用于对通风要求较高的场合。与自然通风相比,机械通风的作用范围和作用压力比较大,可采用风道把新鲜空气送到需要的地点或把室内指定地点被污染的空气排到室外。机械通风的通风量和通风效果可人为地加以控制,不受自然条件的影响。但是,机械通风需要配置风机、风道、阀门以及各种空气净化处理设备,需要消耗能量,结构也较复杂,初投资和运行费用较大,并需专人维护管理。机械通风系统根据其作用范围的大小,可分为全面通风和局部通风两种类型。

全面通风是对整个房间进行通风换气,把室内被污染的污浊空气直接或经过净化处理后排放到室外大气中去,同时送入新鲜空气稀释整个房间里的有害物浓度,使其在卫生标准的允许浓度以下。

1)系统形式

全面通风分为全面排风和全面送风。

(1)全面排风与自然进风相结合

如图 8-16 所示,该系统主要是利用风机作用将室内污浊空气通过排风口和排风管道排到室外,而室内由于排风机的抽吸作用造成负压,室外空气便在这种负压作用下通过外墙上的门、窗、孔洞或缝隙进入室内。这种通风方式由于室内是负压,可以防止室内空气中的有害物向邻室扩散。

(2)全面送风与自然排风相结合

如图8-17所示,这种系统是用风机经送风管和送风口将室外空气送入室内。由于室内不断地送入空气,压力升高,呈正压状态。室内空气在正压作用下,通过外墙上的门、窗、孔洞或缝隙排到室外。该通风方式可防止邻室空气中的有害物渗入,因此室内卫生条件要求较高时可采用。

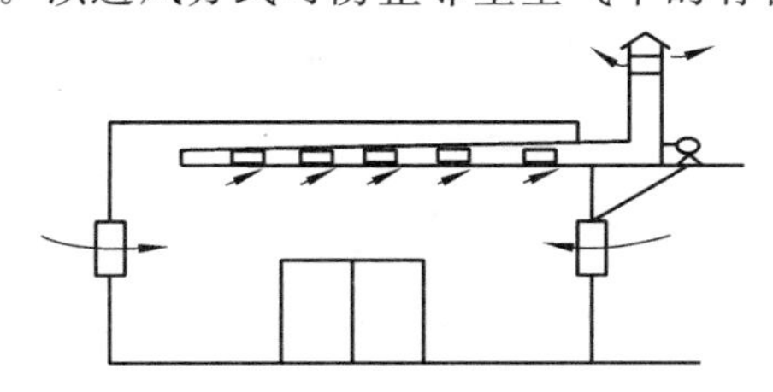

图8-16　全面机械排风、自然进风示意图

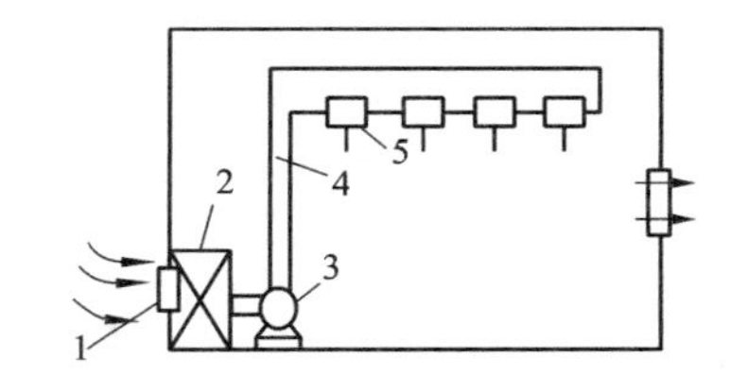

图8-17　全面机械送风、自然排风示意图

1—进风口;2—空气处理设备;3—风机;4—风道;5—送风

(3)全面机械送、排风系统

如图8-18所示,这种系统是在送风机作用下,经过空气处理设备、送风管道和送风口将室外新鲜空气送入室内,被污染的室内空气在排风机的作用下直接排至室外,或送往空气净化设备处理,达到允许的有害物浓度的排放标准后排入大气。

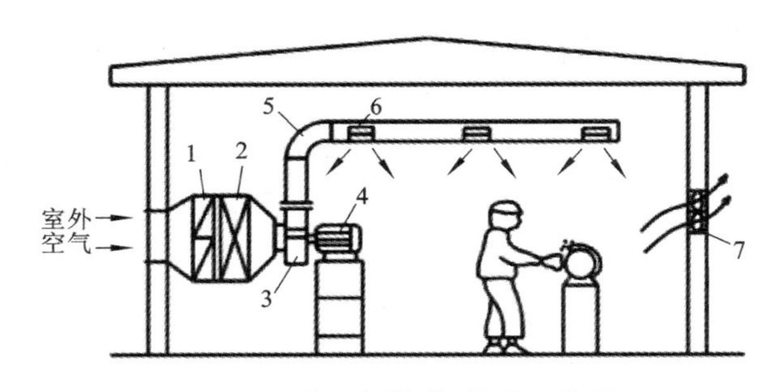

图8-18　全面机械送、排风示意图

1—空气过滤器;2—空气加热器;3—风机;4—电动机;5—风管;6—送风口;7—轴流风机

2)气流组织

全面通风的通风效果与所采用的通风系统的形式和通风房间的气流组织形式有关,因此只有合理地选择送、排风口的形式、位置和设置数量,才能获得满意的通风效果。图8-19中是几种全面通风房间气流组织的布置形式。

为了使室外新鲜空气在最短的时间内到达工作地点,减少在途中被污染的可能性,在通风房间的气流组织设计中,送风口应靠近工作区。排风口则应当布置在有害物的产生地点或有害物浓度较高的地方,以便迅速地排除被污染的空气。

排风口布置在房间的上部,送风口布置在房间的下部,适用于有害气体的密度小于空气的密度的情况;反之,在房间的上、下位置都设置排风口则适用于有害气体的密度大于空气的密度的情况。但是,当出现有害气体的温度高于周围空气的温度或车间内有上升的热气流的情况时,则不论有害气体的密度大于还是小于空气的密度,排风口都应布置在房间的上部,送风口应布置在房间的下部。

局部通风系统包括局部送风和局部排风。两者都是利用局部气流,使工作区域不受有害物的污染,以形成良好的局部工作环境。

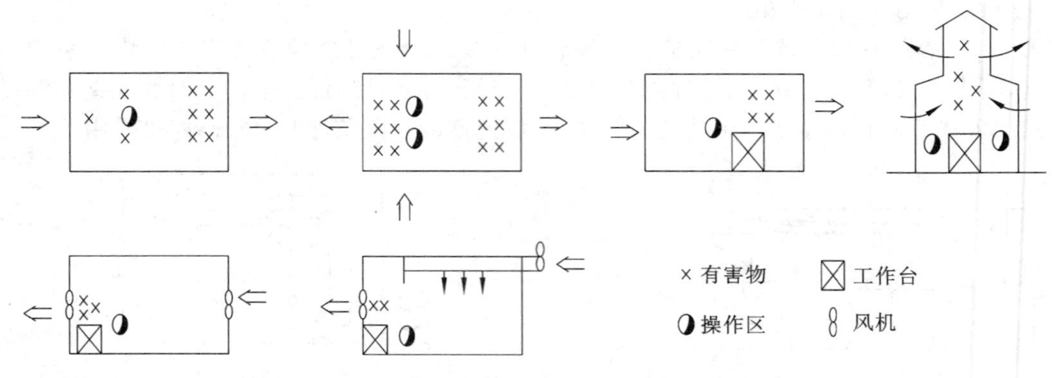

图 8-19　全面通风房间气流组织布置形式示意图

(1)局部送风

如图 8-20 所示，对于面积较大且工作人员很少的生产车间(如高温车间)，使用局部送风方法，向少数工作人员停留的地点送风，使工作区保持较好的空气环境。局部通风避免了全面通风对改善整个车间的空气环境既困难又不经济的问题。

(2)局部排风

如图 8-21 所示，局部排风是防止有害物质向四周扩散的最有效的措施，它可以把有害物质从其产生地直接收集起来，排放到室外。

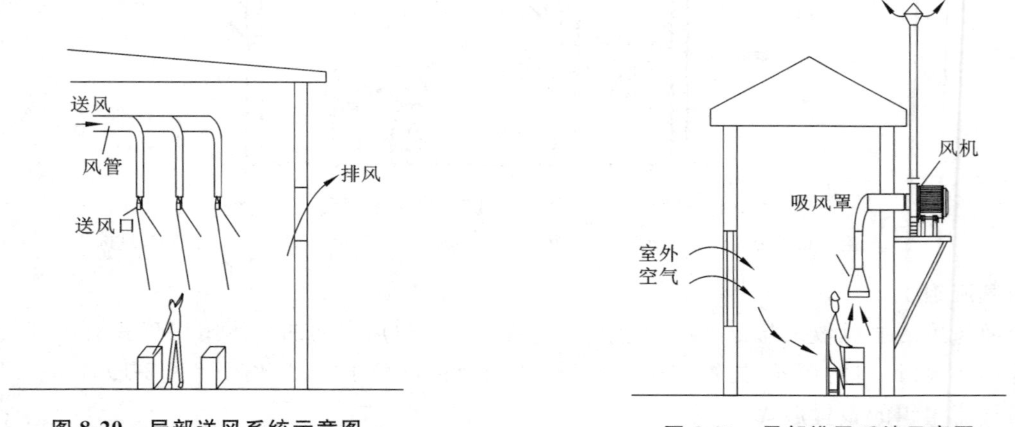

图 8-20　局部送风系统示意图

图 8-21　局部排风系统示意图

与全面通风相比，局部排风其特点是既有效地防止了有害物质污染室内环境和危害人员身体健康，也大大地减小了排除有害物质所需的通风量，是一种经济的排风方式。

8.6　空气调节

空气调节是为满足生活、生产要求，改善劳动卫生条件，用人工的方法使室内空气温度、湿度、洁净度和气流速度达到一定要求的技术。空调技术在促进国民经济和科学技术的发展、提高人们的物质文化生活水平等方面都起着重要的作用。

空气调节是采用技术手段把某一特定空间内部的空气环境控制在一定状态下,以满足人体舒适和工艺生产过程的要求。控制的内容包括空气的温度、湿度、空气流动速度及洁净度等。现代技术发展有时还要求对空气的压力、成分、气味及噪声等进行调节与控制。所以,采用技术手段创造并保持满足一定要求的空气环境是空气调节的任务。

众所周知,对这些参数产生干扰的来源主要有两个:一是室外气温变化、太阳辐射及外部空气中有害物的干扰;二是内部空间的人员、设备与生产过程所产生的热和湿及其他有害物的干扰。因此,需要采用人工的方法消除室内的余热、余湿,或补充不足的热量与湿量,清除室内的有害物,保证室内新鲜空气的含量。

一般把为生产或科学实验过程服务的空调称为"工艺性空调",把保证人体舒适的空调称为"舒适性空调",而工艺性空调往往同时需要满足人员的舒适性要求,因此两者又是相互关联的。舒适性空调的作用是为人们的工作和生活提供一个舒适的环境,目前已普遍应用于公共与民用建筑中,如会议室、图书馆、办公楼、商业中心、酒店和部分民用住宅。交通工具如汽车、火车、飞机、轮船等,其空调的装备率也在逐步提高。

对于现代化生产来说,工艺性空调更是不可缺少。工艺性空调一般对新鲜空气量没有特殊要求,但对温度、湿度、洁净度的要求比舒适性空调高。在这些工业生产过程中,为避免元器件由于温度变化产生胀缩及湿度过大引起表面锈蚀,一般严格规定了温度、湿度的偏差范围,如温度不超过±0.1 ℃,湿度不超过±5%。在电子工业中,不仅要保证一定的温度、湿度,还要保证空气的洁净度。制药行业、食品行业及医院的病房、手术室则不仅要求一定的空气温度、湿度,还需要控制空气洁净度和含菌数。

现代农业的发展也与空调密切相关,如大型温室、禽畜养殖、粮食贮存等都需要对内部空气环境进行调节。另外,在宇航、核能、地下设施及军事领域,空气调节也都发挥着重要作用。因此可以说,现代化发展需要空气调节,空气调节技术的提高与发展则依赖于现代化。

8.6.1　空气调节的基本参数

不同使用目的的空调房间的参数控制指标是不同的。大多数空调系统主要是控制空气的温度和相对湿度,常用空调基数和空调精度来表示空调房间对设计的要求。

①空调基数:也称空调基准温湿度,指根据生产工艺或人体舒适性要求所指定的空气温度和相对湿度。

②空调精度:指空调区域内生产工艺和人体舒适要求所允许的温度、湿度偏差值。例如,$t_n=(20\pm1)$℃,$\varphi_n=60\%\pm5\%$,表示空调区域内基准温度为 20 ℃,基准湿度为 60%,空调温度的允许波动范围是±1 ℃,湿度的允许波动范围为±5%。

需要将温度和相对湿度严格控制在一定范围内的空调,称为恒温恒湿空调。《采暖通风与空气调节设计规范》(GB 50019—2003)对舒适性空调的室内参数作了总的规定:

①冬季温度应采用 18~22 ℃,相对湿度应采用 40%~60%,风速不应大于 0.2m/s;

②夏季温度应采用 24~28 ℃,相对湿度应采用 40%~65%,风速不应大于 0.3m/s。

对于具体的民用建筑,我国城乡与住房建设部、卫生部、国家旅游局等有关部门均制定了具体的室内参数设计指标。

8.6.2 空调系统的基本组成部分

空调系统由空气处理设备、空气输送管道、空气分配装置、电气控制部分及冷、热源等部分组成。室外新鲜空气(新风)和来自空调房间的部分循环空气(回风)进入空气处理室,经混合后进行过滤、除尘、冷却和减湿(夏季)或加热、加湿(冬季)等各种处理,以达到符合空调房间要求的送风状态,再由风机、风道、空气分配装置送入各空调房间。送入室内的空气经过吸热、吸湿或散热、散湿后再经风机、风道排至室外,或由回风风道和风机吸收一部分回风循环使用,以节约能量。

8.6.3 空调系统的分类

1)根据空调系统空气处理设备的集中程度分类

(1)集中式空调系统

集中式空调系统将各种空气处理设备(冷却或加热器、加湿器、过滤器等)以及风机都集中设置在一个专用的空调机房里,以便集中管理。空气经集中处理后,再用风管分送给各处空调房间,如图8-22所示。

这种系统设备集中布置,集中调节和控制,使用寿命长,并可以严格地控制室内空气的温度和相对湿度,因此适用于房间面积大或多层、多室,热、湿负荷变化情况类似,新风量变化大以及空调房间温度、湿度、洁净度、噪声、振动等要求严格的建筑物空调。例如用于商场、礼堂、舞厅等舒适性空调和恒温恒湿、净化等空调。集中式空调系统的主要缺点是系统送、回风管复杂,截面大,占据的吊顶空间大。

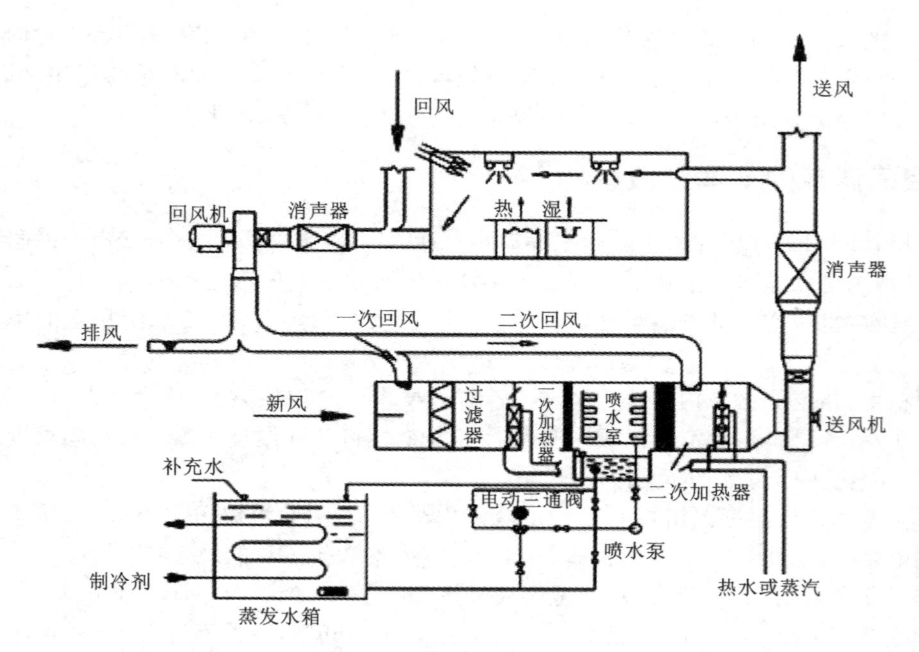

图 8-22 集中式空调系统

(2)分散式空调系统

分散式空调系统又称“局部式空调系统”或“房间空调机组”。它是利用空调机组直接在空调房间内或其邻近地点就地处理空气的一种局部空调的方式，如图 8-23 所示。

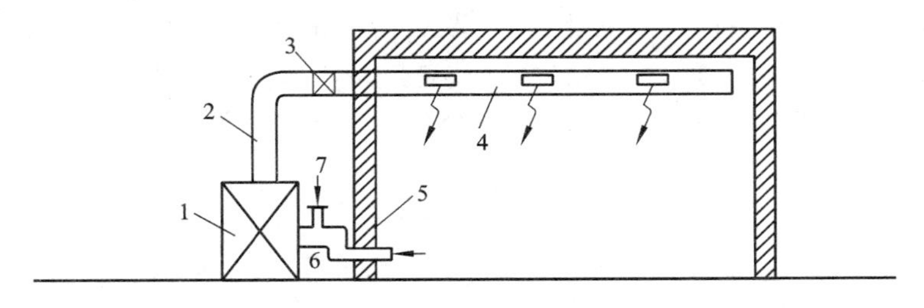

图 8-23　分散式空调

1—空调机组；2—送风管道；3—电加热器；4—送风口；5—回风口；6—回风管道；7—新风入口

空调机组是将冷源、热源、空气处理、风机和启动控制等设备组装在一个或两个箱体内的定型设备。这种系统一般不需要专门设置空调机房。由于机组结构紧凑、体积小、安装方便、使用灵活且不需要专人管理等，因此广泛用于面积小、房间分散的中小型空调工程，例如住宅，办公家，小型恒温、恒湿房间。

半集中式空调系统又称“半分散式系统”。它除了有集中的空调机房外，尚有分散在各空调房间内的二次处理设备(又称“末端设备”)。其中也包括集中处理新风，经诱导器送入室内的系统，称为诱导式空调系统，还包括设置冷、热交换器(亦称“二次盘管”)的系统，称为风机盘管空调系统。

半集中式空调系统的工作原理，就是借助风机盘管机组不断地循环室内空气，使之通过盘管而被冷却或加热，以保持房间要求的温度和一定的相对湿度。盘管使用的冷水或热水，由集中冷源和热源供应。与此同时，由新风空调机房集中处理后的新风，通过专门的新风管道分别送入各空调房间，以满足空调房间的卫生要求。

这种系统与集中式系统相比，没有大风道，只有水管和较小的新风管，具有布置和安装方便、占用建筑空间小、单独调节等优点，广泛用于温度、湿度精度要求不高，房间数多，房间较小，需要单独控制的舒适性空调中，如办公楼、宾馆、商住楼等。

2)根据负担室内热(冷)、湿负荷所用的介质分类

(1)全空气系统

全空气系统(见图 8-24(a))是指空调房间的热(冷)、湿负荷全部由经过处理的空气来负担的空调系统。由于空气的比热较小，需要用较多的空气量才能达到消除余热、余湿的目的。因此，要求有较大断面的风道或较高的风速。定风量或变风量的单风道或双风道空调系统和全空气诱导空调系统均属于此类。

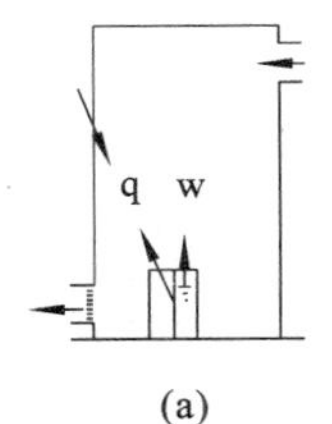

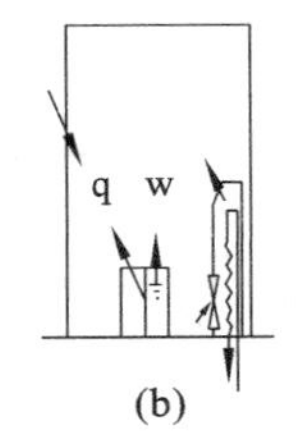

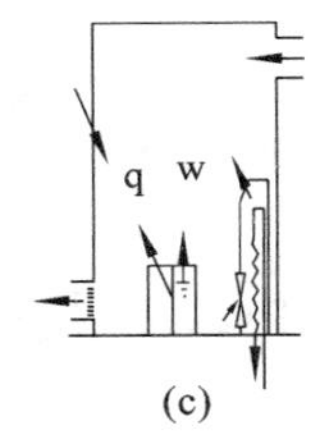

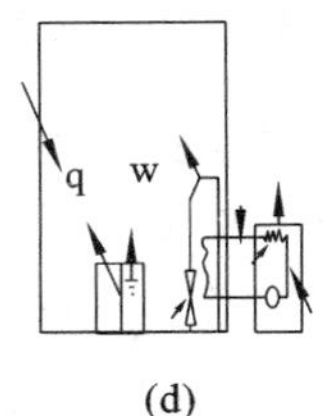

图 8-24　采用各种介质的空调系统

(a)全空气系统；(b)全水系统；(c)空气—水系统；(d)制冷剂系统

(2)全水系统

全水系统(见图 8-24(b))空调房间的热(冷)、湿负荷由水作为冷热介质。由于水的比热比空气大得多,所以在相同条件下只需较小的水量,从而使管道所占的空间减少许多。由水来消除余热、余湿,但不能解决房间的通风换气问题,故通常不单独使用。不带新风供给的风机盘管系统属于这种系统。

(3)空气—水系统

随着空调装置的日益广泛使用,大型建筑物设置空调的场合越来越多,全靠空气来负担热、湿负荷将占用较多的建筑物空间。因此,在全空气系统基础上发展使用空气和水来负担空调的室内负荷(见图 8-24(c))。这样,既节省了建筑空间,又保证了室内的通风换气,诱导空调系统和带新风的风机盘管系统就属这种形式。

(4)制冷剂系统

制冷剂系统(见图 8-24(d))又称"直接蒸发式系统"。将制冷剂系统的蒸发器直接放在室内吸收余热、余湿。这种方式通常用于分散安装的局部空调机组,但由于制冷剂管道不便于长距离输送,因此,这种系统不宜作为集中式空调系统来使用。

3)根据集中式空调系统处理的空气来源的不同分类

(1)封闭式系统(全回风)

封闭式系统所处理的空气全部为空调房间的再循环空气,因此,房间和空气处理设备之间形成了一个封闭环路。封闭式系统用于密闭空间且无法或不需采用室外空气的场合。这种系统冷、热消耗最省,但卫生条件差,用于战时的地下庇护所等战备工程,以及很少有人进出的仓库。

(2)直流式系统(全新风)

直流式系统所处理的空气全部来自室外,室外空气经处理后进入室内,室内空气全部排出室外。与封闭式系统相比,直流式系统冷、热消耗量大,运转费用高。为了节能,可以考虑在排风系统设置热回收装置。这种系统适用于不允许采用回风的场合,如进行放射性实验以及散发大量有害物的车间等。

(3)混合式系统

根据上述两种系统的特点,两者都只能在特定的情况下使用。对于绝大多数场合,往往需要综合这两者的利弊,采用混合一部分回风的系统。这种混合式系统,既能满足卫生要求,又经济合理,因此应用最广泛。

8.6.4 空调系统的选择依据

根据建筑物的用途、规模、使用特点、室外气候条件、负荷变化情况和参数要求等因素,通过技术经济比较来选择空调系统。

①建筑物内负荷特性相差较大的内区与周边区,以及同一时间内须分别进行加热和冷却的房间,宜分区设置空气调节系统。

②空气调节房间较多,且各房间要求单独调节的建筑物,条件许可时,宜采用风机盘管加新风系统。

③空气调节房间总面积不大或建筑物中仅个别或少数房间有空气调节要求时,宜采用集中式房

间空调机组。

④空气调节单个房间面积较大，或虽然单个房间面积不大，但各房间的使用时间、参数要求、负荷条件相近，或空调房间温度、湿度要求较高且条件许可时，宜采用全空气集中式系统。

⑤要求全年空气调节的房间，当技术经济指标比较合理时，宜采用热泵式空气调节机组。

在满足工艺要求的条件下，应尽量减少空调房间的空调面积和散热、散湿设备。当采用局部空气调节或局部区域性空气调节能满足使用要求时，不应采用全空气空调。

【本章要点】

①建筑室内环境是实现建筑功能的前提条件。建筑室内环境主要包括室内热湿环境、室内空气品质、室内声环境和室内光环境。建筑室内环境的控制与调节消耗大量的能源，是能源消费结构中的重要组成部分，采用先进的建筑设计理念和方法是实现建筑节能的重要技术手段。

②建筑节能主要包括建筑围护结构节能和建筑设备节能。建筑围护结构节能主要通过建筑材料、建筑布局、建筑风格等方面的合理设计而实现的被动节能技术；建筑设备节能是在合理的建筑设计下，通过优化建筑室内环境参数设定，建筑设备合理选型及优化运行等主动方式进行节能。

③供暖系统主要由热源、热媒输配和散热设备三部分组成，根据其构成的相互位置关系可分为局部供暖系统和集中供暖系统；根据热媒输配循环方式可分为自然循环系统和机械循环系统。

④通风是改善建筑室内环境的重要技术手段之一，按其循环动力划分为自然通风和机械通风。自然通风效果与建筑布局及建筑结构特征有密切关系，是不消耗能量的通风方式；机械通风是当自然通风不能满足通风要求时所采用的一种消耗能量的通风方式，其通风效果受建筑布局和建筑结构影响较小。

⑤空气调节是采用人工的方法使建筑室内空气温度、湿度、洁净度和气流速度达到一定要求的技术，其系统由空气处理设备、空气输送管道、空气分配装置、电器控制和冷、热源等组成，按系统集中程度可划分为集中式空调系统和分散式空调系统；根据承担室内热湿负荷介质可划分为全空气系统、全水系统、空气一水系统和制冷剂系统。

【思考与练习】

8-1　什么是建筑室内环境？

8-2　建筑室内环境与建筑材料、建筑布局、建筑结构和建筑风格有哪些关系？

8-3　供暖系统主要包括哪些部分？其系统的划分依据及种类有哪些？

8-4　通风系统的分类是什么？将通风与建筑二者有机结合应考虑哪些因素？

8-5　简述什么是空调调节及其系统构成。

8-6　空调系统的种类及其划分依据是什么？

第9章　港口与海洋工程

9.1　港口工程概述

港口是具有水陆联运设备和条件，供船舶安全进出和停泊的运输枢纽。它包括：①陆域部分，包含供货物装卸、堆存、转运和旅客集散的陆地设施；②水域部分，包含进港航道、锚泊地和港池。

码头是陆域的主要组成部分，如图9-1所示。

9.1.1　码头的分类

码头可以按不同的方法分类。

1)按平面布置分类

码头按平面布置可分为顺岸式码头、突堤式码头、墩式码头和岛式码头等。

(1)顺岸式码头

顺岸式码头的前沿线与自然岸线大体平行，可顺码头岸线方向布置，在河港、河口港及部分中小型海港中应用较为普遍。其优点在于陆域宽阔、疏运交通布置方便，工程量较小。根据码头与岸的连接方式，可将其分为满堂式码头和引桥式码头两种，如图9-2所示。满堂式码头与场地沿码头全长连成一片，其前沿与后方的联系方便，装卸能力较强；引桥式码头用引桥将透空的顺岸码头与岸连接起来。

(2)突堤式码头

突堤式码头的前沿线与自然岸线呈较大角度。码头前沿线与自然岸线的交角一般不小于45°和不大于135°。如采用斜交布置，锐角一带岸线较难利用，角度愈小岸线利用率愈低。其优点是占用自然岸线少，布置紧凑，在一定的水域范围内可建较多的泊位，而且使整个港区布置紧凑，便于集中管理。缺点是突堤宽度往往有限，每个泊位的平均面积较小，作业不方便。按码头宽度，可将其分为窄突堤码头和宽突堤码头两种，如图9-3所示。窄突堤码头沿宽度方向是一个整体结构，宽突堤码头沿宽度方向的两侧为码头结构，中间用填土构成码头地面。货运量较大的件杂货码头，一般宜用宽突堤；用管道输送的油码头等，则用窄突堤。在河口区，由于突堤的突出，破坏了原有的水流流态，易引起淤积，且过多地占用河道宽度，还会影响通航，故突堤式码头广泛应用于海港。

(3)墩式码头

墩式码头为非连续结构，由靠船墩、系船墩、工作平台墩、引桥、人行桥组成，如图9-4所示。墩台与陆岸用引桥连接，墩台之间用人行桥连接，船舶的系、靠由系船墩和靠船墩承担，装卸作业在另设的工作平台墩上进行。也有墩式码头不设工作平台墩，墩子既是系靠船设施，又在其上设置装卸机械进行装卸作业。

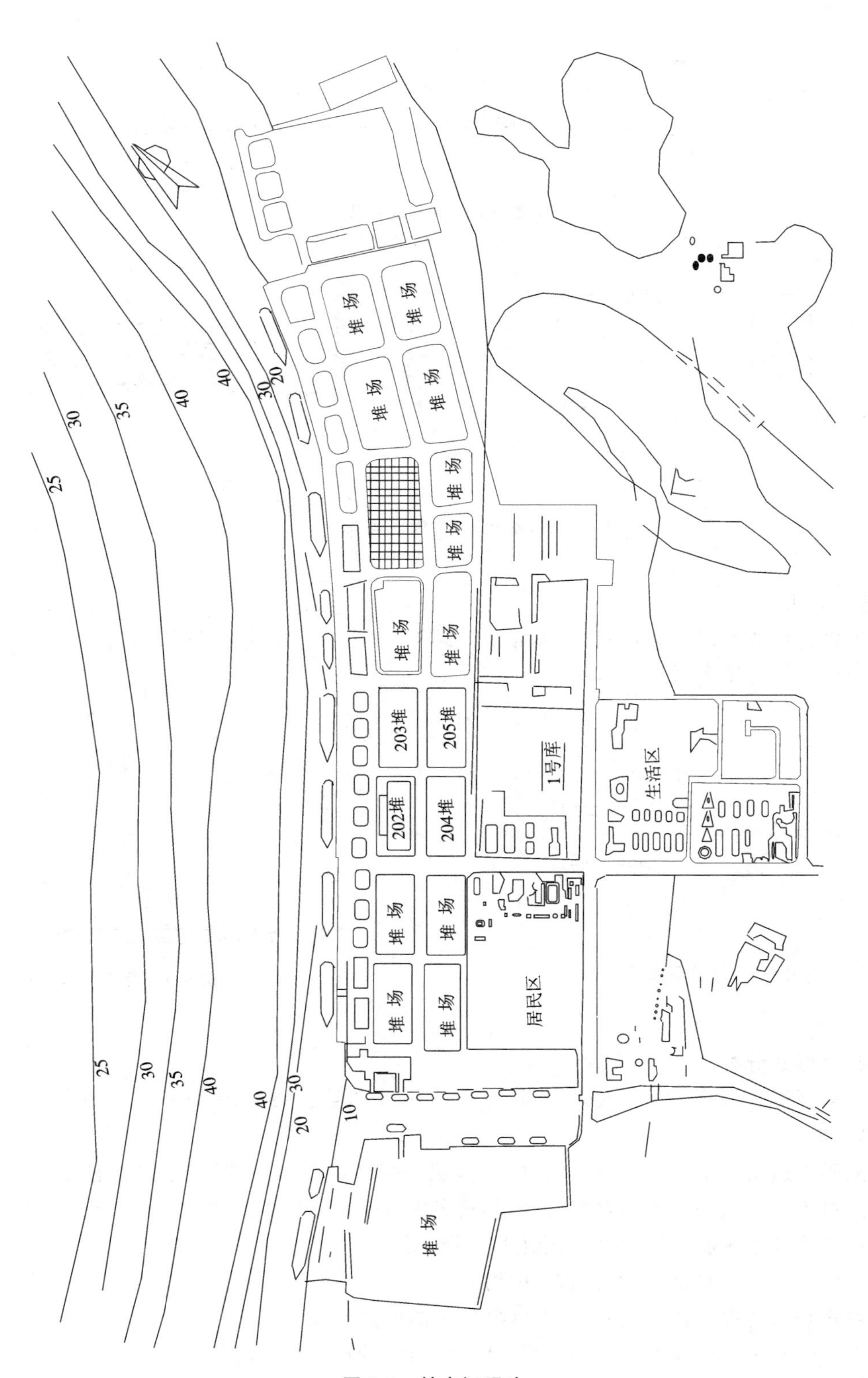

图 9-1　某内河码头

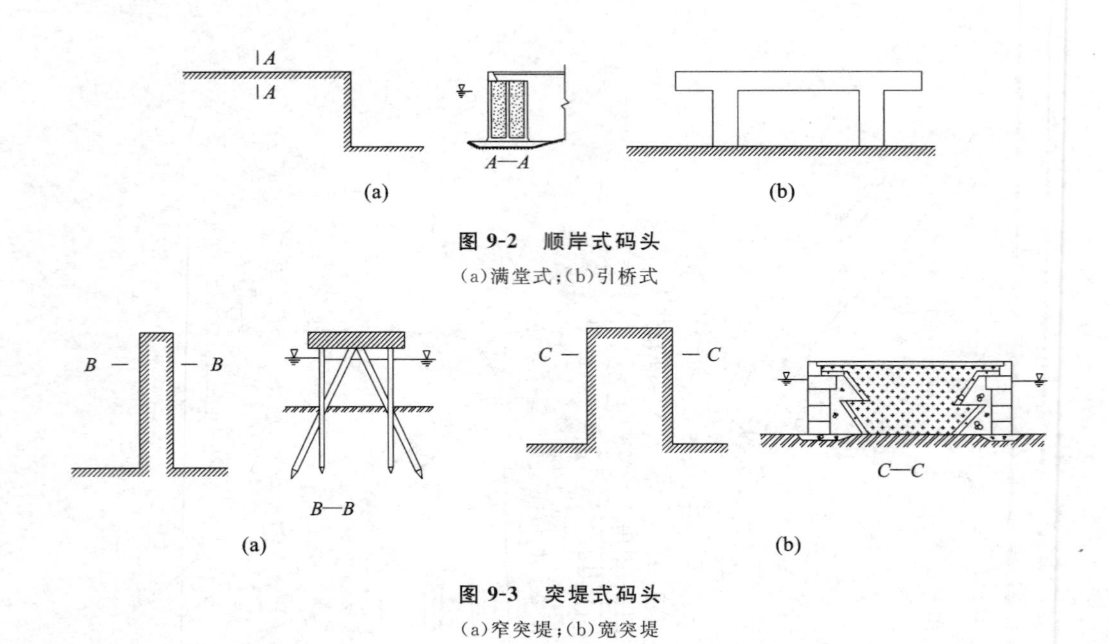

图 9-2 顺岸式码头
(a)满堂式;(b)引桥式

图 9-3 突堤式码头
(a)窄突堤;(b)宽突堤

(4)岛式码头

对于不设引桥的墩式码头,一般又称为岛式码头,如图 9-5 所示。多用于装卸液体(如石油),一般通过海底管线等与岸上联系。

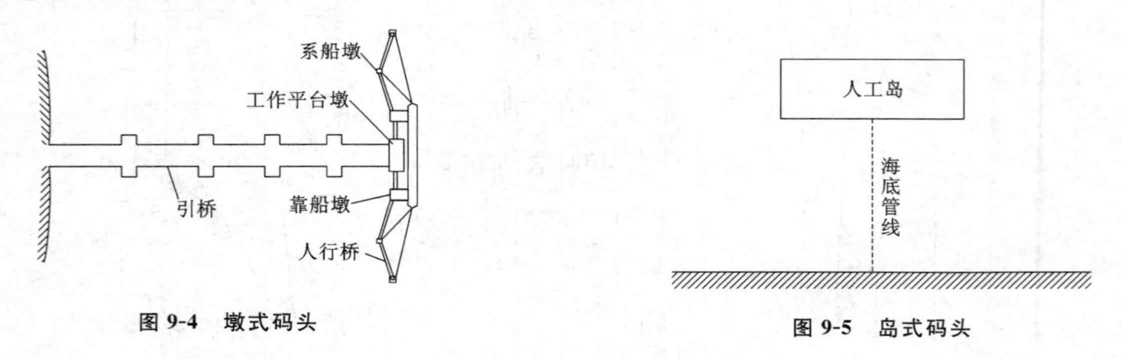

图 9-4 墩式码头

图 9-5 岛式码头

2)按断面形式分类

码头按断面形式可分为直立式码头、斜坡式码头、半斜坡式码头、半直立式码头和多级式直立码头等,如图 9-6 所示。

直立式码头适用于水位变化不大的港口,多用于海岸港和河口港,对水位差较小的河口及运河港也适用。由于直立式码头装卸效率高,因此其应用范围正逐步扩大,在水位差较大的中游河港,采用多层系缆或浮式系靠船设施的直立式码头逐渐增多。

斜坡式码头适用于水位变化大的上、中游河港或水库港。

半斜坡式码头适用于枯水期较长、洪水期较短的山区河流。

半直立式码头适用于高水位时间较长、低水位时间较短的水库港等。

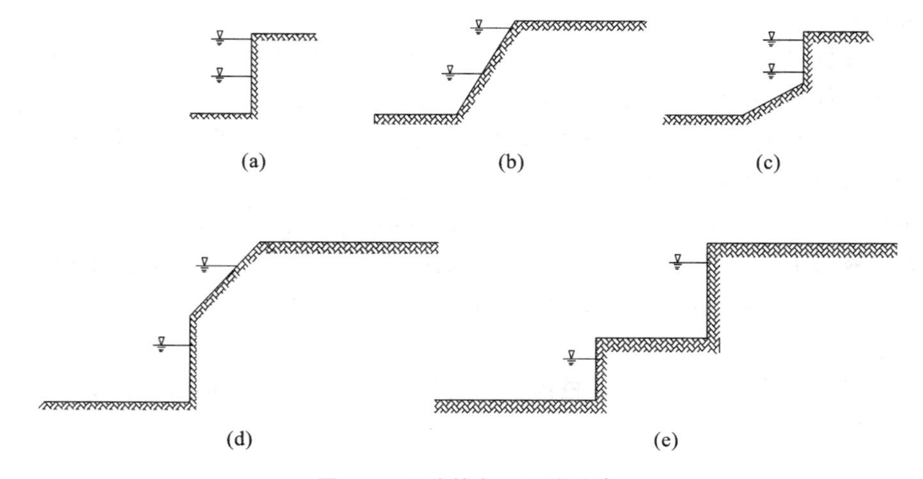

图 9-6 码头按断面形式分类

(a)直立式;(b)斜坡式;(c)半直立式;(d)半斜坡式;(e)多级式

多级式直立码头适用于在水位差大且洪水期不长的上游河港,上级码头供洪水期使用,下级码头供枯水期或一般水位时使用,而在洪水期被淹没。

3)按结构形式分类

码头按结构形式可分为重力式码头、板桩码头、高桩码头和混合式码头等。

(1)重力式码头

重力式码头是我国分布较广、使用较多的一种码头结构形式。其工作特点是依靠结构本身及其上面填料的重量来保持结构自身的抗滑移稳定性和抗倾覆稳定性。其结构坚固耐久,抗冻和抗冰性能好;能承受较大的地面荷载,对较大的集中荷载以及码头地面超载和装卸工艺变化适应性强;施工比较简单,维修费用少,是港务部门和施工单位比较欢迎的码头结构形式。缺点是对地基地质条件要求较高,易发生不均匀沉降及墙身沉降位移等,故主要用于承载力较高的地基条件。

重力式码头的结构形式主要取决于墙身结构。按墙身的施工方法,重力式码头结构可分为干地现场浇筑(或砌筑)的结构和水下安装的预制结构。后者应用较普遍,其施工工序一般包括预制墙身构件、开挖基床、抛填块石基床、基床夯实和整平、在抛石基床上安装墙身预制件、浇筑胸墙、抛填墙后块石棱体和铺设倒滤层、码头后回填、安装码头设备和铺设路面等。按墙身结构不同,重力式码头可分为方块码头、沉箱码头、扶壁码头、大圆筒码头、格形钢板桩码头、干地施工的现浇混凝土码头和浆砌石码头等。方块码头和沉箱码头在我国是常用的结构形式,我国南方一般采用扶壁码头,大圆筒码头和格形钢板桩码头是近些年来采用的两种码头形式。

(2)板桩码头

板桩码头的工作特点是依靠板桩入土部分的侧向土抗力和安设在码头上部的锚结构来维持整体稳定。除特别坚硬或过于软弱的地基外,一般均可采用。

板桩码头主要靠板桩沉入地基来维持工作。其结构简单,材料用量少,施工方便,施工速度快,主要构件可在预制厂预制,对复杂地基适应性强。缺点是由于钢板桩及拉杆易锈蚀,故其结构耐久性不如重力式码头;板桩墙为薄壁结构,抗弯能力弱,故施工过程中一般不能承受较大的波浪作用。除特别坚硬或过于软弱的地基外,一般均可采用,多用于中、小型码头。

①按板桩材料分类。

板桩码头按板桩材料可分为木板桩码头、钢筋混凝土板桩码头和钢板桩码头三种。

木板桩的强度低,耐久性差,且耗用大量木材,现已很少应用。

钢筋混凝土板桩的耐久性好、用钢量少、造价低,在板桩码头中应用较多。但钢筋混凝土板桩的强度有限,一般只适用于水深不大的中、小型码头。

钢板桩质量轻、强度高、锁口紧密、止水性好、沉桩容易,适用于水深较大的海港码头。如蛇口港某突堤东侧万吨级码头采用了拉森 VI 型钢板桩,水深 11.0 m;赤湾港 1 号泊位采用了 ESP-VIL 型钢板桩,水深 10.0 m。但钢板桩的造价较高、易锈蚀,须采取防锈措施。

②按锚碇系统分类。

板桩码头按锚碇系统可分为无锚板桩码头和有锚板桩码头,有锚板桩又可分为单锚板桩、双锚板桩和斜拉板桩等。

(3)高桩码头

高桩码头是应用广泛的主要码头形式。其工作特点是通过桩台将作用在码头上的荷载经桩基传给地基。高桩码头适宜做成透空结构,其结构轻、减弱波浪的效果好、沙石料用量省,对于挖泥超深的适应性强。高桩码头适用于可以沉桩的各种地基,特别适用于软土地基。在岩基上,如有适当厚度的覆盖层,也可采用桩基础;覆盖层较薄时可采用嵌岩桩。高桩码头的缺点是对地面超载和装卸工艺变化的适应性差,耐久性不如重力式码头和板桩码头,构件易破坏且难修复。高桩码头是目前应用广泛的主要码头形式。

①按桩材料及形式分类。

高桩码头按桩材料及形式可分为木桩、钢筋混凝土方桩、预应力钢筋混凝土桩、钢管桩、大直径管柱桩以及钻孔灌注桩。

②按平面布置分类。

高桩码头按平面布置可分为连片式、满堂式、引桥式和墩式。连片式将码头平台连成一片。满堂式是码头全长与岸相连接的形式。引桥式是将码头平台通过引桥与岸相连接的形式。墩式码头前沿仅设置靠船墩、系船墩和工作平台,各墩之间通过人行引桥连接,工作平台则通过引桥与岸连接。

③按桩台宽度和挡土结构分类。

高桩码头按桩台宽度和挡土结构可分为窄桩台码头和宽桩台码头两种。前者设有较高的挡土结构,后者无挡土结构或设有较矮的挡土结构。

④按上部结构分类。

高桩码头按上部结构一般可分为板梁式高桩码头、桁架式高桩码头、无梁板式码头和承台式码头等。

a. 板梁式高桩码头。

板梁式码头上部主要由面板、纵梁、横梁、桩帽和靠船构件组成。板梁式码头各个构件受力明确、合理。它能采用预应力结构,提高了构件的抗裂性能;横向排架间距大,桩的承载力能充分发挥,比较节省材料;装配程度高,结构高度比桁架小,施工迅速,造价较低。它一般适用于水位差不大、荷载较大且较复杂的大型码头(见图 9-7),在上海、天津和湛江等地得到广泛应用。

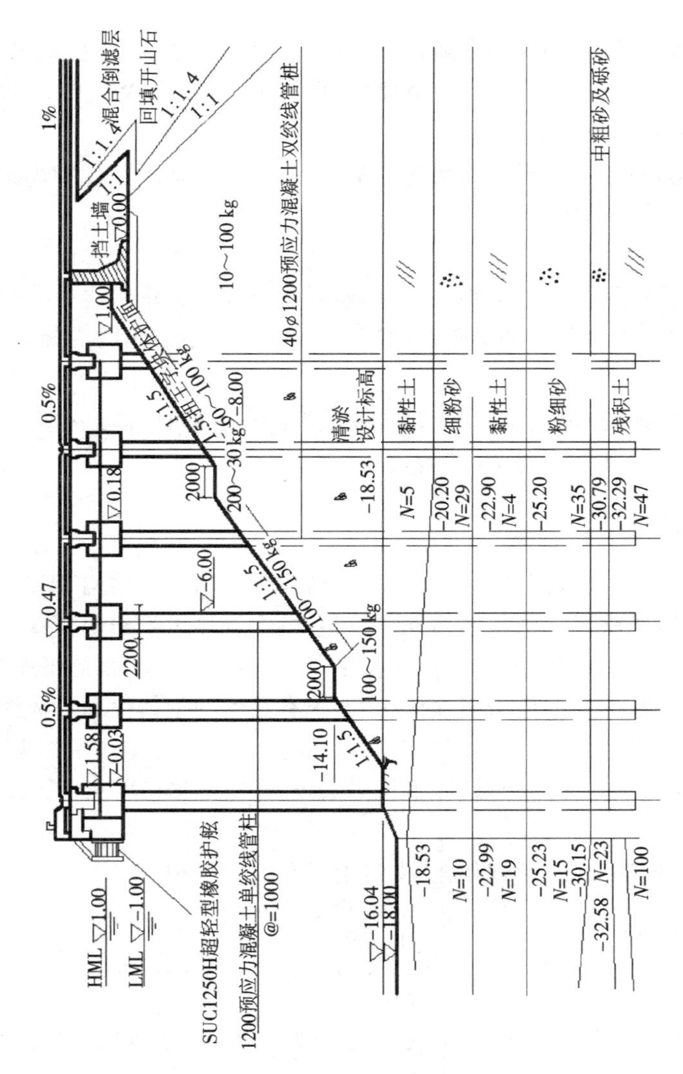

图 9-7　板梁式高桩码头

b. 桁架式（又称框架式）高桩码头。

桁架式高桩码头上部结构主要由面板、纵梁、桁架和水平连杆组成。桁架式码头整体性好、刚度大，曾是普遍采用的一种结构形式，但由于施工比较麻烦，造价也较高，所以在水位差别不大的海岸港和河口港中逐渐被板梁式高桩码头所代替。

c. 无梁板式高桩码头。

上部结构主要由面板、桩帽和靠船构件组成，面板直接支承在桩帽上，其结构简单，施工迅速，造价低。面板为双向受力构件，采用双向预应力有困难；面板位置高，使靠船构件悬臂长度增加，给靠船构件的设计带来困难；桩的自由高度大，对结构的整体刚度和桩的耐久性不利。因此，无梁板式高桩码头仅适用于水位差不大、集中荷载较小的中小型码头。

d. 承台式高桩码头。

上部结构主要由水平承台、胸墙和靠船构件组成，承台上面用沙、石料回填。承台一般采用混凝土或钢筋混凝土结构。这种结构刚度大，整体性好，但自重(填沙、石料)大，需桩多，在良好持力层不太深且能打支承桩的地基上较适用。

除上述三种主要结构形式外，根据当地的地基、水文、材料、施工条件和码头使用要求等因素，也可采用各种不同形式的混合结构形式。

4)按用途分类

码头按用途可分为货运码头、客运码头、工作船码头、渔码头、军用码头、修船码头等。货运码头还可按不同的货种和包装方式分为杂货码头、煤码头、油码头、集装箱码头等。

5)按地理位置分类

码头按地理位置可分为海港码头、河口港码头、河港码头和湖泊码头等。海港码头按有无掩护条件，又分为有掩护码头和无掩护码头(开敞式码头)。

9.1.2 码头的组成

码头由主体结构和码头设备两部分组成。主体结构又包括上部结构、下部结构和基础等。

上部结构的作用是：①将下部结构的构件连成整体；②直接承受船舶荷载和地面使用荷载，并将荷载传给下部结构；③作为设置防冲设施、系船设施、工艺设施和安全设施的基础。它位于水位变动区，又直接承受波浪、冰凌、船舶的撞击磨损作用，要求有足够的整体性和耐久性。

下部结构和基础的作用是：①支承上部结构，形成直立岸壁；②将作用在上部结构和本身的荷载传给地基。高桩码头设置独立的挡土结构，板桩码头设置拉杆、锚碇结构，分别是为了挡土或保证结构的稳定。

码头附属设施用于船舶系靠、装卸作业、人员上下和安全保护等。

9.1.3 港口水域部分

1)港口水域

港口水域是指港界线以内的水域面积，主要由码头前水域(港池)、进出港航道、船舶转头水域、锚地以及助航标志等几部分组成。

港口水域一般须满足两个基本要求：船舶能安全地进出港口和靠离码头，能稳定地进行停泊和装卸作业。

(1)码头前水域(港池)

码头前水域(港池)是指码头前供船舶靠离和进行装卸作业的水域。码头前水域内要求风浪小，水流稳定，具有一定的水深和宽度，能满足船舶靠离装卸作业的要求。码头前水域按码头布置形式可分为顺岸码头前的水域和突堤码头前的水域。其大小根据船舶尺度、靠离码头的方式、水流和强风的影响、转头区布置等因素确定。

(2)进出港航道

进出港航道为船舶进出港区水域并与主航道连接的通道，一般设在天然水深良好、泥沙回淤量小、尽可能避免横风横流和不受冰凌等干扰的水域。其布置方向以顺水流呈直线形为宜。根据船舶通航的频繁程度可分别采用单行航道或双行航道。在航行密度比较小时，为了减少挖方量和泥沙回淤量，经过技术经济比较和充分研究后，可考虑采用单行航道。航道的宽度一般根据航速、船舶横位、可能的横向漂移等因素，并加必要的富裕宽度确定。进港航道的水深，在工程量大、整治比较困难的条件下，海港一般按大型船舶乘潮进出港的原则考虑；在工程量不大或航行密度不大的情况下，经论证后可按随时出入的原则确定。河港的进港航道水深应保证设计标准船型的安全通过。

(3)船舶转头水域

船舶转头水域又称回旋水域，是为船舶靠离码头、进出港口需要转头或改换航向专设的水域。

在海港和河口港，转头水域的最小水深一般按大型船舶乘潮进出港口的原则考虑；在内河港，最小水深一般不大于航道控制段最小通航水深。

(4)锚地

锚地是指港口中专供船舶(船队)在水上停泊及进行各种作业的水域，如装卸锚地、停泊锚地、避风锚地及检疫锚地等。装卸锚地为船舶在水上过驳的作业锚地；停泊锚地包括到离港锚地、供船舶等待靠码头和编解队(河港)等用的锚地；避风锚地是指供船舶躲避风浪时的锚地，小船避风须有良好的掩护；检疫锚地为外籍船舶到港后进行卫生检疫的锚地，有时也与引水、海关签证等共用。

(5)乘潮水位

船舶在通过航道(包括进港航道)的局部浅段时，由于水深不足，常利用一定的高潮位以增加航深使船舶通过。这种使船舶能在一定时间内，乘一定的较高潮位通过航道浅段的水位称为乘潮水位。乘潮水位的概念，常在设计进港航道、河口浅滩航道以及船坞坞口底面高度等的时候采用，乘多高的潮位，则要结合设计代表船型的吃水、航道浅段的长度、航行速度、航行密度等确定，按当地实际潮位过程线进行比较选定。利用乘潮水位开挖航道，可以节省工程量，但船舶航行时间有一定限制，不能随时通航。

(6)港口水深

港口水深通常指船舶能够进出港口进行作业的某一控制水深。它是个综合性概念，并对外公布。港口水深是港口重要特征之一，表明其自然条件和船舶可能利用的基本界限。港口水域在此控制水深限制之下，各部分深度是可以不同的(实际也是如此)，具体到某一部分的深度，主要根据使用要求和经济合理性来选取。在海港，航道、转头水域常按乘潮水位考虑，港池、停泊地按最低设计水位保证率确定，各泊位可不相同。在各种水域的基本起算水位确定以后，其水深可按设计标准船型的满载吃水加上龙骨下最小富裕深度，并考虑波浪的影响、航行时吃水的增大以及回淤等确定。

(7)码头前水深

码头前在任意情况下都能保证设计标准船型满载装卸作业时所要求的水深。在水深不足的沿海港口，为使较大的船舶乘潮进港后能够靠码头进行装卸作业，通常在新建码头前一定的水域范围内(一般为2倍船宽)适当挖深，使其在设计低水位时能够达到设计标准船型满载吃水所要求的水深。

2)防波堤

防波堤是指建造在开敞海岸、海湾或岛屿的港口，通常由防波堤来形成有掩护的水域。防波堤的功能主要是防御波浪对港域的侵袭，保证港口具有平稳的水域，便于船舶停靠系泊，顺利进行货物装卸作业和上下旅客。有的防波堤还具有防沙、防流、导流、防冰或内侧兼作码头的功能。防波堤通常按平面形式和结构形式分类(见图9-8)。

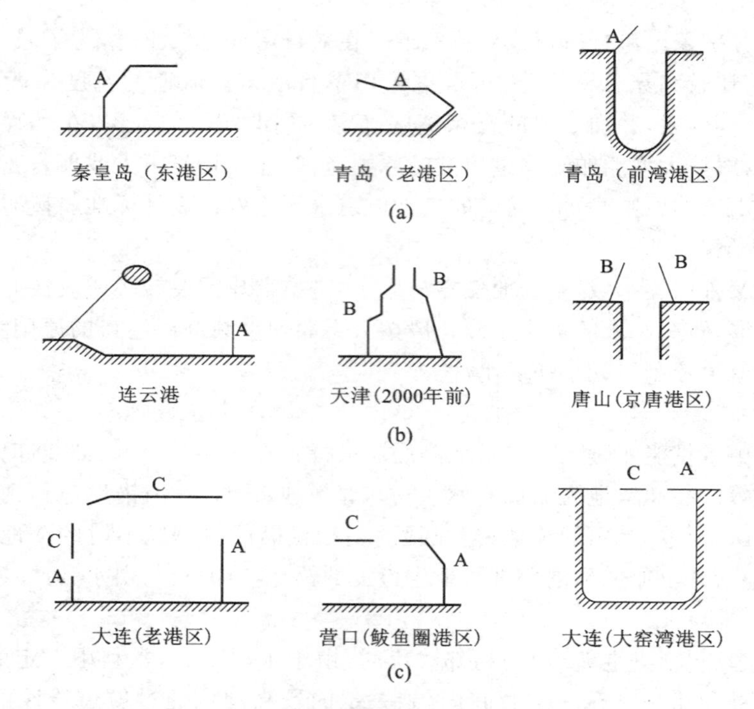

图 9-8 防波堤按平面布置形式分类

(a)单突堤布置;(b)双突堤布置;(c)突堤与岛堤混合布置

A—突堤;B—双突堤;C—岛堤

(1)按平面形式分类

防波堤按平面形式可分为突堤防波堤和岛堤防波堤两类。若防波堤的一端(堤根)与岸相连,则称之为突堤防波堤,若防波堤的两端均不与岸相连,则称之为岛堤防波堤。

(2)按结构形式分类

防波堤按结构形式可分为斜坡式防波堤、直立式防波堤以及特殊形式防波堤三类。

斜坡式防波堤是一种古老而简单的防波堤,在港口工程中得到广泛应用。它主要由块石等散体材料堆筑而成,并用抗浪能力强的护面层加以保护,其坡度一般不陡于 1∶1,波浪在斜坡面上发生破碎,从而消散能量,堤前的反射波较小(见图 9-9)。斜坡式防波堤对地基的不均匀沉降不敏感,适用于较软弱的地基。由于材料用量随水深的增加而有较大的增长,因而更适用于水深较浅和石料来源丰富的海域。但有时也用于深水的情况,如葡萄牙锡尼斯港的防波堤,长达 2 km,水深最深处达

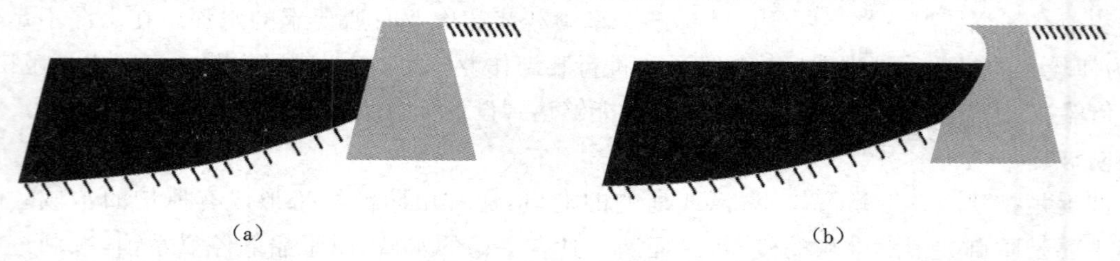

图 9-9 斜坡式防波堤

(a)波浪拍击护岸墙;(b)波浪在凹曲墙面回卷入海

50 m,防波堤外坡两层扭工字块体,单体重达42 t,是迄今世界上最大的斜坡式防波堤工程。斜坡式防波堤也可适用于海底面不平整的岩石地基,而不需做特殊处理。

直立式防波堤具有直立或接近直立的墙面,由于墙前水深情况不同,所以入射波在墙面上发生完全反射或部分反射。直立式防波堤主要分为重力式防波堤和桩(包括板桩)式防波堤两种类型。重力式防波堤的基床埋设在原海底面以下时为暗基床直立式防波堤,当基床抛置在原海底面以上时为明基床直立式防波堤。重力式防波堤结构对地基的不均匀沉降较敏感,一般要求较好的地基条件,或对软弱地基进行加固处理。直立式防波堤随水深增加而增加的工程量不如斜坡式防波堤明显,因此一般适用于水深较深的情况。直立式防波堤的另一个优点是内侧可供靠船用。但直立式防波堤的建造一般需要专门的大型施工机械,而且施工技术也较复杂。直立式防波堤发生整体破坏的后果也较严重,修复极其困难。

抛石基床上的直立式防波堤也称为常规的混合式防波堤,是直立式上部结构和斜坡式堤基的综合体,适用于水深较深的情况。目前防波堤建设日益走向深水,大型深水防波堤大多采用沉箱结构。混合式防波堤能够提供最为稳定的结构,因此在全世界得到采用。

除上述类型的防波堤外,还有一些特殊形式的防波堤,包括透空式防波堤、浮式防波堤、压气式防波堤和水力式防波堤等。

透空式防波堤由不同结构形式的支墩和在支墩之间没入水中一定深度的挡浪结构组成。利用挡浪结构挡住波能传播,来达到减小港内波浪的目的。但它不能阻止泥沙入港,也不能减小水流对港内水域的干扰,故一般适用于水深较深、波浪不大又无防沙要求的水库港和湖泊港。理论和实验研究表明,波浪的能量大部分集中在水体的表层,在表层2倍和3倍波高的水层厚度内分别集中了90%和98%的波能。因此挡浪结构没入水中的深度可取在设计低水位以下2~3倍波高处。

浮式防波堤由浮体和锚链系统组成,它利用浮体来反射、吸收、转换和消散波能以减小堤后的波浪。其修建不受地基和水深的影响,施工迅速,拆迁容易。但由于锚链系统设备复杂,可靠性差,未得到广泛应用,故仅用于局部水域的短期防护。

压气式防波堤利用安装在水中的带孔管道释放压缩空气,形成空气帘幕来达到降低堤后波高的目的。水力式防波堤利用在水面附近的喷嘴喷射水流,直接形成与入射波逆向的水平表面流,以达到降低堤后波高的目的。这两种防波堤有很多相似的优点,如不占空间,基建投资少,安装和拆迁方便,但仅适用于波长较短的陡波,应用上受到限制,而且动力消耗很大,运转费用很高。

上述三类防波堤中,斜坡式防波堤和直立式防波堤是最基本的形式。特种防波堤的应用较少,也缺少实践经验。

应当指出,有时防波堤(特别是突堤)的内侧还可兼作码头用,此时也可称为防波堤-码头。

9.2 港口工程的规划和设计

9.2.1 港口规划调查

(1)社会经济条件调查项目

社会经济调查包括城市和港口现状、相关设施、水域利用和利益相关单位。

(2)自然条件调查项目

自然条件调查包括地形和地质、气象、海象、河口条件以及其他条件,如水质、污染、海岸侵蚀、泥砂输移和建筑物影响。

9.2.2 港口规划

港口工程建设过程大致可以分为前期工作、设计和施工、试投等三个阶段。

港口建设前期的工作内容实质上是港口规划内容的主要部分。港口规划在层次系列内可区分为港口布局规划、港口总体规划和港口港区规划三个层次。港口规划在时间系列内可区分为远景规划、中期规划和近期实施计划。

1)港口布局规划

港口布局规划是国家级的港口规划,构成国家或地区经济发展规划的重要组成部分。布局规划能充分满足国民经济长远发展,特别是国际贸易发展以及国家综合运输网规划对港口的建设地点、类型、规模及建设时间提出的宏观要求。

港口布局规划对主要货运,如集装箱、能源、粮食、矿石、钢铁等大宗货流,结合国际航运网络发展趋势进行综合平衡,从而提出各类港口的数量及其发展方向。依据地区的社会、工业、农业、自然条件、环境条件和城市条件进行实际的工程研究,提出重点港口的改建、扩建和新建港口位置的地区性安排,确定投资规模的初步程序和有弹性的时间表。

在实际规划工作中,要注意如下几个方面。

①港口布局规划要注意系统工程规划,应该把港口放在一个大得多的综合运输系统中,作为一个组成部分来考虑。港口吞吐能力要与主要工农业部门、有大宗货流的企业及跨国公司对运力的需求相适应,并同步增长。

②港口布局规划要注意为港口创造多种运输方式的集疏运系统,这需要国家协调和兄弟部门支持。对第三代港口还要特别注意信息基础设施规划,同样也需要相关部门同步发展和协作,使信息处理和分送能力与物流管理要求相适应。

港口生产作业系统,由水上航行作业系统、码头前沿地域装卸运输作业系统、货物储贮及分运作业系统、集疏运作业系统和信息与商务系统所组成。正是由于这五大系统的协调配合活动,才形成港口的综合生产量(能力)——集装箱处理量。港口完成吞吐量(集装箱处理量)的多少,是由上述五大系统中薄弱环节的通过能力决定的。信息与商务系统是今天港口服务活动的先导和开始。货流已不完全是选择港口,而是选择运输链,港口仅是运输链中的一个环节。港口与其内陆铁路、公路、水路、管路组成的集疏运系统的运行状态高效、廉价、准时,是吸引货流过港的重要条件。港口通过能力是动态平衡的,现代港口为取得各系统配合生产,在设施通过能力配备上应满足:$P_{信息} > P_{集疏} > P_{库场} > P_{装卸} > P_{航行}$。

③港口布局规划要注意协调好与港口城市发展间的关系。港口建设和发展的实践证明,港口是城市发展的动力,是地区发展的支柱,港口与城市间相互依存,结合成为有机的整体。因此,协调处理二者近远期发展关系,对促进双方发展均是重要的。

④集装箱运输网络,正以不同航线交叉、衔接的转运港口和实现干线船的规模经济为特点,在全球范围内不断发展。因此,港口布局规划要认真分析具体港口与主要国际航线的相对位置,对主要

生产或消费中心的服务半径，与腹地运输连接设施的通过能力，依托城市对港口成为国际贸易后勤基地功能的衔接程度，修建深水航道、泊位的自然条件等，对于定位为集装箱地区干线港的集装箱港区，自身宜争取有自由贸易区的地位。

⑤港口布局规划中一定要对不同港口实施定位统筹的指导，防止由于无序竞争而引发重复建设，致使各港口都难以形成规模效益，大型重点港口优势潜力难以发挥，削弱了与同一地区国外港口竞争力的积累与发展，也削弱了腹地产品的竞争力。地位统筹是港口布局规划最重要的内容。

2)港口总体规划

港口总体规划是一个港口建设发展的具体规划，解决今后一定时间内的发展方向和分期、分阶段的发展安排。它涉及的主要内容如下。

①对港口现状分析与评价，包括目前货流、船型及设施能力分析，信息与商务系统对现代物流综合管理和跨国公司生产经营的适应程度等。

②未来各阶段货流预测及船型展望，与国内、国外邻近港口间竞争形势分析。

③确定港口的基本性质和功能，进行发展规模设想分析。

④可比港址的工程勘测，在普查的基础上，重点对水域条件进行勘测，以便对未来可以建设怎样的深水泊位作出评估，确定主要港区港址。

⑤海岸线利用规划，划定水域港界，货流分配规划和港口分区或作业区划分。

⑥岸上土地利用规划与传统的港区长期用地预先标定规划。

⑦港口航道规划，航道回淤问题的初步分析。

⑧港口集疏运规划，与相关工程规划相互衔接、协调、制约条件分析。

⑨港口信息与商务系统规划方案。

⑩港口配套设施规划。

⑪ 环境评价与环境保护规划。

⑫ 提出规划的分期实施安排。

⑬ 建设资金筹措方案分析。

⑭ 提出港口发展中可能出现的重大技术问题及需要采取的重大技术措施。

⑮ 绘制总体规划布置图。

⑯ 编写港口总体规划文件，报上级部门(或董事会)批准，报政府各级主管部门批准。

从上述涉及的内容可以看出，港口总体规划在对未来完成的一系列工程后对港口的展望。在战略上应着眼于长远发展，对港口功能、性质、地位、规模及发展模式等应作出发展性的定位。在此基础上，寻求港口循序渐进发展到既定目标的阶段和最优发展顺序，不断为港口提供适应发展的、新的现代化设施和技术手段。可见，港口总体规划是港口不断向新的目标发展的“开始”，处于“为首”的地位。

3)港口港区规划

除了小型港口和专业化港口外，通常大中型港口都由几个港区或作业区组成。港口港区规划是对港口总体规划中涉及的组成部分进行深入规划，是实施港口总体规划的一个步骤。

①详细地预测运量、船型和船舶周转量。

②就已预测的各类货种运量，研究可选用的装卸工艺及其对未来生产效率的影响。

③确定泊位组,提出恰当的水域、陆域尺度及相应的位置方案。

④对③所确定的每一方案的海岸段进行较深入的勘测,以利于调整泊位组位置和选择合理的布置方案。

⑤仓储系统、分运中心方案布置。

⑥集疏运系统能力与布置方案。

⑦港区配套设施规划与配置。

⑧投资估算和资金筹措方案选择,确定弹性的建设时间表。

⑨经济效益初步分析,经营思路调整。

⑩环境评价与规划。

⑪ 港口港区未来发展向自由贸易区(保税区)转变的规划方案(如有这种客观条件)。

⑫ 港区规划布置图。

⑬ 编制港区规划文件报上级有关部门。

港口远景规划和中期规划都要求进行港口总体规划,二者涉及的面是一致的,但深度要求有差异。水域、海岸线和岸上土地使用,是远景规划所要求的总体规划中最主要的,这三点都必须根据可望增加的远景运量加以预留。现代技术的发展,泊位效率愈来愈高,港口分运业务不断发展,特别是第三代港口将成为跨国公司生产流水线的一个环节时,对大面积场地的需要将更加迫切。

9.2.3 可行性研究

港口建设项目可行性研究是投资前对拟建的项目建设必要性、规模、技术、经济、财务、环境等方面进行全面的综合分析研究,以期望使投资项目达到最佳经济及社会效果的一种研究方法,已成为港口建设项目投资前期必经的工作阶段。一般港口建设项目可行性研究分两个阶段:预可行性研究和工程可行性研究,前者为立项依据,后者为编制设计任务书的依据。

1)预可行性研究

建设单位(业主)在预可行性研究成果的基础上,编制项目建议书。因此,预可行性研究是通过调查研究和必要的钻探、测量等工作,进行技术、经济论证、分析、判断项目的技术可行性和经济合理性,为立项提供科学依据的一项工作,其内容与项目建议书内容基本一致。项目建议书包括的内容如下。

①项目建设的必要性和主要依据。

②建设规模、建设地点及建设初步方案,如为新港区,则应对港址进行比选。

③具体建设条件和外部协作要求。

④投资估算和资金筹措设想以及偿还能力的测算。

⑤建设工期的初步安排。

2)工程可行性研究

工程可行性研究是确定建设项目是否可行的最后研究阶段。该阶段工作以在预可行性研究基础上报批的项目建议书为依据,通过工程可行性研究工作,要求达到港口建设项目任务落实,规模明确,工程措施可靠,技术、经济数据确切,实施步骤具体。

港口建设项目工程可行性研究报告,一般包括下列内容。

①项目概述。
②港口现状及问题。
③吞吐量发展预测及建设规模。
④自然条件。
⑤装卸工艺。
⑥分运设施、信息及商务系统设施(如果有需要)。
⑦总平面布置及方案比选。
⑧水工建筑物。
⑨配套工程。
⑩环保及节能。
⑪ 外部协作条件。
⑫ 施工条件。
⑬ 组织管理与人员编制。
⑭ 投资估算和经济评价。
⑮ 综合论证及推荐方案。
⑯ 存在问题及建议。

工程可行性研究是该项目建设还是放弃(或暂缓)的重要科学依据,也是限定该工程项目规模大小、建设周期、资金筹措等有关实施该工程项目的一些重要问题的主要依据。因此,工程可行性研究要对建设项目进行多方案比选,提出技术实用、工期合理、投资效果好的方案,对项目主体部分,如装卸工艺、水工建筑物等应达到初步设计深度,使工程投资精度控制在10%以内(扣除通货膨胀影响)。

工程可行性研究获上级部门(或董事会)批准后,据此编制设计任务书,继而进入初步设计阶段。

可行性研究必须在调查研究(包括勘探、测试等)的基础上,采用科学的方法,反映客观矛盾,尊重经济规律,实事求是,使可行性研究确实起到"把关作用",使项目投产后能达到预期效果,减少投资风险。应该特别注意到,可行性研究结果包括"可行"与"不可行"两种可能,有时得出"不可行"的结果,也是一个成功的可行性研究报告,因为它使国家或业主避免了投资的损失。

9.3 港口工程的发展

9.3.1 港口工程现状和发展前景

在港口工程领域,最早应用计算机是为了进行结构计算,随着各种结构计算方法的改进,相应出现各种计算软件。目前,码头、防波堤等港口水工建筑物的主要结构形式都有相应的分析软件,如高桩梁板式码头的平面计算、空间计算、有限单元法计算等分析软件,墩式码头结构分析软件,重力式码头稳定性分析软件,防波堤及岸壁式结构整体稳定性分析软件,板桩码头结构分析软件等,基本上已满足结构分析的需要。随着结构分析方法的进步和计算机的普及,人们已着手研制通用性强、使用方便的结构分析软件,并着重加强程序的前、后处理功能。

计算机辅助设计(CAD)是港口工程领域应用较早的一个方面,目前主要用于高桩式码头设计,先后开发出高桩梁板式码头的“计算机辅助设计 GLBCAD 系统”“构件施工图 CAD 系统”“结构总图 CAD 系统和高桩墩式码头 CAD 系统”等,目前高桩梁板式码头的平面布置图、结构断面图、桩位布置图、预制构件(纵梁、面板、桩)结构图等均可在计算机上实现,提高了工程设计的质量和水平以及工作效率。这些软件通用性较差,但能采用人机交互方式建立计算机绘图所需要的基本数据文件,由计算机自动成图。近年来在计算—绘图一体化的 CAD 软件开发方面取得了相当程度的进展,并向着智能型专家系统的目标迈进。计算机在港口现代化管理方面的应用起步较晚,但近年来发展迅速,许多专业化港口或码头(如集装箱码头),已基本实现了现代化管理。但目前多局限于一个港口的管理,与网络管理还有段距离。在运输系统实行计算机联网的管理方式是未来的发展趋势。

总之,计算机在港口工程领域的应用已普及,但大多数是用于计算和辅助设计,近年来拓展到管理、控制等领域,决策分析和专家评判等方面也有较大进展。随着计算机的发展和应用水平的提高,计算机在港口工程领域的应用有着广阔的前景。

9.3.2 现代港口建设发展前景

21 世纪是海洋世纪,港口产业作为以海洋运输为核心的基础产业已经成为世界各沿海国家竞相发展的重点领域。世界各国特别是发达国家的港口和政府主管部门,已经或正在对港口进行改革,以适应国际交通运输业新发展的需要,其中包括重新制定港口发展战略、改革港口规划与管理的立法程序和体制、港口管理机构改革和重组以及确定港口融资和成本分析方案等。其中与现代港口建设有关的主要趋势如下。

1)现代港口的集装箱化和船舶的大型化

根据世界经济和港口发展的统计资料表明,世界经济发展的一个主要特征是世界进出口贸易额的年平均增长速度大大快于世界国民生产总值(GNP)的增长速度,而集装箱海运量的增长速度又要大于国际贸易额的增长速度。因此随着世界经济的发展,集装箱运输将以更快的速度发展。随着集装箱船舶大型化的发展,其挂靠的港口越来越少,集装箱的吞吐能力已经成为各港竞争最为重要的组成部分,并已经成为衡量港口作用和地位的主要标志。集装箱港口已成为国际海陆间物流通道的重要枢纽和节点,是区域性乃至国际性的商务中心和信息中心。为了能在未来的全球集装箱运输中占有一席之地,各国纷纷投资集装箱码头的建设和传统件杂货码头的集装箱化改造。国际集装箱多式联运已成为集装箱运输的主要形式。

为了使船舶利益最大化,航运业提出的对策就是船舶大型化。目前 1.8 万 TEU 集装箱船舶已投入运营,到 2020 年船舶装载能力将增加至 2.2 万 TEU;VLOC 船舶已达到 40 万吨级。这使得船舶对港口自然条件和设备要求提高,加速了大型港口码头的建设,扩大了港口规模。

2)现代港口的大型化和深水化

交通运输量的增加和船舶大型化必然要求港口的大型化和深水化。目前已建设了许多 15 万～25 万 t 级的矿石码头、30 万～50 万 t 级的油轮码头以及 5 万～10 万 t 级的集装箱码头,现代港口正朝着大型化和深水化的方向发展。

3)现代港口的高科技化

随着港口装卸运输向多样化、协调化、一体化方向发展,港口管理也采用各种先进设备和手段,使管理水平适应现代综合运输的需要,港口普遍采用先进的导航、助航设备和现代化的通信联络技术。电子计算机广泛应用于港口经营管理、数据交换、生产调度、监督控制和装卸操纵自动化等方面。

4)现代港口的物流化

现代港口物流体系以先进的软硬件环境为依托，强化其对港口周边物流活动的辐射能力，突出港口集货、储存、配送特长，以临港产业为基础，以信息技术为支撑，以优化整合港口资源、提升港口供应链效率与价值为目标，具有覆盖物流产业链所有环节特点的港口综合服务体系。

(1)码头经营模式的转化

通过与运输经营人之间进行码头租赁合作、投资建设码头合作等模式，转变码头经营方式，以适应航运发展趋势。

(2)加强场站建设，完善集疏运网络

港口要拥有相当能力的堆场、良好的集疏运条件，要建设与国际运输相配套的内陆中转货运站网络。保证集疏运系统的畅通，为开展海陆、海铁、海空联运创造条件。

(3)改进装卸工艺和提高装卸效率

配备能适应船舶大型化的装卸工艺设备以及前方堆场设施。加强装卸组织，提高管理水平，达到作业过程合理化、自动化和快速化。

(4)提供信息服务的各种条件

增强港口流通功能和信息服务功能。

5)现代港口可持续发展趋势

环境是人类生存的依靠，环境保护已经成为人类非常关心的主题。随着现代运输技术的发展，人们对于港口周围环境的保护也提出了高要求。港口的污染不仅涉及水域和陆域，而且涉及空气污染和噪声污染，现代港口的建设已将环保列为重要项目。可以预见，随着现代运输技术和经营方式对港口要求的不断提高，未来港口的竞争焦点将集中在集装箱运输、国际多式联运及信息技术的开发利用上，而这些领域正好代表港口技术和现代化的整体水平。未来港口的发展必须建立在可持续发展的基础上，这样港口才能立于不败之地。

9.4　海洋工程概述

9.4.1　海洋工程概念及分类

从广义上来说，所有涉及或与海洋环境有关的工程都可以归纳为海洋工程的研究范围。它是以开发、利用、保护、恢复海洋资源为目的，并且工程主体位于海岸线向海一侧的新建、改建、扩建工程。它主要的研究内容可分为海洋资源开发技术和为海洋资源开发服务的建筑物及设备建造技术两部分。

海洋工程可分为海岸工程、近海工程和深海工程。海岸工程主要包括海岸防护工程、围海工程、海港工程、河口治理工程、海上疏浚工程、沿海渔业设施工程、环境保护设施工程等。近海工程又称离岸工程，主要是在大陆架较浅水域的海上平台、人工岛等的建设工程和在大陆架较深水域的建设工程，如浮船式平台、移动半潜平台、自升式平台、石油和天然气勘探开采平台、浮式贮油库、浮式炼油厂、浮式飞机场等建设工程。深海工程包括无人深潜的潜水器和遥控的海底采矿设施等建设工程。

通常所研究的海洋工程是指为海洋开发建造的结构物总称,旨在解决海洋开发中必不可少的海洋工程设施的设计与建造问题。

9.4.2 海洋工程发展简史

海洋工程的发展与海上石油的开发是密不可分的。开发海洋石油,首先是从浅水海区开始,然后逐渐向深水海区发展,所以钻井装置也是由简单到复杂、由固定式向移动式发展。在19世纪末,为了开发从陆地向海底延伸的油田,曾采用在岸上向海底钻斜井的办法开发海底石油。随后又用围海筑堤、填海建人工岛、从岸边向海上架设栈桥等办法开发海底油田。但对离岸较远、水深和风浪较大的海区,这些办法在经济和技术上就不适用了。

世界上最早的海洋石油勘探要追溯到1887年,在美国加利福尼亚州的圣芭芭拉地区靠近海边的萨马兰得油田开发过程中,用木桩做基础建立了第一个海上钻井平台,从此开创了海洋石油工程和石油开发的历史。其实它距海岸线不过150 m,而且还是木质的。1896年,美国以栈桥连接方式在加利福尼亚州距海岸约200 m处打出了第一口海上油井,它标志着海洋石油工业的诞生。一直到第二次世界大战前,美国的近海石油开发才发展到水深3~4.5 m,距海岸线1.6 km,用木质平台开采。1920年委内瑞拉在马拉开波湖利用木制平台钻井,发现了一个大油田。

世界上第一座近海石油平台出现于1947年,美国在路易斯安那州墨西哥湾建造了世界上第一座钢质石油平台。1959年Shell石油公司在路易斯安那州的大岛水域30.5 m水深处安装了一座平台。随着1960年波斯湾和北海发现了石油,近海平台开始发展。20世纪70年代开始,海洋平台开始向深水发展。1965年,美国Exxon石油公司在南加尼福尼亚州近岸海域用"卡斯-1号"钻井装置打下了第一口深水井,水深为193 m。这口深水井的建造,吹响了人类海洋石油勘探"走向深海"的号角。1973年,第一座混凝土重力式平台在陆上建造,并被拖到北海定位沉底。

20世纪40年代以后出现了能灵活移动的海洋石油钻探装置。最早出现的是坐底式(沉浮式)钻井平台。我国于1986年建造了中国第一艘极浅海步行坐底式钻井平台"胜利二号",也是一座能够"涉水、步行"的两栖钻井平台。到20世纪50年代初,出现一种所谓自升式钻井平台,带有能够自由升降的桩腿。最早的漂浮式钻井装置是20世纪50年代初的钻井驳船。它是把驳船甲板改作钻井井场,以后又在航海船舶甲板上铺设平台作为井场。为提高钻井船的稳性和改善钻井作业的运动性能,又出现了双体或三体钻井船。20世纪60年代初,由于海洋石油钻探伸展到海况条件更恶劣的深海区,随之就出现了一种半潜式钻井平台。它在外形上和坐底式平台相似,只是沉垫和平台甲板间距较大。1954年,美国的R. D. Marsh率先提出了采用倾斜系泊索群固定的海洋平台方案,被公认为张力腿平台(TLP)的鼻祖。1984年,Conoco公司在北海157 m深的Hutton油田安装了世界上第一座张力腿平台,正式登上了深海石油开发的舞台。除了张力腿平台,在人类开发深海海域的过程中还出现了很多新型的浮动式海洋平台,牵索塔式平台(SPAR)就是其中之一。实际上,SPAR平台技术很早就应用于人类海洋石油的开发,但是在1987年之前,SPAR平台是作为辅助系统而不是直接生产系统为海洋开发工程服务的。它一般被用作浮标、海洋科研站或者是海上通信中转站。1987年,Edward E. Horton设计了一种专用于深海钻探和采油工作的SPAR平台,其结构形式特别适合于深水作业环境。Horton设计的这种SPAR平台被公认为现代SPAR生产平台的鼻祖。SPAR平台与固定式平台相比，具有造价不会随着水深的增加而急剧提高的特性，与张力腿平台相比，造价也便宜不少。近年来，SPAR平台的发展前景一片大好，成为当今世界深海开发领域内一支发展迅速的力量，和张力腿平台一起并称为两大深海采油主力平台。在一些复杂的环境下，固定式平台很难发挥作用。这时，采用浮式生产储油装置(FPSO)就成了最好的选择。FPSO是集海上油气生产、储存、外输、动力等多功能于一体的海洋工程结构物。FPSO的在深海采油方面的应用十分普遍，目前世界上已有上百艘FPSO在运行，甚至有取代固定平台的趋势。

目前，世界海洋石油工业总的趋势是走向深海。“深海”这个概念是随着时代的发展不断变化的。100年前，可能50 m就是深海，50年前，100 m才算是深海。同时，这个概念在各个国家也不尽相同，各国都有自己的标准，在巴西是以300 m为深水，1 500 m为极深水。还有些国家，包括美国，是以500 m为限，极深水都是1 500 m。

然而，事实证明，深海石油开发到底有多深，只能说“只有想不到，没有做不到”。深海技术经过20世纪80年代的产业化探索，以及20世纪90年代的蓬勃发展，如今，国外的作业水深突破了3 000 m，生产水深达到2 500 m。我国于2014年投入使用的“海洋石油981”深水钻井平台，为第六代深水半潜式钻井平台。它由我国自主设计建造，代表了当今世界海洋石油钻井平台技术的最高水平，它的最大作业水深是3 000 m，钻井深度可达10 000 m。

海上平台的建造是复杂的，技术要求很高，设计建造周期比一般船舶长。它相当于把陆地上四五个大工厂紧缩重叠地放置在一个面积不过4 000～5 000平方米的平台上，日日月月经受海水的腐蚀，风、浪、流的冲击，保持正常生产二三十年。而平台本身除了作为支撑的导管架或桩腿外，成千上万的各种设备按工程系统叠放在平台甲板上。因此建造与安装平台的技术涉及机械、造船、电子、冶金、石油等工业部门，利用了先进的科学技术成果，如导航定位水下技术等，所以海洋石油工业投资高，风险大。与陆地石油生产相比，海上石油生产成本相当高，如北海地区石油平均生产投资为中东地区石油生产投资的20多倍。

9.4.3　海洋工程研究的对象和范围

海洋工程也称海洋技术，是一门为海洋科学调查和海洋开发提供一切手段与装备的新兴学科。海洋工程是一门综合性的新兴学科。

1)研究范围

(1)海洋环境动力学

海洋环境复杂，有时很险恶。世界上每年都有大量船舶失事遇难的报导，而海洋平台的翻沉事故也不乏其例。因此，海洋工程结构物要经受得住在使用年限内可以估计到的最大风力和最大波浪力。因此，海洋气象、水文的观测和预报很重要。各海区的风、浪、流特征不相同，规律也不同。在纬度高及极地海域，还存在着海冰问题。因此，海洋环境动力学是在海洋工程发展当中变得越来越重要的一门科学，它不但要研究风、浪、流的客观规律，还要研究近岸波浪机理。海洋环境动力学是关于海洋环境的长期、范围广泛的实测和统计分析的科学。

(2)海洋工程结构物设计研究

移动与固定式平台结构所受的外力为周围环境的作用，即风、浪、流的作用，而固定式平台还要考虑能否与海底有效地附着。所以海底基础的物理力学性能——土力学亦为一研究方向。此外,合理的设计计算方法、固定式平台的抗地震研究也很重要。

浮动海洋工程结构物的系泊技术,海洋工程结构物的静力与动力强度分析都是长期以来不断研究的课题。

设计基准研究也是当前迫切的任务。设计基准包括结构设计与建造规范、稳性与抗沉性标准、防爆等安全标准。设计环境荷载具有地址性(site specific)强的特点,而我国的海洋工程结构设计处于起步阶段,不得不参照国际上一些权威机构的设计规范与标准。因而研究制定出适合我国大陆架沿海油田的平台设计规范是重要的课题。

(3)海上施工技术

海洋工程结构物的构造复杂,体积、重量都十分庞大,从工厂到海上安装地点、定位、组装都是十分复杂的工艺建造过程,而且工程完毕后还存在拆除和清理航道的问题,随之而来的是需要大量大功率的特种工作船和装备,这将出现一系列的特殊工艺问题。

2)海洋工程与船舶工程的关系

从广义上说,船舶工程是海洋工程的一个分支。二者明显的差别在于船舶工程是以船舶的航运活动为主要对象的工程技术问题,而海洋工程则以一定时期内固定于某一水域进行其专业活动如以钻探、采油为对象的工程技术问题。大部分工程船舶属于海洋工程范围。海洋工程必须考虑结构物在大风浪中的安全性,考虑风、浪、流的作用,要考虑某一重复周期或50年、100年一遇的气象水文条件。如果是移动式的海洋工程结构,则部分外荷载、稳定性等计算与船舶工程考虑因素一样。但如果是固定式的海洋工程结构,则与船舶工程考虑因素就不同。对于直接固着于海底,则地震、海底构造以及土力学、海流冲刷的影响都要考虑。与船舶工程不同的还有,所有的海工结构都要做动态外荷载的响应分析与疲劳强度以及疲劳寿命的计算。

9.4.4 海洋平台及结构特点

海洋平台(offshore platform)为在海上进行钻井、采油、集运、观测、导航、施工等活动提供生产和生活设施的构筑物。

1)海洋平台分类

按功能分类,海洋平台可分为钻井平台、生产平台、生活平台、储油平台、中心平台、动力平台等。

按移动性,海洋平台可分为固定式和移动式两大类,如图9-10所示。

2)海洋平台结构特点

(1)导管架平台

导管架平台由打入海底的桩柱来支承整个平台,由于将管架的各条腿柱作为管桩的导管,故称其为导管架平台,如图9-11所示。

固定式钢质导管架海洋平台主要由两部分组成:一部分是由导管架腿柱和连接腿柱的纵横杆系所构成的空间构架。腿柱(或称导管)是中空的,钢管桩是一根细长的焊接圆管,它通过打桩的方法固定于海底,由若干根单桩组成的群桩基础把整个平台牢牢地固定于海床,腿柱和桩共同作用构成了用来支撑上部设施与设备的支撑结构;另一部分由甲板及其上面的设施与设备组成,是收集和处理油气、生活及其他用途的场所。

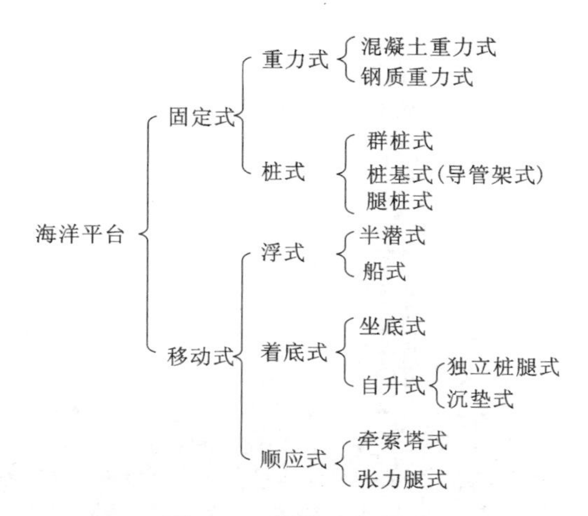

图 9-10　海洋平台类型

图 9-11　绥中 36-1 油田导管架平台

作业平台设于导管架的顶部，高于作业区的波高，可以避免波浪的冲击。导管架平台的整体结构刚性大，适用于各种土质，是目前最主要的固定式平台。但其尺度、重量随水深增加而急骤增加，所以在深水中的经济性较差。导管架平台使用水深一般小于 300 m，世界上大于 300 m 水深的导管架平台仅 7 座。水深在 5～200 m 范围内导管架平台是应用最多的一种平台形式，约占 90%以上。

(2)坐底式平台

坐底式钻井平台是出现最早的移动式平台，早期主要在浅水区域作业，如图 9-12 所示。平台分本体与下体(即浮箱)，并由若干立柱连接，平台上设置钻井设备、工作场所、储藏与生活舱室等。钻井前在下体中灌入压载水使之沉底，下体在坐底时支撑平台的全部重量，而此时平台本体仍需高出水面之上，不受波浪冲击。在移动时，下体排水上浮，提供平台所需的全部浮力。坐底式平台的工作水深比较小，适用于河流和海湾等 30 m 以下的浅水域，愈深则所需的立柱愈长，结构愈重，而且立柱在航行时升起太高，容易产生事故。由于坐底式钻井平台的工作水深不能调节，已日渐趋于淘汰。

图 9-12 “胜利二号”坐底式平台

(3)自升式平台

自升式平台是能够自行升降的钻井平台,如图 9-13 所示。自升式平台分独立腿式和沉垫式两类。独立腿式由平台和桩腿组成,各桩腿互相独立,不相连接,整个平台的重量由各桩腿分别支撑,

图 9-13 “海湾钻探者 1 号”自升式平台

桩腿底部常设有桩靴。自升式平台在移位前，必须知道新井位的容许承载压力，以便加大支撑面积，减小插入深度。一般来说，独立腿式虽可在任何地方工作，但通常适用于硬土区、珊瑚区或不平整的海底。沉垫式由平台、桩腿和沉垫组成，设在各桩腿底部的沉垫，将各桩腿联系在一起，整个平台的重量由相连各桩腿支撑。沉垫是连接在自升式钻井平台的桩腿下端，或在坐底式钻井平台立柱的下端，用来将整个平台支撑于海底的公共箱形基座。平台下体的部分构件，用了沉垫就增大了平台坐底时的支撑面积，减小了支撑压座力，使桩腿或立柱陷入海底的深度减少。当平台定位后要升起时，不需要预压。在平台拖航时，沉垫浮于水面或接近水面，有提供浮力与稳定性的作用。这种平台既要满足拖航移位时的浮性、稳性方面的要求，又要满足作业时着底稳性和强度的要求，以及升降平台和升降桩腿的要求。由于自升式平台可适用于不同海底土壤条件和较大的水深范围(60～100 m)，移位灵活方便，便于建造，因而得到了广泛的应用。但由于水深愈大，桩腿愈长，结构的强度和稳定性愈差。桩腿加长时，下水受波浪力大；拖行时稳定性差，受风力大。如桩腿入泥太深，则泥底滑动会造成平台倾斜。

(4)半潜式平台

半潜式平台与坐底式平台相似，从坐底式钻井平台演变而来的。由平台本体、立柱和下体或浮箱组成。此外，在下体与下体、立柱与立柱、立柱与平台之间还有一些支撑与斜撑连接。在下体间的连接支撑，一般都设在下体的上方，这样，当平台移位时，它就位于水线之上，以减小阻力；平台上设有钻井机械设备、器材和生活舱室等，供钻井工作用。平台本体高出水面一定高度，以免波浪的冲击。下体或浮箱提供主要浮力，沉没于水下以减少波浪的扰动力。在钻井作业期间，下部浮体潜入海面以下一定的深度，躲开海面上最强烈的风浪作用，只留部分立柱和上部平台在海面以上。正是因为在工作期间半潜入海面以下这种特点，被命名为半潜式平台。它适宜在 150～3 000 m 水深的海域钻井作业，是发展前景很大的一种石油平台。图 9-14 为"海洋石油 981"深水钻井平台，它由我国自主设计建造，为第六代深水半潜式钻井平台。它的最大作业水深是 3 000 m，钻井深度可达10 000 m。

图 9-14　"海洋石油 981"深水半潜式钻井平台

(5)钻井船

钻井船是设有钻井设备、能在水面上钻井和移位的船，也属于移动式(船式)钻井装置。我国于 2014 年建成首艘拥有全部知识产权的深海钻井船，并正式命名为"华彬 OPUS　TIGER 1"(老虎一号),如图 9-15 所示。较早的钻井船是用驳船、矿砂船、油船供应船等改装的,现在已有专为钻井设计的专用船。目前,已有半潜、坐底、自升、双体、多体等类型。钻井船是钻井装置中机动性最好的,但钻井性能较差。钻井船与半潜式钻井平台一样,钻井时浮在水面。井架一般都设在中部,以减少船体摇荡对钻井工作的影响,多具有自航能力。钻井船在波浪中的垂荡要比半潜式平台大,有时要被迫停钻,增加停工时间,所以更需采用垂荡补偿器来缓和垂荡运动。其工作水深主要取决于钻井船的定位方法,一般采用锚泊定位,工作水深在 200~300 m,适用于波高小和风速低的海区。但现在已经逐步开始采用动力定位,工作水深可达 6 000 m,适于深水作业。

图 9-15 "华彬 OPUS TIGER 1"(老虎一号)钻井船

(6)顺应式平台

张力腿平台(TLP)和牵索塔式平台(SPAR)是目前采用较多的顺应式平台。

张力腿平台(TLP)设计最主要的思想是使平台半顺应半刚性,如图 9-16 所示。它通过自身的结构形式,产生远大于结构自重的浮力,浮力除了抵消自重之外,剩余部分就称为剩余浮力,这部分剩余浮力与预张力平衡。预张力作用在张力腿平台的垂直张力腿系统上,使张力腿时刻处于受张拉的绷紧状态。较大的张力腿预张力使平台平面外的运动(横摇、纵摇和垂荡)较小,近似于刚性。张力腿将平台和海底固接在一起,为生产提供一个相对平稳安全的工作环境。另一方面,张力腿平台本体主要是直立浮筒结构,一般浮筒所受波浪力的水平方向分力较垂直方向分力大,因而通过张力腿在平面内的柔性实现平台平面内的运动(纵荡、横荡和首摇),即为顺应式。这样,较大的环境载荷能够通过惯性力来平衡,而不需要通过结构内力来平衡。张力腿平台这样的结构形式使得结构具有良好的运动性能。

牵索塔式平台(SPAR)的理念源自于浮标,实际上它结构的大部分都是浮筒。1987 年,Edward E. Horton 在柱形浮标(SPAR)和张力腿平台(TLP)概念的基础上提出一种用于深水的钻井生产平台,即单柱平台(spar platform)。该平台的主体为圆柱型,主体可分为几个部分,有的部分为全封闭式结构,有的部分为开放式结构,但各部分的横截面都具有相同的直径。主体垂直立于水中,上部承受甲板荷载,水下部分可用来提供浮力,由于主体吃水很深,平台的垂荡和纵荡运动幅度很小,使得 SPAR 平台能够安装刚性的垂直立管系统,承担钻探、生产和油气输出工作。为保证平台的稳性,可在其底部施加固定压载,底部与张紧的系索相连,用来控制整个平台的运动。SPAR 平台由于其经

图 9-16　张力腿平台

济性和稳定性优于其他浮式平台，在经过短暂的二十几年的发展中，已开发出三代类型，分别为经典式(classic spar)、桁架式(truss spar)和分筒集束式(cell spar)，如图 9-17 所示。

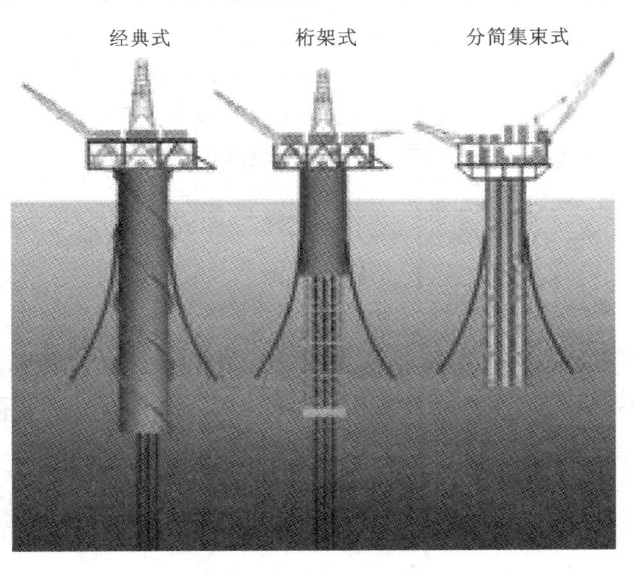

图 9-17　SPAR 平台

9.5 海洋工程发展趋势

占全球71%的海洋是一个巨大的资源宝库,除了丰富的水资源与生物资源外,海洋石油及其他矿物资源不仅种类可与陆地资源相媲美,而且数量巨大。此外,海洋空间也是一种潜力巨大的资源。在陆地资源日渐枯竭的今天,海洋空间的作用也将更显重要。海洋正在成为人类的第二生存空间,21世纪人类对海洋的开发利用将面临一个空前的迅猛发展时代。这种开发利用主要集中在以下几个方面:海底石油资源及矿产资源的开发利用、海洋可再生能源的开发利用、海洋生物及海水资源的开发利用、海洋空间的利用。

海洋开发利用首先必须依赖海上工程设施。由于海洋的环境条件十分恶劣,随着海洋开发利用的规模日趋复杂和庞大,人类对海洋环境条件的认识、工程设施的设计理论与建造技术等也必须有很大的提高,以期在保证安全可靠的前提下节约工程造价、缩短建设周期、减少维修工作和延长使用年限,这必将给海岸和近海工程领域的发展带来前所未有的机遇与挑战。

9.5.1 海洋能源开发

(1)近海油气开发

国家海洋局发布的《2014年中国海洋经济统计公报》显示,2014年我国海洋原油产量4614万t,占我国同年原油产量的22%;海洋天然气产量131亿m^3,占我国同年天然气产量的9.9%。这意味着中国海域已成为我国石油、天然气最重要、最现实的接替区。“海上大庆油田”的建设有效保证了国家能源保障战略、海洋强国战略和科技创新战略的实施。可以预计在21世纪我国海上油气产业将有更大的发展,以满足我国经济建设对能源的需求。

我国的油气资源除了与国际上许多情况类同外,还有它自己的特点。特点之一是我国沿海至今尚未发现特大工业油田构造,绝大多数是小块油田或称为边际油田。开发这种油田的关键是发展新的开发技术以大量降低投资。特点之二是在渤海湾的极浅海地区油气田,由于这一海域坡缓(坡度小于1/1 000)、滩宽(宽10 km以上)、土质强度特低(承载能力为50~60 kPa),一般运输工具均无法进出,加上冬季有冰凌影响,给工程建设带来了极大的困难。

(2)海洋再生能源利用

海洋能是指海洋特有的、依附于海水的、清洁的、可再生的天然能源,包括潮汐能、波浪能、海水热能及盐度差能等。全球海洋能在技术上可开发利用的总量在1.5×10^{11} kW以上,是目前全世界发电能力的十几倍。

据初步估算,我国1 8000 km以上的海岸线,可开发500 kW以上潮汐电站的站址有190多处,装机容量可达2.158×10^{7} kW,年发电量约6.19×10^{10} kW·h,我国沿海可利用的波能资源约为3×10^{7} kW。其中规模最大的是1985年建设的位于浙江温岭的江厦潮汐电站,总装机容量3 200 kW。法国于1996年建设的横跨拉朗斯河口的潮汐电站,总装机容量为2.4×10^{5} kW。海洋上最大的潮汐发电站,将在2015年被建在韩国Wando Hoenggan Waterways的工程打破,该工程投资8.2亿美元,装机容量有3×10^{5} kW,18 m的涡轮靠自身重力固定于海底。

挪威、日本、英国等国自20世纪80年代以来就先后建造了多座不同形式的波力电站。例如,挪威于 1984 年在卑尔根市附近的 Toftestalen 岛上建成了一座装机容量为 500 kW 的多振荡水柱式波力电站之后，于 1986 年在该电站附近又建造了一座装机容量 350 kW 的聚波水库电站。1995 年 8 月世界上第一台商业性的波力发电站 Ospery（白鹭）安装在英国苏格兰北部 Dounready 附近距岸 300 m 的海上，平均发电容量 2×10^5 kW。我国的波力电站目前仍处于起步阶段，1990 年在广东大万山岛上建成了我国第一座多振荡水柱式波力试验电站，电站首台机组装机容量 3 kW。在该电站原结构的基础上，1996 年又建成了一座 20 kW 的波力发电装置。2001 年我国建成首座波力独立发电系统汕尾 100 kW 的岸式波力电站。

海洋能资源对我国沿海地区经济的发展及边远海岛资源的开发有重要的现实意义。我国的岛屿因普遍缺乏能源，严重地制约了这些岛屿的经济发展和国防建设。随着海洋开发向近岸及纵深发展，海洋能可为将来的海上工程作业提供便利的电力，解决离岸用电问题。但目前海洋能利用的最大障碍是海洋能电站的造价偏高。因此大力发展海洋能电站的根本出路在于依靠海岸工程领域的技术进步，以大幅度提高海洋能的利用率和尽可能地降低工程造价，这也给海岸工程领域提出了如挑战性的课题。

①设计出在恶劣海况条件下经济、安全、可靠的潮汐与波力电站新型工程结构和高转换效率的发电系统。为此要进行海洋流体动力学和能源转换的基础理论研究，包括实际海况中能量转换装置的性能预报、转换装置系统（水动力参数优化、附加质量、阻尼、环境荷载等）和耦合匹配设计优化等。

②发展海洋能的综合利用技术。潮汐电站和波力电站与海上防波堤工程、拦潮坝工程、海水养殖、围垦、海上交通等结合起来，将能促进海洋能利用的商业化步伐，为海洋能的利用开创新的途径。

9.5.2　海洋空间利用

（1）新型海岸工程结构

港口作为传统的海岸工程设施，在 21 世纪仍有很大的发展潜力。我国沿海除已有的 130 多个海港外，可供选择的新港址还有 160 多处。为适应国际贸易需求，运输船舶向大型化的趋势发展，港口的规模将越来越大，对航道水深要求也越来越高。而在有限的自身掩护的天然深水港址开发殆尽之后，港口建设逐步进入水深浪大、环境条件恶劣的海域。传统的港口工程结构因其造价高昂、技术复杂、施工困难等而远不能满足深水港口建设的要求。填海造地是利用海岸带空间的一种简单方式，近年来随着我国沿海地区经济的发展，填海工程与建造人工海岸的规模不断扩大。但不合理的围海、筑坝、河口建闸以及大面积挖沙采石、乱挖珊瑚礁、滥伐红树林等现象，严重破坏了我国的海洋自然景观和生态环境，造成了大范围的海岸侵蚀或淤积，损害了海洋生态系统，影响了江河的泄洪能力和港航功能。

为了适应海岸环境保护、观光旅游、水产养殖等的综合需要，21 世纪人们关于海岸与港口开发的观念正在发生重大的转变：

①综合考虑对海底地质、海岸侵蚀、泥沙运动、生态环境变化与海洋污染等的影响，以利于海岸带的可持续开发；

②综合规划填海造地工程，将交通、工业区、港口与沿港湾海岸风景区的开发有机地结合起来；

③为适合水深浪大、软弱地基、引入海水交换改善港内水质环境且造价低廉的需求，港口工程结构形式将向透空式结构、消能式结构及多功能型结构等新型结构形式发展；

④为达到保护海岸和不破坏生态系统且使海岸具有观赏性的目的,与生态系统相协调的人工礁(宽幅潜堤)及缓坡护岸等结构将取代传统的护岸、海堤等结构形式。

(2)超大型浮体结构

现代海洋空间利用除传统的港口和海洋运输外,正在向海上人造城市、发电站、海洋公园、海上机场、海底隧道和海底仓储的方向发展。人们现已在建造或设计海上生产、工作、生活用的各种大型人工岛、超大型浮式海洋结构和海底工程,估计到21世纪,可能出现能容纳10万人的海上人造城市。鉴于大型人工岛建筑需要的工期长、填料多、难于在较深海域中采用等缺陷,所谓超大型浮式海洋结构(very large floating structure,VLFS)的设想已引起人们的关注。

超大型浮体结构(VLFS)是指长、宽具有公里数量级,而高度为数米或数十米的长大扁平的钢结构,以区别于目前常见的尺度以百米计的大型船舶和海洋石油平台。超大型浮体结构由于其很小的高长比,使它成为不同于普通刚性浮体的柔性结构。它一般建在离岸几十米的开敞式海域,由相互连结的模块组成,并与系留装置、海域防护设施如防波堤等一起组成一个复合结构系统,作为开发利用及保卫海洋资源的基础设施使用。日本已经于1999年8月在东京湾用6块380 m长、60 m宽的矩形漂浮钢制单体拼装海上漂浮机场。

超大型浮体主要应用于以下三个方面。

①在合适的海域建立资源开发和科学研究基地、海上中转基地、海上机场等,以便大量开发和利用海洋资源。

②当沿海城市缺乏合适的陆域时,可以把一些原本应该建在陆地上的设施,如核电站、废物处理厂等,移至或新建在近海海域,来降低城市噪声和环境污染。

③在国际水域建立合适的军事基地,以期对某地区的政治、军事格局产生战略性影响。

超大型浮式海洋结构物的设计和构造,对海岸和近海工程来讲是一个全新的课题,首先必须研究解决以下特有的关键技术问题。

①环境荷载的确定:由于结构物非常庞大,将显著改变结构物附近的海洋动力环境状况,例如,当结构尺度远大于波长时,用当前适用于普通结构的单一波谱来计算结构的波浪荷载是不适当的。

②动力响应分析:对如此大的结构,因其弹性及连接变形十分显著,将产生显著的流固动力耦合作用,使得其动力响应也就更为复杂多变。

③结构的分析计算理论和方法:理想的是采用三维模型,但由于结构庞大,它将超出迄今可及的计算能力,因而可能需要建立各种简化的计算模型。

④连结件的构造与设计:包括构造方案、材料的选择和研制、连接件的制造工艺、锚结构形式及锚力的计算方法研究等。

⑤环境影响:超大型结构的存在改变了海上动力条件,可能引起海岸的冲淤变化,超大型结构对其下面的海洋生物及水质的影响等问题仍有待于研究。

【本章要点】

①码头按平面布置分为顺岸式码头、突堤式码头、墩式码头等;按断面形式分为直立式码头、斜坡式码头、半斜坡式码头、半直立式码头;按结构形式分为重力式码头、板桩码头、高桩码头和混合式码头等;按用途分类分为货运码头、客运码头、工作船码头、渔码头、军用码头、修船码头等。

②码头由主体结构和码头设备两部分组成。主体结构又包括上部结构、下部结构和基础。

③港口工程建设过程大致可以分为前期工作阶段、设计施工阶段和试投阶段三个阶段。港口建设前期工作内容实质上是港口规划内容的主要部分。港口规划在层次系列内可区分为港口布局规划、港口总体规划和港口港区规划三个层次。港口规划在时间系列内可区分为远景规划、中期规划和近期实施计划。

④现代港口建设有关的主要发展趋势有大型化、集装箱化、深水化、信息化、网络化、向物流服务中心转化、普遍重视环保等趋势。

⑤港口工程的组成及其作用、港口工程的规划、港口工程的发展趋势。

⑥海洋工程的研究对象和范围、海洋平台的类型。

【思考与练习】

9-1　试述码头按不同方式分类的主要形式、工作特点以及各自的适用范围。

9-2　码头的结构组成及各部分的作用是什么?

9-3　防波堤的主要功能是什么?

9-4　防波堤的分类及各自基本特点是什么?

9-5　港口工程建设的三阶段是什么?

9-6　现代港口建设发展趋势是什么?

9-7　海洋工程的研究对象和范围有哪些?

9-8　移动式海洋平台主要有哪几种?各自有什么特点?

第10章 水利水电工程

10.1 水利水电工程在国民经济中的作用

10.1.1 水利水电工程概述

水利水电工程的目的是控制或调整天然水在空间和时间上的分布，防止或减少旱涝洪水灾害，合理开发和利用水利资源，为工农业生产和人民生活提供良好的环境和物质条件。水利水 电工程原来是土木工程的一个分支，由于水利水电工程本身的发展，现在已成为一门相对独立的学科，但仍与土木工程有密切的联系。

水利水电工程包括农田水利工程（又称排水灌溉工程）、治河工程、防洪工程、跨流域调水工程、水力发电工程、内河航道工程。无论治理水害还是开发水利，都需要通过水工建筑来实现。

目前学科划分规定，水利水电工程又可以再分为以下几个重要部分。

(1)防洪与治河工程

防洪与治河工程在水利水电工程中占有很重要的地位，一是因为洪水无情，处理不当往往会造成大范围的灾害，影响很大；二是因为大多数河道都会造成洪水灾害，这是一个带有普遍性的问题，没有洪水灾害的国家是极少的。所以许多水利水电工程常把防洪放在首位。天然河流汛期常常会发生洪水，洪水会漫溢或冲毁农田和危害城市，防洪与治河工程就是研究如何防御洪水、控制洪水，避免或减少其造成的灾害。

为了研究洪水的防御与控制，首先要研究洪水发生的原因、洪水的规律、河道防洪的规律、影响洪水的因素等，因此必须研究水文气象、泥沙运动、河道变迁规律和研究水力学、河流动力学以及水利规划、水利计算等；其次要研究用什么办法来控制、调节、改变河道的流态，防御洪水造成的破坏，因此要研究水工建筑物，研究坝、堤防、泄水建筑物、闸、闸门及启闭装置等；还要研究如何建造这些建筑物，实现其功能，即研究施工技术、施工组织、施工管理等。

(2)灌溉、给水及农田水利工程

农业作为国民经济的基础，每一个国家都非常重视。但是大自然不会总是风调雨顺的，比如，常常会有干旱缺水的情况，因此农田要有灌溉设施，城镇要有给水设施（见图10-1），提供生活用水、工业用水。与灌溉给水联系在一起的是城镇的排水工程，多余的水、生活污水、生产废弃污水都得设法排走，否则会引起农田盐碱化、沼泽化。可见，城镇如果没有污水处理及排污系统，就会引起大面积污染，破坏整个环境。

(3)水力发电工程

利用天然河、湖、海洋等水力资源发的电能是可持续、可再生的能源，是无污染的洁净绿色能源，和火力发电、核电相比，有其优越之处。水力发电通常要进行规划、勘测，要修建挡水建筑物、泄水建筑物、输水建筑物、发电建筑物及其他建筑物，同时还要制造、安装机电设备等（见图10-2）。

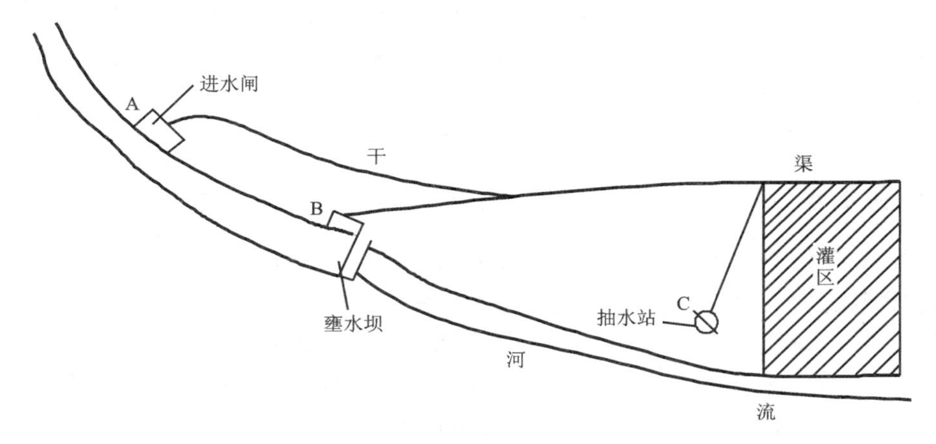

图 10-1　灌溉取水方式示意图

A—无坝取水；B—有坝取水；C—抽水取水

图 10-2　富春江河床式水电站

调查结果显示，我国水力资源的蕴藏量是十分丰富的，我国水力资源理论蕴藏量达到 6.94×10^8 kW，比 20 世纪 80 年代普查结果增加了 1.8×10^7 kW，经济可开发容量为 4.02×10^8 kW，增加了 2.4×10^7 kW。目前我国水电装机容量已经超过 1×10^8 kW，位居世界第一，占全国发电装机总量的 1/4，全国每年可以利用的水能为 2.28×10^{12} kW·h。调查结果表明，我国水利水电工程已经进入了水电发展的新阶段。因此，许多水利水电工程中均有水电站这一部分，也有不少工程，其主要开发目标就是水力发电。除了河道上建设常规水力发电站之外，也有在沿海合适的地方利用潮汐、波浪来发电的，其与常规水力发电相比，既有许多共同点，也有一些特殊的地方。

近年来抽水蓄能电站发展很快，一般也归入水力发电工程一类。

(4)航运工程

水运是各种运输方式中运费最低、运量最大的一种，利用江、湖、河、海发展水运是发展交通的一个重要方面。

航运工程可以分为三大部分：一是码头仓储工程，沿海、沿河建造码头及其配套设施；二是船闸或升船机工程；三是河道整治工程，如疏浚拓宽航道、调整流速、整治滩险等。

(5)其他有关水利水电的工程

例如发展渔业、旅游业，改善环境等都与水利水电工程有关。

10.1.2 水利水电工程的作用

水利是国民经济的基础产业，水利水电工程是国民经济的重要组成部分，是我国最重要的基础设施和推动国民经济发展的基础产业之一，在社会发展和人类进步中发挥着重要的作用。

众所周知，没有水就没有生命，人类的生存和发展与水密切相关，如农田灌溉、水产渔业、河海航运、水力发电、工矿企业的生产、城乡居民的生活用水等，可以说，人类生活领域的各方面、国民经济的各部门，都离不开水这一宝贵的物质资源。我国地域辽阔，水力资源极其丰富。我国水能蕴藏10 000 kW以上的河流有300多条，水能资源居世界第一。但是我国有80%的水力资源未开发，因此，水电增长空间很大。

水是人类赖以生存的基础，水具有“利”和“害”的双重性。人类可以利用水进行灌溉、发电、饮用、航运、养殖、旅游等。同时，水又会对人类造成危害，如降雨产生的洪水、泥石流等会造成淹没或冲毁农田、村庄、城镇等灾害，必须通过工程措施避免或减少这种危害。因此，为了“兴水利”与“除水害”，需要修建大量的水利水电工程，如2 000多年前修建的举世闻名的都江堰水利枢纽，现在仍发挥着防洪和灌溉的重要作用。目前我国建设的长江三峡水利枢纽，是集“防洪、灌溉、城市供水、发电、航运”等功能于一体的特大型综合水利水电工程，是多目标开发的综合利用工程，其防洪、发电、航运三大主要效益，均居世界同类水利工程前列，目前还无其他相当的巨型水利枢纽可与之比拟。

水利水电工程是国民经济的重要基础设施，兴建水利工程不仅能满足人们对于供水、防洪、灌溉、发电、航运、渔业及旅游等需求，而且更重要的是水利水电工程对于经济发展、社会进步有着巨大的推动作用，同时在生态建设方面也同样具有积极作用。

水能是世界能源的重要组成部分，水电更提供着1/5的电力能源。与煤炭等化学能源发电相比，水能具有无温室气体排放、资源可再生等优点，是符合可持续发展要求的重要能源，中国水能资源丰富。不论是水能资源蕴藏量，还是可开发的水能资源，我国都居世界第一位。但是，与发达国家相比，我国的水力资源开发利用程度并不高。截至2014年，我国水电装机容量突破了3亿kW占全球总水电装机容量的27%左右，居世界第一。以三峡工程为代表的大型水电项目的开放式建设，带动了全球行业技术的飞跃发展，成就举世瞩目。

目前，我国已建或在建，如葛洲坝、二滩、小浪底、三峡等一批令世人瞩目的大型水电站，为当地的旅游、经济发展及居民生活水平的提高，作出了巨大贡献。但是和任何事物都具有双重性一样，水电建设要截断河流、淹没土地、迁移人口，不可避免地会给环境带来一些不利影响。这些不利影响主要包括移民安置问题、水电工程建设所产生的泥沙冲淤变化，以及水电工程对鱼类和水生生物的影响。

我国著名的水利水电工程——长江三峡水利枢纽工程(见图10-3)，就是治理和开发长江的关键性骨干工程，主要由拦河大坝、电站厂房、通航建筑物三大部分组成。

三峡工程在国民经济中所发挥的巨大的经济效益是显而易见的。

图 10-3 长江三峡水利枢纽工程

(1)防洪效益

防洪是我国政府决策修建三峡工程最主要的目的,具有不可替代性。三峡水库总库容 3.93×10^{10} m^3,并不是世界上库容最大的水库,根据有关资料,按水库总库容排序,三峡水库居25位之后。但三峡水库运行时预留的防洪库容为 2.215×10^{10} m^3,水库调洪可削减的洪峰流量达27 000～33 000 m^3/s,属世界水利工程之最。

三峡工程将极大地改善长江中下游防洪条件,特别是可使荆江河段防洪标准由现状不足十年一遇设计为百年一遇,保护荆江南北1 500万人口和 1.5×10^4 km^2 的耕地,防止在遭遇千年一遇或类似1998年特大洪水时发生大量人口伤亡的毁灭性灾害。资料表明三峡工程是世界上防洪效果最好的水利枢纽。

(2)发电效益

三峡水电站是三峡水利枢纽的主要组成部分之一。三峡水电站地处中国腹地,地理位置优越,与我国华北、华中、华南、华东、川东的负荷中心相距均在1 000 km以内。三峡水电站将以500 kV交流输电线向华中、川东供电并将与华北和华南联网。水电站安装32台单机容量为 7×10^5 kW的水轮发电机组,总装机容量为 2.25×10^7 kW,年平均发电量 1×10^{11} kW·h,三峡工程全部建成后的装机容量约占中国水电总装机容量的1/6,多年平均发电量约占中国水电发电总量的1/4,是世界上最大的水电站。

(3)航运效益

长江是我国内河运输的大动脉,年运量约占内河总运量的80%,是联系东西部经济发展的纽带。但宜昌至重庆的河道,长达660 km,在天然状况下急流险滩密布,制约了长江航运的发展,三峡水库蓄水至175 m以后,水库回水可以到达重庆,大坝上游600 km以上河段的通航条件得到根本改善,使运输效率提高,运输成本下降,万吨级船队可直达重庆。

(4)三峡工程对生态环境的影响

三峡工程是人类改造自然、利用自然的一项重要工程举措,本质上是改善长江生态环境的一项工程;三峡工程利用清洁的水能发电,与燃煤发电相比,可以少排放大量的二氧化碳、二氧化硫等有害气体,减轻酸雨、温室效应等大气危害,以及燃煤开采、洗染、运输、废渣处理所导致的严重环境污染;三峡工程能增加长江中下游枯水期流量,有利于改善枯水期水质,并可为南水北调提供水源条件。

(5)三峡工程促进库区经济的全面可持续发展

水库移民是水利水电工程建设的重要组成部分,涉及政治、经济、社会、人口、资源、环境等多领域,是工程建设成败的关键。三峡库区是长江峡谷地区的一个贫穷落后区域,经济发展相对滞后,人民生活质量很差,三峡工程的开工建设为库区的发展带来了前所未有的良好机遇。

实践证明,三峡工程建设促进了库区经济结构调整和社会功能的再造,基础设施明显改善,产业结构调整步伐加快,社会事业得到快速发展,生态建设不断加强。国家统计表明,2002 年库区 12 个主要移民区县固定资产投资比 1992 年增长 10 倍,人均 GDP 增长 4.12 倍,农村移民人均收入增长 2.45 倍,居民储蓄率增加 6 倍多,促进了库区经济、社会和环境的协调发展。

综上所述,水利水电工程在利用自然资源产生巨大的经济效益的同时,也带来了巨大的社会效益,促进了社会福利的提高,但水利水电工程也使一部分人受损。因此,在国民经济的发展中,水利水电工程的规划、建设、运行管理与市场经济的关系愈发显得重要,是目前要重点解决的问题。

10.2 水利水电工程的规划和设计

水利水电工程是国民经济的基础设施,在经济建设和社会安定中起着重要的作用,其安全不仅直接影响到效益的充分发挥,并且危及下游人民的生命财产安全。然而,由于水文、工程地质、设计施工以及老化等原因,部分工程存在不安全因素,还有不少病险水库,尤其是 20 世纪 70 年代以前修建的大坝,由于边设计边施工,其老化和病变问题更为严重。据我国 96 座水电站大坝第一轮定期检查发现,相当一部分大坝存在严重隐患和缺陷;同时,以往修建的大坝注重工程的防洪、发电、灌溉等效益,而忽视了对生态环境的影响。随着社会经济的发展和人民生活水平的提高,人们对生存安全也越来越重视,尤其是重大水利水电工程的安全已引起各国政府和民众的高度关注。

10.2.1 水利水电规划

在一个较大供电区域内,用高压输电线路将各种不同类别的发电站连接在一起,如火电站、水电站、核电站、潮汐电站、风力电站等,统一向用户供电所构成的系统,称为电力系统,也称电网。在电力系统中,用户在某一时刻所需电力功率称为电力负荷。电力负荷在一天中是不断变化的。

在电力系统中,由水电站、火电站、核电站、风力电站、潮汐电站等多种类型的发电站共同向电网供电,各种不同类型的发电站有其自身的特性,其在电力系统中的作用也各不相同。与其他电站相比,首先,水电站发电能力和发电量随天然径流情况的变化而变化,河道天然来水的季节性变化和年际变化影响电站的发电能力,在枯水年,水电站可能因来水不足而难以发挥效益。其次,发电机组开停灵活、迅速,水电站机组从停机状态到满负荷运行仅需要 1~2 min,就能够适应电力系统中负荷的迅速变化和周期性波动。同时,水电站整个工程的前期资金投入大,建设周期长,但运行费用低廉,水电站需要修筑挡水建筑物和泄水建筑物,以提供安全稳定的水能资源。水电站这些特性决定了它在电力系统中的作用。

1)径流调节

为了达到兴利、除害的目的,在河流上修建一些水利工程,如筑坝(闸)形成水库来控制河道流量变化,按照需要人为地把河流水量在时间上重新加以分配,叫作径流调节。通过开挖渠道进行跨流域调水，解决水量在地区分布不均的现象，从广义上说亦属于径流调节范围。按其任务分类，有洪水调节、兴利调节等，如灌溉、发电、航运、给水等；按调节周期的长短分类，有无调节、日调节、年调节及多年调节等；按径流调节的程度分类，有完全调节（全部径流被利用）及不完全调节（部分径流废泄等）。

自然界存在的大小湖泊、洼地都具有径流调节的能力。在水电工程建设中，径流主要利用水库等建筑物形成的人工水体进行。下面对径流调节中的兴利调节和洪水调节加以阐述。

(1)兴利调节

兴利调节是指为了一年内或更长时间的蓄丰补枯，提高枯水期流量，以满足各用水部门的需求进行的径流调节。它与自然界中湖泊、洼地对河川径流的调节有明显的区别。

①兴利调节原理。

兴利调节的原理为水量平衡，用下式表示。

$$W_{蓄}-W_{用}=\Delta V \tag{9.1}$$

式中：$W_{蓄}$——时段 T 内河道的天然蓄水量；

$W_{用}$——时段 T 内水库的供水（弃水）量；

ΔV——库容增量，即蓄积在水库中的水量。当 $\Delta V>0$ 时，表示水库库容增加，水库蓄水；当 $\Delta V<0$ 时，表示水库库容减少，水库供水。

式(9.1)表示河道蓄水量与用水（弃水）量的差值等于蓄积在水库中的水量。当蓄水量不足时，由水库向用水部门供水；当来水量充足时，水库储蓄多余的水量。

②兴利调节的类型。

水库库容愈大，能够储蓄的水量就愈多，其径流调节的能力就愈大。但是，水库调节径流的能力不仅与水库库容大小有关，而且与天然蓄水的多少有关。同样大小的水库库容，能够在较小流量的河流上起到较大的调蓄作用，在较大流量的河流上却因很容易被蓄满而不能发挥其调蓄作用。水库的调节径流能力可用库容系数 β 来表示，即

$$\beta=V_{兴}/\overline{W}_{年} \tag{9.2}$$

式中：$V_{兴}$——兴利库容；

$\overline{W}_{年}$——多年平均年径流量；

β——库容系数，反映水库调节能力的大小。

径流调节按其调节周期（水库库空→库满→库空的整个蓄放全过程的时间）的长短可分为如下几种。

a. 无调节。相对于各用水部门的需求，水库几乎没有任何调节能力，天然来水，来多少用多少。当来水大于用水时将发生弃水；当来水水量不足时，只能尽其所有，全部利用。

b. 日调节。水库能够将一天的来水按照用户的需要重新进行分配。日调节水库在枯水期按设计可满足用水要求。洪水期往往是天然来水充足，这时应充分利用来水发电，减少弃水，水库失去调节作用，如葛洲坝水库，在枯水期具有日调节能力，到了夏季长江水量增大时则没有调节能力。

c. 年调节。在一个调节年度中，将洪水期多余的水量蓄存在水库中，到了枯水期再向用水部门供水。年调节水库具有蓄丰补枯能力。在涉及年份（也称典型年份）中，能够将一年内的天然来水量全部利用的水库，称为完全年调节水库；一年内有弃水发生的水库，称为不完全年调节水库。以某水库设计年的径流调节为例，如图10-4所示。

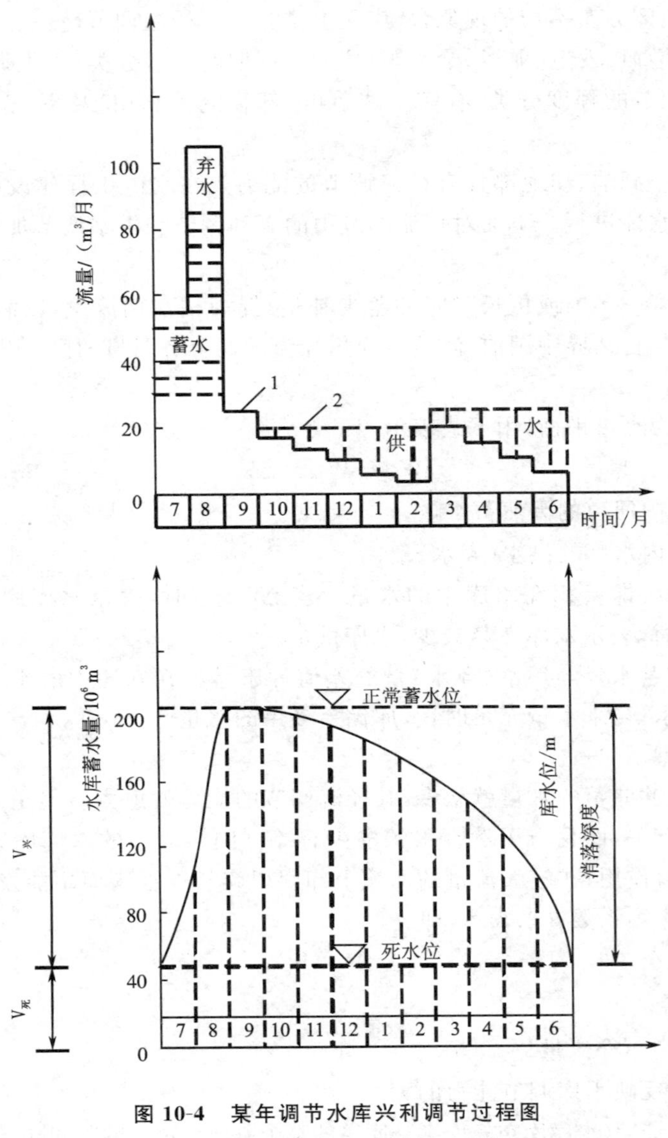

图 10-4　某年调节水库兴利调节过程图

1—蓄水量过程线;2—用水量过程线

图 10-4 所示的为某水库设计年的径流调节过程,为一不完全年调节水库。从图中可见,年调节水库在汛期结束时,应该蓄水到正常蓄水位。进入枯水期后,天然蓄水量减少,不足以满足用水部门的要求,水库供水量大于来水量,水库水位逐渐下降。至枯水期结束时,水库降至死水位。洪水期开始后,蓄水量增大,水库在满足用水后,蓄集多余的水,水库水位上涨。当水库水位蓄到正常蓄水位后,维持此水位不变。多余的蓄水通过泄水建筑物往下游排泄。对于防洪限制水位低于正常蓄水位的水库,汛期的前期只能蓄到防洪限制水位,待汛期即将结束时再将水库水位提升到正常蓄水位,向下一年度供水。

当 β 为 0.08～0.3 时,水库可进行年调节。当天然蓄水过程与用水部门的需求较吻合时,β 较小的水库也可以满足年调节。

完全年调节水库在丰水年也会发生弃水的情况。如果年内蓄水不能满足用水部门的设计要求，则称为破坏年份。由于水库设计不可能无穷大，为了经济合理，设计年份的蓄水过程及年径流量的选取应遵守某个设计保证率。如湖北丹江口水电站就是年调节水库($\beta=0.28$)。丹江口水利枢纽在已建成初期规模的基础上，按原规划续建完成，坝顶高程从现在的 162 m 加高至 176.6 m，设计蓄水位由 157 m 提高到 170 m，总库容达 2.905×10^{10} m^3，比初期增加库容 1.16×10^{10} m^3，增加有效调节库容 8.8×10^9 m^3，增加防洪库容 3.3×10^9 m^3。

d. 多年调节。水库有足够的库容能将丰水年的多余水量调节到枯水年使用的，称为多年调节。多年调节水库能够在年际调节水量，其调蓄能力更强，水的利用率更高。一般当 $\beta>0.30$ 时可进行多年调节。如青海龙羊峡水电站，它是黄河干流梯级开发最上游的水电站，以发电为主，兼有灌溉、防洪、供水等效益，其平均年径流量为 2.05×10^{10} m^3，总库容为 2.47×10^{10} m^3，设计年发电量为 5.98×10^9 kW・h，调节库容为 5.67×10^9 m^3，$\beta=0.95$，为完全多年调节水库。

(2)洪水调节

洪水调节是径流调节的一种，在遭遇到洪水时，水库利用其库容，可将下泄洪水流量控制在下游河道能够承受的安全泄量之内，多余的水则暂时滞留在水库中。待洪峰过后，缓慢地泄放到下游，腾出库容以迎接下一场洪水。水库的这种调蓄作用可以将一条峰高坡陡的来流洪水过程线变为一条平缓的洪水过程线，大大地降低了下泄洪峰流量。因此洪水调节可以削减下泄洪水的洪峰流量，使泄水流量过程平缓，达到防洪减灾的目的。拦蓄在水库中的水量需要有足够的库容储蓄。利用水库调蓄洪水是防洪的重要工程措施之一。图 10-5 所示的是有、无闸门控制的水库洪水调节过程线。

由图 10-5(a)可知，A 点称为洪水调节的起调点。在此以前，水库发电(或灌溉)泄水量等于洪水流量，水库水位不变。也就是说，水库的泄水建筑物有足够的泄流能力下泄从上游河道进入水库的流量。A 点以后，来流量继续增大，水库泄流能力小于来流量。这时，一部分水量从泄水建筑物泄到下游，另一部分水量蓄积在水库中。

由于水库的蓄水量增加，水库水位在这个过程中逐渐上涨。通过洪峰后，从上游来流进入水库的流量逐渐减小。但是，来流量仍然大于泄流量，水库水位还在继续上涨，泄流量继续增加。直到 B 点时，来流量与泄流量相等，水库水位到达最高点 B 点，B 点以后，水库蓄积的水继续泄向下游。在较高库水位下，下泄流量大于水库来流量，水库水位开始下降，泄流量也逐渐减小。直至下泄到汛前水位，洪水调节过程结束。由图 10-5(a)可知，经过水库调蓄后，大大削减了下游洪峰流量。

图 10-5(b)所示的为水库在有闸门控制情况下的洪水调节过程线。泄水建筑物设置有闸门后，能更好地发挥水库调蓄洪水的能力。

C 点以前，水库即根据水文预报在洪水到来之前就开始向下游泄水。这时，水库泄水流量大于河道来水流量，库水位下降，腾出库存以增大防洪能力。此时，水库的下泄流量应该控制在下游河道安全流量以下。到达 C 点以后，进库来流量大于下游的安全流量，这时，闸门继续控制下泄流量等于安全流量，水库水位上涨，直至 D 点，来流量等于泄流量。D 点以后，来流量减少，水库水位下落，直至恢复到正常库水位为上。水库在洪水到来之前预泄，可以腾出一部分库容，增大调节洪水能力。当水库遭遇到超过下游防洪标准的洪水时，水库的洪水调节应以保证大坝安全为首要任务。这时，闸门不加限制，全部敞开泄洪。

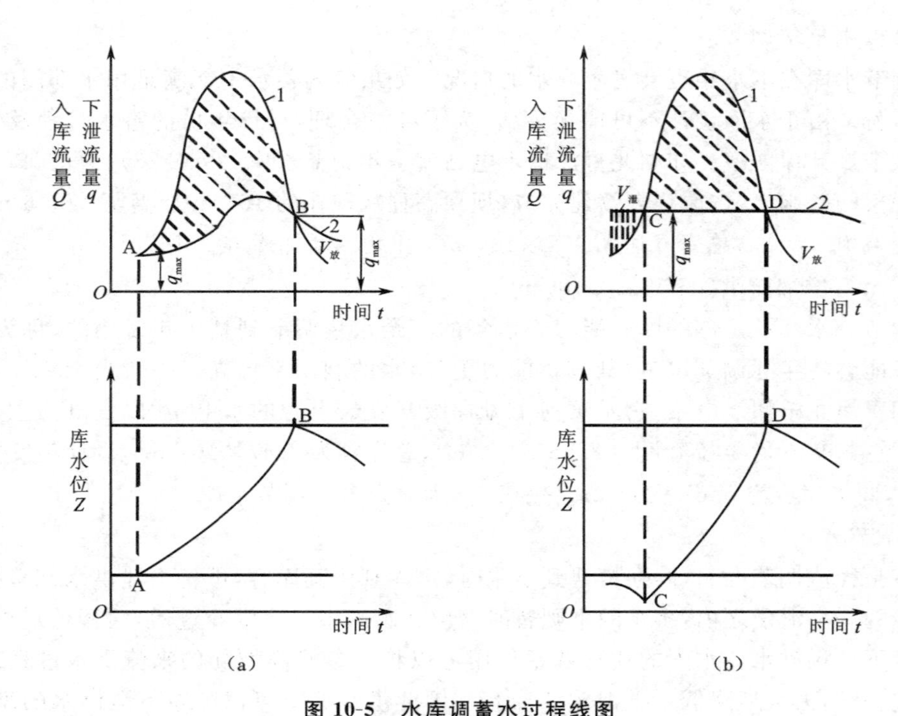

图 10-5 水库调蓄水过程线图

(a)无闸门控制情况;(b)有闸门控制情况

1—蓄水流量过程线;2—泄水流量过程线;Q—某时段的入库流量;q—某时段的出库流量

2)河流规划

水利水电规划应该贯彻全面规划、统筹兼顾、讲求效益的原则。水利水电规划应与江河流域综合规划相协调,强调水资源与枢纽工程的综合利用,正确处理近期与远期、整体与局部、干流与支流、上中下游、资源利用与环境保护等几方面的关系。认真调查研究和评价各项基本资料以及有关地区的经济特点,分析其远景情况,预测其发展程度,结合各用水部门的规划和利益,综合确定河流规划的基本任务、原则和要求,重视河流梯级开发的分析和研究,通过实地勘察,对水资源综合利用效益、水库淹没、工程地质、水工建筑物和施工条件、投资、工期等因素以及梯级开发方案进行综合分析比较。同时水利水电规划应高度重视并认真研究移民安置问题,对规划方案进行环境评价,提出环境保护的相关要求。

河流规划的任务是综合考虑各用水部门的需求,合理地、充分地利用水资源,在国民经济发展的大框架内统筹安排,避免浪费人力、财力和水资源。

河流规划的基础是建立在对全河流水资源和全流域内政治、经济发展的充分了解之上的。河流规划工作要用系统分析的方法,进行充分论证,多方案比较,制定合理的开发程序。

对河流进行水电开发时一般采用梯级的形式,首尾相接,上一级水电站的尾水位与下一级水库的正常蓄水位相接,充分利用水能资源,充分发挥龙头水库的调蓄作用(在第一级常建有大库容水库,称为龙头水库),有利于下游各梯级水电站发挥效益。河流梯级划分方式要做到经济合理,技术可行。

调查显示,目前我国不仅对长江、黄河、珠江等大江大河进行了全流域规划,还对沅水、澜沧江、清江、汉江、乌江、红木河、淮河、闽江、雅鲁藏布江等一些较大支流或中型流域进行了流域规划（见图10-6）。

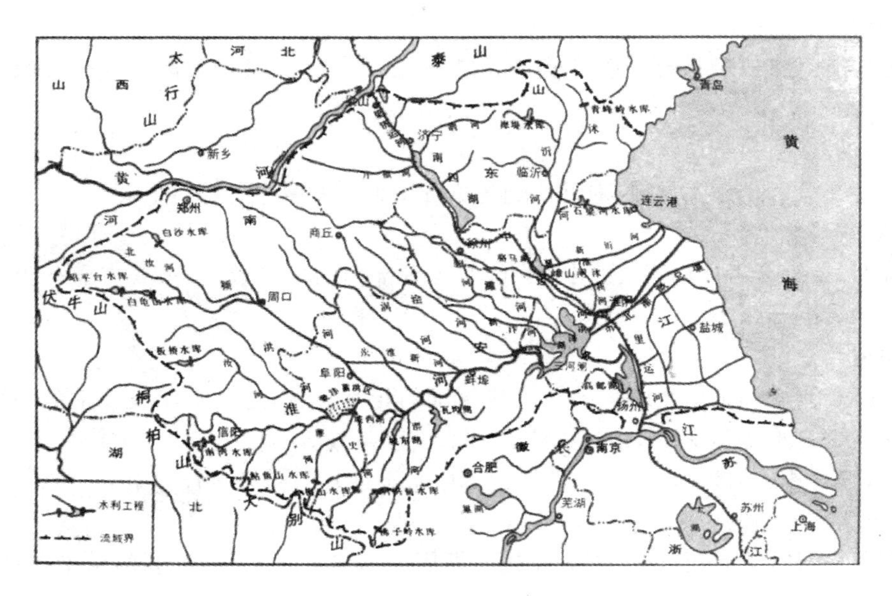

图 10-6　淮河流域规划图

10.2.2　水利水电设计

水利水电工程的设计包括坝址、坝型的选择，电站形式及电站站址的选择，整个水利水电枢纽的布置及各水工建筑物的设计等。

1)坝址和坝型选择

选择合适的坝址、坝型和枢纽布置是进行水利水电工程设计的重要工作。在流域规划阶段，根据综合利用的要求，结合河道地形、地质等的调查和判断，初选几个可能筑坝的坝址，经过对各坝址和坝轴线的综合比较，选择一个最有利的坝址和一两条较好的坝轴线，并进行枢纽布置。在初步设计阶段，通过一系列的方案比较，选出最有利的坝轴线，确定坝型及其他建筑物形式并进行枢纽布置。在技术设计阶段，随着地质资料和试验资料的进一步深入和完善，对确定的坝轴线、坝型及枢纽布置方案做出最后的补充、修改和选定。

在选择坝址和坝型时，需要考虑如下几个方面。

(1)地质条件

理想的地质条件是地基、岩基等坚硬完整，没有大的断层、破碎带等。

一般来说，完全符合上述条件的天然地基是非常少的，往往要做适当的地基处理后才能适应相应坝型的要求。

不同的坝型和坝高对坝基地质有不同的要求。拱坝对两岸坝基要求较高，连拱坝对坝基的要求也高，大头坝、平板坝、重力坝次之，土石坝要求最低。

(2)地形条件

在选择坝型时，要针对地形多样性的具体情况具体分析，还要结合其他条件进行全面考虑。总的说来，坝址的选择原则是:河谷的狭窄段，坝轴线较短，有利于降低建坝的造价和工程量，但是还要考虑到水利水电枢纽的布置。例如，三峡工程坝址的选定就充分考虑了各种建筑物的布置。

(3)建筑材料

坝址附近应有足够数量且符合质量要求的建筑材料。例如，采用混凝土坝时，坝址附近应有良好的骨料。

(4)施工条件

选择坝址要充分考虑施工导流、对外交通等方面的便利和要求等条件。

(5)综合效益

选择坝址时，要综合考虑防洪、灌溉、发电、航运等部门的经济效益，还要考虑环保、生态等各方面的社会效益和影响等。

2)枢纽布置

枢纽布置就是研究确定枢纽中各种水工建筑物的相互位置，这是枢纽设计中的一项重要内容。由于这项工作需要考虑的因素多，涉及面广，因此，需要从设计、施工、运行管理、技术经济等各方面进行全面论证，综合比较，最后从若干个比较方案中选定最好的枢纽布置方案。

(1)枢纽布置应遵循的原则

①枢纽布置应与施工导流、施工方法和施工期限一起考虑，要在较顺利的施工条件下尽可能缩短工期。

②枢纽中各个建筑物能在任何条件下正常地工作，彼此不致互相干扰。

③在满足建筑物的强度和稳定的条件下，枢纽总造价和年运转费用最低。

④同工种建筑物应尽量布置在一起，以减少连接建筑物，尽可能提前发挥效益。

⑤枢纽中各建筑物应与周围环境相协调，在可能的条件下，在建筑艺术上应美观大方，在保证使用功能的条件下，最大限度地满足美学功能的要求。

(2)枢纽布置中各类水工建筑物对自身布置的要求

①挡水建筑物。轴线尽可能布置成直线(拱坝除外)，这样可使坝轴线最短，坝身工程量最小，施工比较方便。

②泄水建筑物。水利水电枢纽中不可缺少的建筑物。泄水建筑物的布置是否合理，直接关系到整个枢纽的安全运行和使用效率。泄水建筑物包括溢流坝、岸边溢洪道及泄水孔、泄水隧洞等。这些泄水建筑物应具有足够的泄流能力，其中线位置及走向应尽量减少对原河道自然情况的破坏，还应注意尽量避免干扰发电站、航运、漂木及水产养殖等的正常运作。

③水电站建筑物。水电站的形式及站址(厂房位置)的选择是一项重要的工作。不同的电站形式有不同的厂房位置。有时即使是同一种电站形式也有不同的厂房位置方案，需要研究各种方案的施工条件、运用条件、经济条件、综合效益等，进行论证和综合比较，优选出最佳的方案。一般来说，厂房位置应尽可能靠近坝体，以减少输水建筑物的工程量和水头损失。

④灌溉和引水建筑物。枢纽中灌溉和引水建筑物的取水口应位于灌溉或用水地区的同一侧，其高程通过水力计算确定并取决于灌区或用水地区高程。

取水口在布置上要求不被泥沙淤塞和漂浮物堵塞。当枢纽为低坝取水或无坝取水时，为了保证能引进足够的流量，取水口应布置在弯道下游段凹岸一侧。取水口的引水角度、取水防沙设施(沉沙池等）均须布置得当，以保证取水口运行可靠。

⑤过坝建筑物。过坝建筑物主要包括通航建筑物、过木建筑物和过鱼建筑物。

在枢纽布置时要对这些建筑物与其他水工建筑物的相对位置进行充分的研究，避免相互干扰。在过去的工程实践中，这些建筑物与其他建筑物有发生干扰的情况：过木时影响发电，影响航运；泄水建筑物泄流时影响航运等。这就有个统筹兼顾、全面考虑的问题，应尽可能使整个枢纽中各个水工建筑物在运行时互不干扰，充分发挥各个水工建筑物的效益。

除此之外，还包括重力坝设计、拱坝设计、土石坝设计、碾压混凝土坝设计、船闸设计、水工隧洞设计、泵站设计、水电站厂房设计等。

3）水利水电工程设计工作阶段和设计方法

水利水电工程建设，一般划分为规划、设计及施工三个阶段。由于水工建筑物所在地区的自然条件差别很大，故首先必须深入实际进行勘测调查工作，切实掌握有关地形、地质、水文、气象、建材等方面的资料，以及当地工农业生产、交通运输、劳力及物资供应等情况。

在勘测调查的基础上，再进行规划和设计工作。我国水利水电工程设计中一般要经过可行性研究、初步设计和施工详图三个阶段，才做技术设计。

可行性研究是建设前期工作的重要内容。其经国家批准之后，才能进行下一步的设计工作，各设计阶段的工作重点和要求应遵循“设计文件编写与审批程序”。

水工建筑物具有与其他工业、民用建筑物不同的特点。水工建筑物是在水中工作，水会对它产生巨大的作用与影响，例如，挡水建筑物要受到上游的静水压力、波浪压力、地震水压力和水流经过建筑物的动水压力等的作用，这是水工建筑物的主要特点。此外，水工建筑物及其地基产生渗流，高速水流的作用对下游河床的冲刷，水的化学作用和侵蚀作用以及水下工程如何检修，设计时也应加以考虑。

水工建筑物的形式、构造、尺寸和工作条件与建筑物所在地区的地形、地质及水文条件等有较为密切的关系，特别是地质条件对建筑物的形式、尺寸和造价的影响很大，必须根据所在地区的具体情况进行建筑物的设计，有些小型建筑物可以使用定型设计，但也要根据具体情况选用。水工建筑物零件应标准化，以便采用装配方式施工，这是完全必要和可能的。

水工建筑物施工一般要考虑洪水的影响，其施工条件比其他建筑物要复杂得多。施工导流问题处理不好，将影响工期。水工建筑物地基处理工作复杂，若有不慎，将造成隐患。挡水建筑物还要在特定时间里赶筑到某一高程，以保汛期拦洪，这些表现出设计与施工的复杂性、艰巨性与紧迫性。

水工建筑物必须安全可靠，若存在隐患，则会带来较严重的后果，尤其是挡水建筑物若失事，后果将不堪设想。国内外都有关于大坝失事的例子。国外的统计资料显示，20 世纪以来，高于 15 m 的大坝，失事的约有 290 次，至少有 90 次溃坝。在国内溃坝的事例也很多，著名的“75・8”特大洪水期间，淮河上某水库失事，造成的损失是毁灭性的。这次失事的主要原因是防洪水的标准达不到设计规范要求，造成水库中的挡土墙坍塌事故等。水工建筑物的失事，固然与某些难以预见的自然因素和人们当时的认识能力及技术水平有关，但也有很多情况是由于不重视勘测设计阶段对地质问题上的分析研究，设计指导思想不正确和施工中忽视质量所造成的，对于这些，必须要高度重视。

水工建筑物设计是一门综合性很强的学科，这门学科的范围很广，它包括水力学、土力学与岩石力学、材料力学、地质地貌、工程水文学、电工学等技术基础课及施工机械和施工组织等专业课程。

进行某一水工建筑物设计时,要针对建筑物所在地区的具体条件,运用上述基本学科的理论和方法,并借助规范、手册及有关专著和资料进行设计,使所设计的建筑物既能保证安全适用,又能满足经济合理的要求。

如果掌握了水利枢纽布置的基本原则和方法,运用水工建筑物设计的基本理论,就可以进行可行性研究阶段和初步设计阶段水工建筑物的设计、进行水工建筑物技术设计及施工详图阶段工作。进行水工建筑物结构设计时,应具备结构力学、钢筋混凝土、钢木结构学科的有关知识。各阶段知识在各方面运用的程度有所不同。

水利水电工程牵涉面广而复杂,不少问题到目前为止仍然未能获得很好的解决。设计中常采用的方法如下。

①实事求是:不断总结工程实践经验,分析归纳,找出规律,以指导水工建筑物设计,这是指导思想,也是主要的工作方法。

②类比:为了减少设计工作量,可将条件近似而效果良好的已建成建筑物的设计使用在新建的工程上,也就是将设计结果和已建成工程类比。

③方案比较:对同一水利枢纽或水工建筑物建立若干个不同的方案,通过技术经济比较,从中选出一个最优方案。

④模型实验和专题研究:对于某些理论上难以解决的问题,常需采用模型试验和实地测试的方法寻求解决或验证,也可委托科研单位进行专门的研究。

⑤电子计算机是当代科学技术的重大成就,在水利水电建设中,从规划、设计、施工到科研、管理已在逐步推广使用。在水工建筑物设计中,很多用人力难以求解的数据运算与数据处理,可借助电算完成。

⑥遵循国家有关法令条例,按照有关的技术规程规范,正确选用设计文件、数据,采用最新科技成就和参考文献,精心设计。

10.3 水利水电工程的发展趋势

10.3.1 水利水电工程的发展历史

我国早在2 000多年前就已经与水结下了不解之缘,在防洪、灌溉、航运、城市给水排水等各方面都取得了巨大的成就。其中,我国在水利水电建设方面有两个繁荣时期:一是春秋战国时期,二是新中国成立以后。

春秋战国时期,新的生产关系的确立,大大促进了社会生产力的发展。铁器的发明、农业的发展,都促使与农业紧密相关的水利事业获得迅速的发展。当时建成的都江堰水利枢纽工程(见图10-7)就是令人惊叹的著名水利工程。

都江堰水利工程借助于宝瓶口、飞沙堰、分水鱼嘴对岷江进行分流。都江堰工程代表了当时水利工程建设的最高水平,经历代整治,至今仍在使用。1991年,都江堰水利枢纽的灌溉面积已达到$7.07\times10^9\ m^2$。2002年12月实现截流的紫坪埔工程完工后,总灌溉面积将达到$9.33\times10^9\ m^2$。

春秋战国时期建成的工程还有广西的灵渠、河北的引漳十二渠、陕西的郑国渠和河南的鸿沟渠

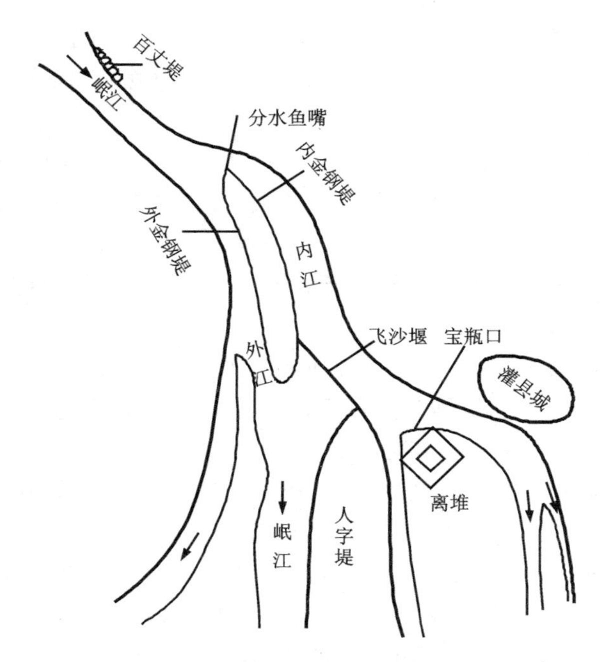

图 10-7 都江堰水利枢纽示意图

等。在其后2 000多年的水利水电工程的发展过程中，尚有汉代的鸿隙坡、南北朝的浮山堰、唐代的它山堰、隋代的南北大运河、宋代的高家堰等工程。但是，长期封建制度的束缚作用，使我国的水利水电事业发展受到了限制。

新中国成立后，生产力不断提高，科学技术不断进步，水利水电事业迅猛发展起来，主要表现在如下几方面。

(1)整治大江大河，提高防洪能力

长江是我国第一黄金水道。在长江中上游的支流上修建了安康、丹江口、乌江渡、龚嘴、凤滩、东江、二滩等大中型工程，干流上有葛洲坝、三峡工程。其中，三峡工程在治理长江方面起到了不可替代的作用。

黄河是我国的母亲河。在黄河干流上修建了龙羊峡、李家峡、刘家峡、青铜峡、小浪底等工程，使干堤防洪标准提高到60年一遇。

(2)修建了一大批大中型水电工程

新中国建国60多年来，水电建设迅猛发展，工程规模不断扩大。代表性的工程中，20世纪50年代有浙江新安江水电站、甘肃黄河盐锅峡水电站；20世纪60年代有甘肃黄河刘家峡水电站、湖北汉江丹江口水电站；20世纪70年代有湖北长江葛洲坝水电站、甘肃白龙江碧口水电站；20世纪80年代有青海黄河龙羊峡水电站、吉林松花江白山水电站；20世纪90年代有广西红水河岩滩水电站、青海黄河李家峡水电站；20世纪与21世纪之交有三峡水电站、小浪底水电站等。

除此之外，在水利水电事业上，我国还进一步修建了一大批农田水利工程，同时对全国水资源进行普查及保护，水利水电工程的设计、施工、管理水平不断提高。

综上所述，我国水利水电事业正从重点开发开始走向系统的综合开发，如黄河梯级工程、三峡工程、南水北调工程等重大工程项目的计划和实施，都使我国水利事业迈向一个新水平。但是不论是全世界,还是我们国家,水资源的问题都是一个严重的问题,人类面临着严峻的挑战。在新世纪里,我们必须妥善地解决这些问题,走可持续发展的道路,要不断改善我们的生存条件,同时不能恶化我们的生存环境。

我国改革开放已经走过30多年的光辉历程,在这艰苦奋斗、励精图治的30多年里,我国的水利水电事业取得了一大批具有国际国内先进水平的研究成果,主要表现在:水文水资源、泥沙工程、海岸和江河治理、水工建筑、土工地基、农田水利、水利经济、水工程建设与运行管理中有关应用技术与基础研究的科研成果,新结构、新工艺、新设备、新技术的开发与应用等,这些对推动国民经济发展有着明显的社会效益和经济效益。

在世纪之交的今天,我国的水利水电事业正面临着难得的发展机遇。我国已建成多种坝型、各种布置形式的坝式水电站。坝式水电站分为坝后式水电站、坝内式水电站、溢流式水电站、河床式水电站等。其中,常规的坝后式水电站如丰满水电站、东江水电站、龙羊峡水电站;坝内式水电站如凤滩等水电站;溢流式水电站如新安江水电站、乌江渡水电站;已建成的河床式水电站如葛洲坝、富春江、西津、青铜峡等水电站。

为了充分开发西南、西北地区的水能资源,我国的水利水电科学在规划、勘测、设计、施工、科学研究、运用管理上必须跃上一个新的台阶。除了常规水电之外,在新的世纪里还要大力发展抽水蓄能电站、潮汐电站,甚至波浪电站、太阳能电站、风能电站。21世纪的水利水电工程的设想,在目前看来似乎是难以实现,然而21世纪全世界的科学技术将是一个空前发展的时期,在未来100年内,以上的设想可能都会实现,三峡工程就是证明。有更多我们目前想不到的事,也会变成现实。

10.3.2 水利水电工程的可持续发展

我国幅员辽阔,水资源分布极不均衡,一般南方水多、北方水少,而各地水资源开发条件也不相同,我国西部,如西北和西南长江、黄河、珠江、澜沧江等大江大河开发条件较好,河系集中,源远流长,年径流量大,河床坡陡,水库调节水量大,对供水、发电都有利。我国多年前即开始的十大水利水电基地有七个位于西部,说明这个地区已优先进行了一定的水利水电工程,但从全国而言,西部水资源的开发利用程度还很低,潜力很大,还应大力开发,通过西电东送以适应全国日益增长的需要。

应大力并优先修建开发条件和控制性能良好的大型综合利用的水利水电枢纽工程,以及发展中小型水利水电工程。这类工程的优点是工期短,见效快,易于发挥各方积极性,可由地方或各方集资兴建。我国近年来小水电发展速度很快,能较好地满足广大农村的需要,对发展地方电力极为有利。同时大力发展跨流域引水,跨地区送电。此外,西部水电多,西电东送势在必行。

我国水利水电可持续发展的战略是在各种资源的可持续开发利用和良好的生态环境的基础上,不仅要保持经济的高速增长,还要谋求社会的稳定与发展。水电除了要满足自身的可持续性外,还要满足环境、经济和社会的可持续发展。众所周知,在电网的各种能源构成中,水电具有较好的调峰性能,可改善电网中火电机组的发电状况,减少有害气体的排放量,既可改善电网中电的质量,又可改善地区的环境。近年来,几座大型抽水蓄能电站相继投入运行。抽水蓄能电站本身虽不能生产电能,但可利用剩余电能抽水,在高峰时发电,既可调节高峰用电又可补充平时用电,在电力系统中具有能量储存转换和改善优化的功能。

抽水蓄能与煤电和油电相比,具有跟踪负荷性能好、开停机灵活、节煤节油等特点。

通常，抽水蓄能电站的工程量比常规水电站少得多，虽然目前国内可逆机组还无成熟制造经验，需要从国外引进，其价格较高，但在水利水电枢纽中补充抽水蓄能功能，有利于水资源、水能资源的进一步开发，更大限度地发挥水利水电等综合效益。同时可大大改善工程的有关指标和枢纽在系统中的作用，给水利水电工程带来新的开发前景。

目前，我国抽水蓄能电站的建设和规划设计工作正在全国范围内蓬勃展开。从我国已建和在建的抽水蓄能电站看，它们各具特色，有大型的也有小型的，这些为我国抽水蓄能电站建设奠定了坚实的基础。在今后设计建设中，抽水蓄能电站的运行将逐渐改善其调节性能，逐渐向双日或周季调节方向过渡。

综上所述，综合考虑水利水电（含抽水蓄能）和电力相结合的开发模式具有重大的意义。因为通过抽水蓄能水利水电与电力是相辅相成的，电力（电网）的支持，为水利水电提供了抽水电力，反过来也为电网增加了调峰和填谷能力，改善供电质量，并为电力的发展提供水源等条件。多种形式的抽水蓄能作为水电的补充，扩大了水电的内涵，对水利水电工程的可持续发展大有好处。

展望21世纪，水利水电开发前景是美好的。水资源的开发关键在于水利水电的建设，但更要注意工程的有效运行和管理，以发挥防洪、灌溉、供水、发电等方面的综合效益。水资源和水能资源可以循环再生，但有一定的限量，不能突破。在当前我国现代化空前繁荣的大好形势下，水利水电进展迅速，一些地区已出现开发殆尽现象，这将影响水利水电可持续发展。为此，在水能的开发中要注意当地电力系统能源组成，不但要注意常规水利电力的开发，还要重视抽水蓄能及混合式开发，它们的出现往往会给某些地区的水利水电开发带来生机和活力。这种综合考虑水利水电与电力设施相结合的模式，还可在发展各种能源（如风能、太阳能和潮汐能等）发电以及调水等工程中发挥作用。考虑多种形式的抽水蓄能作为常规水电的补充，可以引入电力（电网）的参与，这种跨行业（即水利水电和电力行业）的模式可使各种资源的综合开发、利用达到较高水平，有利于开创水利和水电可持续发展的新前景。

【本章要点】

①水利水电工程的分类及在国民经济中的作用。

②三峡工程在国民经济中所发挥的巨大的经济效益。

③水利水电工程的规划包括径流调节和河流规划，水利水电工程设计的工作阶段、设计方法等。

④水利水电工程的发展历史。我国在水利水电建设方面有两个繁荣时期：一是春秋战国时期，二是新中国成立以后。

⑤水利水电工程的可持续发展。

【思考与练习】

10-1　水利水电工程包括哪几个重要部分？

10-2　三峡工程在国民经济中发挥着怎样的经济效益？

10-3　与其他电站相比，水电站有何特点？

10-4　什么是径流调节？

10-5　径流调节的原理是什么？

10-6　水利水电工程的设计内容包括哪些?

10-7　如何选择合适的坝址和坝型?

10-8　枢纽布置所遵循的原则有哪些?

10-9　水利水电工程设计工作包括哪几个阶段?

10-10　水利水电工程设计中常采用的方法有哪些?

10-11　如何看待水利水电工程的可持续发展?

第 11 章　土木工程施工

土木工程施工主要研究工程施工的工种、工程施工技术和施工组织计划规律。一般包括施工技术与施工组织两大部分。施工技术是以各工种工程（ 土方工程、桩基础工程、混凝土结构工程、结构安装工程、装饰工程等 ）施工的技术为研究对象，以施工方案为核心，结合具体施工对象的特点，选择最合理的施工方案，决定最有效的施工技术措施。施工组织是以科学编制一个工程的施工组织设计为研究对象，编制出指导施工的施工组织设计，合理地使用人力、物力、空间和时间，着眼于各工种工程施工中关键工序的安排，使之有组织、有秩序地施工。概括起来，施工就是以科学的施工组织设计为先导，以先进、可靠的施工技术为后盾，保证工程项目高质量、安全、经济地完成。

土木工程施工课程是一门应用性学科，具有涉及面广、实践性强、发展迅速的特点。它涉及多个学科的知识，并需要应用这些知识解决实际工程问题。本课程又是以工程实际为背景，其内容均与工程有着直接联系，需要有一定的工程概念。随着科学技术的进步，土木工程在技术与组织管理两方面都在日新月异地发展，新技术、新工艺、新材料、新设备不断涌现，应时刻关注国内外最新动态。

土木工程施工必须严格按照国家颁布的施工规范进行。施工规范是国家在土木工程施工方面的重要法规，其目的是加强对土木工程施工技术及统一验收标准的管理，以便能提高施工水平、保证施工质量、降低工程成本。施工规程、规定也属于国家（行业、地方）标准，但它是比施工规范低一个等级的工程技术文件，通常是为了推广新技术、新工艺、新结构、新材料而制定的有关标准。土木工程不同专业方向规范（规程、规定）的适用范围不尽相同，在使用时应注意。

11.1　土木工程施工技术

11.1.1　土石方与基础工程

1)土石方工程

土石方工程简称土方工程，主要包括各种土（或石）的开挖、填筑和运输等施工过程以及排水、降水和土壁支撑等准备和辅助工作。土方工程施工大多为露天作业，施工条件复杂，施工易受地区气候条件影响。在组织施工时，应根据工程自身条件，制定合理施工方案，尽可能采用新技术和机械化施工。

(1)基坑（槽）的开挖

①土方边坡与土壁支撑。

在基础或管沟土方施工中，防止塌方的主要技术措施是放坡和坑壁支撑。挖成上口大、下口小的形式，留出一定的坡度，靠土的自稳保证土壁稳定的措施称为坊放坡，如图 11-1 所示。基坑（槽）放坡开挖往往比较经济，但在建筑稠密地区或有地下水渗入基坑时往往不能按要求放坡开挖，这时需要进行基坑（槽）支护，以保证施工顺利和安全，如图 11-2 所示。

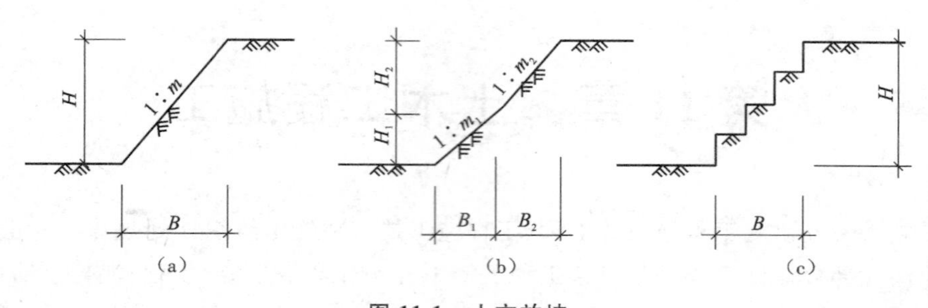

图 11-1　土方放坡

(a)直线形;(b)折线形;(c)踏步形

图 11-2　基坑支护现场

②基坑排水与降水。

若地下水位较高,开挖基坑(槽)至地下水以下时,由于土的含水层被切断,地下水将不断渗入基坑内,为了保证施工质量和施工安全,要排除地下水和基坑中的积水,保证挖方在较干燥状态下进行。在一般工程的基础施工中,多采用明沟集水井抽水、井点降水或二者相结合的办法排除地下水。井点降水是在基坑开挖前,先在基坑四周埋设一定数量的井点管和滤水管,挖方前和挖方过程中利用抽水设备,通过井点管抽出地下水,使地下水位降至坑底以下,避免产生坑内漏水、塌方现象,保证土方开挖正常进行,如图 11-3 所示。

③基础土方的开挖

基础土方的开挖方法分为两类:人工挖方与机械挖方。

常用的土方机械有推土机、铲运机、挖掘机等。铲运机是一种能综合完成全部土方施工工序(挖土、运土、卸土和平土)的机械。

挖掘机也称为单斗挖土机,利用土斗直接挖土,常用的施工方式有正铲、反铲、抓铲、拉铲。

图 11-3　轻型井点降水

④土方回填与压实

土方回填必须正确选择土料和填筑方法，填料土方应符合设计要求或有关规定，如对土方中的含水量、有机质含量、水溶性硫酸盐含量等均有规定，冻土、软土、膨胀性土等不应作为填方土料。

填土应分层进行，每层厚度及压实遍数应根据所采用的压实机具及土的种类而定。填土的压实方法一般有碾压(也包括振动碾压)、夯实、振动压实等。

(2)石方爆破

在山区进行土木工程施工，常遇到岩石的开挖问题，爆破是石方开挖施工最有效的方法。此外，施工现场障碍物的清除、冻土的开挖和改建工程中拆毁旧的结构或构筑物、基坑支护结构中的钢筋混凝土支撑等也用爆破。

爆破作业包括三个工序：打孔放药、引爆、排渣。按打孔深度一般分为浅孔爆破与深孔爆破。有时还有不打孔的表面爆破，用于处理少量表层岩石。

浅孔爆破的炮眼直径和深度分别小于 70 mm 和 5 m，适用于工作量不大的岩石路堑。

深孔爆破的炮眼直径大于 75 mm，深度在 5 m 以上。深孔爆破每次爆破的石方量大，可用于开挖基坑、开采石料、松动冻土、爆破大块岩石及开挖路堑等。

2)深基础工程施工

一般民用建筑多采用天然浅基础，对土层软弱、高层建筑、上部荷载很大的工业建筑或对变形和稳定有严格要求的一些特殊建筑无法采用浅基础时，在经过技术经济比较后，可采用深基础。深基础是指桩基础、沉井基础、墩基础、管柱基础和地下连续墙等，其中桩基础应用最广。

(1)桩基础

桩基础由桩和桩顶的承台组成，如图 11-4 所示。

按桩的受力情况，桩分为摩擦桩和端承桩两类。摩擦桩上的荷载由桩侧摩擦力和桩端阻力共同承受，端承桩上的荷载主要由桩端阻力承受。

按桩的施工方法,桩分为预制桩和灌注桩两类。预制桩是在工厂或施工现场预先制好各种形式、各种材料的桩,而后用沉桩设备将桩打入、压入、旋入、振入或用高压水冲沉入土中。灌注桩是在施工现场的桩位上用机械或人工成孔,然后在孔内灌注混凝土或钢筋混凝土而成,其根据成孔方式不同分为钻孔、挖孔、冲孔灌注桩,沉管灌注桩和爆扩桩。

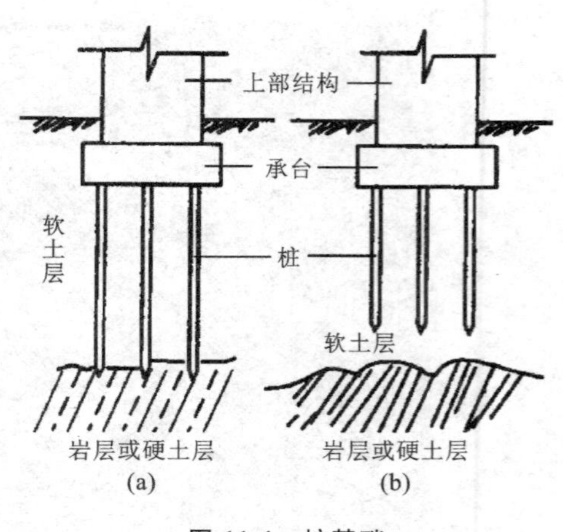

图 11-4 桩基础

(a)端承桩;(b)摩擦桩

(2)墩基础

墩基础是在人工或机械挖成的大直径孔中浇筑混凝土(钢筋混凝土)而成,我国多用人工开挖,亦称大直径人工挖孔桩,直径在 1~5 m 之间,多为一柱一墩。墩身直径大,有很大的强度和刚度,多穿过深厚的软土层直接支承在岩石或密实土层上。

人工开挖时,为防止塌方造成事故,需制作护圈,每开挖一段就浇筑一段护圈,护圈材料多为现浇钢筋混凝土,否则,对每一墩身则需事先施工围护,然后才能开挖。人工开挖还需注意通风、照明和排水等。

(3)沉井基础

沉井是用混凝土或钢筋混凝土制成的井筒(下有刃脚,以利于下沉和封底)结构物。按基础的外形尺寸,在基础设计位置上制造井筒,然后在井内挖土,使井筒在自重(有时须配重)作用下,克服土的摩阻力缓慢下沉,当第一节井筒顶下沉接近地面时,再接第二节井筒,继续挖土,如此循环反复,直至下沉到设计标高,最后浇筑封底混凝土,用混凝土或砂砾石充填井筒,在井筒顶部浇筑钢筋混凝土顶板,即成为沉埋的实体基础。

(4)地下连续墙

地下连续墙是地下工程和基础工程中广泛应用的一项新技术,可作为防渗墙、挡土墙、地下结构的边墙和建筑物的基础。

地下连续墙的施工过程,是利用专用的挖槽机械在泥浆护壁下开挖一定长度(一个单元槽段),挖至设计深度并清除沉渣后,插入接头管,再将在地面上加工好的钢筋笼用起重机吊入充满泥浆的沟槽内,最后用导管浇筑混凝土,待混凝土初凝后拔出接头管,一个单元槽段即施工完毕。如此逐段施工,即形成地下连续的钢筋混凝土墙。

11.1.2 砌体工程施工

砌体工程包括砖石砌体工程和砌块砌体工程,是建筑结构的主要结构形式之一。

砖石建筑在我国有悠久的历史,目前在土木工程中仍占有相当的比重。这种结构取材方便,施工简单,成本低廉,但它的施工仍以手工操作为主,劳动强度大,生产率低,而且烧制黏土砖占用大量农田,因而采用新型墙体材料,改善砌体施工工艺是砌筑工程改革的重点。砌体工程施工是一个综合的施工过程,它包括砂浆制备、材料运输、脚手架搭设和墙体砌筑等。

(1)砌筑材料与砌筑脚手架

砌筑工程所用材料主要是砖、石或砌块以及砌筑砂浆。砌筑用脚手架是砌筑过程中堆放材料和工人进行操作的临时性设施。按其搭设位置分为外脚手架和里脚手架,按其所用材料分为木脚手架、竹脚手架与金属脚手架。

(2)材料运输与砌体施工

砌筑工程中不仅要运输大量的砖(或砌块)、砂浆,还要运输脚手架、脚手板和各种预制构件。不仅有垂直运输,还有地面和楼面的水平运输,其中垂直运输是影响砌筑工程施工速度的重要因素。

常用的垂直运输设备有塔式起重机、井架及龙门架。

塔式起重机生产效率高,可兼作水平运输,在可能条件下宜优先选用。

砖与砌块施工的基本要求:横平竖直、砂浆饱满、灰缝均匀、上下错缝、内外搭砌、接槎牢固。

"接槎"是指相邻砌体不能同时砌筑而设置的临时间断,利于先砌砌体与后砌砌体之间的接合。

11.1.3　混凝土结构工程

钢筋混凝土是土木工程结构中被广泛采用并占主导地位的一种复合材料,它以性能优异、材料易得、施工方便、经久耐用而在建筑业中备受青睐。钢筋混凝土工程分为装配式钢筋混凝土工程和现浇钢筋混凝土工程。装配式钢筋混凝土工程的施工工艺是在构件预制厂或施工现场预先制作好结构构件,然后在施工现场将其安装到设计位置。现浇钢筋混凝土工程则是在结构物的设计位置现场制作结构构件的一种施工方法,由钢筋的制作与安装、模板的制作与组装和混凝土的制备与浇筑三个分部工程组成。

预应力混凝土结构比普通钢筋混凝土结构的截面小、刚度大、抗裂性和耐久性好,在世界各地的土木工程领域中得到广泛应用。近年来,高强度钢材及高强度等级混凝土的出现,促进了预应力混凝土结构的发展,进而推动了预应力混凝土施工工艺的成熟和完善。预应力混凝土施工方法主要包括先张法、后张法、无黏结预应力施工工艺等。

将结构设计成许多单独的构件,分别在施工现场或工厂预制成型,然后在现场用起重机械将各种预制构件吊起并安装到设计位置上去的全部施工过程,称为结构安装工程。用这种施工方式完成的结构,叫作装配式结构。结构安装工程包括起重机械的选用与配置,混凝土结构安装,钢结构制作、安装,特殊结构安装等。

1)钢筋混凝土工程

(1)钢筋工程

在钢筋混凝土结构中钢筋起着关键性的作用。钢筋工程属于隐蔽工程,因此在混凝土浇筑后,其质量难以检查。

直条钢筋的长度通常只有 9～12 m,如构件长度大于 12 m 时,一般都要连接钢筋。钢筋的连接方法有焊接连接、机械连接和绑扎连接。

钢筋绑扎搭接连接是采用 20#、22# 镀锌铁丝,将两根满足规范规定的最小搭接钢筋长度的钢筋绑扎在一起而成的钢筋连接。

钢筋焊接连接是钢筋混凝土工程施工中广泛使用的钢筋连接方法,可以节约钢材,提高钢筋混凝土结构和构件质量,加快工程进度。常用的焊接方法有闪光对焊、电弧点焊、电渣压力焊(见图

11-5)、埋弧压力焊、气压焊等。热轧钢筋的对接焊应采用闪光对焊、电弧焊、电渣压力焊或是气压焊。钢筋骨架和钢筋网片交叉焊接应采用电阻点焊,钢筋与钢板的T形连接宜采用埋弧压力焊或电弧焊。

钢筋机械连接包括套筒挤压连接和直螺纹连接(见图11-6),是近年来大直径钢筋现场连接的主要方法。钢筋套筒挤压连接是将需连接的钢筋插入特制钢套筒内,利用液压驱动的挤压机进行径向或轴向挤压,使钢套筒产生塑性变形,紧紧咬住钢筋实现连接。直螺纹连接是将钢筋端部用滚轧工艺加工成直螺纹,并用相应的连接套筒将两根钢筋对接。

图11-5 电渣压力焊

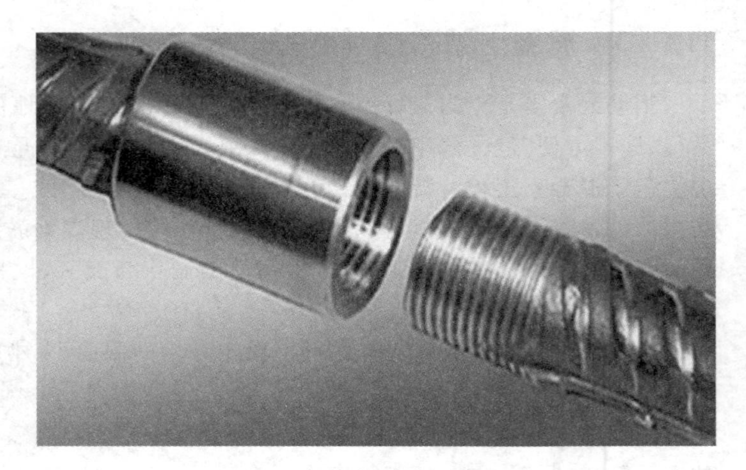

图11-6 钢筋的直螺纹连接

此外,钢筋工程还有钢筋的配料、代换、调直、除锈、切断和弯曲成型等工序。

(2)模板工程

在结构工程施工中,刚从搅拌机中拌和出的混凝土为能流动的浆体,需要浇筑在与构件形状尺寸相同的模型内凝结硬化,才能形成所需要的结构构件。模板就是使混凝土结构和构件成型的模型。

模板系统由两部分组成:一是形成混凝土构件形状和设计尺寸的模板,二是保证模板形状、尺寸及空间位置的支撑系统。模板应具有一定的强度和刚度,以保证混凝土在自重、施工荷载及混凝土侧压力作用下不破坏、不变形。支撑系统既要保证模板空间位置的准确性,又要承受模板、混凝土的自重及施工荷载,因此,亦应具有足够的强度、刚度和稳定性。

模板按所用材料不同,分为木模板、胶合板模板、竹胶合板模板、钢模板、钢框木(竹)胶合板模板、塑料模板、玻璃钢模板、铝合金模板等。按结构类型分为基础模板、柱模板、楼板模板、楼梯模板、墙模板、壳模板和烟囱模板等多种。按施工方法分为现场装拆式模板、固定式模板和移动式模板。现场装拆式模板是指按照设计要求的结构形状、尺寸及空间位置在现场组装,当混凝土达到拆模强度后即拆除的模板。现场装拆式模板多用定型模板和工具支撑。固定式模板多用于预制构件，是按构件的形状、尺寸于现场或预制厂制作，刷涂隔离剂，浇筑混凝土，当混凝土达到规定的强度后，即脱模、清理模板，再重新刷涂隔离剂，继续制作下一批构件。各种胎模（土胎模、砖胎模、混凝土胎模）属于固定式模板。移动式模板是随着混凝土的浇筑，模板可沿垂直方向或水平方向移动的模板，如烟囱、水塔、墙柱混凝土浇筑采用的滑升模板、爬升模板、提升模板、大模板（见图 11-7）以及高层建筑楼板采用的飞模、筒壳混凝土浇筑采用的水平移动式模板等。

图 11-7　全钢大模板施工现场

(3)混凝土工程

混凝土工程的质量好坏是决定混凝土是否达到设计强度等级的关键，将影响到钢筋混凝土结构的强度和耐久性。混凝土工程包括制备、运输、浇筑、养护等施工过程，各施工过程既相互联系，又相互影响，任一过程施工不当都会影响混凝土工程的最终质量。

①混凝土制备。

混凝土的制备指混凝土的配料和搅拌。混凝土的配料，首先应严格控制水泥、粗细骨料、水和外加剂的质量，并要按照设计规定的混凝土强度等级和混凝土施工配合比，控制投料的数量。

混凝土的搅拌在搅拌机中实现。双锥倾翻出料式搅拌机（自落式搅拌机中较好的一种）结构简单，适合于大容量、大骨料、大坍落度混凝土的搅拌，在我国多用于水电工程。

目前推广使用的商品混凝土是工厂化生产的混凝土制备模式，混凝土搅拌站是工厂生产商品混凝土的基地，它采用统一配料、集中生产、工业化流程的方式。特别是在散装水泥的使用和混凝土质量的保障方面，体现了集约化和技术进步。

②混凝土运输。

混凝土从搅拌机中卸出后，应及时送到浇筑地点，以使混凝土在初凝之前浇筑完毕。运输混凝土应保证混凝土的浇筑量，在运输过程中应保持混凝土的均匀性。混凝土运输分水平运输和垂直运输两种情况，常用水平运输机具主要有搅拌运输车（见图 11-8）、自卸汽车、机动翻斗车、皮带运输机、双轮手推车，常用垂直运输机具有塔式起重机、井架运输机。

图 11-8　混凝土搅拌运输车

使用混凝土泵输送混凝土,是将混凝土在泵体的压力下,通过管路输送到浇筑地点,一次完成垂直运输及结构物作业面水平运输。混凝土泵具有可连续浇筑、加快施工进度、保证工程质量、适合狭窄施工场所施工等优点,故在高层、超高层建筑、桥梁、水塔、烟囱、隧道和各种大型混凝土结构的施工中应用较广。

③混凝土浇筑。

混凝土浇筑包括浇灌和振捣两个过程。保证浇模混凝土的均匀性和振捣的密实性是确保工程质量的关键。在干地拌制而在水下浇筑和凝结的混凝土叫作水下浇筑混凝土,简称水下混凝土。水下混凝土的应用范围很广,如沉井封底、钻孔灌注桩、地下连续墙、水中基础结构以及桥墩、水工和海工结构的施工等。

在现浇钢筋混凝土结构施工中常常遇到大体积混凝土,如大型设备基础、大型桥梁墩台、水电站大坝等。大体积混凝土浇筑的整体性要求高,不允许留设施工缝。因此,在施工中应当采取措施,保证混凝土浇筑工作能连续进行。混凝土入模后,应使用振动器振捣,才能使混凝土充满模板的各个边角,并把混凝土内部的气泡和部分游离水排挤出来,使混凝土密实。

混凝土浇筑成型后,为保证水泥水化作用正常进行,应及时进行养护。养护的目的是为混凝土凝结硬化创造必需的湿度、温度条件,确保混凝土质量。

2)预应力混凝土工程

预应力混凝土工程是一门新兴的科学技术。1928 年由法国弗莱西奈首先研究成功之后,在世界各国都得到了广泛应用。它的推广数量和范围多少,是衡量一个国家建筑技术与水平的重要标志之一。预应力混凝土能充分发挥钢筋和混凝土各自的性能,能提高钢筋混凝土构件的刚度、抗裂性和耐久性,可有效地利用高强度钢筋和高强度等级的混凝土。近年来,随着施工工艺不断发展和完善,预应力混凝土的应用范围愈来愈广。除在传统工业与民用建筑广泛应用外,还成功地把预应力技术运用到多层工业厂房、高层建筑、大型桥梁、核电站安全壳、电视塔、大跨度薄壳结构、筒仓、水池、大口径管道、基础岩土工程、海洋工程等技术难度较高的大型整体或特种结构上。

(1)先张法施工

先张法是在浇筑混凝土构件之前,张拉预应力钢筋,将其临时锚固在台座或钢模上,然后浇筑混凝土构件,待混凝土达到一定强度(一般不低于混凝土强度标准值的75%),并使预应力钢筋与混凝土间有足够黏结力时,放松预应力,预应力钢筋弹性回缩,借助于混凝土与预应力钢筋间的黏结,对混凝土产生预压力。

先张法多用于预制构件厂生产定型的中小型构件。

(2)后张法施工

构件或块体制作时,在放置预应力钢筋的部位预先留有孔道,待混凝土达到规定强度后,孔道内穿入预应力钢筋,并用张拉机具夹持预应力钢筋将其张拉至设计规定的控制应力,然后借助锚具将预应力钢筋锚固在构件端部,最后进行孔道灌浆(亦有不灌浆者),这种施工方法称为后张法(见图11-9)。

图 11-9　后张法

后张法宜用于现场生产大型预应力构件、特种结构等,亦可作为一种预制构件的拼装手段。

(3)无黏结预应力混凝土施工

早在1925年,美国就提出了无黏结预应力钢筋的设想,在张拉后容许预应力钢筋对周围混凝土发生纵向相对滑动。法国在预应力混凝土桥梁的初期实践中,也曾试用过涂以沥青并缠绕纸带的无黏结钢丝束,但在当时没有受到重视。大约到1970年以后,无黏结预应力钢筋在施工中才得到广泛应用。

无黏结预应力混凝土是在预应力筋表面刷涂油脂并包裹塑料带(管)后如同普通钢筋一样,可按设计要求铺放在模板内,然后浇筑混凝土,待混凝土达到设计强度要求后,再张拉锚固,预应力钢筋与混凝土间没有黏结,张拉力全靠锚具传到构件混凝土上去。因此,无黏结预应力混凝土结构不需要预留孔道、穿筋及灌浆等复杂工序,操作简便且加快了施工进度。无黏结预应力钢筋受摩擦力小,且易弯成多跨曲线形状,特别适用于建造复杂的连续曲线配筋的大跨度结构。无黏结后张预应力在美国已成了后张法施工中的主要施工方法。

无黏结预应力混凝土在加拿大、英国、瑞士、德国、澳大利亚、日本、泰国、新加坡等国家也有很多应用,20 世纪 60 年代后期,陕西、四川等地曾采用电热后张无黏结预应力檩条和 T 形板,并对下弦无黏结预应力管屋架进行试验研究。20 世纪 80 年代以来,无黏结预应力混凝土已用来建造多层工业厂房、住宅、办公楼、宾馆、停车库、商场、报告厅、储仓以及地面板、大型基础、板式桥梁和工程加固等。

11.1.4 结构安装工程

结构安装工程施工时,结构受力变化复杂,特别是构件在运输和吊装时,因吊点或支承点与使用时不同,其应力状态也会不一致,甚至完全相反,必要时应对构件进行吊装验算,并采取相应措施。

1)起重机械与设备

结构安装工程中常用的起重机械有桅杆起重机、自行式起重机(履带式、汽车式和轮胎式)和塔式起重机等。索具设备有钢丝绳、吊具(卡环、横吊梁)、滑轮组、卷扬机及锚碇等。在特殊安装工程中,各种千斤顶、提升机等也是常用的起重设备。

桅杆式起重机是用木材或金属材料制作的起重设备,制作简单、装拆方便、起重量大(可达 1 000 kN 以上)、受地形限制小,能用于其他起重机不能安装的一些特殊结构和设备的安装。但是,它的服务半径小,移动困难,因而,它只适用于安装工程量比较集中、工期较富余的工程。

自行式起重机分为履带式起重机、轮胎式起重机及汽车式起重机三种。自行式起重机的优点是灵活性大,移动方便,能为整个工地服务。起重机是一个独立的整体,一到现场即可投入使用,无需进行拼接等工作,只是稳定性稍差。塔式起重机是一种具有竖直塔身,起重臂安在塔身顶部且可做 360°回转的起重机。

2)结构安装

结构安装按施工方法分为三类:单件吊装、整体吊装以及特殊安装法。

(1)单件吊装

单件吊装分为分件吊装和综合吊装两种。

分件吊装是指起重机每开行一次仅吊装一种或两种构件。每次基本是吊装同类型构件,索具不需经常更换,操作程序基本相同,所以吊装速度快,能充分发挥起重机的工作能力。此外,构件的供应、现场的平面布置以及构件的校正、最后固定等,都比较容易组织管理。分件吊装的缺点是不能为后续工序及早提供工作面,起重机的开行路线较长,停机点较多。

综合吊装是指起重机在一次开行中,吊装完各种类型的所有构件。起重机在每一停机位置吊装尽可能多的构件,因此,综合法起重机的开行路线较短,停机位置较少,能为后续工序及早提供工作面。综合法要同时吊装各种类型的构件,影响起重机生产率的提高,不能充分发挥起重机的工作能力,且使构件的供应、平面布置复杂化,构件的校正也较困难。

(2)整体吊装

整体吊装就是先将构件在地面拼装成整体,然后用起重设备吊到设计标高进行固定。相对应的吊装方法有多机抬吊法和桅杆吊升法两种。

多机抬吊法是先在地面与设计位置错开一个距离进行结构的拼装,然后用两台以上的起重机将结构起吊,空中移位,落位固定。

桅杆吊升法是将结构在地面上错位拼装后，用多根独脚桅杆将结构整体提升，进行空中移位或旋转，然后落位安装。一般步骤为现场拼装、试吊、整体起吊及横移就位。

(3)特殊安装法

对于某些土木工程，由于所处场地特别狭窄(如城市改造工程或远郊山区)，大型起重机无法进入施工现场；或者由于结构构件特别重、体积特别大的工程用一般安装方法难以解决时，则可采用特殊安装方法。常用的方法有提升(升板)法、顶升法和滑移法等。

提升法施工是指楼板用提升法施工的板柱框架结构工程。升板法施工的方法是利用柱子作为导杆，使用相应的提升设备，将预制在地面上的各层楼板提升到设计标高，然后加以固定。

顶升法就是将屋盖结构在地面上就位拼装或现浇后，利用千斤顶的作用与柱块的轮番填塞，将其顶升到设计标高的一种垂直运输方法。这种吊装方法所需的设备简单，顶升能力强。根据千斤顶放置位置不同，顶升法可以分为上顶升法和下顶升法两种。上顶升法的特点是千斤顶倒挂在柱帽下，随着整个屋盖的上升而使千斤顶也随之上升。

滑移法是先用起重机械将分块单元吊到结构一端的设计标高上，然后利用牵引设备将其滑移到设计位置进行安装。这种安装方法，可采用一般的施工机械，同时还有利于施工平行作业，特别是场地窄小、起重机械无法出入时更为有效。因此，这种新工艺已经应用于大跨度桁架结构和网架结构安装中。

11.1.5 钢结构工程

钢结构工程从广义上讲是指以钢铁为基材，经过机械加工组装而成的结构。一般意义上的钢结构仅限于工业厂房、高层建筑、塔桅结构、桥梁等，即建筑钢结构。由于钢结构具有强度高、结构轻、施工周期短和精度高等特点，因此在土木工程中被广泛应用。

钢结构构件一般在工厂加工制作，然后运至工地进行结构安装。钢结构加工的一般工艺流程如图 11-10 所示。

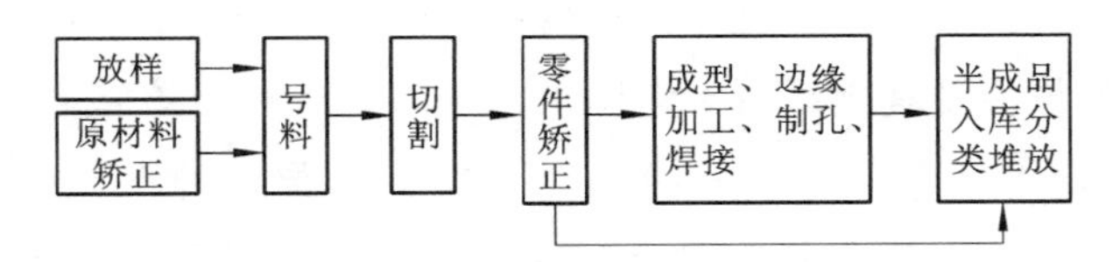

图 11-10 钢结构加工的一般工艺流程

钢结构是由钢板、型钢拼合连接成基本构件，如柱、梁、桁架等，运到现场通过安装连接成整体结构。在钢结构施工中，连接占有很重要的地位，无论是工厂加工还是现场安装，都会遇到连接问题。钢结构的连接通常有焊接、螺栓连接及铆钉连接。前两种应用广泛，铆钉连接施工复杂，目前已很少使用。钢结构焊接工艺流程如图 11-11 所示，高强螺栓紧固施工工艺流程如图 11-12 所示。

焊口组对 ⟶ 焊口检查清理 ⟶ 预热（必要时）⟶ 焊接 ⟶ 后热（必要时）⟶

焊后热处理（必要时）⟶ 焊接检查

图 11-11 钢结构焊接工艺流程

施工准备 ⟶ 选择螺栓并配套 ⟶ 摩擦面抗滑移系数复验 ⟶ 接头组装 ⟶

安装临时螺栓 ⟶ 安装高强度螺栓 ⟶ 高强度螺栓紧固 ⟶ 检查验收

图 11-12 高强螺栓紧固施工工艺流程

11.2 土木工程施工组织

土木工程施工的根本目的在于多、快、好、省地把建设项目迅速建成,尽早投入生产。因此,做好施工组织设计,搞好施工组织管理是非常必要的,也是必需的。施工组织设计是在施工准备阶段对施工过程进行详细的施工计划,从施工技术、施工资源配备、施工进度计划、施工平面布置、质量安全保证体系等方面做好准备,确保人、财、物、环境达到施工要求。

11.2.1 土木工程产品及其特点

1)土木工程产品在空间上的固定性及其生产的流动性

土木工程产品根据建设单位(土木工程产品的需要者)的要求,在满足城市规划的前提下,在指定地点进行建造。土木工程产品基本上是单个"定做"而非"批量"生产。这就要求其土木工程产品及其生产活动需要在该产品固定的地点进行生产,形成了土木工程产品在空间上的固定性。

土木工程产品的固定性,造成施工人员、材料和机械设备等随产品所在地点的不同而进行流动。每变更一次施工地点,就需要筹建一次必要的生产条件,即施工的准备工作。其生产需要适应当地的自然条件、环境条件,需要安排相应的施工队伍,选择相应的施工方法,安排合理的施工方案,还要考虑到技术问题,如冬季、雨季施工问题,人工、材料、机械的调配问题,以及地质、气象条件问题等,总之,其施工组织工作比一般工业产品的生产要复杂得多。

2)土木工程产品的多样性及其生产的单件性

由于使用功能的不同,产品所处地点、环境条件的不同,形成了土木工程产品的多样性。对施工单位来讲,由于产品不同,其施工准备工作、施工工艺、施工方法、施工设备的选用也不尽相同,因而,其组织标准化生产难度大,形成了生产的单件性。

3)土木工程产品体形大,生产周期长

土木工程产品同一般工业产品比较,形体庞大,建造时耗用的人工、材料、机械设备等资源众多,施工阶段允许在不同的空间施工,形成了多专业化工种、多道工序同时生产的综合性活动,这样就需要有组织地进行协调施工。

土木工程产品的生产是露天作业,受季节、气候以及劳动条件影响,形成了施工周期长的特点。

综上所述,土木工程产品的固定性、流动性、多样性、单件性、体形庞大、周期长的特点,形成了施工组织的复杂性。针对这些特点,充分发挥人的主观能动性,工业化的发展使土木工程产品工厂化、批量生产,从而简化施工现场。但每个建筑产品的基础工程、土方工程、安装工程等仍需要现场生产。

11.2.2 施工准备

1)技术准备

根据建设单位提供的初步设计(或扩大初步设计),即可进行以下技术准备工作。

(1)熟悉、审查设计图纸及有关资料

①审查设计是否符合国家有关方针、政策,设计图纸是否齐全,图纸本身及相互之间有无错误和矛盾,图纸和说明书是否一致。

②掌握设计内容及技术条件。弄清工程规模,结构形式和特点,了解生产工艺流程及生产单位的要求,各个单位工程配套投产的先后次序和相互关系,掌握设备数量及其交付日期。

③熟悉土层、地质、水文等勘察资料,审查地基处理和基础设计、建筑物与地下构筑物、管线之间的关系,熟悉建设地区的规划资料等。

④明确建设期限、分批分期建设及投产的要求。

(2)调查研究,搜集必要的资料

除从已有的书面资料上了解建设要求和施工地区的情况外,还必须进行实地勘测调查,获得第一手资料,这样才可能编制出切合实际的施工组织设计,合理组织工程施工。

在进行勘测调查之前,应拟定详细的调查提纲,一般应包括以下两个方面的内容。

①建设地区自然条件的调查:包括建设地区的地形、地质、水文、气象和地震等方面的情况。

②建设地区技术经济条件的调查:包括资源、材料、构配件及设备的情况,交通运输条件,水、电、劳动力和生活设施以及参加施工单位的技术情况等。

(3)编制施工组织设计、施工图预算和施工预算

根据相关资料,编制施工组织设计、施工图预算和施工预算。

2)施工现场准备

(1)场地控制网的测量

按建筑总平面图测出占地范围,并按一定的距离测设方格网。设置永久性的坐标桩,便于建筑物以及道桥的定位放线工作。

(2)场地"三通一平"

按设计要求进行场地平整工作,清理地上及地下的障碍物;修建施工临时道路,施工用水、电的管线;安排好排水防洪设施。

(3)大型临时设施准备

大型临时设施包括各种附属生产企业(如预制厂、搅拌站等)、施工用仓库及行政管理和生活福利设施等。

3)物质准备

物质包括施工所需要的材料、构配件的生产、加工订货,以及施工机械和机具的订货、租赁、安装调试等。

4)施工力量的调集和后勤的准备

根据任务计划要求,建立施工指挥机构,集结施工力量。与分包单位和地方劳务签订合同。在大批施工人员进入现场前,做好后勤工作的安排,保证正常的生活条件。

上述各项工作并不是孤立的,必须加强施工单位与建设单位、设计单位的配合协作。

施工准备工作,必须实行统一领导、分工负责的制度。凡属全场性的准备工作,由现场施工总包单位负责全面规划和日常管理。单位工程的准备工作,应由单位工程分包单位负责组织。队组作业准备由施工队组织进行。

必须坚持“没有做好施工准备不准开工”的原则。建立开工报告审批制度。

单位工程开工必须具备下列条件:

①施工图纸经过会审,图纸中存在的问题和错误已经得到纠正;

②施工组织设计或施工方案已经批准并进行交底;

③施工图纸预算已经编制和审定,并已鉴定工作合同;

④场地已经“三通一平”;

⑤暂设工程已能满足连续施工要求;

⑥施工机械已进场,经过试车;

⑦材料、构配件均能满足连续施工;

⑧劳动力已调集,并经过安全、消防教育培训;

⑨已办理开工许可证。

11.2.3 施工组织设计文件

1)施工组织设计的任务和作用

施工组织设计是为完成具体施工任务创造必要的生产条件,制订先进合理的施工工艺所作的规划设计,它是指导一个拟建工程进行施工准备和施工的基本技术经济文件。施工组织设计的根本任务是使之在一定的时间和空间内,得以实现有组织、有计划、有秩序地施工,以期在整个工程施工上达到相对的最优效果。根据土木工程产品的特点,从人力、资金、材料、机械设备和施工方法五个方面进行科学、合理的安排。

施工组织设计是对施工活动实行科学管理的重要手段,它具有战略部署和战术安排的双重作用。它体现了实现基本建设计划和设计的要求,提供了各阶段的施工准备工作内容,协调施工过程中各施工单位、各施工工种、各项资源之间的相互关系。通过施工组织设计,可以根据具体工程的特定条件,拟定施工方案,确定施工顺序、施工方法、技术组织措施,可以保证拟建工程按照预定的工期完成,可以在开工前了解到所需资源的数量及其使用的先后顺序,可以合理安排施工现场布置。因此,施工组织设计应从施工全局出发,充分反映客观实际,符合国家或合同要求,统筹安排施工活动相关的各个方面。据此,施工就可以有条不紊地进行,达到多、快、好、省的目的。

2)施工组织设计的内容

施工组织设计的内容要结合工程对象的实际,一般包括以下基本内容。

(1)工程概况

工程概况包括本建设工程的性质、内容、建设地点、建设总期限、建设面积、分批交付生产或使用的期限、施工条件、地质气象条件、资源条件、建设单位的要求等。

(2)施工方案选择

施工方案选择是指根据工程情况,结合人力、材料、机械设备、资金、施工方法等条件,全面安排施工顺序，对拟建工程可能采用的几个施工方案，选择最佳方案。

(3)施工进度计划

施工进度计划应反映了最佳施工方案在时间上的安排，采用先进的计划理论和计算方法，综合平衡进度计划，使工期、成本、资源等通过优化调整达到既定目标。在此基础上，编制相应的人力和时间安排计划、资源需求计划、施工准备计划。

(4)施工平面图

施工平面图是施工方案和进度在空间上的全面安排，它把投入的各项资源、材料、构件、机械、运输、工人的生产和生活活动场地及各种临时工程设施合理地布置在施工现场，使整个现场能够有组织地进行文明施工。

(5)主要技术经济指标

技术经济指标用以衡量组织施工的水平，它是对施工组织设计文件的技术经济效益进行全面的评价。

3)施工组织设计的分类

施工组织设计的各阶段是与工程设计的各阶段相对应的，根据设计阶段、编制广度、编制深度和具体作用的不同，可分为施工组织总设计、单位工程施工组织设计和分部(分项)工程作业设计。

一般情况下，一个大型工程项目首先应编制包括整个建设工程的施工组织设计，作为对整个建设工程施工的指导性文件，然后，在此基础上对各单位工程分别编制单位工程施工设计，有需要时还须编制某些分部工程的作业设计，用以指导具体施工。

(1)施工组织总设计

施工组织总设计是以建设项目为对象编制的，如群体工程、一个工厂、建筑群、一条完整的道路(包括桥梁)、生产系统等，在有了批准的初步设计或扩大初步设计之后方可进行编制，目的是对整个工程施工进行通盘考虑，全面规划。一般应以主持该项目的总承建单位为主，有建设单位、设计单位和分包单位参加，共同编制。它是建设项目总的战略部署，用以指导全现场性的施工准备和有计划地运用施工力量，开展施工活动。

(2)单位工程施工组织设计

单位工程施工组织设计是以单位工程(如一幢工业厂房、构筑物、公共建筑、民用建筑、一段路、一座桥等)为对象进行编制的，用以直接指导单位工程施工。在施工组织总设计的指导下，由直接组织施工的单位根据施工图设计进行单位工程施工组织编制，并作为施工单位编制分部作业和月、旬施工计划的依据。

(3)分部(分项)工程作业设计

对于工程规模大、技术复杂、施工难度大或者缺乏施工经验的分部(分项)工程，在编制单位工程施工组织设计之后，需要编制作业设计(如复杂的基础工程、大型构件吊装工程、有特殊要求的装修工程等)，用以指导施工。

施工组织设计的编制，对施工的指导是卓有成效的，必须坚决执行，在编制上必须符合客观实际。在施工过程中，由于某些因素的改变，必须及时调整，以满足施工组织的科学性、合理性，减少不必要的浪费。

11.3 土木工程施工的发展与展望

11.3.1 目前土木工程施工存在的问题

随着经济与土木工程的发展,施工技术在近几十年有了巨大的发展,国内外许多大的工程都是靠先进的施工技术建造而成的。但是我国的施工技术还存在一些问题。

①土木工程施工至今仍以手工、半机械或机械作业为主体,很少有电脑控制的多机自动作业,劳动效率大大低于其他产业,属于劳动密集型的产业。

②施工技术中的现代高科技含量较低。目前正在快速发展的信息技术是渗透到各个产业的革命性技术,而在施工技术中,遥感、通讯、智能和控制等信息技术的运用还是凤毛麟角,对复合材料技术、微处理技术等的研究还很少。

③专项施工技术的专业化程度低,在全国各地发展极不均衡,已有的技术成果也没有得到很好的应用。

11.3.2 我国施工技术的发展和展望

国民经济对建筑业需求旺盛,建筑业将以高于整个国民经济2%～3%的速度增长,建筑业仍然面临着广阔的发展前景。我国今后几年内,重点工程项目和大型工程仍将占有相当大的比重。在城市建设中,规模宏大、技术复杂的高层、超高层和大型公用设施仍将兴建,地下空间的利用将更加迫切。大型基础设施和工业建设项目不仅规模大,而且工艺技术都相当先进。一般工业与民用建筑项目数量相当可观。当前应努力做好以下几点。

①充分利用现有的施工技术成果。

②建立与完善专业技术分包公司,使专项技术得到不断优化,精益求精,并与现代新科技相结合。

③按照国家有关技术政策,开发新一轮的专项技术,尤其是大型施工企业及国家工程研究中心,应当加大科技投入,要针对我国土木工程技术总的发展思路,相对集中人力、物力与财力,不断开发新的施工技术。如开发大规模的地下空间逆作法技术、施工机器人技术、复合材料技术、信息自动化,以及地下、水下、高空作业安全技术等。

④要做到设计与施工一体化,尤其是在特殊结构或特大型结构工程中,设计与施工要紧密结合,共同开发,以期在施工技术上有新的突破。

⑤大力发展与运用集合技术,使现代管理与现代施工技术有机结合起来,创造出土木工程技术发展的新模式,最终实现我国土木工程的现代化。

今后一段时期我国施工技术发展的重点主要在以下几个方面。

①发展地下工程与深基础施工,特别是深基坑的边坡支护和信息化施工,同时还应发展特种地基(包括软土地基)的加固处理技术,如预应力锚杆支护技术。锚杆能将桩、墙等挡土结构所承受的荷载通过拉杆(索、管、栓)传递到稳定土(岩)层上,形成错拉体系。锚杆可利用所带扩大体或采用二次高压灌浆的方法来提高与土体的锚固力,并采用可拆式锚杆。该法适应土质范围广(当土质过软

时应慎用)，在采用多层锚杆情况下，基坑的开挖深度不受限制。预应力锚杆在国内的土建工程中，如高层建筑深基础工程、水电工程、铁道工程、交通工程、矿山工程、军工工程等基础设施工程中逐步得到广泛应用。比较典型的工程有北京京城大厦深基坑支护工程、三峡永久船闸高边坡预应力锚杆加固工程、首都机场扩建工程的地下车库抗浮工程、小浪底水利枢纽地下厂房支护工程、京福高速公路边坡加固及滑坡整治工程。

②总结高层建筑施工经验，发展成套施工技术。要重视超高层钢结构、劲性钢筋混凝土结构和钢管混凝土结构的应用技术。

③重视高性能外加剂、高性能混凝土的研究、开发与应用。发展预应力混凝土和特种混凝土。例如，超高泵送混凝土技术一般是指泵送高度超过 200 m 的现代混凝土泵送技术。改革开放以来，高层、超高层建筑已达数千座，超高泵送混凝土技术已成为超高层建筑施工技术不可缺少的一个方面，并且已成为一种发展趋势，受到各国工程界的重视。如金茂大厦的泵送高度达 382.5 m，一次泵送 174 m^3；恒隆广场的泵送高度达 288 m，主楼标准层每层 1 000 m^3 混凝土量。

④开发轻钢结构，扩大应用于工业厂房、仓库和部分公用建筑工程。发展大跨度空间钢结构与膜结构，如图 11-13 所示。以索作为主要结构受力构件而形成的结构称为索结构，索结构可分为索桁架、索网、索穹顶、张弦梁、悬吊索和斜拉索等。索结构一般通过张拉或下压建立预应力，其主要技术包括拉索材料及制作技术、拉索节点及锚固技术、拉索安装及张拉技术、拉索防护及维护技术等。拉索技术在土木工程领域得到较为广泛的应用，例如，浙江省黄龙体育中心主体育场斜拉屋盖、广东省奥体中心屋盖、青岛市海牛主体育场屋盖、秦皇岛市奥体中心屋盖、广州省会展中心屋盖、哈尔滨国际会展体育中心屋盖等。

图 11-13 钢结构施工现场

⑤改进与提高多层建筑功能质量,发展小型混凝土砌块建筑和框架轻墙建筑体系。

⑥开发建筑节能产品,发展节能建筑技术:包括发展混凝土小型空心砌块建筑体系,节约资源,提高砌体建筑的保温隔热性能,切实解决墙体"渗、漏、裂"等工艺与技术问题;发展框架轻墙建筑体系,积极采用异形柱框架结构或整体预应力板柱结构体系,开发轻质保温隔热墙体材料和框架轻墙多层建筑工艺体系;外墙外保温隔热技术;积极采用节能保温门窗和门窗的密封技术;高效先进的供热、制冷系统;节能型建筑检测与评估技术。

⑦开发既有建筑的检测、加固、纠偏及改造技术。

⑧提高化学建材在建筑中的应用。

⑨开发智能建筑,研究解决施工安装与调试中的问题。

⑩发展桅杆式起重机的整体吊装技术和计算机控制的集群千斤顶同步提升技术。集群液压千斤顶整体提升(滑移)大型设备与构件技术目前多采用"钢绞线悬挂承重、液压提升千斤顶集群、计算机控制同步"方法,包括上拔式和爬升式两种方法。前者将液压提升千斤顶设置在承重结构的永久柱上,悬挂钢绞线的上端与液压提升千斤顶穿心固定,下端与提升构件用锚具连固在一起。后者悬挂钢绞线的上端固定在永久性结构上,将液压提升千斤顶设置在钢绞线下端。这项技术解决了在常规状态下,采用桅杆起重机、移动式起重机所不能解决的大型构件整体提升技术难题,已广泛应用于市政工程、建筑工程的相关领域以及设备安装领域。例如,澳门东亚运动会体育馆(澳门蛋)钢结构主桁架整体提升加滑移、厦门造船厂300 t×94 m 龙门起重机主梁整体提升、上海东方明珠电视塔钢桅杆天线整体提升、东方航空双机位机库钢屋盖整体提升、浦东国际机场航站楼(主楼与高架进厅)钢屋架(盖)整体滑移等。

⑪ 金属焊接与检测技术。

【本章要点】

①土木工程施工包括施工技术与施工组织两大部分。施工技术是以各工种工程施工的技术为研究对象,以施工方案为核心,结合具体施工对象的特点,选择最合理的施工方案,决定最有效的施工技术措施。施工组织是以科学编制一个工程的施工组织设计为研究对象,通过合理地使用人力、物力、空间和时间,着眼于各工种工程施工中关键工序的安排,使之有组织、有秩序地施工。

②土石方工程主要包括各种土(或石)的开挖、填筑和运输等施工过程以及排水、降水和土壁支撑等准备和辅助工作。多为露天作业,施工条件复杂,施工易受地区气候条件影响。一般民用建筑多采用天然浅基础,当土层软弱、高层建筑、上部荷载很大的工业建筑或对变形和稳定有严格要求的特殊建筑无法采用浅基础时,在经过技术经济比较后,可采用深基础。深基础是指桩基础、沉井基础、墩基础、管柱基础和地下连续墙等,其中以桩基础应用最广。

③砌体工程施工是一个综合的施工过程,它包括砂浆制备、材料运输、脚手架搭设和墙体砌筑等。

④钢筋混凝土工程分为装配式钢筋混凝土工程和现浇钢筋混凝土工程。装配式钢筋混凝土工程的施工工艺是在构件预制厂或施工现场预先制作好结构构件,然后在施工现场将其安装到设计位置。现浇钢筋混凝土工程则是在结构物的设计位置现场制作结构构件的一种施工方法,由钢筋的制作与安装、模板的制作与组装和混凝土的制备与浇筑三个分部工程组成。

⑤施工组织设计的各阶段是与工程设计的各阶段相对应的，根据设计阶段、编制广度、编制深度和具体作用的不同，可分为施工组织总设计、单位工程施工组织设计和分部(分项)工程作业设计。

【思考与练习】

11-1　土木工程施工的内容包括哪两个方面？

11-2　钢筋的连接方式有哪些形式？

11-3　什么叫先张法施工？什么叫后张法施工？

11-4　结构安装方法分哪几种？

11-5　施工组织设计按设计阶段和编制对象不同分成哪几类？

第12章 建设工程项目管理

12.1 工程项目管理

12.1.1 建设工程项目

(1)工程项目的内涵

工程项目是指采用工程材料建造含有一定建筑或建筑安装工程的技术活动(如勘测、设计、施工、维修等)和各类工程设施(如房屋、道路、桥梁、隧道、运河、港口、堤坝、电站及特种结构等)的统称。

(2)工程项目的特征和属性

工程项目作为一类特殊的活动(任务)所表现出来的特征如下。

①项目的一次性。项目是一次性任务,这是项目区别于其他任务运作的基本特征。这意味着每一个项目都有其特殊性,不存在两个完全相同的项目。项目的特殊性可以表现在项目的目标、条件、组织、过程、环境等方面,两个目标不同的项目肯定各有其特殊性,即使目标相同的两个项目也各有其特殊性。

②项目目标的明确性。项目作为一类特别建造的活动,有其明确的目标。没有明确的目标,行动就没有方向,也就不会有项目的存在。项目目标一般由成果性目标和约束性目标组成。其中,成果性目标是项目的来源,也是项目的最终目标,在项目实施过程中,可被分解项目的功能性要求,是项目全过程的主导目标;约束性目标又称限制条件,是实现成果性目标的客观条件和人为约束,是项目实施过程中管理的主要目标。项目目标是上述两者的统一。

③项目的整体性。项目是为实现目标而开展的建造任务的集合,它不是一项项孤立的活动,而是一系列建造活动的有机组合,从而形成一个完整的过程。强调项目的整体性,也就是强调项目的过程性和系统性。

以上是工程项目的外在特征,是工程项目内在属性即项目本身所固有的特性的综合反应。结合项目的内涵,其属性可归纳为以下六个方面。

①唯一性。又称独特性,是项目一次性属性的基础。每个项目都有其特别的地方,没有两个项目会是完全相同的。在有风险存在的情况下,项目就其本质而言,不能完全程序化,项目主管之所以被人们强调很重要,是因为工程项目有许多例外情况要处理。

②一次性。由于项目的唯一性,工程项目作为一种任务一旦完成,项目即告结束,不会有完全相同的工程项目任务重复出现,即工程项目不会重复。项目的这种一次性属性是针对工程整体而言的,并不排斥在工程项目中存在重复性的工作。

③多目标属性。工程项目的目标包括成果性目标和约束性目标。成果性目标是由一系列技术

指标来定义,同时又都受到多种条件的约束,其约束性目标往往是多重的。因而,工程项目具有多目标属性。如图 12-1 所示,项目的总目标是多维空间的一个点。

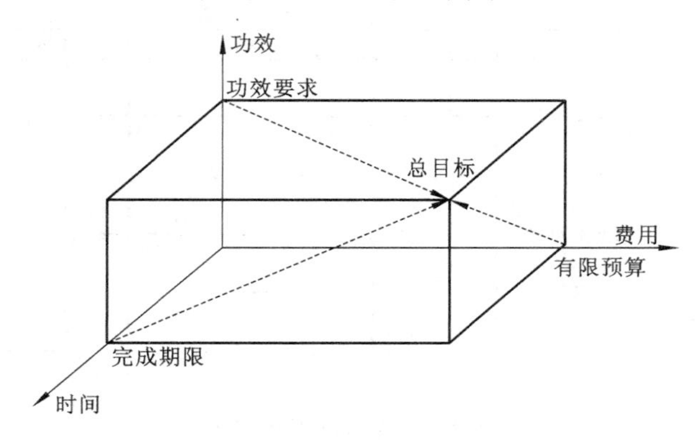

图 12-1　工程项目的多目标属性示意图

④生命周期属性。项目是一次性任务,因而它是有起点也有终点的,任何工程项目都会经历启动、开发、实施、结束这样一个过程,人们常把这一过程称为"生命周期"。工程项目从启动阶段到结束阶段,少则数月,多则数年乃至几十年;其后续的使用周期也很长,工程项目的自然寿命主要是由设计寿命决定的。

⑤相互依赖性。工程项目常与组织中同时进展的其他工作或项目相互作用,但项目总是与项目组织的标准及手头的工作相抵触的。组织中各事业部门间的相互作用是有规律的,而项目与事业部门之间的冲突则是变化无常的。项目主管应清楚这些冲突并与所有相关部门保持适当联系。

⑥冲突属性。项目经理生活在一个具有冲突特征的世界中,项目之间有为资源而与其他项目进行的竞争,有为人员而与其他职能部门进行的竞争。项目组的成员在解决项目问题时,几乎一直处在资源和领导问题的冲突中。

12.1.2　工程项目管理

(1)建设工程管理

建设工程项目管理是建设工程管理(professional management in construction)的一个部分,在整个建设工程项目全寿命周期中,决策阶段的管理是项目前期的开发管理(DM——development management),实施阶段的管理是项目管理(PM——project management),使用阶段(即运营阶段)的管理是设施管理(FM——facility management),如图 12-2 所示。

建设工程管理作为一个专业术语,涉及参与工程项目的各个单位的管理,即包括投资方、开发方、设计方、施工方、供货方和项目使用期的管理方的管理。同时,其内涵也涉及工程项目全过程的管理,即包括 DM、PM 和 FM,如图 12-3 所示。

建设工程项目管理是建设工程管理中的一个组成部分,建设工程项目管理的工作仅限于在项目实施期的工作,也就是说,工程项目管理的时间范畴是工程项目的实施阶段,而建设工程管理则涉及项目全寿命周期。

工程项目管理的含义有多种表述,英国皇家特许建造学会(CIOB)对其作了如下的表述:自项目开始至项目完成,通过项目策划和项目控制,以使项目的费用目标、进度目标和质量目标得以实现。

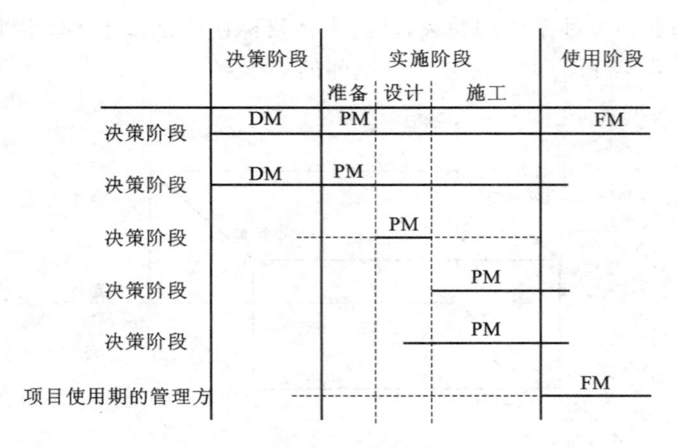

图 12-2　DM、PM 和 FM

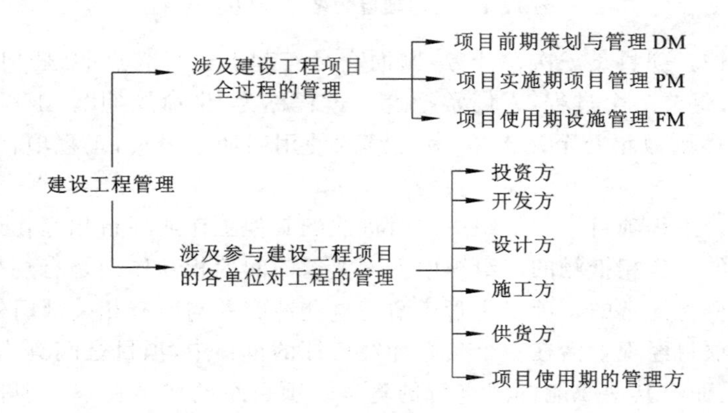

图 12-3　建设工程管理的内涵

此表述得到许多国家建造师组织和工程管理学会(协会)的认可,在工程管理业界有相当的权威性。其中:

①“自项目开始至项目完成”指的是项目的实施期;

②“项目策划”指的是目标控制前的一系列筹划和准备工作,它属于项目实施的策划;

③“费用目标”对业主而言是投资目标,对施工方而言是成本目标。

项目实施期管理的主要任务是通过管理使项目的目标得以实现。保修阶段属于项目实施期,原因是在保修阶段许多施工和材料供应合同尚未终止,在合同期内还有可能产生费用、质量和进度的问题,如图 12-4 所示。

(2)工程项目管理的定义

工程项目管理是以工程项目为对象的系统管理方法,通过一个临时性的专门的柔性组织,对工程项目进行高效率的计划、组织、指导和控制,以实现对工程项目实施过程的动态管理和项目目标的综合协调与优化。

所谓实现对工程项目实施过程的动态管理是指不断进行资源的配置和协调,不断做出科学决策,从而使项目执行的全过程处于最佳的运行状态,产生最佳的效果。所谓项目目标的综合协调与

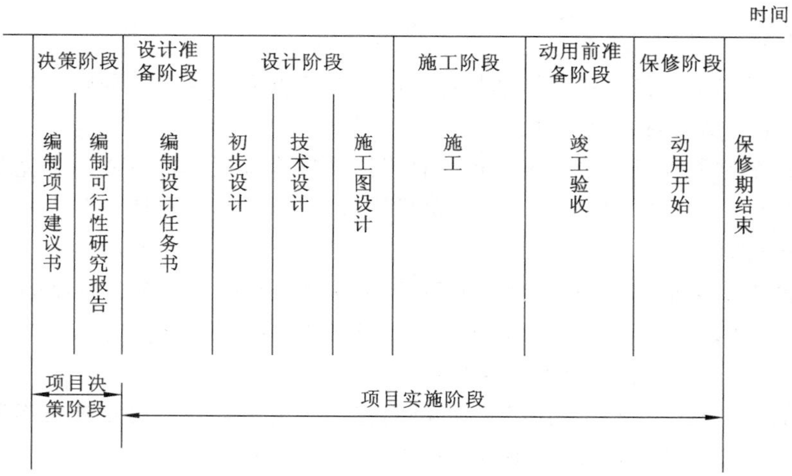

时间

决策阶段：编制项目建议书　编制可行性研究报告
设计准备阶段：编制设计任务书
设计阶段：初步设计　技术设计　施工图设计
施工阶段：施工
动用前准备阶段：竣工验收
保修阶段：动用开始
保修期结束

项目决策阶段　项目实施阶段

图 12-4　工程项目的决策阶段和实施阶段

优化是指工程项目管理应综合协调好时间、费用及功能等约束性目标，在相对较短的时期内成功地达到一个特定的成果性目标。

(3)工程项目管理的要素

要充分理解工程项目管理的意义就必须理解项目管理所涉及的各种要素。资源是工程项目实施的最根本保证，需求和目标是工程项目实施结果的基本要求，项目组织是工程项目实施运作的核心实体，环境是工程项目取得的可靠基础。

①资源。资源可以理解为一切具有现实和潜在价值的东西，包括自然资源和人造资源、内部资源和外部资源、有形资源和无形资源，如人力和人才、材料、机械、资金、信息、技术等。工程项目资源不同于其他组织机构的资源，它多是临时拥有和使用的，项目过程中资源需求变化很大，有些资源用毕要及时偿还或遣散，任何资源积压、滞留或短缺都会给项目带来损失。资源的合理、高效使用对工程项目管理尤为重要。

②需求和目标。工程项目利益相关者有建设方、勘测方、设计方、施工方、监理方等，他们的需求又是多种多样的，基本需求包括工程项目的实施范围、质量要求、利润或成本目标、工期要求以及必须满足的法规标准等。工程项目管理者要对这些不同的需求加以协调，统筹兼顾，取得平衡，最大限度地调动项目利益相关者的积极性，减少他们的阻力和消极的影响。

③项目组织。组织就是把多人联系起来，做一个人无法做的事，是管理的一项功能。项目组织要有好的领导、章程、沟通、人员配备、激励机制，以及好的组织文化等，要有机动灵活的组织形式和用人机制。工程项目主要的组织结构有职能式结构、项目单列式结构和矩阵式结构。一般地讲，职能式结构有利于提高效率，项目单列式结构有利于取得效果。矩阵式结构兼具两者优点，但也带来某些不利因素，如各个项目可能在同一个职能部门中争夺资源、一个成员有两个顶头上司，既难处，也难管。

④项目环境。要使工程项目取得成功，除了需要对项目本身、项目组织及其内部环境充分了解外，还要对项目所处的外部环境有正确的认识。这些领域的现状和发展趋势都有可能会对项目产生不同程度的影响，有的时候甚至是决定性的影响，主要从政治和经济、文化和意识、规章和制度几个

方面考虑。

(4)工程项目管理的特点

①项目管理的对象是项目。项目管理是针对项目的特点而形成的一种管理方式,因而其适用对象是项目,特别是比较复杂的大型项目。

②项目管理的全过程都贯穿着系统工程的思想。项目管理把项目看成一个完整的系统,依照系统论"整体—分解—综合"的原理,可将系统分解成许多责任单元,由责任者分别按要求完成目标,然后汇总、综合成最终的成果。

③项目管理的组织是临时性的、柔性的且强调其协调控制职能。项目终结,项目组织的使命也就完成,且项目组织是柔性即可变的,它根据项目生命周期各个阶段的具体需求适时地调整组织的配置,且必须考虑到利于组织各部分的协调与控制。

④项目管理的体制是一种基于团队管理的项目经理个人负责制。由于项目系统管理的要求,需要集中权力以控制工作正常进行,因而项目经理是一个关键角色。

⑤项目管理的方式是目标管理。项目管理是一种多层次的目标管理方式,现代工程项目管理者只能以综合协调者的身份,向被授权的负责人讲明应承担工作责任的意义,协商确定目标及时间、费用、工程标准的限定条件。同时,要常反馈信息、检查督促并及时给予相关支持。

⑥项目管理的要点是创造和保持一种使项目顺利进行的环境。这种环境可使置身于其中的人们在集体中一起工作以完成预定的使命和目标,这也说明了工程项目管理是一个管理过程,处理各种冲突和意外事件是项目管理的主要工作。

⑦项目管理的方法、工具和手段具有先进性、开放性。如采用目标管理、全面质量管理、价值工程、技术经济分析等理论和方法控制项目总目标,采用先进高效的管理手段和工具,主要是使用电子计算机进行项目信息处理等。

(5)工程项目管理的类型

一个建设工程项目往往由许多参与单位承担不同的建设任务和管理任务(如勘察、土建设计、工艺设计、工程施工、设备安装、工程监理、建设物资供应、业主方管理、政府主管部门的管理和监督等),各参与单位的工作性质、工作任务和利益不尽相同,因此就形成了代表不同利益方的项目管理。由于业主方是建设工程项目实施过程的总集成者——人力资源、物质资源和知识的集成,业主方也是建设工程项目生产过程的总组织者,因此对于一个建设工程项目而言,业主方的项目管理往往是该项目的项目管理核心。

按建设工程项目不同参与方的工程性质和组织特征划分,项目管理有如下几种类型。

①业主方的项目管理(如投资方和开发方的项目管理,或由工程管理咨询公司提供的代表业主方利益的项目管理服务)。

②设计方的项目管理。

③施工方的项目管理(施工总承包方、施工总承包管理方和分包方的项目管理)。

④建设物资供货方的项目管理(材料和设备供应方的项目管理)。

⑤建设项目总承包方(即建设项目工程总承包方)的项目管理,如设计和施工任务综合的承包,或设计、采购和施工任务综合的承包(即 EPC 承包)的项目管理等。

12.2 建设工程项目的进度、质量、成本、安全生产管理

工程进度、质量、成本管理是工程项目建设中并列的三大管理目标，三者之间的关系是相互影响和相互制约的。一般情况下，加快进度、缩短工期需要增加成本；工程进度的加快有可能影响工程的质量，而对质量标准的严格控制极有可能影响工程进度。如有严谨、周密的质量保证措施，虽严格控制而不致返工，不仅能保证工程进度，也可保证工程质量标准及投资费用的有效控制。

建设工程规模大、周期长、参与人数多、环境复杂多变，安全生产的难度很大。因此，在确保工程项目进度、质量、成本等管理目标实现的同时，还要密切关注工程项目的安全生产管理，规范建设工程的生产行为，保证劳动者的健康安全，预防和杜绝安全事故的发生。

12.2.1 工程项目的进度管理

1)进度管理的概念

工程项目进度管理是指项目经理部根据合同规定的工期要求编制施工进度计划，经公司本部及工程项目相关方审核批准，并以此作为管理的目标，对项目实施的全过程进行跟踪、检查、对比分析，及时识别实施中的偏差，并对产生偏差的各种因素及影响工程目标的程度进行分析与评估，采取有效的应对措施，组织、指导、协调工程相关单位及时采取有效措施调整工程进度计划。

2)进度管理的内容

(1)进度计划的编制

工程项目建设进度受诸多因素影响，工程项目管理人员要对这诸多因素进行全面调查研究，预测、评估其对工程建设进度产生的影响，对工程内容进行细致分析，全面策划工程内容的实施，形成可行的进度计划。

(2)进度计划的实施

通过对进度计划要求的交底培训，编制项目进行计划实施方案，分解落实进度管理责任，落实所需要的组织措施、资源保证，按计划进行工程进展。

(3)进度计划的控制

当工程项目进度难以按预定计划进展时，需要工程项目管理人员运用动态控制原理，不断进行检查，将工程实际进展情况与进度计划进行对比，及时识别计划执行偏差，分析调整资源配置，以满足进度计划的要求。

(4)偏离校正

确定纠偏措施要有两个前提：一是采取措施后可以维持原来的进度计划，使之正常实施；二是采取措施后仍不能按原进度计划执行，要对原进度计划进行调整或修正后，再按新的进度计划执行。要说明的是，校正偏离要依据合同和业主的工程需求，在工期与合同造价调整之间做出权衡。

3)进度计划的分类

(1)工程总体进度计划

工程总体进度计划应反映的是工程建设周期内各阶段的里程碑控制节点、各专业工程(或不同工作)插入时间控制节点，是对工程建设周期的总体把握。

工程总体进度计划是指导施工过程中编制阶段性施工进度计划和周期性施工进度计划的指导性文件,其节点时间也是对合同要求的反映。

工程总体施工进度计划较为粗犷,不宜对工作进行细部分解,只要能反映出大的里程碑控制节点和主要工作的逻辑关系即可,这样才能更有利于对阶段性施工进度计划和周期性施工进度计划起到指导性作用。

总进度计划是指导工程建设进度管理的总控制文件,应于工程开始前进行编制,实施过程中根据实际情况进行修订和补充。

(2)阶段性施工进度计划

阶段性施工进度计划是以工程总体进度计划中相应阶段的里程碑时间点为其开始和结束时间,对本阶段的工作进行细化分解,对工作之间的逻辑关系进行描述,对机械设备、劳动力和材料进行合理的配置,以达到满足阶段性里程碑时间点的要求。

阶段性施工进度计划应将单位工作的所有工作分解为区域和流水段内的工作,对流水段之间的逻辑关系进行描述,对流水段内工作所使用的资源进行配置,对流水段进行施工组织,是对工程总体进度计划分阶段的细化。

阶段性施工进度计划可分为基础工程施工进度计划、主体结构工程施工进度计划、装饰和机电安装工程施工进度计划和收尾及竣工验收进度计划。

阶段性进度计划既要自成体系又要相互依存,各阶段之间不同程度地存在逻辑关系,虽然这种逻辑关系主要在工程总体进度计划中反映,但是在实施阶段,改变其中一个阶段性计划时也要注意其他阶段性计划的相应修订。

(3)周期性施工进度计划

周期性施工进度计划是按照时间阶段人为地将工程部位隔断,反映某一时间段内工程进展涉及的工作的时间安排、逻辑关系和资源配置情况,是工程总体施工进度计划按照时间阶段将工作进行细化分解,以指导具体实施工作。

周期性施工进度计划可以分为年度施工进度计划、季度施工进度计划、月度施工进度计划、旬或周施工进度计划。

4)进度计划的内容和形式

(1)施工进度计划反映的基本内容

施工进度计划应反映的基本内容有工作内容、工作的持续时间、工作的开始时间、工作的完成时间、紧前工作、紧后工作和资源的配置情况等。

(2)进度计划的形式

工程进度计划可以采用文字描述、横道图、网络图等形式。

①工程的里程碑计划一般可采用文字描述的形式,工程实施进度计划应采用横道图和网络图进行编制,并宜采用网络图形式进行表达,确定影响工程进度的关键线路,利于工程管理和进度的控制。

②横道图:简单直观,工作的持续时间较为清晰,工作顺序较为明确。不易反映出工作之间的逻辑关系,关键工序不易分清。

③网络图:逻辑关系较为明确,关键工序一目了然。较为复杂,编制工作较为烦琐,宜采用计算

机软件进行编制。

5)进度计划管理总结的依据和内容

(1)进度管理总结的依据资料

进度管理总结依据的资料有进度计划、进度计划执行的实际记录、进度计划检查结果、进度计划的调整资料。这些资料都是在进度控制的过程中产生的,平时要注意保存和积累。

(2)进度管理总结的内容

①合同时间目标及计划时间目标的完成情况。

②资源利用情况。

③成本情况。

④进度管理经验。

⑤进度管理中存在的问题及分析。

⑥科学的进度计划方法的应用情况。

⑦进度管理改进意见。

⑧其他相关内容。

12.2.2 工程项目的质量管理

1)建筑工程质量内涵

建筑工程质量是反映建筑工程满足相关标准规定或合同约定的要求情况,包括其在安全、使用功能、耐久性、环境保护等方面所有明显和隐含能力的特性总和;也指在国家现行的有关法律、法规、技术标准、设计文件和合同中,对工程的安全、适用、经济、美观等特性的综合要求。

建筑工程质量包含检验批质量、分项工程质量、(子)分部工程质量、单位工程质量。广义上讲,建筑工程质量不仅指工程施工质量和工程实体质量,而且包括工程项目决策质量、工程设计质量、工程回防保修质量。

2)建筑工程质量管理

建筑工程质量管理是指为建造符合使用要求和质量标准的工程所进行的全部质量管理活动。建筑工程质量关系到建筑物的寿命和使用功能,对近期和长远的经济效益都有重大影响,所以,工程质量管理是企业管理工作的核心。

工程质量管理是指指导和控制项目组织的与工程项目质量有关的相互协调的活动,它是一个组织全部管理的重要组成部分,是有计划、有系统的活动。

建筑工程质量管理的任务,是组织建筑工程相关方的有关人员认真执行技术标准、工作标准,保证建筑工程的质量并促进工程质量不断提高。在各级政府建设主管部门和企业、事业单位组织建立工程质量监督管理网络,设置工程质量检验测试中心,发挥监理单位的质量管理控制作用,建立质量责任制度和终身责任制度。

建设工程项目相关方主要包括建设单位、勘察单位、设计单位、施工单位、监理单位、分包单位、试验检测单位、质量监督单位、房屋建筑使用者、物资设备供应商等。《建筑法》规定:建设单位、勘察单位、设计单位、施工单位、监理单位依法对建设工程质量负责。他们是工程质量五大责任主体,法律分别规定了其质量责任和义务。《建筑法》《建设工程质量管理条例》等法规还对分包单位、房屋建筑使用者、试验检测单位、质量监督机构的质量职责给予了规定。

3)工程项目质量计划编制要求

(1)质量计划编制的主要依据

①承包合同中有关工程质量的要求。

②企业质量管理体系文件。

③国家法律、法规及建设行政主管部门的规定。

④建设单位和设计文件的要求。

(2)质量计划主要内容

①质量目标和要求。

②质量管理组织和职责。

③施工管理依据的文件,如设计图纸、法规、规范标准及相关文件清单等。

④人员、技术、施工机具等资源的需求和配置。

⑤场地、道路、水电、消防、临时设施规划。

⑥影响施工质量的因素分析及其控制措施。

⑦进度控制措施。

⑧施工质量检查、验收及其相关标准。

⑨突发事件的应急措施、预案。

⑩对违规事件的报告和处理。

⑪应收集的信息及其传递要求。

⑫与工程建设相关方的沟通安排。

⑬施工管理应形成的记录。

⑭质量管理措施和技术措施;关键过程、特殊过程控制措施;质量创优计划及措施。

⑮施工企业质量管理的其他要求,如试验检测计划、质量控制点、技术复核计划等。

4)施工过程的质量控制

(1)技术交底

单位工程开工前,应由组织或项目技术负责人组织全面的技术交底。工程复杂、工期长的工程可按基础、结构、装修几个阶段分别组织技术交底。各分项工程施工前,应由项目技术负责人向参加该项目施工的所有班组和配合工种进行交底。如果有工程专业分包单位,则应由组织或项目技术负责人在进行技术交底的同时,监督分包单位对班组和工种的交底活动。

交底内容包括图纸交底、施工组织设计交底、分项工程技术交底和安全交底等。交底的形式除书面、口头外,必要时可采用样板、示范操作等。

(2)测量控制

对于给定的原始基准点、基准线和参考标高等的测量控制点应做好复核工作,审核批准后,才能据此进行准确的测量放线。

准确地测定与保护好场地平面控制网和主轴线的桩位,是整个场地内建筑物、构筑物定位的依据,是保证整个施工测量精度和顺利进行施工的基础。因此,在复测施工测量控制网时,应抽检建筑方格网、控制高程的水准网点以及标桩埋设位置等。

民用建筑的测量复核有建筑定位测量复核、基础施工测量复核、皮数杆检测、楼层轴线检测、楼层间高层传递检测。

工业建筑的测量复核有工业厂房控制网测量、柱基施工测量、柱子安装测量、吊车梁安装测量、设备基础与预埋螺栓检测。

高层建筑物的场地控制测量、基础以上的平面与高程控制与一般民用建筑测量相同，应特别重视高层建筑物垂直度及施工过程中沉降变形的检测。

(3)材料控制

对供货方质量保证能力进行评定，主要包括材料供应的表现状况，如材料质量、交货期等；供货方质量管理体系对于按要求如期提供产品的保证能力；供货方的顾客满意程度；供货方交付材料之后的服务和支持能力；其他的如价格、履约能力等。

对材料的采购、加工、运输、贮存建立管理制度，避免材料损失、变质；如果是由发包人提供的，项目组织就应对其作出专门标识，接收时要进行验证。进入施工现场的原材料、半成品、构配件要按型号或品种，分区堆放，予以标识。标识应有可追溯性，即应标明其规格、产地、日期、批号、加工过程、安装交付后的分布和场所。主要材料进场时应有出厂合格证和材质化验单，凡标识不清或认为质量有问题的，需要进行追踪检验。材料质量抽样应按规定的部位、数量及采选的操作要求进行，材料质量检验方法有书面检验、外观检验、理化检验和无损检验等。

(4)机械设备控制

机械设备的使用形式包括自行采购、租赁、承包和调配等。

机械设备的保养分为例行保养和强制保养。例行保养的主要内容有保持机械的清洁、检查运转情况、防止机械腐蚀、按技术要求润滑等。强制保养是按照一定周期和内容分级进行保养。

机械设备的修理是对机械设备的自然损耗进行修复，排除机械运行的故障，对损坏的零部件进行更换、修复。

(5)计量控制

施工中的计量工作，包括施工生产中的投料计量、施工生产过程中的监测计量和对项目、产品或过程的测试、检验、分析计量等。为做好计量控制工作，应抓好以下几点：建立计量管理部门和配备计量人员，健全和完善计量管理的规章制度，积极开展计量意识教育，确保强检计量器具的及时检定，做好自检器具的管理工作。

(6)工序质量控制

工序质量是指工序过程的质量，一般地说，工序质量指工序的成果符合设计、工艺(技术标准)要求的程度。

工序质量控制是使工序质量的波动处于允许的范围之内，一旦超出允许范围，立即对影响工序质量被动的因素进行分析，针对问题采取必要的组织、技术措施，对工序进行有效控制，保证其在允许范围内。

(7)特殊和关键过程控制

特殊过程指建设项目施工过程或工序施工质量不能通过其后的检验和试验而得到验证，或者其验证的成本不经济的过程，如防水、焊接、桩基处理、防腐施工等。关键过程是指严重影响施工质量的过程，如吊装、混凝土搅拌、钢筋连接、模板安拆、砌筑等。

特殊和关键过程是施工质量控制的重点，设置质量控制点就是要根据工程项目的特点，抓住这些影响工序施工质量的主要因素。

5)工程项目竣工质量验收标准

按照《建筑工程施工质量验收统一标准》(GB 50300—2013)的规定，建筑工程施工质量按以下要求进行验收。

①建筑工程施工质量应符合本标准和相关专业验收规范的规定。

②建筑工程施工应符合工程勘察、设计文件的要求。

③参加工程施工质量验收的各方人员应具备规定的资格。

④工程质量的验收均应在施工单位自行检查评定的基础上进行。

⑤隐蔽工程在隐蔽前应由施工单位通知有关单位进行验收，并应形成验收文件。

⑥涉及结构安全的试块、试件以及相关材料，应按规定进行见证取样检测。

⑦检验批的质量应按主控项目和一般项目验收。

⑧对涉及结构安全和使用功能的重要分部工程应进行抽样检测。

⑨承担见证取样检测及有关结构安全检测的单位应该具有相应资质。

⑩工程的观感质量应由验收人员通过现场检查，并应共同确认。

12.2.3 工程项目的成本管理

1)项目成本计划

对于工程项目而言，效益的来源就是在满足业主的质量、工期要求及遵守建设法规和职业道德的条件下，依靠技术和管理优势降低工程成本。因此，编制切实可行、目标明确的项目成本计划，就成为降低成本、赢得预期效益的第一步。

(1)项目成本计划的范围

项目成本计划就是对现场生产成本进行目标的确定和分解，用于指导和控制项目实施过程的成本控制和考核。项目成本计划的编制首先要明确以下两个问题。

①项目施工任务范围。

施工项目成本与施工任务的范围有关。施工任务范围可依以下情况确定。

在项目成本计划阶段，施工任务范围一般就是成本合同规定的施工任务范围。

当承包合同的施工任务，特别是多个单位或单项工程时，企业自行划分若干子项或标段，以及按土建、装修、安装等分别组织项目管理班子或组建二级项目管理机构时，应由企业确定各项目管理班子的施工任务范围并明确相互的工作界面划分。

项目实施过程涉及工程变更、增减的施工任务，根据情况调整。

②现场可控成本范围。

项目经理根据企业授权进行项目管理，企业的项目经理必须实行责、权、利对等原则。企业下达的项目经理责任成本目标必须是在项目经理权限范围可控的成本要素，那些不属于项目经理权限范围可控的成本，如企业管理费等不应列入现场生产成本，由项目组织进行计划、控制、核算和考核。

按建设工程造价构成，项目可控成本范围如下。

a.人工、材料、机械等工程直接费。

b. 现场施工技术组织措施、安全专项措施费。

c. 现场施工组织管理费(从合同造价中企业管理费项下核定)。

(2)项目成本计划的依据

按我国《建设工程项目管理规范》(GB/T 50326—2006)的要求,工程项目成本计划的编制依据如下。

①项目技术经济文件,包括工程项目投标书及合同文件、工程项目施工图设计文件、工程项目施工组织设计文件。

②项目管理文件,包括工程项目经理责任成本目标、工程项目管理实施规划。

③成本管理基础资料,包括生产要素价格信息及成本预测资料、企业施工定额及类似项目成本资料。

(3)编制现场施工成本计划

工程项目现场施工成本计划应在项目经理的组织和主持下,根据企业下达的责任目标成本、企业施工定额、经优化选择的施工方案以及生产要素成本预测信息等编制。具体的工作程序如下。

①计量。即按照经过企业审批的施工方案,计算各分部分项工程的计划工程量。

②定耗。即对每一分部分项工程的工程量,按照企业施工定额的消耗标准,计算出相应的人工、材料、施工机械使用量,确定其计划的消耗标准。

③算费。按照企业内部或市场生产要素价格信息,计算各分部分项工程的施工预算成本,各分部分项工程的施工预算直接成本包括:

a. 人工费,人工费=计划实物工程量×施工时间定额×计划人工单价;

b. 材料费,材料费=计划实物工程量×材料消耗定额×材料单价;

c. 机械使用费,机械使用费=计划使用台班数×台班单价。

④编表。经过以上步骤的量、耗、费测算后,着手按成本用途分类编制现场施工成本计划,包括:

a. 分部分项工程人工与材料成本计划;

b. 现场施工机械使用成本计划,按照机械类型、数量、总台班数、台班费用和总成本进行计划;

c. 施工措施费成本计划,按合同标书措施费清单内容和责任目标成本编制措施费成本计划;

d. 现场施工管理费计划,按照现场施工管理费的构成规定列项,编制现场施工管理费计划;

e. 机动成本计划,以上各计划成本总和与企业下达的责任目标成本总额之差,作为项目机动计划成本列项,保持计划总成本与责任目标总成本的平衡。

⑤调整。将计划施工机械使用费总额及现场管理费总额,按照合理比例分摊到分部分项成本和措施费成本表中,然后检查各分部分项施工计划总成本、措施费和其他措施费的计划成本是否符合相应的责任目标成本要求,最后检查计划施工总成本是否满足责任目标总成本的要求。检查过程可以逐项计算出计划成本偏差,即

计划成本偏差=施工预算成本-责任目标成本

当发现各项计划成本偏差总和为正值时,应寻找有潜力的分部分项工程进一步改善施工方案,挖掘降低施工预算成本的途径,保证现场施工计划总成本控制在责任目标总成本的范围内。

2)工程项目现场成本控制的途径

从工程项目成本的构成和施工项目管理的原理可知,现场施工成本控制就是对工程直接费和间

接费的发生进行控制。其中,又以工程直接费和施工管理费的控制为主要内容。由于工程直接费包含直接工程费和措施费,在实际管理运作中都将转化为人工、材料和施工机械等生产要素成本以及分包费用的控制。

(1)直接费控制

施工生产要素费用是指人工、材料和施工机械使用的费用,这些费用是在计划配置、采购和使用过程中形成的,并且主要发生在施工作业技术活动中,可以从“量、价、耗、效”几方面展开控制。

①量的控制。首先是实物工程量的控制,即通过正确选择施工工艺和方法,加强施工作业范围和尺寸精度的控制,克服范围和精度失控以及质量事故返工等造成的实物工程量的增加。其次是控制单位实物工程量的人工、材料和施工机械台班的消耗量。此外是控制工程材料物资的进场验收数量,防止短斤缺两、送料单与实物数量不符等现象。

②价的控制。做好市场询价,掌握价格信息,选择合格供应商及劳务分包商,控制生产要素价格是成本控制的重要环节之一。

③耗的控制。耗的控制包括施工作业技术活动中必要的劳动消耗量和损耗数量的控制。

④效的控制。即劳动效率的控制,施工生产劳动效率的提高,必要消耗的降低和损耗、浪费的减少,通过合理的生产组织、提高作业者技能和成本意识来达到。

(2)分包费控制

分包费用控制的主要途径是通过分包合同管理,抓好分包任务的确定、分包人的选择、分包施工的指导与监督、分包工程款的结算与支付等。总包人在总分包关系中相当于业主的地位,其控制工作如下。

①确定实行分包的工程对象和范围。

②选择有资格的分包单位。

③按照分包合同要求对分包人的施工及贯彻执行相关建设法规情况进行指导和监督,保证工程施工质量、进度和安全。

④对劳务分包人应实行严格的“限额领料”和工器具借用制度,加强定额管理、用料节超核算控制。

⑤对分包人报验的已完施工,应及时进行检查验收和工程款的结算与支付。

(3)管理费控制

现场施工管理费主要包括管理人员工资、奖金、办公、差旅等各种现场经费。现场施工管理费的大小不是孤立的,而是与工程复杂程度、施工规模和施工组织管理水平有关。因此,管理费的控制一方面要从纯管理费的计划、使用、核算、分析等方面展开,做到合理、节约使用;另一方面要与现场施工组织管理的最优化结合,在控制工程直接费的同时,降低和节省管理费用。

3)工程项目成本核算

(1)项目成本核算的内涵

由于工程成本根据范围的不同有完全成本和现场生产成本之区分,前者称为企业的工程项目成本,后者称为工程项目的现场生产成本,与此相应地就派生出两种项目成本核算的概念。

①企业的项目完全成本核算。

企业在一个经营周期内可能同时承包许多工程,为了检查、监督和考核各项工程的成本管理,企业的财务部门要对已经签约的工程项目，建立一套独立核算的会计帐户体系，用以记录和反映该项目工程款项的收、支、结、转等经济业务过程，同时也反映项目全部成本和效益管理的成果，这是企业的项目完全成本核算。

②项目的现场生产成本核算。

现场生产成本核算就是按照其项目经理责任目标成本的范围和内容，对比项目施工生产成本的计划和控制结果，对实际成本所进行的归集、计算和比较，它对项目的现场成本管理更有直接指导意义。它有以下特点：

a. 核算的范围是项目经理责任目标成本界定的范畴，且属于项目可控成本；

b. 核算的方式是在跟踪项目生产要素消耗的过程，每月定时进行实际成本的归集和计算，并和施工图预算、施工预算等对比反映出实际成本偏差；

c. 核算的基点是放在现场的每月已完工程计划施工成本与实际成本比较分析，按月核算，连续推进，直到工程竣工；

d. 核算工作由项目经理主持，现场造价工程师、预算员、成本员等进行具体业务操作。

在每月核算基础上，项目部编制现场施工成本报表和资料，报送企业主管领导及财务部门。

(2)现场成本核算的对象

①承包单位的项目现场成本管理，原则上都应以具有独立设计文件、造价文件以及能独立组织施工的单位工程为核算对象。

②施工合同包含两项以上单位工程，有一个项目经理部进行项目管理时，要分别对各单位工程进行现场成本核算。

③施工合同中工程承包范围不是一项完整的单位工程时，则按合同造价界定的施工范围作为成本核算的对象。

④企业在一个单位工程中同时承包多项专业工程时，仍应按各单位工程的专业工程作为成本核算对象。

(3)现场成本核算内容

现场成本核算的内容主要有人工费、材料费、周转材料费、结构件费、机械使用费、其他直接费、现场施工管理费、分包工程费等各项成本要素的核算。

4)项目施工成本分析

工程项目成本分析包括对施工成本偏差的数量、来源、原因所进行的分析，以及对施工成本变化趋势的分析。目的在于提示影响成本升降的因素，寻求进一步降低成本的途径、手段和措施。

(1)成本偏差的数量分析

通过各分部分项已完施工的实际成本与其相应的施工预算成本、责任目标成本和合同造价中相应成本部分的相互对比，从中了解实际成本与不同控制基准之间的偏差，分析偏差产生的原因、变化趋势、后果，以及后续施工需要采取的控制措施。

(2)成本偏差的原因分析

施工成本偏差的原因分析，最方便的方法是应用因果分析图法进行定性分析，把成本偏差的来源或按成本性质划分的成本构成内容——人工费、材料费、机械费、管理费等作为主要原因，组织项目管理人员和相关当事人共同进行分析。因果图法可参考图 12-5 和有关著作。

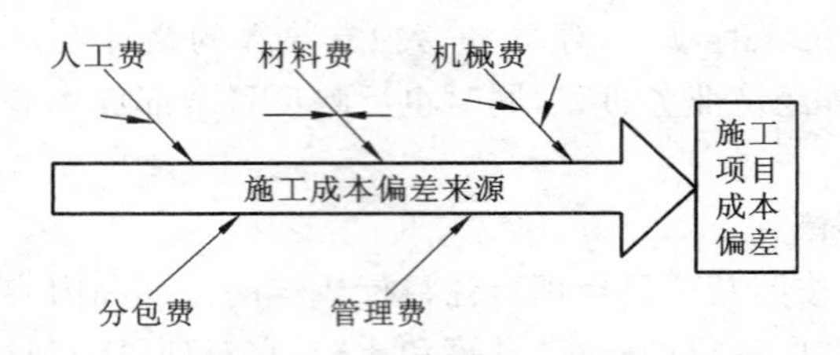

图 12-5 项目成本偏差系统分析

(3)纠正偏差的对策措施

只有在每月现场施工成本跟踪核算过程中,搞清当月在施或完成的各分部分项工程成本偏差来自于哪类成本要素,并把引起偏差的直接原因分析透彻,才能制定有针对性和可操作性的对策措施并落实到实处。必须指出的是,由于在月度成本核算和分析过程中,成本偏差已经发生,纠偏的重点应放在后续的施工过程中。

12.2.4 工程项目的安全生产管理

1)安全生产管理制度

《建筑法》《中华人民共和国安全生产法》《安全生产许可证条例》《建设工程安全生产管理条例》《建筑施工企业安全生产许可证管理规定》等建设工程相关法律法规和部门规章对政府部门、相关企业及人员的建设工程安全生产和管理行为进行了全面的规范,确立了一系列建设工程安全生产管理制度。现阶段正在执行的主要安全生产管理制度包括安全生产责任制度,安全生产许可证制度,政府安全生产监督检查制度,安全生产教育培训制度,安全措施计划制度,特种作业人员持证上岗制度,专项施工方案专家论证制度,危及施工安全工艺、设备、材料淘汰制度,施工起重机械使用登记制度,安全检查制度,生产安全事故报告和调查处理制度,“三同时”制度,安全预评价制度,意外伤害保险制度等。

2)建设工程施工安全技术措施

(1)施工安全控制

施工安全控制是生产过程中涉及的计划、组织、监控、调节和改进等一系列致力于满足生产安全所进行的管理活动。

①施工安全控制的目标是减少和消除生产过程中的事故,保证人员健康安全和财产免受损失。具体应包括:

a.减少或消除人员的不安全行为的目标;

b.减少或消除设备、材料的不安全状态的目标;

c.改善生产环境和保护自然环境的目标。

②施工安全控制的特点。

a.控制面广。由于建设工程规模较大,生产工艺复杂、工序多,在建造过程中流动作业多,高处作业多,作业位置多变,遇到的不确定因素多,因此安全控制工作涉及范围大,控制面广。

b.控制的动态性。由于建设工程项目的单件性和施工分散性,每项工程所处条件不同,面临的危险因素和防范措施也有所改变,当面对具体的生产环境时,员工需要有个熟悉的过程,去适应不断变化的情况。

c. 控制系统交叉性。建设工程项目是开放系统，受自然环境和社会环境影响很大，同时也会对社会和环境造成影响，安全控制需要把工程系统、环境系统及社会系统结合起来。

d. 控制的严谨性。由于建设工程施工的危害因素复杂、风险程度高、伤亡事故多，所以预防控制措施必须严谨，如有疏漏就可能酿成事故，造成损失和伤害。

③施工安全控制的程序。

a. 确定每项具体建设工程项目的安全目标，实现全员安全控制。

b. 编制建筑工程施工安全技术措施计划。建筑工程施工安全技术措施计划是对生产过程中的不安全因素，用技术手段加以消除和控制的文件，是落实“预防为主”方针的具体体现，是进行工程项目安全控制的指导性文件。

c. 安全技术措施计划的落实和实施，包括建立健全安全生产责任制、设置安全生产设施、采用安全技术和应急措施、进行安全教育和培训、安全检查、事故处理、沟通和交流信息等。

d. 安全技术措施计划的验证。通过施工过程中对安全技术措施计划实施情况的安全检查，纠正不符合安全技术措施计划的情况，保证安全技术措施的贯彻和实施。

e. 持续改进安全技术措施计划，对不适宜的部分及时进行修改、补充和完善。

(2)施工安全技术措施的一般要求和主要内容

①施工安全技术措施的一般要求。

a. 施工安全技术措施必须在工程开工前制定。

b. 施工安全技术措施要有全面性。

c. 施工安全技术措施要有针对性，即针对每项工程的特点编制。

d. 施工安全技术措施应力求全面、具体、可靠。

e. 施工安全技术措施必须包括应急预案。

f. 施工安全技术措施要有可行性和可操作性。

②施工安全技术措施的主要内容。

a. 进入施工现场的安全规定。

b. 地面及深槽作业的防护。

c. 高处及立体交叉作业的防护。

d. 施工用电安全。

e. 施工机械设备的安全使用。

f. 在采取“四新”技术时，有针对性的专门安全技术措施。

g. 有针对自然灾害预防的安全措施。

h. 预防有毒、有害、易燃、易爆等作业造成危害的安全技术措施。

i. 现场消防措施。

安全技术措施中必须包含施工总平面图，在图中必须对危险的油库、易燃材料库、变电设备、材料和构配件堆放位置、塔式起重机、物料提升机、施工用电梯、垂直运输设备位置等按施工需求和安全规程的要求明确定位，并提出具体要求。

结构复杂、危险性大、特性较多的分部分项工程，应编制专项施工方案和安全措施。季节性施工安全技术措施，就是考虑夏季、雨季、冬季等不同季节的气候给施工生产带来的不安全因素可能造成的各种突发性事故，而从技术、管理上采取的防护措施。一般工程可在施工组织设计或施工方案的安全技术措施中编制季节性施工安全措施；危险性大、高温期长的工程，应单独编制季节性施工安全措施。

3)安全技术交底

(1)安全技术交底的内容

安全技术交底是一项技术性很强的工作，对于贯彻设计意图、严格实施技术方案、按图施工、循规操作、保证施工质量和施工安全至关重要。其主要内容如下。

①本施工项目的施工作业特点和危险点。

②针对危险点的具体预防措施。

③应注意的安全事项。

④相应的安全操作规程和标准。

⑤发生事故后应及时采取的避难和急救措施。

(2)安全技术交底的要求

①项目经理部必须实行逐级安全技术交底制度，纵向延伸到班组全体作业人员。

②技术交底必须具体、明确、针对性强。

③技术交底的内容应针对分部分项工程施工中给作业人员带来的潜在危险因素和存在问题。

④应优先采用新的安全技术措施。

⑤对于涉及“四新”项目或技术含量高、技术难度大的单项技术设计，必须经过两个阶段的技术交底，即初步设计技术交底和实施性施工图设计技术交底。

⑥应将工程概况、施工方法、施工顺序、安全技术措施等向工长或班组长进行详细交底。

⑦定期向由两个以上作业队和多工种进行交叉施工的作业队伍进行书面交底。

⑧保存书面安全技术交底签字记录。

(3)安全技术交底的作用

①让一线作业人员了解和掌握该作业项目的安全技术操作规程和注意事项，减少因违章操作而导致事故的可能。

②安全技术交底是安全管理人员在项目安全管理工作中的重要环节。

③安全技术交底是安全管理的内容要求，同时做好安全技术交底也是安全管理人员自我保护的手段。

4)安全生产检查监督的类型和内容

(1)安全生产检查监督的类型

安全生产检查监督的类型有全面安全检查、经常性安全检查、专业或专职安全管理人员的专业安全检查、季节性安全检查、节假日安全检查、要害部门和设备重点安全检查。

(2)安全生产检查监督的主要内容

安全生产检查监督的主要内容包括查思想、查制度、查管理、查隐患、查整改、查事故处理。

5)建设工程生产安全事故的处理

(1)建设工程生产安全事故的分类

依据《生产安全事故报告和调查处理条例》的规定，按生产安全事故造成的人员伤亡或者直接经济损失，事故分为如下几种。

①特别重大事故，是指造成 30 人以上死亡，或者 100 人以上重伤(包括急性工业中毒)，或者 1 亿元以上直接经济损失的事故。

②重大事故，是指造成 10 人以上 30 人以下死亡，或者 50 人以上 100 人以下重伤(包括急性工业中毒)，或者 5000 万元以上、1 亿元以下直接经济损失的事故。

③较大事故，是指造成 3 人以上 10 人以下死亡，或者 10 人以上 50 人以下重伤(包括急性工业中毒)，或者 1000 万元以上、5000 万元以下直接经济损失的事故。

④一般事故，是指造成 3 人以下死亡，或者 10 以下重伤(包括急性工业中毒)，或者 1000 万元以下直接经济损失的事故。

(2)建设工程安全事故的处理原则

国家对发生安全事故采取“四不放过”处理原则，其具体内容如下。

①事故原因未查清不放过。

②事故责任人未受到处理不放过。

③事故责任人和周围群众没有受到教育不放过。

④事故没有制定切实可行的整改措施不放过。

(3)建设工程安全事故处理措施

①按规定向有关部门报告事故情况。

事故发生后，事故现场有关人员应当向本单位负责人报告；单位负责人接到报告后应当于 1 h 内向事故发生地县级以上人民政府安全生产监督管理部门和负有安全生产监督管理职责的有关部门报告，并有组织、有指挥地抢救伤员，排除险情，防止人为或自然因素的破坏，便于事故原因的调查。

情况紧急时，事故现场有关人员可直接向事故发生地县级以上人民政府安全生产监督管理部门和负有安全生产监督管理职责的有关部门报告。

安全生产监督管理部门和负有安全生产监督管理职责的有关部门接到事故报告后，应当依照下列规定上报事故情况，并通知公安机关、劳动保障行政部门、工会和人民检察院：

a. 特别重大事故、重大事故逐级上报至国务院安全生产监督管理部门和负有安全生产监督管理职责的有关部门；

b. 较大事故逐级上报至省、自治区、直辖市人民政府安全生产监督管理部门和负有安全生产监督管理职责的有关部门；

c. 一般事故上报至设区的市级人民政府安全生产监督管理部门和负有安全生产监督管理职责的有关部门。

安全生产监督管理部门和负有安全生产监督管理职责的有关部门依照前款规定上报事故情况，应当同时报告本级人民政府。国务院安全生产监督管理部门和负有安全生产监督管理职责的有关部门以及省级人民政府接到发生特别重大事故、重大事故的报告后，应当立即报告国务院。必要时，安全生产监督管理部门和负有安全生产监督管理职责的有关部门可以越级上报事故情况。

安全生产监督管理部门和负有安全生产监督管理职责的有关部门逐级上报事故情况，每级上报时间不得超过 2 h，事故报告后出现新情况的，应当及时补报。

②组织调查组,开展事故调查。

特别重大事故由国务院或者国务院授权有关部门组织事故调查组进行调查。重大事故、较大事故、一般事故由事故发生地省级人民政府、设区的市级人民政府、县级人民政府直接组织事故调查组进行调查,也可以授权或委托有关部门组织事故调查组调查。未造成人员伤亡的一般事故,县级人民政府也可以委托事故发生单位组织事故调查组进行调查。

事故调查组有权向有关单位和个人了解与事故有关的情况,并要求其提供有关文件、资料,有关单位或个人不得拒绝。事故发生单位负责人和有关人员在事故调查期间不得撤离职守,应当随时接受调查组的询问,如实提供有关情况。

③现场勘察。

事故发生后,调查组应迅速到现场进行及时、全面、准确和客观地勘察,包括现场笔录、现场拍照和现场绘图。

④分析事故原因。

通过调查分析,查明事故经过,按受伤部位、受伤性质、起因物、致害物、伤害方法、不安全状态、不安全行为等,查清事故原因,包括人、物、生产管理和技术管理等方面的原因,通过直接和间接的分析,确定事故的直接责任者、间接责任者和主要责任者。

⑤制定预防措施。

根据事故原因分析,制定防止类似事故再次发生的预防措施,根据事故后果和事故责任者应负的责任提出处理意见。

⑥提交事故调查报告。

事故调查组应当自事故发生之日起 60 日内提交事故调查报告;特殊情况下,经负责事故调查的人民政府批准,提交事故调查报告的期限可以适当延长,但延长的期限最长不超过 60 日。事故调查报告应当包括下列内容:

a. 事故发生单位概况;

b. 事故发生经过和事故救援情况;

c. 事故造成的人员伤亡和直接经济损失;

d. 事故发生的原因和事故性质;

e. 事故责任的认定以及对事故责任者的处理建议;

f. 事故防范和整改措施。

⑦事故的审理和结案。

重大事故、较大事故、一般事故,负责事故调查的人民政府应当自收到事故调查报告之日起 15 日内作出批复;特别重大事故,30 日内作出批复,特殊情况下,批复时间可以适当延长,但延长的时间最长不超过 30 日。

有关机关应当按照人民政府的批复,依照法律、行政法规规定的权限和程序,对事故发生单位和有关人员进行行政处罚,对负有事故责任的国家工作人员进行处分。事故发生单位应当按照负责事故调查的人民政府的批复,对本单位负有事故责任的人员进行处理。

负有事故责任的人员涉嫌犯罪的,依法追究刑事责任。

事故处理的情况由负责事故调查的人民政府或者其授权的有关部门、机构向社会公布，依法应当保密的除外。事故调查处理的文件记录应长期完整地保存。

12.3　建设工程合同管理

12.3.1　建设工程合同

1)合同和建设工程合同的内涵

1999 年 10 月颁布的《中华人民共和国合同法》(以下简称《合同法》)规定，合同又称契约，是平等主体的自然人、法人、其他组织之间设立、变更、终止民事权利义务关系的协议。

《合同法》规定，建设工程合同是承包人进行工程建设、发包人支付价款的合同。在建设工程项目的实施过程中，会涉及许多合同，如工程勘察合同、设计合同、咨询合同、施工承包合同、供货合同、总承包合同、分包合同等，其中建设工程施工合同是建设工程合同中的重要部分，是指施工人(承包人)根据发包人的委托，完成建设工程项目的施工工作，发包人接受工作成果并支付报酬的合同。

2)建设工程合同订立的法律依据

①基本法律——《中华人民共和国民法通则》。

②规范市场经济流转的基本法——《中华人民共和国合同法》。

③规范建筑市场工程采购的主要法律——《中华人民共和国招标投标法》。

④规范建筑活动的基本法律——《中华人民共和国建筑法》。

⑤合同订立履行中需提供担保——《中华人民共和国担保法》。

⑥合同订立履行中需提供投保——《中华人民共和国保险法》。

⑦建设合同工程合同中需要建立劳动关系——《中华人民共和国劳动法》。

⑧合同需要公证、鉴证——《中华人民共和国公证暂行条例》《合同鉴证办法》。

⑨合同履行中发生争议，当事人之间需要仲裁协议——《中华人民共和国仲裁法》。

⑩合同履行中发生争议，当事人之间没有仲裁协议——《中华人民共和国民事诉讼法》。

3)建设工程合同的作用

合同在工程项目的实施过程中，对承包商、业主以及其他相关方都具有十分重要的作用。

①合同分配着工程任务，项目目标和计划的落实是通过合同来实现的。

②合同确定了项目的组织关系，它规定着项目参加者各方面的经济责权利关系和工作的分配情况，确定工程项目的各种管理职能和程序，直接影响着项目组织和管理系统的形态和运作。

③合同作为工程项目任务委托和承接的法律依据，是工程实施过程中双方最高行为准则。工程过程中的一切活动都是为了履行合同，都必须按照合同办事，双方的行为主要靠合同来约束。

④合同将工程所涉及的生产、材料和设备供应、运输、各专业设计和施工的分工协作关系联系起来，协调并统一工程各界参加者的行为。

⑤合同和它的法律约束力是工程施工和管理的要求和保证，同时它又是强有力的项目控制手段。

⑥合同是工程过程中双方争执解决的依据。

12.3.2 建设工程合同管理

1)建设工程合同管理的内涵

所谓建设工程合同管理,不仅包括对每个合同的签订、履行、变更和解除等过程的控制和管理,还包括对所有合同进行筹划的过程。因此,合同管理的主要工作内容包括根据项目的特点和要求确定设计任务委托模式和施工任务承包模式(合同结构)、选择合同文本、确定合同计价方法和支付方式、合同履行过程的管理与控制、合同索赔等。本章主要以施工合同为例进行讲述。

2)建设工程合同的谈判和签约

(1)建设工程合同的订立程序

建设工程合同的订立采取要约和承诺方式。根据《中华人民共和国招标投标法》规定,招标、投标、中标的过程实质就是要约和承诺的一种具体方式。招标人通过媒体发布招标公告,或向符合条件的投标人发出招标文件,为要约邀请;投标人根据招标文件内容在约定的期限内向招标人提交投标文件,为要约;招标人通过评标确定中标人,发出中标通知书,为承诺;招标人和中标人按照中标通知书、招标文件和中标人的投标文件等订立书面合同时,合同成立并生效。

建设工程施工合同的订立要经历一个较长的过程。在明确中标人并发出中标通知书后,双方即可就建设工程施工合同的具体内容和有关条款展开谈判,直到最终签订合同。

(2)建设工程施工承包合同谈判的主要内容

①关于工程内容和范围的确认。

招标人和中标人可就招标文件中的某些具体工作内容进行讨论、修改、明确或细化,从而确定工程承包的具体内容和范围。在谈判中双方达成一致的内容,包括在谈判讨论中经双方确认的工程内容和范围方面的修改或调整,应以文字方式确定下来,并以“合同补遗”或“会议纪要”方式作为合同附件,并明确它是构成合同的一部分。

②关于技术要求、技术规范和施工技术方案。

双方尚可对技术要求、技术规范和施工技术方案等进行进一步讨论和确认,必要的情况下甚至可以变更技术要求和施工方案。

③关于合同价格条款。

依据计价方式的不同,建设工程施工合同可以分为总价合同、单价合同和成本加酬金合同。一般在招标文件中就会明确规定合同将采用什么计价方式,在合同谈判阶段往往没有讨论的余地。但在可能的情况下,中标人在谈判过程中仍然可以提出降低风险的改进方案。

④关于价格调整条款。

对于工期较长的建设工程,容易遭受货币贬值或通货膨胀等因素的影响,可能给承包人造成较大损失,而价格调整条款可以比较公正地解决这一承包人无法控制的风险损失。无论是单价合同还是总价合同,都可以确定价格调整条款,即是否调整以及如何调整等。可以说,合同计价方式以及价格调整方式共同确定了工程承包合同的实际价格,直接影响着承包人的经济利益。

⑤关于合同款支付方式的条款。

建设工程施工合同的付款分四个阶段进行,即预付款、工程进度款、最终付款和退还保留金。关于支付时间、支付方式、支付条件和支付审批程序等有很多种可能的选择,并且可能对承包人的成本、进度等产生比较大的影响。

⑥关于工期和维修期。

中标人与招标人可根据招标文件中要求的工期，或者根据投标人在投标文件中承诺的工期，并考虑工程范围和工程量的变动而产生的影响来商定一个确定的工期。同时，还要明确开工日期、竣工日期等。双方可根据各自的项目准备情况、季节和施工环境因素等条件洽商适当的开工时间。双方应通过谈判明确，由于工程变更(业主在工程实施中增减工程或改变设计等)、恶劣的气候影响，以及种种“作为一个有经验的承包人无法预料的工程施工条件的变化”等原因对工期产生不利影响时的解决办法，通常在上述情况下应该给予承包人要求合理延长工期的权利。

合同文本中应当对维修工程的范围、维修责任及维修期的开始和结束时间有明确的规定，承包人应该只承担由于材料和施工方法及操作工艺等不符合合同规定而产生的缺陷。

承包人应力争以维修保函来代替业主扣留的保留金。与保留金相比，维修保函对承包人有利，主要是因为可提前取回被扣留的现金，而且保函是有时效的，期满将自动作废。同时，它对业主并无风险，真正发生维修费用，业主可凭保函向银行索回款项。维修期满后，承包人应及时从业主处撤回保函。

⑦合同条件中其他特殊条款的完善。

合同条件中的其他特殊条款主要包括合同图纸、违约罚金和工期提前奖金、工程量验收以及衔接工序和隐蔽工程施工的验收程序、施工占地、向承包人移交施工现场和基础资料、工程交付、预付款保函的自动减额等条款。

(3)建设工程施工承包合同最后文本的确定和合同签订

①合同风险评估。

在签订合同之前，承包人应对合同的合法性、完备性、合同双方责任、权益以及合同风险进行评审、认定和评价。

②合同文件内容。

建设工程施工承包合同文件构成：合同协议书；工程量及价格；合同条件，包括合同一般条件和合同特殊条件；投标文件；合同技术条件(含图纸)；中标通知书；双方代表共同签署的合同补遗(有时也以合同谈判会议纪要形式)；招标文件；其他双方认为应该作为合同组成部分的文件，如投标阶段业主要求投标人澄清问题的函件和承包人所做的文字答复、双方往来函件等。

③关于合同协议的补遗。

在合同谈判阶段，双方谈判的结果一般以“合同补遗”的形式，有时也可以以“合同谈判纪要”的形式，形成书面文件。

④签订合同。

双方在合同谈判结束后，应按上述内容和形式形成一个完整的合同文本草案，经双方代表认可后形成正式文件。双方核对无误后，由双方代表草签，至此合同谈判阶段即告结束。此时，承包人应及时准备和递交履约保函，准备正式签署施工承包合同。

3)建设工程合同管理的实施

(1)施工合同分析

合同分析是从合同执行的角度去分析、补充和解释合同的具体内容和要求，将合同目标和合同规定落实到合同实施的具体问题和具体时间上，用以指导具体工作，使合同能符合日常工程管理的需要，使工程按合同要求实施，为合同执行和控制确定依据。合同分析往往由企业的合同管理部门或项目中的合同管理人员负责。

建设工程施工合同分析的内容通常包括以下几个方面。

①承包人的主要任务。

a. 承包人的总任务，即合同标的，包括承包人在设计、采购、制作、试验、运输、土建施工、安装、验收、试生产、缺陷责任期维修等方面的主要责任，以及施工现场的管理和给业主的管理人员提供生活和工作条件等责任。

b. 工作范围。它通常由合同中的工程量清单、图纸、工程说明、技术规范所定义。在合同实施中，如果工程师指令的工程变更属于合同规定的工程范围，则承包人必须无条件执行；如果工程变更超过承包人应承担的风险范围，则可向业主提出工程变更的补偿要求。

c. 关于工程变更的规定。在合同实施过程中，变更程序非常重要，通常要作出工程变更工作流程图，并交付给相关的职能人员。

工程变更的补偿范围，通常以合同金额一定的百分比表示。通常这个百分比越大，承包人的风险越大。工程变更的索赔有效期由合同具体规定，一般为 28 d，也有 14 d 的。一般情况下，这个时间越短，则表示对承包人管理水平的要求越高，对承包人越不利。

②发包人的责任。

这里主要分析发包人(业主)的合作责任。其责任通常包括如下几个方面。

a. 业主雇用工程师并委托其在授权范围内履行业主的部分合同责任；

b. 业主和工程师有责任对平行的各承包人和供应商之间的责任界限作出划分，对这方面的争执作出裁决，对他们的工作进行协调，并承担管理和协调失误造成的损失；

c. 及时作出承包人履行合同所必需的决策，如下达指令、履行各种批准手续、作出认可和答复请示、完成各种检查和验收手续等；

d. 提供施工条件，如及时提供设计资料、图纸、施工场地、道路等；

e. 按合同规定及时支付工程款，及时接收已完工程等。

③合同价格。

对合同的价格，应重点分析以下几个方面：

a. 合同所采用的计价方法及合同价格所包括的范围；

b. 工程量计量程序，工程款结算(包括进度付款、竣工结算、最终结算)方法和程序；

c. 合同价格的调整，即费用索赔的条件、价格调整方法，计价依据，索赔有效期规定；

d. 拖欠工程款的合同责任。

④施工工期

在实际工程中，工期拖延极为常见和频繁，而且对合同实施和索赔的影响很大，所以要特别重视。

⑤违约责任

如果合同一方未遵守合同规定，造成对方损失，则应受到相应的合同处罚。通常分析如下：

a. 承包人能按合同规定工期完成工程的违约金或承担业主损失的条款；

b. 由于管理上的疏忽造成对方人员和财产损失的赔偿条款；

c. 由于预谋或故意行为造成对方损失的处罚和赔偿条款等；

d. 由于承包人不履行或不能正确地履行合同责任，或出现严重违约时的处理规定；

e. 由于业主不履行或不能正确地履行合同责任，或出现严重违约时的处理规定，特别是对业主不及时支付工程款的处理规定。

⑥验收、移交和保修。

验收包括许多内容，如材料和机械设备的现场验收、隐蔽工程验收、单项工程验收、全部工程竣工验收等。在合同分析中，应对重要的验收要求、时间、程序以及验收所带来的法律后果作出说明。竣工验收合格即办理移交。移交作为一个重要的合同事件，同时又是一个重要的法律概念。

⑦索赔程序和争执的解决。

它决定着索赔的解决方法。这里主要分析如下内容：

a. 索赔的程序；

b. 争议的解决方式和程序；

c. 仲裁条款，包括仲裁所依据的法律、仲裁地点、方式和程序、仲裁结果的约束力等。

(2)施工合同交底

合同和合同分析的资料是工程实施管理的依据。合同分析后，应向各层次管理者作出"合同交底"，即由合同管理人员在对合同的主要内容进行分析、解释和说明的基础上，通过组织项目管理人员和各个工程小组学习合同条文和合同总体分析结果，使大家熟悉合同中的主要内容、规定、管理程序，了解合同双方的合同责任和工作范围，以及各种行为的法律后果等，使大家都树立全局观念，使各项工作协调一致，避免执行中的违约行为。项目经理或合同管理人员应将各种任务或事件的责任分解，落实到具体的工作小组、人员或分包单位。

(3)施工合同实施的控制

在工程实施的过程中，要对合同的履行情况进行跟踪与控制，并加强工程变更管理，保证合同的顺利履行。

①施工合同跟踪。

合同签订以后，合同中各项任务的执行要落实到具体的项目经理部或具体的项目参与人员身上，承包单位作为履行合同义务的主体，必须对合同执行者(项目经理部或项目参与人)的履行情况进行跟踪、监督和控制，确保合同义务的完全履行。

施工合同跟踪有两个方面的含义：一是承包单位的合同管理职能部门对合同执行者(项目经理部或项目参与人)的履行情况进行的跟踪、监督和检查；二是合同执行者(项目经理部或项目参与人)本身对合同计划的执行情况进行的跟踪、检查与对比。在合同实施过程中，二者缺一不可。

②合同实施的偏差分析。

通过合同跟踪，可能会发现合同实施中存在着偏差，即工程实施实际情况偏离了工程计划和工程目标，应该及时分析原因，采取措施，纠正偏差，避免损失。

③合同实施偏差处理。

根据合同实施偏差分析的结果，承包商应该采取相应的调整措施。调整措施可以分为以下几个方面：

a.组织措施,如增加人员投入、调整人员安排、调整工作流程和工作计划等;

b.技术措施,如变更技术方案、采用高效率的施工方案等;

c.经济措施,如增加投入、采取经济激励措施等;

d.合同措施,如进行合同变更、签订附加协议、采取索赔手段等。

④工程变更管理。

工程变更一般是指在工程施工过程中,根据合同约定对施工的程序和工程的内容、数量、质量要求及标准等作出的变更。

a.工程变更的原因。

Ⅰ.业主有新的变更指令,对建筑的新要求,如业主有新的意图、修改项目计划、削减项目预算等;

Ⅱ.由于设计人员、监理人员、承包商事先没有很好地理解业主的意图,或因设计的错误,导致图纸修改;

Ⅲ.工程环境的变化,预定的工程条件不准确,要求实施方案或实施计划变更;

Ⅳ.由于产生新技术和知识,有必要改变原设计、原实施方案或实施计划,或由于业主指令及业主责任的原因造成承包商施工方案的改变;

Ⅴ.政府部门对工程新的要求,如国家计划变化、环境保护要求、城市规划变动等;

Ⅵ.由于合同实施出现问题,必须调整合同目标或修改合同条款。

b.工程变更的范围。根据FIDIC施工合同条件,工程变更的内容可能包括以下几个方面:

Ⅰ.改变合同中所包括的任何工作的数量;

Ⅱ.改变任何工作的质量和性质;

Ⅲ.改变工程任何部分的标高、基线、位置和尺寸;

Ⅳ.删减任何工作,但要交他人实施的工作除外;

Ⅴ.任何永久工程需要的任何附加工作、工程设备、材料或服务;

Ⅵ.改动工程的施工顺序或时间安排。

12.3.3 施工承包合同的内容

建设工程施工承包合同有施工总承包合同和施工分包合同之分。施工总承包合同的发包人是建设工程的建设单位或取得建设项目总承包资格的项目总承包单位,在合同中一般称为业主或发包人;施工总承包合同的承包人是承包单位,在合同中一般称为承包人。

施工分包合同又有专业工程分包合同和劳务作业分包合同之分。分包合同的发包人一般是取得施工总承包合同的承包单位,在分包合同中一般仍沿用施工总承包合同中的名称,即承包人。而分包合同的承包人一般是专业化的专业工程施工单位或劳务作业单位,在分包合同中一般称为分包人或劳务分包人。

在国际工程合同中,业主可以根据施工承包合同的约定,选择某个单位作为指定分包商,指定分包商一般应与承包人签订分包合同,接受承包人的管理和协调。

1)施工合同示范文本

各种施工合同示范文本一般由以下3部分组成:

①协议书；

②通用条款；

③专用条款。

2)施工合同文件的组成部分

构成施工合同文件的组成部分，除了合同协议书、合同通用条款和合同专用条款外，一般还应该包括中标通知书，投标书及其附件，有关的标准、规范及技术文件，图纸，工程量清单，工程报价单或预算书等。

3)施工合同文件组成部分的优先顺序

作为施工合同文件组成部分的上述各个文件，其优先顺序是不同的，解释合同文件优先顺序的规定一般在合同通用条款内，可以根据项目的具体情况在专用条款内进行调整。原则上应把签署日期在后的和内容重要的排在前面，即更加优先。《建设工程施工合同（示范文本）》通用条款规定的施工合同文件的优先顺序如下：

①合同协议书；

②中标通知书（如果有）；

③投标书及其附件（如果有）；

④合同专用条款及其附件；

⑤合同通用条款；

⑥技术标准和要求；

⑦图纸；

⑧已标价工程量清单或预算书；

⑨其他合同文件。

4)各种施工合同示范文本的内容

①词语定义与解释；

②合同双方的一般权利与义务，包括代表业主利益进行监督管理的监理人员的权力与职责；

③工程施工的进度控制；

④工程施工的质量控制；

⑤工程施工的费用控制；

⑥施工合同的监督与管理；

⑦工程施工的信息管理；

⑧工程施工的组织与协调；

⑨施工安全管理及风险管理等。

5)主要的词语定义与解释

在《建设工程施工合同（示范文本）》（GF-2013-0201）的词语定义与解释中，对“工程和设备、日期和期限、合同价格和费用”等都给予了说明。

6)发包方的责任和义务

①图纸的提供和交底，且最迟不得晚于开工日期前14 d向承包人提供图纸。

②对化石、文物的保护，由此增加的费用和延误的工期由发包人承担。

③出入现场的权利,发包人应根据施工需要,负责取得出入施工现场所需的批准手续和全部权利,以及取得因施工所需修建道路、桥梁以及其他基础设施的权利,并承担相关手续费用和建设费用。

④场外交通,场外交通设施无法满足工程施工需要的,由发包人负责完善并承担相关费用。

⑤场内交通,发包人按合同专用条款约定向承包人免费提供满足工程施工所需的场内道路和交通设施。

⑥许可和批准,发包人应遵守法律,办理相关的许可、批准或备案,如用地规划许可证、建设工程规划许可证、建设工程施工许可证、施工所需临时用水及临时用电、中断道路交通、临时占用土地等。

⑦提供施工现场和施工条件。

发包人最迟于开工日期 7 d 前向承包人移交施工现场。发包人负责提供的施工所需的施工条件包括:

a. 将施工用水、用电、通信线路等施工所必需的条件接至施工现场内;

b. 保证向承包人提供正常施工所需的进入施工现场的交通条件;

c. 协调处理施工现场周围地下管线和邻近建筑物、构筑物、古树名木的保护工作,并承担相关费用;

d. 按照专用合同条款约定应提供的其他设施和条件。

另外,发包人应与承包人、由发包人直接发包的专业工程的承包人签订施工现场统一管理协议,并作为专用合同条款的附件,明确各方的权利义务。

⑧提供基础资料。

发包人应当在移交施工现场前向承包人提供施工现场及工程施工所需要的毗邻区域内供水、排水、供电、供气、供热、通信、广播电视等地下管理资料,气象和水文观测资料,地质勘察资料,相邻建筑物、构筑物和地下工程等有关基础资料,并对所提供资料的真实性、准确性和完整性负责。按法律规定在开工后方提供的基础资料和提供的合理期限应以不影响承包人的正常施工为限。

⑨资金来源证明及支付担保、支付合同价款。

除专用条款另有约定外,发包人应在收到承包人要求提供资金来源证明的书面通知后 28 d 内,向承包人提供能够按照合同约定支付合同价款的相应资金来源证明。除专用条款另有约定外,发包人要求承包人提供履约担保的,发包人应当向承包人提供支付担保。支付担保可以采用银行保函或担保公司担保等形式,具体可由双方在合同专用条款中约定。

发包人应按合同约定向承包人及时支付合同价款。

⑩组织竣工验收。

发包人应按合同约定及时组织竣工验收。

7)承包人的一般义务

①办理法律规定应由承包人办理的许可和批准,并将办理结果书面报送发包人留存。

②按法律规定和合同约定完成工程,并在保修期内承担保修义务。

③按法律规定和合同约定采取施工安全和环境保护措施,办理工伤保险,确保工程及人员、材料、设备和设施的安全。

④按合同约定的工作内容和施工进度要求,编制施工组织设计和施工措施计划,并对所有施工

作业和施工方法的完备性和安全可靠性负责。

⑤施工期中，不得侵害发包人与他人使用公用道路、水源、市政管网等公共设施的权利，避免对邻近的公共设施产生干扰，影响他人作业或生活的，应承担相应责任。

⑥环境保护方面，负责施工场地及其周边环境与生态的保护工作。

⑦安全文明施工方面，采取施工安全措施，确保工程及其人员、材料、设备和设施的安全，防止因工程施工造成的人身伤害和财产损失。

⑧将发包人按合同约定支付的各项价款专用于合同工程，且应及时支付其雇用人员工资，并及时向分包人支付合同价款。

⑨按法律规定和合同约定编制竣工资料，完成竣工资料后立卷及归档，并按合同专用条款约定的竣工资料的套数、内容、时间等要求移交发包人。

8)进度控制的主要条款内容

(1)施工进度计划

承包人应提交详细的施工进度计划，其编制应当符合国家法律规定和一般工程实践惯例，经发包人批准后实施。当施工进度计划不符合合同要求或与工程实际进度不一致时，发包人和监理人应在收到承包人修订的施工进度计划后 7 d 完成审核和批准或提出修改意见。

监理人应在计划开工日期 7 d 前向承包人发出开工通知，工期自开工通知中载明的开工日期起算。除合同专用条款另有约定外，因发包人原因造成监理人未能在计划开工日期之日起 90 d 内发出开工通知的，承包人有权提出价格调整要求，或解除合同。发包人应当承担由此增加的费用和延误的工期，并向承包人支付合理利润。

(2)工期延误

①因发包人原因导致工期延误和费用增加的，由发包人承担，且发包人应支付承包人合理的利润，具体如下：

a. 发包人未能按合同约定提供图纸或提供的图纸不符合合同约定的；

b. 发包人未能按合同约定提供施工现场、施工条件、基础资料、许可、批准等开工条件的；

c. 发包人提供的测量基准点、基准线和水准点及其书面资料存在错误或疏漏的；

d. 发包人未能在计划开工日期之日起 7 d 内同意下达开工通知的；

e. 发包人未能按合同约定日期支付工程预付款、进度款或竣工结算款的；

f. 监理人未按合同约定发出指示、批准等文件的；

g. 合同专用条款中约定的其他情形。

②因承包人原因导致工程延误的，可以在合同专用条款中约定逾期竣工违约金的计算方法和逾期竣工违约金的上限。承包人支付逾期竣工违约金后，不免除承包人继续完成工程及修补缺陷的义务。

(3)暂停施工

①因发包人原因引起的暂停施工，监理人经发包人同意后，应及时下达暂停施工指示，发包人应承担由此增加的费用和延误的工期，并支付承包人合同的利润。

②因承包人原因引起的暂停施工，承包人承担由此增加的费用和延误的工期，且承包人在收到监理人复工指示后 84 d 内仍未复工的，视为承包人无法继续履行合同的情形。

③因情况需要暂停施工的,且监理人未及时下达暂停施工指示的,承包人可暂停施工,并及时通知监理人。监理人应在接到通知后 24 h 内发出指示,逾期未发出指示,视为同意承包人暂停施工。监理人不同意暂停施工的,应说明理由,承包人对监理人的答复有异议的,按照合同示范文本约定的争议解决处理。

(4)提前竣工

发包人要求提前竣工的,发包人应通过监理人向承包人下达提前竣工指示。承包人向监理人和发包人提交竣工建议书,建议书包括实施方案、缩短的时间、增加的合同价格等内容,由此增加的费用由发包人承担。承包人认为提前竣工指示无法执行的,应当向监理人和发包人提出书面异议,发包人和监理人在收到异议 7 d 内予以答复。任何情况下,发包人不得压缩合同工期。

发包人要求承包人提前竣工,或者承包人提出的提前竣工建议能够为发包人带来效益的,合同当事人可以在合同专用条款中约定提前竣工的奖励。

(5)竣工日期

工程经竣工验收合格的,以承包人提交竣工验收申请报告之日为实际竣工日期。因发包人原因,未在监理人收到承包人提交的竣工验收申请报告 42 d 内完成竣工验收,或完成竣工验收不予以签发工程接收证书的,以提交竣工验收申请报告的日期为实际竣工日期。工程未经竣工验收,发包人擅自使用的,以转移占有工程之日为实际竣工日期。

9)质量控制的主要条款内容

(1)承包人的质量管理

承包人向发包人和监理人提交工程质量保证体系及措施文件,建立完善的质量检查制度,并提交相应的工程质量文件。对于发包人和监理人违反法律和合同的错误指示,承包人有权拒绝实施。

承包人应对施工人员进行质量教育和技术培训,定期考核施工人员的劳动技能,严格执行施工规范和操作规程。

承包人按照法律规定和发包人的要求,对材料、工程设备及工程所有部位及其施工工艺进行全过程的质量检查和检验,并详细记录,编制工程质量报表,报送监理人审查。

(2)监理人的质量检查和检验

监理人按照法律规定和发包人授权对工程所有部位及其施工工艺、材料和工程设备进行检查和检验。

监理人的检查和检验不应影响施工正常进行。监理人的检查和检验影响施工正常进行的,并且经检查和检验不合格的,影响正常施工的费用由承包人承担,工期不予顺延;经检查检验合格的,由此增加的费用和延误的工期由发包人承担。

(3)隐蔽工程检查

工程隐蔽部位经承包人自检确认具备覆盖条件的,承包人应在共同检查前 48 h 书面通知监理人检查,通知中应载明隐蔽检查的内容、时间和地点,并应附有自检记录和必要的检查资料。

监理人不能按时进行检查的,应在检查前 24 h 内向承包人提交书面延期要求,但延期不能超过 48 h,由此导致工期延误,工期应予以顺延。监理人未能按时检查,也未能提出延期要求的,视为隐蔽工程检查合格,承包人可自行完成覆盖工作,并作相应记录报送监理人,监理人应签字确认。

承包人未通知监理人到场检查,私自将工程隐蔽部位覆盖的,监理人有权指示承包人钻孔探测或揭开检查，无论其质量是否合格，由此增加的费用和延误的工期由承包人承担。

(4)不合格工程的处理

因承包人原因造成工程不合格的，发包人有权随时要求承包人采取补救措施，直至达到合同要求的质量标准，由此增加的费用和延误的工期由承包人承担。

因发包人原因造成工程不合格的，由此增加的费用和延误的工期由发包人承担，并支付给承包人合理的利润。

(5)分部分项工程验收

分部分项工程经承包人自检合格并具备验收条件的，承包人应提前 48 h 通知监理人验收。监理人不能按时验收，应在验收前 24 h 向承包人提交书面延期要求，但延期不能超过 48 h。监理人未能按时验收，也未能提出延期要求，承包人有权自行验收，监理人应认可验收结果。分部分项工程未经验收的，不得进入下一道工序施工。分部分项工程的验收资料应当作为竣工资料的组成部分。

10)费用控制的主要条款内容

(1)预付款

预付款最迟应在开工通知载明的开工日期 7 d 前支付，除专用合同条款另有约定外，预付款在进度付款中同比例扣回。发包人逾期支付预付款超过 7 d 的，承包人有权向发包人发出要求预付的催告通知，发包人收到通知后 7 d 内仍未支付的，承包人有权暂停施工，并按发包人违约的情形执行。

(2)合同计量

①承包人应于每月 25 日前向监理人报送上月 20 日至当月 19 日已完成的工程量报告，并附具进度付款申请单、已完成工程量报表和有关资料。

②监理人应在收到承包人提交的工程量报告后 7 d 内完成审核并报送发包人，以确定当月实际完成的工程量。监理人对工程量有异议的，有权要求承包人进行共同复核或抽样复测。

③监理人未在收到承包人提交的工程量报表后的 7 d 内完成审核的，承包人报送的工程量报告中的工程量视为承包人实际完成的工程量，据此计算工程价款。

(3)进度款审核和支付

工程量的计量按月进行，工程进度款付款周期与计量周期保持一致。

①监理人应在收到承包人进度付款申请单及相关资料后 7 d 内完成审查并报送发包人，发包人应在收到后 7 d 内完成审批并签发进度款支付证书。发包人逾期未完成审批且未提出异议的，视为已签发进度款支付证书。

②发包人应在进度款支付证书或临时进度款支付证书签发后 14 d 内完成支付，发包人逾期支付进度款的，应按照中国人民银行发布的同期同类贷款基准利率支付违约金。

③发包人签发进度款支付证书或临时进度款支付证书，不表明发包人已同意、批准或接受了承包人完成的相应部分的工作。

12.4　建设工程项目管理的发展趋势和前沿理论

12.4.1　建设工程项目管理的发展趋势

本节从管理理念、管理方法和信息技术应用三个方面，勾画出建筑工程项目管理领域的发展趋势,集中体现了服务社会、以人为本、提高效率的管理理念。

1)管理新理念

建筑工程项目管理的发展,最深刻的莫过于管理理念的变化,可持续发展观、以人为本、新的价值观等新理念开始影响着建筑工程项目管理的发展,它们不仅充实、发展着建筑工程项目管理的理论基础,也促进着其方法和手段的进步。

(1)可持续发展观

可持续发展观即工程师们要建设具有更低生命周期成本、节约资源、有利于环境保护的建筑,建筑业要用环保、清洁的新技术,以及更高效的管理来取代或革新传统的生产方式。可持续发展观,作为一个发展目标,它意味着要减少对不可再生材料和能源的大量使用;它意味着创造新材料、发明新技术,以便更有效地使用可再生和不可再生资源;它意味着存储和保护不可再生资源和生态承载能力,使得它们能满足后代及日益增长的人口需求;它意味着生产活动要关注社会、公众、健康和公平,同时为人们提供可持续的产品。因此,"可持续的发展"寻求经济发展、环境保护及社会公平三种关系的平衡。

(2)以人为本

以人为本的理念对建筑业的影响主要反映在两个方面:一是生产的产品,要考虑为使用者创造舒适、健康、安全的场所;二是在建筑工程项目管理中要认识到,人是管理中最基本的要素。

(3)新的价值观

新的价值观使得安全、健康、公平和廉洁问题在世界范围里受到空前关注。建筑工程师们已经开始尝试从建筑工程项目管理的角度,对建设过程以及施工场所的安全、健康、公平和廉洁进行管理,并将它们有机集成到工程项目管理流程中,它们正在成为一个热点。

2)管理方法

生产效率的提高始终是建筑工程项目管理关注的焦点,提高生产效率对于建筑企业而言,可以提供更有价格优势的产品,生产的产品能更好地满足市场要求。近年来,通过新的管理方法和模式的应用,建筑工程项目的劳动生产率已有所提高。

(1)全过程项目管理

工程项目管理模式正在逐步地由单一的专业性管理,向整合各个阶段管理的全过程项目管理模式发展。全过程项目管理抛弃原有概念、设计、施工的建设程序,转而采用一种更具整合性的方法,以平等模式而非序列模式来实施建设工程项目的活动,整合所有相关专业部门积极参与到项目的概念、设计和施工的整个过程,强调系统集成与整体优化。

(2)精益建造

精益建造对自动化装配企业产生了革命性的影响,现在精益建造也开始在建筑业应用,它可以最大限度地满足顾客需求;改进工程质量,减少浪费;保证项目完成预定的目标并实现所有劳动力工程的持续改进。精益建造对提高生产效率是显而易见的,它避免了大量库存造成的浪费,可以按所需及时供料。它强调施工中的持续改进和零缺陷,不断提高施工效率,从而实现建筑企业利润最大化的系统性的生产管理模式。精益建造更强调面向建筑产品的全生命周期进行动态的控制,更好地保证项目完成预定的目标。

(3)承包模式

传统的建筑工程承包模式是设计——招标——施工,它是我国建筑工程最主要的承包模式。然而,目前越来越多的业主把合作经营看作是设计、建造和项目融资的一种手段,很多承包商开始靠提供有吸引力的融资条件,而不是更为先进的技术来赢得合同。承包商将触角伸向建筑工程的前期,并向后延伸,目的是体现自己的技术能力和管理水平,更重要的是,这样做不仅能提高建筑工程承包的利润,还可以更有效地提高效率。

3)信息技术应用

信息技术应用于建筑工程项目管理,其目的是提高工程建设活动的效率。信息化在建筑业带来的最直接的成效是便于信息交流,减少成本。

(1)建筑信息模型(building information modeling,简称 BIM)

BIM 正在引发建筑行业一次革命性的变革,该模型利用三维数字技术为基础,集成了建筑工程项目各种相关信息的工程数据模型,并以此对建筑项目进行设计、建造和运营管理。BIM 能有效地促进建筑项目周期各个阶段的知识共享,开展更密切的合作,将设计、施工和运营过程融为一体,建筑企业之间多年存在的隔阂正在被逐渐打破,这改善了易建性、预算的控制和整个建筑生命周期的管理,并提高了所有参与人员的生产效率。

(2)虚拟施工

虚拟施工是 BIM 技术在施工阶段的应用,它是一种在虚拟环境中建模、模拟、分析建筑设计与施工过程的数字化、可视化技术。利用这种技术施工现场输出的同步画面可向各方展示工程进度,其结果使工程各方的沟通、协调更加富有成效。当然,计算机也可以将实际施工过程虚拟实现,它采用虚拟现实和结构仿真等技术,在高性能计算机等设备的支持下,对施工活动中的人、财、物、信息流动过程进行数字化和可视化模拟。虚拟施工可以优化建筑项目设计、优化施工过程、优化施工管理活动,提前发现设计和施工中存在的问题,并通过模拟找到解决问题的方法,进而获得最佳的设计和施工方案,用于指导真实的施工。

(3)基于网络的项目管理

建筑项目管理中最让人赏心悦目的技术是计算机、互联网和企业内部网络的应用。互联网作为一种手段,已广泛使用在同一工程上专家之间的协作、沟通与联系,不同工程项目之间的合作、协调、资源调配,以及采购必需品和服务等各个方面上。基于网络的项目管理系统通过采用网络信息技术建立中心数据库,提供建筑工程的信息服务,促进建筑工程各参与方的交流与合作,并不断更新数据库中的数据,使得业主、设计师、监理工程师和承包商及时掌握工程近况,作出分析与决策。

12.4.2　建设工程项目总控理论

1)建设工程项目总控的内涵和特征

①项目总控是一种知识密集型的、面向项目实施决策者的高层次的工程管理活动。

项目总控负责人即项目总控经理应具备以下知识和能力:

a. 组织理论、项目管理、信息技术和相应的工程技术知识;

b. 大中型建设工程项目管理的实践经验;

c.组织能力、协调能力和与领导人员沟通的能力;

d.项目管理的能力;

e.信息处理的能力。

项目总控的定位:项目总控提出的书面报告专呈业主方最高层领导,或业主代表,或代表业主利益的项目管理负责人(业主方的项目经理),而不是给业主方工作班子,或代表业主利益的项目管理工作班子,因为报告涉及的有些问题是探讨性的,纯属决策层关注的,有些还不宜广为传播。项目总控负责人的直接对话者也是业主方最高领导,或业主代表或代表业主利益的项目管理负责人,因此项目总控是面向项目实施决策者的高层次的工程管理活动。

②项目总控一般由独立于业主的具有从事项目总控能力的工程顾问公司承担。

项目总控是一项基于信息处理、专业性较强的业务,多数业主方并不具备项目总控应具备的知识和能力,因此项目总控应独立于业主,这样有利于发挥外部控制的效果。当然,如果业主具备条件,也不排斥业主方自行承担项目总控。

③项目总控的目的是为项目建立安全可靠的目标控制机制。它运用的理论和方法包括大型建设项目管理的理论、企业控制论的理论、现代组织协调技术、信息处理技术。

④项目总控在项目实施全过程中执行信息处理任务,并对项目进展进行总体和宏观的系统分析及科学论证。

2)建设工程项目总控与代表业主利益的项目管理的比较分析

①代表业主利益的项目管理单位工作基本上面向项目的各参与方,包括业主方、设计方、施工方、供货方等,主持各种会议与项目的各参与方讨论工程进展问题,并与这些单位有大量书面往来关系,它与业主方的领导及其各工作部门都有工作联系,代表业主的利益可以向项目实施各方发出工程管理的指令。工程监理的工作主要面向施工单位和供货单位且可以向其发指令。项目总控的工作是直接与业主方的决策层沟通,项目总控并不进行实务型的管理,如图 12-6 所示。

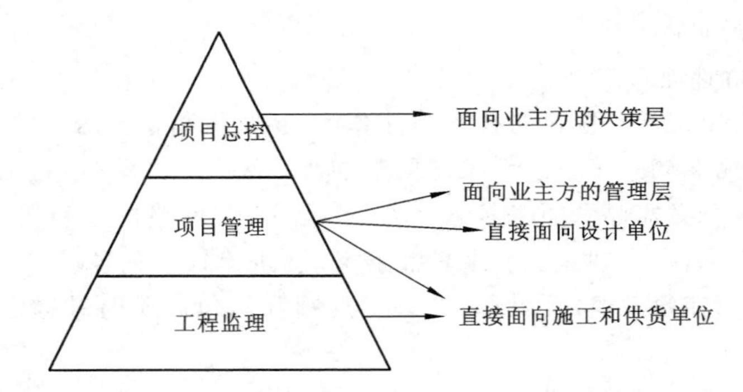

图 12-6　项目总控与代表业主利益的项目管理比较(一)

②代表业主利益的项目管理单位在项目实施阶段的主要任务是全方位进行目标管理,其工作是实务型的策划和控制。工程监理的主要任务是施工质量目标与安全管理。项目总控的任务是宏观和总体层面上的策划与控制,作用是在项目实施阶段对业主方决策的支持,如图 12-7 所示。

③如图 12-8 所示,工程监理、项目管理所需人员数量显然比同一个项目的项目总控人员的数量多得多。

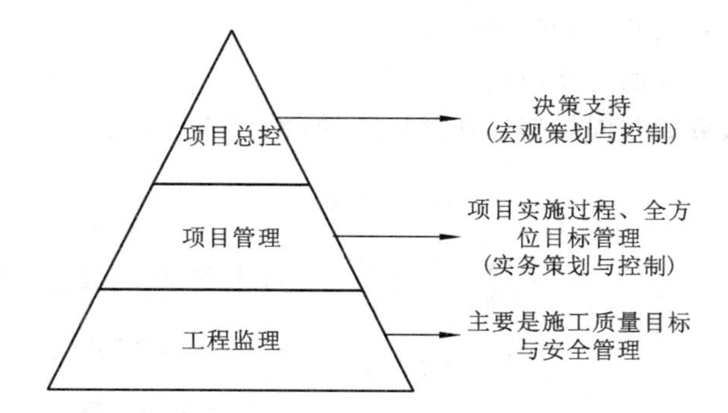

图12-7 项目总控与代表业主利益的项目管理比较(二)

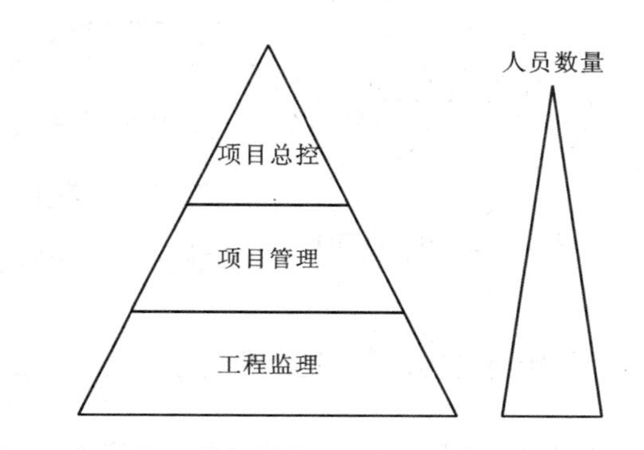

图12-8 项目总控与代表业主利益的项目管理比较(三)

12.4.3 建设工程项目全寿命的集成化管理

1)三项管理传统做法

一个建设工程决策阶段的开发管理、实施阶段的项目管理和使用阶段的设施管理都服务于同一个工程,但按传统的管理模式它们被人为地分割成相互独立、互不沟通的管理系统,并且由三个不同的组织实施。

2)三项管理之间的关系

集成化管理的思想是对这种传统模式的变革,应承认这三项管理之间存在许多依赖和相互影响的关系。

①项目管理的核心任务是项目的目标控制,而项目目标来源于开发管理所确定的项目定义。

②设施管理的一个重要依据是设备采购合同及合同执行过程中积累的有关文档,而这些原始资料都是在项目实施期形成的。

3)三项管理的集成化管理

将开发管理、项目管理和设施管理在下述诸方面统一,就有可能将它们集成为建设工程项目全寿命集成化的管理系统:

①建立三项管理统一的目标系统;

②为三项管理建立统一领导下的组织系统;

③确立三项管理统一的管理思想;

④建立为三项管理服务的共同的管理语言；

⑤建立三项管理共同遵守的管理规则；

⑥建立为三项管理服务的共同的信息处理系统，如图12-9所示。

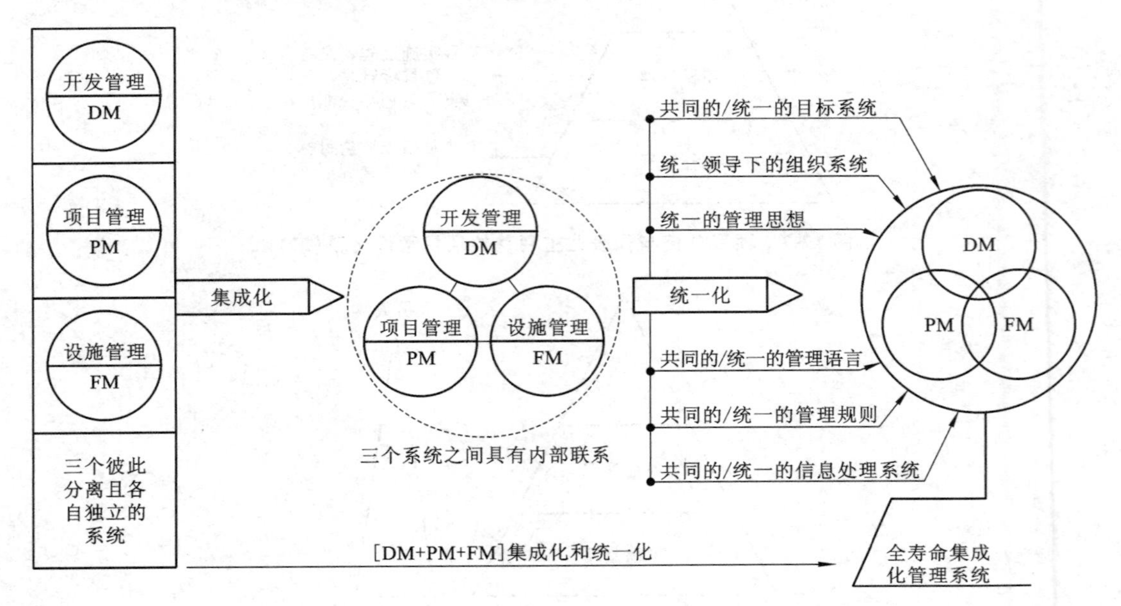

图12-9 建设工程项目全寿命集成化管理

12.4.4 绿色施工与环境管理

1)绿色施工的内涵和现实意义

绿色施工是指工程建设中，在保证质量、安全等基本要求的前提下，通过科学管理和技术进步，最大限度地节约资源并减少对环境负面影响的施工活动，实现节能、节地、节水、节材和环境保护(四节一环保)。为了推进建筑业的可持续发展，建设部发布了《绿色施工导则》，目的在于推动建筑业实施绿色施工，落实环境管理要求，为建设资源节约型、环境友好型社会作出应有的贡献。强化绿色施工和环境管理的工作效果是体现施工企业项目经理管理能力和职业绩效的重要标志之一。实施绿色施工，对于贯彻执行国家、行业和地方相关的技术经济政策，落实科学发展观，提高工程项目管理水平具有重要的现实意义。

2)绿色施工管理

绿色施工管理主要包括组织管理、规划管理、实施管理、评价管理和人员安全与健康管理五个方面，其中人员安全与健康管理也是职业健康安全管理的重要内容。项目经理在绿色施工方面的职业责任主要体现在：

①组织绿色施工策划；

②规定绿色施工的责任人或部门；

③采用绿色施工技术且制定相关措施；

④制定现场的专项节能降耗措施；

⑤推进绿色施工检查和评价。

【本章要点】

①工程项目具有项目的一次性、项目目标的明确性、项目的整体性等特征，管理要素有资源、需求和目标、项目组织、环境。按不同参与方的工程性质和组织特征可分为业主方的项目管理、设计方的项目管理、施工方的项目管理、建设物资供货方的项目管理和建设项目总承包管理等几种类型。

②在工程项目进度管理中，进度计划分为工程总体进度计划、阶段性施工进度计划、周期性施工进度计划三种，可以采用文字描述、横道图、网络图等形式，反映工作内容、工作的持续时间、工作的开始时间、工作的完成时间、紧前工作、紧后工作和资源的配置情况等，并做好进度管理的总结工作。

③建筑工程质量包含检验批质量、分项工程质量、(子)分部工程质量、单位工程质量。工程质量五大责任主体有建设单位、勘察单位、设计单位、施工单位、监理单位。相关管理机构要做好工程项目质量计划的编制和实施工作，并按照《建筑工程施工质量验收统一标准》(GB 50300—2013)规定，做好建筑工程施工质量验收工作。

④施工安全控制的目标是减少和消除生产过程中的事故，保证人员健康安全和财产免受损失，因此要按照施工安全技术措施的一般要求制定好其主要内容，并重视安全技术交底工作。在施工过程中，做好安全生产检查监督工作。建设工程生产安全事故分四类，对事故的处理要坚持“四不放过”原则。

⑤合同在工程项目的实施过程中，对承包商、业主以及其他相关方都具有十分重要的作用。建设工程合同管理，不仅包括对每个合同的签订、履行、变更和解除等过程的控制和管理，还包括对所有合同进行筹划的过程。

【思考与练习】

12-1 工程项目管理的特点有哪些？

12-2 简述工程项目进度管理的内容和类型。

12-3 工程项目进度计划的内容和形式有哪些？

12-4 工程项目竣工质量验收标准有哪些？

12-5 工程项目施工安全技术措施的一般要求和主要内容分别是什么？

12-6 简述施工承包合同文件组成部分的优先顺序。

第 13 章　工 程 造 价

工程造价即是指工程的建造价格。广义上的工程造价涵盖建设工程造价、安装工程造价、市政工程造价、电力工程造价、水利工程造价、通信工程造价、航空航天工程造价等。工程造价工作包括确定和控制两个方面。工程造价的确定主要指在项目处于不同阶段时计算和确定工程造价和投资费用,包括投资估算、设计概算、修正概算、施工图预算、工程结算、竣工决算等。工程造价的控制就是按照既定的造价目标,对造价形成过程的各项费用,进行严格的计算、调整、监控,揭示偏差,及时纠正,保证造价目标的实现。

13.1　工程造价的含义和特点

13.1.1　工程造价的含义

工程造价是指为完成一个工程的建设,预期或实际所需的全部费用总和。工程造价本质上属于价格范畴。在市场经济条件下,由于所站的角度不同,工程造价有两种含义。

其一是从业主(投资者)的角度来定义,工程造价是指工程的建设成本,即为建设一项工程预期支付或实际支付的全部固定资产投资费用。这些费用主要包括设备及工器具购置费、建筑工程及安装工程费、工程建设其他费用、预备费、建设期利息、固定资产投资方向调节税(这项费用目前暂停征收)。工程造价的第一种含义表明:投资者选定一个投资项目,为了获得预期的效益,就要通过项目评估后进行决策。然后进行设计、工程施工,直至竣工验收等一系列投资管理活动。在投资管理活动中,要支付与工程建造有关的全部费用,才能形成固定资产。这些开支就构成了工程造价。从这个意义上说,工程造价就是建设工程项目固定资产的总投资。

其二是从承发包角度来定义,工程造价是指工程价格,即为建成一项工程,预计或实际在土地、设备、技术劳务以及承包等市场上,通过招投标等交易方式所形成的建筑安装工程的价格和建设工程总价格。工程造价的第二种含义是以市场经济为前提的,是以工程、设备、技术等特定商品形式作为交易对象,通过招投标或其他交易方式,在各方进行反复测算的基础上,最终由市场形成的价格。其交易的对象,可以是一个建设项目、一个单项工程,也可以是建设的某一个阶段,如可行性研究报告阶段、设计工作阶段等,还可以是某个建设阶段的一个或几个组成部分。工程造价的第二种含义通常把工程造价认定为工程承发包价格。它是在建筑市场通过招标,提出需求主体投资者和供给主体建设商共同认可的价格。

工程造价的两种含义的联系主要表现为:从不同角度来把握同一事物的本质。对于投资者来说,工程造价是在市场经济条件下“购买”项目要付出的“贷款”,因此工程造价就是建设项目投资。对于设计咨询机构、供应商、承包商而言,工程造价是他们出售劳务和商品的价值总和,工程造价就是工程的承包价格。

区别工程造价的两种含义的理论意义在于：为投资者和以承包商为代表的供应商在工程建设领域的市场行为提供理论依据。当政府提出降低工程造价，是站在投资者的角度充当着市场需求主体的角色；当承包商提出要提高工程造价、提高利润率，并获得更多的实际利润时，是要实现一个市场供给主体的管理目标。这是市场运行机制的必然。区别两重含义的现实意义在于：为实现不同的管理目标，不断充实工程造价的管理内容，完善管理方法，更好地为实现各自的目标服务，从而有利于推动全面的经济增长。

13.1.2　工程造价的特点

根据工程建设的特点，工程造价有以下特点。

1）工程造价的大额性

能够发挥投资效用的任何一项建设项目，不仅实物形体庞大，而且造价昂贵，动辄数百万、数千万、数亿，特大型工程项目的造价甚至可达百亿、千亿元人民币。工程造价的大额性使其关系到有关各方面的重大经济利益，同时也会对宏观经济产生重大影响。这就决定了工程造价的特殊地位，也说明了造价管理的重要意义。

2）工程造价的个别性、差异性

任何一项工程都有特定的用途、功能、规模。因此，每一项工程的结构、造型、空间分割、设备配置和内外装饰都有具体的要求，所以工程内容和实物形态具有个别性、差异性。产品的差异性决定了工程造价的个别性差异。

3）工程造价的动态性

任何一项工程从决策到竣工交付使用，少则数月、多则数年，而且由于不可控因素的影响，在预计工期内，许多影响工程造价的动态因素，如工程变更、设备材料价格、工资标准以及费率、利率、汇率会发生变化。这种变化必然会影响到造价的变动。所以，工程造价在整个建设期中处于不确定状态，直至竣工决算后才能最终确定工程的实际造价。因此，工程造价具有动态性。

4）工程造价的复杂性

工程造价的复杂性，表现在构成建筑安装工程费的层次、内容复杂。一个建设项目往往含有多个能够独立发挥设计效能的单项工程（车间、写字楼、住宅楼等），一个单项工程又是由能够各自发挥专业技能的多个单位工程（土建工程、电气安装工程等）组成。一个单位工程由多个分部工程组成，一个分部工程由多个分项工程组成。根据建设项目组成的不同，建筑安装工程造价具有 5 个不同的层次。在同一个层次中，又具有不同的形态，要求不同的专业人员去建造。以住宅单位工程为例，划分为基础、主体结构、楼地面、内外装修、屋面等分部工程，还有给排水、消防、电气照明、电视、电话、采暖、通风、空调等工程。一台住宅电梯的安装，不但有机械设备安装的内容，还有电气设备安装、仪表及调试等工作内容。可见工程造价中构成的内容和层次复杂，涉及建造人员较多，工程量和工程造价计算工作量大，工程管理复杂，赢利的构成复杂。

5）工程造价的阶段性

工程造价工作是从粗到细、从概略到具体、从计划到实际的过程。建设工程处于项目建议书阶段和可行性研究报告阶段，工程造价不可能也没有必要做到十分准确，其名称为投资估算。在设计工作阶段，初期对应初步设计的是设计概算或设计总概算，当进行技术设计或扩大初步设计时，设计概算须作调整、修正,反映该工程造价的名称为修正设计概算。进行施工图设计后,工程对象比初步设计时更为具体、明确,工程量可根据施工图和工程量计算规则计算出来,对应施工图的工程造价的名称为施工图预算。通过招投标由市场形成并经承发包方共同认可的工程造价是承包合同价。投资估算、设计概算、施工图预算、承包合同价,都是预期或计划的工程造价。工程施工是一个动态系统,在建设实施阶段,有可能存在设计变更、施工条件变更和人工、材料、机械价格波动等影响,所以竣工时往往要对承包合同价作适当调整,局部工程竣工后的竣工结算和全部工程竣工合格后的竣工决算,分别是建设工程的局部或整体的实际造价。工程造价的阶段性十分明确,在不同建设阶段,工程造价的名称、内容、作用是不同的。

13.1.3 工程造价的职能

工程造价的职能既是价格职能的反映,也是价格职能在这一领域的特殊表现。它除了一般的商品价格职能以外,还有自己特殊的职能。

1)预测职能

由于工程造价的大额性和动态性,故而无论是投资者或是承包商都要对拟建工程进行预先测算。投资者预先测算的工程造价不仅可以作为项目决策依据,同时也是筹集资金、控制造价的依据。承包商对工程造价的测算,既为投标决策提供依据,也为投标报价和成本管理提供依据。

2)控制职能

工程造价的控制职能表现在两个方面:一方面是它对投资的控制,即在投资的各个阶段,根据对造价的多次性预估,对造价进行全过程、多层次的控制;另一方面,是对以承包商为代表的商品和劳务供应的企业成本控制。在价格一定的条件下,企业实际成本开支决定企业的盈利水平。成本越高,盈利越低。成本高于价格,就会危及企业的生存。所以,企业要以工程造价来控制成本,利用工程造价提供的信息资料作为控制成本的依据。

3)评价职能

工程造价是评价总投资和分项投资合理性与投资效益的主要依据之一。评价土地价格、建筑安装产品和设备价格的合理性时,必须利用工程造价的资料;评价建设项目偿贷能力、获利能力和宏观效益时,也要依据工程造价。工程造价也是评价建筑安装企业管理水平和经营成果的重要依据。

4)调节职能

工程建设直接关系到经济增长,也直接关系到资源分配和资金流向,对国计民生都有重大影响,所以国家对建设规模、结构进行宏观调节是在任何条件下都不可缺少的,对政府投资项目进行直接调控和管理也是必需的,这些都是通过工程造价对工程建设中的物质消耗水平、建设规模、投资方向等进行调节。

工程造价职能实现的条件,最主要的是市场竞争机制的形成。现代市场经济要求市场主体要有自身独立的经济利益,并根据市场信息(特别是价格信息)和利益取向来决定其经济行为。无论是购买者还是出售者,在市场上都处于平等竞争的地位,他们都不可能单独地影响市场价格,更没有能力单方面决定价格。作为买方的投资者和作为卖方的建筑安装企业,以及其他商品和劳务的提供者,是在市场竞争中根据价格变动,根据自己对市场走向的判断来调节自己的经济活动。只有在这种条件下,价格才能实现它的基本职能和其他各项职能。

建立和完善市场机制，创造和劳务的提供者首先要使自己真正成为具有独立经济利益的市场主体，能够了解并适应市场信息的变化，能够作出正确的判断和决策。其次，要给建筑安装企业创造出平等的条件，使不同类型、不同规模、不同地区的企业，在同一项工程的投标竞争中处于同样平等的地位。为此，首先要规范建筑市场和市场主体的经济行为；再次，要建立完善、灵敏的价格信息系统。

13.1.4　工程造价的计价特征

工程造价的特点，决定了工程造价的计价特征。

1）单件性计价

产品的个体差别决定每项工程都必须单独计算造价。

2）多次性计价

建设工程周期长、规模大、造价高，从建设项目可行性研究开始，到竣工验收交付生产或使用，建设是分阶段进行的。在建设的不同阶段，工程造价有着不同的名称，包含着不同的内容。建设程序分段进行，相应地也要在不同阶段多次计价，以保证工程造价计算的准确性和控制的有效性。多次计价是一个逐步深化、逐步细化和逐步接近实际造价的过程。对于大型建设项目，其计价过程如图 13-1 所示。

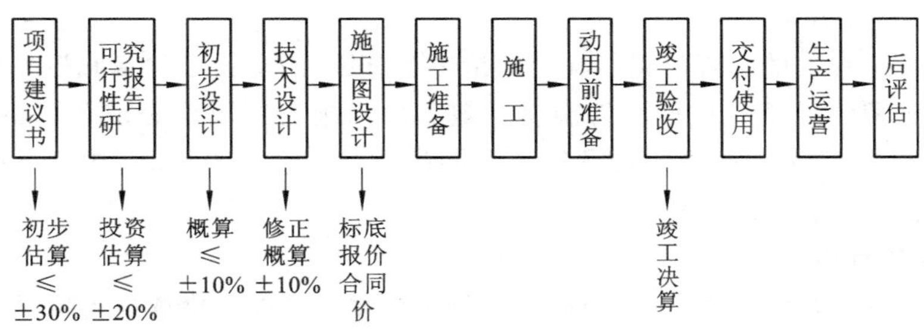

图 13-1　工程多次性计价示意图

3）组合性计价

工程造价的计算由分部分项工程组合而成。一个建设项目是一个工程综合体，虽然在范围和内涵上有很大的不确定性，但每一项工程在时间和内容上都构成一个系统工程。建设工程的计价，特别是设计图纸出来以后，按照现行规定一般是按工程的构成，从局部到整体地先计算出工程量，再按计价依据分部组合计价。按照我国对工程造价的有关规定和习惯做法，建设项目按照它的组成内容不同，可以分解为建设项目、单项工程、单位工程、分部工程和分项工程五个层次。

在计算一个建设项目的设计总概算时，应先计算各单位工程的概算，再计算构成这个建设项目的各单项工程的综合概算，最后汇总成总概算。在计算一个单位工程的施工图预算时，也是从各分项工程的工程量计算开始，再考虑各分部工程，直至计算出单位工程的直接工程费，随后按规定计算间接费、计划利润、税金等，最后汇总成该单位工程的施工图预算的工程造价。

建设项目是一个工程综合体。这个综合体可以分解为许多有内在联系的独立和不能独立的工程。从计量、计价和工程管理的角度看，分部分项工程还可以分解。建设项目的这种组合性决定了计价的过程是一个逐步组合的过程。这一特征在计算概算造价和预算造价时尤为明显，也反映到合同价和结算价的确定。工程量和造价的计算过程及计算顺序：分项工程→分部工程→单位工程→单项工程→建设项目，如图 13-2 所示。

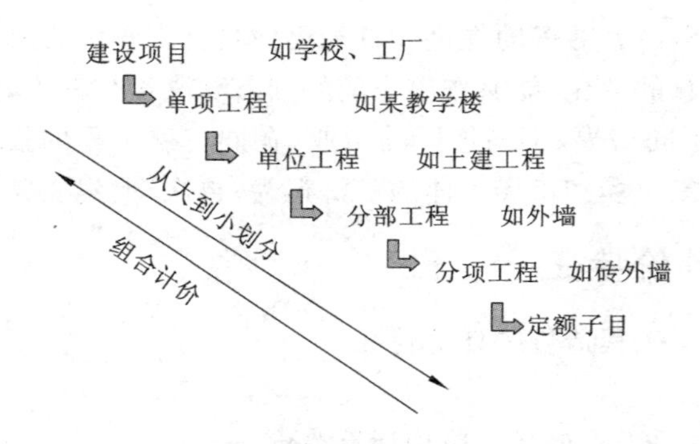

图 13-2 建设项目构成及造价示意图

4)方法多样性的计价

工程造价多次性计价有各不相同的计价依据,对造价的精确度要求也不相同,这就决定了计价方法有多样性特征。当处于项目建议书阶段或可行性研究报告初期阶段时,工程量仅仅是一个设想或规划,没有具体尺寸、数目,此时的工程造价只能类比已建类似工程的造价来初步确定。具体方法有设备系数法、生产能力指数估算法等。当可行性研究达到相当程度,主要单项工程已经明确时,可采用估算指标进行投资估算。

初步设计完成后,在大的工程量能够确定的情况下,可采用实物工程量和概算定额,编制设计概算,也可采用类似工程法或概算指标法编制设计概算。当施工图设计完成后,工程量可据图确定。一般采用单价法和实物法来编制施工图预算。不同的方法各有优缺点,适用的条件也不同,实际计算时,应根据具体情况选择采用哪种方法。

5)依据复杂性的计价

由于影响造价的因素多,所以计价依据复杂,种类繁多。主要计价依据包括以下几类。

①计算设备和工程量的依据,包括项目建设建议书、可行性研究报告、设计文件等。

②计算人工、材料、机械等实物消耗的依据,包括投资估算指标、概算定额、预算定额。

③计算工程单价的价格依据,包括人工单价、材料价格、材料运杂费、机械台班费等。

④计算设备单价的依据,包括设备单价、设备运杂费、进口设备关税等。

⑤计算其他直接费、间接费和工程建设其他费用的依据,主要是相关的费用定额和指标。

⑥政府及建设主管部门的规定。

⑦物价指数和工程造价指数。

依据的复杂性不仅使计算过程复杂,而且要求计价人员熟悉各类依据,并加以正确应用。工程造价的计价依据必须正确,不能脱离实际,采用过时的定额或不考虑工程的实际和市场已经变化了的情况而进行造价的计算、不结合实际的造价计算,不具有使用价值。

13.2 工程造价管理

13.2.1 工程造价管理的含义

工程造价有两种含义,相应地,工程造价管理也有两种含义:一是建设工程投资费用管理,二是工程价格管理。

建设工程投资费用管理的含义是为了实现投资的预期目标，在拟定了规划、设计方案的条件下，预测、计算、确定和监控工程造价及其变动的系统活动。它包括了合理确定和有效控制工程造价的一系列工作。合理确定工程造价，即在建设程序的各个阶段，采用科学的计算方法和切合实际的计价依据，合理确定投资估算、设计概算、施工图预算、承包合同价、竣工结算价和竣工决算。有效控制工程造价，即在投资决策阶段、设计阶段、建设项目发包阶段和建设实施阶段，把建设工程造价的发生控制在批准的造价限额以内，随时纠正发生的偏差，以保证项目投资控制目标的实现，以求在各个建设项目中能合理使用人力、物力、财力，取得较好的投资效益和社会效益。

工程价格管理分两个层次。在微观层次上，是企业在掌握市场价格信息的基础上，为实现管理目标而进行的成本控制、计价、定价和竞价的系统活动。在宏观层次上，是政府根据社会经济发展的要求，利用法律手段、经济手段和行政手段对价格进行管理和调控，以及通过市场管理，规范市场主体价格行为的系统活动。国家对工程造价的管理，不仅承担一般商品价格的职能，而且在政府投资项目上也承担着微观主体的管理职能。

这两种含义是不同的利益主体从不同的利益角度管理同一件事物，但由于利益主体不同，建设工程投资费用管理与工程价格管理有着显著的区别。其一，两者的管理范畴不同，建设工程投资费用管理属于投资管理范畴，而工程价格管理属于价格管理范畴。其二，两者的管理目的不同，建设工程投资费用管理的目的在于提高投资效益，在决策正确、保证质量与工期的前提下，通过一系列的工程管理手段和方法使其不超过预期的投资额甚至是降低投资额；而工程价格管理的目的在于使工程价格能够反映价值与供求规律，以保证合同双方合理、合法的经济利益。其三，二者的管理范围不同。建设工程投资费用管理贯穿于项目决策、工程设计、项目招投标、施工、竣工验收的全过程，由于投资主体不同，资金的来源不同，涉及的单位也不同；对于承包商而言，由于承发包的标的不同，工程价格管理可能是从决策到竣工验收的全过程管理，也可能是其中某个阶段的管理，在工程价格管理中，无论投资主体是谁，资金来源如何，都只涉及工程承发包双方之间的关系。

13.2.2 工程造价管理的内容

工程造价管理的基本内容就是工程造价的合理确定和有效控制。

1)工程造价的合理确定

工程造价的合理确定就是在建设程序的各个阶段，合理确定投资估算、概算造价、预算造价、承包合同价、结算价、竣工决算价。具体可从以下几个阶段着手。

①在项目建议书阶段，按照有关规定，应编制初步投资估算，经有关部门批准，作为拟建项目列入国家中长期计划和前期工作的控制造价。

②在可行性研究阶段，按照有关规定编制的投资估算，经有关部门批准，作为该项目控制造价的依据。

③在初步设计阶段，按照有关规定编制的初步设计总概算，经有关部门批准，作为拟建项目工程造价的最高限额，对于初步设计阶段，实行建设项目招标承包制签订承包合同协议的，其合同价也应在最高限价(总概算)相应的范围以内。

④在施工图设计阶段，按照规定编制施工图预算，用以核实施工图阶段预算造价是否超过批准

的初步设计概算。对于以施工图预算为基础招标投标的工程,承包合同价也是以经济合同形式确定的建筑安装工程造价。

⑤在工程实施阶段要按照承包方实际完成的工程量,以合同价为基础,同时考虑因物价上涨所引起的造价提高,考虑到设计中难以预计的在实施阶段实际发生的工程和费用,合理确定结算价。

2)工程造价的有效控制

工程造价的有效控制就是在优化建设方案、设计方案的基础上,在建设程序的各个阶段,采用一定的方法和措施把工程造价的发生控制在合理的范围和核定的造价限额以内。具体地说,就是要用投资估算价控制设计方案的选择和初步设计概算造价,用概算造价控制技术设计和修正概算造价,用概算造价和修正概算造价控制施工图设计和预算造价,以求合理使用人力、物力和财力,取得较好的投资效益。

工程造价的合理确定和有效控制之间存在相互依存、相互制约的辩证关系。首先,工程造价的确定是工程造价控制的基础和载体。没有造价的确定,就没有造价的控制;没有造价的合理确定,也就没有造价的有效控制。其次,造价的控制贯穿工程造价确定的全过程,造价的确定过程也就是造价的控制过程,只有通过逐项控制、层层控制,最终才能合理地确定造价,如图 13-3 所示。最后,确定造价和控制造价的最终目的是统一的,即合理使用建设资金,提高投资效益,遵循价格运动规律和市场运行机制,维护各方面的经济利益。

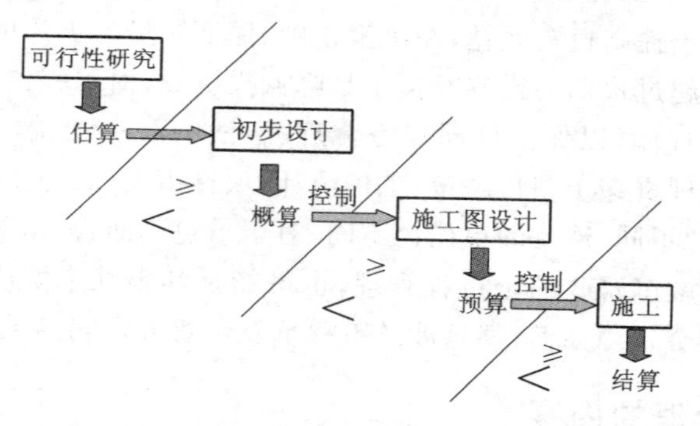

图 13-3 工程造价有效控制示意图

有效的工程造价的途径包括以下几条。

①以设计阶段为重点的建设全过程的造价控制。

工程造价控制贯穿于项目建设全过程,在过程中必须重点突出。工程造价控制的关键在于施工前的投资决策和设计阶段,而在项目作出投资决策后,控制工程造价的关键就在于设计。建设工程全寿命费用包括工程造价和工程交付使用后的经常开支费用(含经营费用、日常维护修理费用、使用期内大修理和局部更新费用),以及该项目使用期满后的报废拆除费用等。据西方一些国家分析,设计费一般只占相当于建设工程全寿命费用的 1%以下,但正是这少于 1%的费用对工程造价的影响却占 75%以上。由此可见,设计质量对整个工程建设的效益是至关重要的。以设计阶段为重点的造价控制才能积极、主动、有效地控制整个建设项目的投资。

长期以来,我国普遍忽视工程建设项目前期工作阶段的造价控制,而往往把控制工程造价的主要精力放在施工阶段——审核施工图预算,求算建筑安装工程价款,算细账。这样做尽管也有效果,但毕竟是“亡羊补牢”,事倍功半。要有效地控制建设工程造价,就要坚决地把重点转到建设前期阶段上来，当前尤其应抓住设计这个关键阶段，以取得事半功倍的效果。

②改被动控制为主动控制。

长期以来，人们一直把控制理解为目标值和实际值的比较，以及当实际值偏离目标值时，分析其产生偏差的原因，并确定下一步的对策。在工程项目建设全过程进行这样的工程造价控制当然是有意义的，但问题在于，这种立足于“调查—分析—决策”基础之上的“偏离—纠偏—再偏离—再纠偏”的控制方法，只能发现偏离，不能使已产生的偏离消失，也不能预防可能发生的偏离，因而只能说是被动控制。自20世纪70年代初开始，人们将系统论和控制论研究成果用于项目管理后，将“控制”立足于事先主动采取决策措施，以尽可能地减少以至避免目标值与实际值的偏离，这是主动的、积极的控制方法，因此被称为主动控制。我们的工程造价控制，不仅要反映投资决策，反映设计、发包和施工，被动地控制工程造价，更要能动地影响投资决策，影响设计、发包和施工，主动地控制工程造价。为有效、主动控制施工图设计和工程预算造价，有的工程在初步设计方案确定后，通过招标确定施工图设计单位和施工单位，或采用“交钥匙”法，对控制工程造价起到了较好作用。

③技术与经济相结合是控制工程造价最有效的手段。

要有效地控制工程造价，应从组织、技术、经济等方面采取措施。从组织上采取的措施，包括明确项目组织结构，明确造价控制者及其任务，明确管理职能分工；从技术上采取措施，包括重视设计多方案选择，严格审查监督初步设计、技术设计、施工图设计、施工组织设计，深入技术领域研究节约投资的可能；从经济上采取措施，包括动态地比较造价的计划值和实际值，严格审核各项费用支出，采取对节约投资的有力奖励措施等。

应该看到，技术与经济相结合是控制工程造价最有效的手段。长期以来，在我国工程建设领域，技术与经济是相分离的。许多国外专家指出，中国技术人员的技术水平、工作能力、知识面，跟外国同行相比几乎不分上下，但他们缺乏经济观念，设计思想保守，设计规范、施工规范落后。国外的技术人员时刻考虑如何降低工程造价，而中国技术人员则把它看成与己无关的财会人员的职责。而财会、概预算人员的主要责任是根据财务制度办事，他们往往不熟悉工程知识，也较少了解工程进展中的各种关系和问题，往往单纯地从财务制度审核费用开支，难以有效地控制工程造价。为此，迫切需要解决以提高工程造价效益为目的的问题，在工程建设过程中把技术与经济有机结合，通过技术比较、经济分析和效果评价，正确处理技术先进与经济合理两者之间的对立统一关系，力求实现在技术先进条件下的经济合理，在经济合理基础上的技术先进，把控制工程造价观念渗透到各项设计和施工技术措施之中。

13.2.3　我国工程造价管理的发展

工程造价管理是随着社会生产力、商品经济和现代管理科学的发展而产生和发展的。随着经济体制改革的深入和对外开放政策的实施，我国基本建设概预算定额管理的模式已逐步向工程造价管理模式转换，主要表现在以下几个方面。

①重视和加强项目决策阶段的投资估算工作，努力提高可行性研究报告投资估算的准确度，切实发挥其控制建设项目总造价的作用。

②明确概预算工作不仅要反映设计、计算工程造价，更要能动地影响设计、优化设计，并发挥控制工程造价、促进合理使用建设资金的作用。工程技术与经济必须密切配合，做多方案的技术经济

比较,通过优化设计来保证设计的技术经济合理性。要明确规定设计单位逐级控制工程造价的责任制,并辅以必要的奖罚制度。

③从建筑产品也是商品的认识出发,以价值为基础,确定建设工程的造价和建筑安装工程的造价,使工程造价的构成合理化,逐渐与国际惯例接轨。

④把竞争机制引入工程造价管理体制,打破以行政手段分配建设任务和施工单位依附于主管部门吃大锅饭的体制,冲破条条割裂、地区封锁,在相对平等的条件下进行招标承包,择优选择工程承包单位和设备材料供应单位,以促使这些单位改善经营管理,提高应变能力和竞争能力,降低工程造价。

⑤提出用“动态”方法研究和管理工程造价。研究如何体现项目投资额的时间价值,要求各地区各部门工程造价管理机构定期公布各种设备、材料、工资、机械台班的价格指数以及各类工程造价指数,建立地区、部门乃至全国的工程造价管理信息系统。

⑥提出对工程造价的估算、概算、预算、承包合同价、结算价、竣工决算实行“一体化”管理,并研究如何建立一体化的管理制度。

⑦工程造价咨询产生并逐渐发展。作为接受委托方委托,为建设项目的工程造价的合理确定和有效控制提供咨询服务的工程造价咨询单位在全国全面迅速发展。造价工程师执业资格制度正式建立,中国建设工程造价管理协会及各专业委员会和各省、市、自治区工程造价管理协会普遍建立。

为了适应建筑市场发展和国际市场竞争的需要,2003 年 2 月 17 日建设部颁发了国家标准《建设工程工程量清单计价规范》。2008 年,通过进一步完善,经过前期经验总结,住建部又发布了《建设工程工程量清单计价规范》(GB 50500—2008)。2013 年进一步完善,发布了《建设工程工程量清单计价规范》(GB 50500—2013)。工程量清单计价是建设工程招标投标工作中,由招标人按照国家统一的工程量计算规则提供工程数量,由投标人自主报价。推行工程量清单计价,是工程造价管理工作面向建设市场,进行工程造价管理改革的一个新的里程碑。它推动改革的深入和管理体制的创新,最终建立政府宏观调控、市场有序竞争的工程造价新机制。推行工程量清单计价,有利于我国工程造价管理政府职能的转变;有利于规范市场计价行为,规范建设市场秩序,促进建设市场有序竞争;有利于控制建设项目投资,合理利用资源,促进技术进步,提高劳动生产率;有利于提高造价工程师的素质,使其成为懂技术、懂经济、懂管理的全面复合型人才;有利于满足我国加入世界贸易组织后与国际惯例接轨的要求,提高国内建设各方主体参与竞争的能力,全面提高我国工程造价管理水平。

13.2.4 我国工程造价管理的组织

1)政府行政管理系统

政府在工程造价管理中既是宏观管理主体,也是政府投资项目的微观管理主体。宏观管理的角度,政府对工程造价管理有一个严密的组织系统,设置了多层管理机构,规定了管理权限和职责范围。国家建设行政主管部门的造价管理机构,在工程造价管理的主要职责如下。

①组织制定全国统一经济定额和制定、修订本部门经济定额。

②监督指导全国统一经济定额和本部门经济定额的实施。

③制定和负责全国工程造价咨询企业的资质标准及其资质管理工作。

④制定全国工程造价管理专业人员执业资格准入标准,并监督执行。

2)企事业机构管理系统

企事业机构对工程造价的管理,属微观管理的范畴。设计和工程造价咨询机构,按照业主或委托方的意图,在可行性研究和规划设计阶段合理确定和有效控制建设项目的工程造价,通过限额设计等手段实现设定的造价管理目标;在招投标工作中编制招标文件、标底,参加评标、合同谈判等工作;在项目实施阶段,通过工程计量与支付、工程变更与索赔管理等控制工程造价。设计和工程造价咨询机构,通过在全过程造价管理中的业绩,赢得自己的信誉,提高市场竞争力。

工程承包企业的造价管理是企业自身管理的内容,设有自己专门的职能机构参与企业的投标决策,并通过对市场的调查研究,利用过去积累的经验,研究报价策略,提出报价;在施工过程中,进行工程造价的动态管理,注意各种调价因素的发生和工程价款的结算,避免收益的流失,以促进企业赢利目标的实现。

3)行业协会管理系统

中国建设工程造价管理协会是经建设部和民政部批准成立的,代表我国建设工程造价管理的全国性行业协会,是亚太地区工料测量师协会(PAQS)和国际造价工程联合会(ICEC)等相关国际组织正式成员。目前,在各国造价管理协会和相关学会团体的不断努力下,联合国已将造价行业列入了国际组织认可行业,这对于造价咨询行业的可持续发展和进一步提高造价专业人员的社会地位将起到积极的促进作用。

为了增强对各地工程造价咨询工作和造价工程师的行业管理,近些年来,先后成立了各省、自治区、直辖市所属的地方工程造价管理协会。全国性造价管理协会与地方造价管理协会是平等、协商、相互支持的关系,地方协会接受全国性协会的业务指导,共同促进全国工程造价行业管理水平的整体提升。

【本章要点】

①工程造价有两种含义。其一是从业主(投资者)的角度来定义,工程造价是指工程的建设成本,即为建设一项工程预期支付或实际支付的全部固定资产投资费用。其二是从承发包双方来定义,工程造价是指工程价格,即为建成一项工程,预计或实际在土地、设备、技术劳务以及承包等市场上,通过招投标等交易方式所形成的建筑安装工程的价格和建设工程总价格。

②工程造价管理有两种含义:一是建设工程投资费用管理,二是工程价格管理。

③工程造价管理的基本内容包括合理确定和有效控制两个方面。工程造价的合理确定就是在建设程序的各个阶段,合理确定投资估算、概算造价、预算造价、承包合同价、结算价、竣工决算价。工程造价的有效控制就是在优化建设方案、设计方案的基础上,在建设程序的各个阶段,采用一定的方法和措施把工程造价的发生控制在合理的范围和核定的造价限额以内。

④我国工程造价管理的组织包括政府行政管理系统、企事业机构管理系统、行业协会管理系统三个方面。

【思考与练习】

13-1 什么是建设项目、单位工程、单项工程、分部工程和分项工程?举例说明。

13-2 什么是工程造价？工程造价的两种含义的意义是什么？

13-3 工程造价有哪些特点？

13-4 工程造价为什么要单件性计价？

13-5 简述分部组合计价的工作步骤。

13-6 绘出工程造价多次性计价和建设阶段的相互关系框图，并说明各阶段造价的含义和相互关系。

13-7 单项工程造价和单位工程造价有何联系和区别？

13-8 什么是工程造价管理？

13-9 怎样才能合理确定和有效控制工程造价？

第 14 章　数字化技术在土木工程中的应用

数字化技术是以计算机软硬件、周边设备、协议和网络为基础的信息集成技术。其中，计算机辅助设计、信息化施工、仿真系统、BIM 技术等新兴技术是土木工程数字化的主要方向。

14.1　计算机辅助设计

14.1.1　计算机辅助设计的发展

计算机辅助设计(computer aided design，CAD)，是利用计算机的超级计算能力、以软件为主要操作对象，帮助工程技术人员进行工程设计、产品设计与开发，以达到缩短工期、提高设计质量、降低成本等目的的一门技术。1962 年，美国麻省理工学院伊凡・萨瑟兰(Ivan E. Sutherland)发表的博士论文《Sketchpa：一个人机通信的图形系统》，标志着交互式计算机图形学的产生。所谓交互式计算机图形系统，是以计算机为主，具有图形生成和显示功能，可实现人机交互对话的计算机软件系统。1963 年，美国麻省理工学院的研究小组在美国计算机联合会年会上发表了有关计算机辅助设计的 5 篇论文，从而揭开了计算机辅助设计(CAD)的序幕。

目前，CAD 正在逐步进入高级阶段——以人工智能应用为标志的新阶段，即智能化 CAD (intelligent CAD)。它和传统的 CAD 相比，有质的飞跃：传统的 CAD 是以数据为处理对象，智能化 CAD 则是以知识为主要处理对象，软件的开发以知识和经验为基础，对计算机给出的是已知事实和推理规则，计算机不是按给定的过程运行，而是根据指定的问题，自行寻找和探索各种可能解决问题的途径和结果。人工智能技术的一个重要分支——专家系统可以模拟各个专门领域专家在其知识与经验基础上进行决策的思维逻辑，因此，CAD 技术的发展必然是将传统的 CAD 技术和专家系统结合起来。当前 CAD 软件的发展具有以下一些特征。

(1)集成化的设计支持环境

所谓集成化，就是将各种有关的分析计算、模拟绘图软件集成于一个环境下，建立统一的数据库，各个软件与统一数据库传输数据，从而达到交换数据的目的。

(2)特征化建模技术

特征化建模技术改变了过去 CAD 系统人机交互以几何要求(如点、线、圆)进行建模的方法，而采用以特征和这些特征之间的关系来建模的方式。这种建模方式更接近工程人员的思维方式和工作方式，使工程设计过程更为直接和简单。特征化建模技术还为数控加工提供了方便。

(3)参数化技术

参数化技术是工程设计者进行零件设计的基础。CAD 系统使用这种技术可以保证解的唯一性，同时还可模拟高级工程师的工作过程。

(4)统一的数据结构

新的 CAD 系统都设计了统一的数据结构,采用单一的数据库,并提出主模型的概念,该模型在各个部分都可以使用。

(5)系统的开放性

为方便用户,许多 CAD 系统都提供了高层次的用户友好界面。系统提供自学和允许用户进一步开发的手段,且能与其他系统或其他用户应用软件接口。

(6)知识工程的应用

目前,有一些 CAD 系统开展了知识工程的研究工作,利用知识工程技术使软件实现智能化。

14.1.2 PKPM 设计软件在建筑业的应用

我国对 CAD 的应用和研究,开始于 20 世纪 70 年代,在 20 世纪 80 年代中期进入了全面开发应用阶段,并给土木工程的设计工作带来了越来越大的影响。当前,计算机辅助设计在土木工程领域中的应用首推由中国建筑科学研究院开发的 PKPM 设计软件系统。

PKPM 设计软件(又称 PKPM CAD)是一套集建筑、结构、设备(给排水、采暖、通风空调、电气)设计于一体的集成化 CAD 系统,面向钢筋混凝土框架、排架、框架-剪力墙、砖混以及底层框架等结构,适用于一般多层工业与民用建筑、100 层以下复杂体型的高层建筑,是一个较为完整的设计软件系统。它在国内设计行业占有绝对优势,拥有用户 9 000 多家,市场占有率达 80%以上,现已成为国内应用最为普遍的 CAD 系统。PKPM 为我国设计行业实现甩掉图板、提高设计效率和质量的技术进步作出了突出贡献,及时满足了全国建筑市场高速发展的需要。

其中 PM CAD 软件采用人机交互方式,引导用户逐层对要设计的结构进行布置,建立一套描述建筑物形体结构的数据。PM CAD 软件具有较强的荷载统计和传导计算功能,它能够方便地建立起要设计对象的荷载数据。由于建立了要设计结构的数据结构,PM CAD 成为 PKPM 系列软件的核心,它为各功能设计提供数据接口。PKPM 计算模块可以自动导入施加在结构上的荷载,建立荷载信息库;为上部结构绘制 CAD 模块提供结构构件的精确尺寸,如梁和柱总图的截面、跨度、次梁、轴线号等。

PK 软件则是钢筋混凝土框架、排架、连续梁结构计算的施工图绘制软件,它按照结构设计规范编制。PK 软件的绘图方式有整体式与分离式两种,它包含了框架、排架计算和壁式框架计算模块。通过与其他有关软件接口可以完成梁、柱施工图的绘制,生成的底层组合内力均可与 PM CAD 产生的基础柱网对应,直接传过去进行柱下独立基础、桩基础或条形基础的计算,达到与基础设计 CAD 相结合的目的,最终绘制出各种构件的施工图等。

另外,PK 软件还配备了全国各省、市的建筑、安装、市政、园林、装修、房修、公路、铁路等方面的最新定额库,建立了工程材料基价网站,并适应各地套价、换算、取费的地方化需求。2003 年,其率先在全国推出工程量清单计价软件。

在建筑工程的工程量统计和钢筋统计上,PK 软件可以接入 PKPM 设计软件数据自动完成统计计算,还可以转化 AutoCAD 电子图纸,从而大大节省了用户手工计算工程量,并使从基础、混凝土、装修的工程量统计到梁、板、柱、墙等的钢筋统计效率和准确性大大提高。

在施工应用方面有项目进度控制的施工计划编制、工程形象进度和建筑部位工料分析等;有控制施工现场管理的施工总平面设计、施工组织设计编制、技术资料管理、安全管理、质量验评资料管理等；有施工安全设施和其他设施设计方面的深基坑支护设计、模板设计、脚手架设计、塔吊基础和稳定设计、门架支架井架设计、混凝土配合比计算、冬季施工设计、工地用水用电计算及常用计算工具集、常用施工方案大样图集图库等。

14.2　信息化施工

2015 年以来，李克强总理提出“以互联网技术改造、升级传统工业技术，以实现跨越式发展，并且将在 2025 年完成工业化 2.0”。以信息化带动工业化是国策，也是改造和提升建筑业的突破口，这是大家的共识。

信息在工程项目管理中扮演着重要的角色。为了合理地管理工程项目，不仅需要在建工程的数据，还需要随时调用储存在数据库中的已建工程的历史数据，这些数据对项目规划、控制、报告和决策等任务来说，是最基本、最宝贵的资源。项目管理的首要任务是在预算范围内按时完成工程项目，并且满足一定的质量要求和其他规范要求，而有效的信息管理则是一个成功的项目管理系统不可缺少的重要组成部分。

工程中的信息按对象可大致分为两类：一是空间地理数据信息，如建筑物的位置、地下管线布局等；二是空间地理数据对应的属性数据，如建筑物的结构类型、管径等。其按性质又可分为：①工程基本状况的信息，主要存在于项目的目标设计文件、项目手册、各种合同、设计文件、计划文件中；②现场实际工程信息，如工期、成本、质量信息等，主要存在于各种报告中；③问题的分析、计划和实际对比以及趋势预测信息；④各种指令、决策；⑤其他如市场情况、气候、政策等。

所谓信息化施工（informatization construction）就是利用计算机信息处理功能，在施工过程所发生的工程、技术、商务、物资、质量、安全、行政等方面，对发生的人力、材料、机械、资金等瞬间即逝的信息有序地存储，并科学地综合利用，以部门之间信息交流为中心，以岗位工作标准为切入点，解决项目经理部从数据采集、信息处理与共享到决策目标生成等环节的信息化，以及时准确的量化指标为项目经理部进行高效、优质的管理提供依据。例如，在隧道及地下工程中将岩土样品性质的信息、掘进面的信息收集集中，快速处理、及时调整，并指挥下一步掘进及支护，若在深基支护，可以大大提高工作效率并可避免不安全的事故。在结构中采用监测手段为深基安全经济施工提供可靠数据的组织方式称为深基支护结构的信息化施工。

14.2.1　信息化施工现状

（1）建筑企业信息化还有待发展

我国建筑业应用计算机是从人力无法完成的复杂结构计算分析开始的，直到 20 世纪 80 年代才逐步扩展到区域规划、建筑 CAD 设计、工程造价计算、钢筋计算、物资台账管理、工程计划网络制定等经营管理方面，20 世纪 90 年代又扩展到工程量计算、大体积混凝土养护、深基坑支护、建筑物垂直度测量等施工技术方面的应用。自 20 世纪 90 年代互联网技术出现，人们的目光开始转向利用计算机做信息服务。信息化施工技术是当代建筑业技术进步的核心，在业务范围方面涵盖了建设管理、工程设计、工程施工三方面的信息化任务；在应用技术上包括三个领域：以互联网为中心的信息服务应用、施工经营管理的应用、施工涉及的专业技术应用。

自从1994年建设部10项新技术在全国展开后,便在各级科技示范工程中得到推广。在政府管理部门和一、二级企业中普及了计算机的单项应用,少数单位建立了企业内部网络。

(2)初步形成了建筑业专用软件市场

目前已推广应用一批具有自主知识版权的信息产品,能够满足单项应用要求,但缺少平台级系统软件和网络化应用。软件公司的规模较小、产品销售不理想。

我国在建筑设计上的软件及应用程度总体上高于施工企业,到1995年全国设计勘察单位基本上完成了CAD的技术改造。到2000年,施工管理软件产品已经赶上建筑设计软件产品的水平,其特征为从企业自产自用发展为专业化生产。在20世纪70、80年代多是各单位自行研制的单项功能的初级产品,到20世纪90年代,在市场经济带动下,出现了专门从事建筑管理软件开发的高科技企业。软件功能从单一发展到功能集成,如工程造价、工程量计算、钢筋计算集成软件已发展较为完善,其产品基本上覆盖全国,从单项专业应用发展为信息化系统平台应用。目前为满足建筑公司和项目经理部的需要,正向着信息化管理平台推进,在平台上可以运行从投标书制作、网络计划编制到施工管理全套软件,为发展适合国情的信息产品奠定技术基础。

14.2.2 信息化施工

近年来,信息化施工技术逐渐得到应用和推广,如西南交通大学于2002年以深圳地铁为背景进行的项目“深圳地铁重叠隧道信息化施工技术研究”使地下工程信息化施工技术成功地应用于地铁的重叠隧道中。基坑从2002年11月14日开挖至2003年4月19日完成封底,平均每层12天。信息化施工不仅为安全高效地进行基坑开挖创造了极为有利的条件,也使地下连续墙工法在润扬大桥得到成功运用,填补了国内在深基坑工程中多项技术空白。2003年初,盾构隧道信息化施工智能管理系统应用于上海隧道工程股份有限公司所有的在建工程,覆盖面相当广,我国的天津、南京、上海与新加坡等国家和地区均有应用。

在市场经济瞬息万变的环境中,业主、工程设计、工程承包方、金融机构、工程监理及物业管理者等几方面的人所关心的不仅是诸如造价等单个技术问题的解决,还更加关心工程建设本身和社会上所发生的各种关系等更大利益的动态信息,随时决定采用何种对策,以保护本身的权益,如业主和金融机构关心投资风险、预期投资回报率大小、政府的政策法规走向变化,以及新技术、新材料应用的可能性等。工程承包方除要解决各种施工技术问题外,还要关心施工的进度、质量、安全、资金应用情况、环保状况、财务及成本情况,以及中央和地方政府的各种法律规章制度、材料设备供应情况及质量保证、设计变更等。以上这些应用科目远不是单项软件所能解决的,必须应用信息网络技术。现代信息技术能把上述内容有机、有序地联系起来,供企业的决策经营者利用。只有这样,才能使企业的领导及时、准确地掌握各类资源信息,进行快速正确的决策和施工项目建设,协调工期,进行人力、物力、资金优化组合;才能保证建筑产品的质量,保证施工进度,取得较好的经济与社会效益。建筑信息化施工技术是我国建筑施工与国际接轨的一个重要手段,对作为国民经济支柱产业之一的建筑业实现现代化起着十分重要的作用。

在21世纪,我们完全有条件建立起建设管理部门,即各级建委(建设局)—建筑承包商—物资设备供应商—建设发展商的信息系统。过去,建筑公司对工程项目经理部的管理多是行政管理,而施工动态信息传递与处理、对经理部在生产过程中发生的技术问题的支援较少，这在市场经济条件下是十分不利的。要提高企业的效益、增强企业的技术水平和市场竞争能力，就要对生产过程中的信息及时、成批、准确地了解并加以控制。这种了解应是企业全员的行为，而不是只有少数人知道，是及时了解而不是事后了解，是成批的、多数的而不是支离破碎的。如此，建筑企业方能作出准确的决策，要做到这一切就要在企业公司建立信息数据库并实现网络化，通过网络连接公司职能部门和所属工地，实现信息资源的共享。

14.2.3 以互联网为中心的信息服务应用

企业级信息数据库应有投标报价库、人员库、物资设备库、技术规范库、常用法律法规库、工程项目库等，这些信息库要经常维护，保持常更新，用信息为企业基层服务。

现在多数的国内建筑企业领导者还没有认识到信息化的重要性。在组织机构设置、资金投入和人才录用等方面，同先进的国外工程承包商采用的信息决策制度(chief information officer，CIO)存在着较大差距。项目管理是一个涉及多方面管理的系统工程，它包含了工程、技术、商务、物资、质量、安全、行政等各个职能系统。在项目实施过程中，每天都发生人力、材料、机械、资金等大量的、瞬间即逝的资源流，即发生大量的数据和信息，这些数据和信息是各职能系统连接的纽带，也构成了整个项目管理的神经系统。如何在项目管理的各个职能系统间将资源流转化成信息流，使信息流动起来，形成数据信息网络，达到资源共享，为决策提供科学的依据，使管理更严谨、更量化、更具可溯性，这是信息化施工在施工项目经理部的主旨。

“建筑工程项目施工管理信息系统”结合工程实际，以解决各部门之间信息交流为中心，以岗位工作标准为切入点，采用系统模型定义、工作流程和数据库处理技术，有效地解决了项目经理部从数据采集、信息处理与共享到决策目标生成等环节的信息化，以及时、准确的量化指标为项目经理部的高效优质管理提供了工程常规管理的要求，即满足业主、监理、分包对工作程序的要求。

20 世纪 90 年代中期，互联网在世界范围内掀起波澜，彻底改变了传统、封闭、单项单系统的企业 MIS 面孔，为企业 MIS 营造了一个开放的信息资源管理平台。它开放式的信息组织方式可以调动每个人的积极性，每个上网人员既是信息网的受益者，又是网上信息的组织者。

互联网是目前国内外信息高速公路最为重要的信息组织方式，而在企业内部利用互联网的组织方式组建的企业网构成一个信息采集与发布中心，为企业现代化管理寻找到新的突破口。其特性主要体现在以下几个方面。

①公文传递系统。实现文件、报告、通知等文件的传输，保密性高的文件通过电子信箱定向传递，一般性的文件通过主页来发布。

②内部管理信息查询。它主要通过网站系统，由各部门进行信息的组织和制作，原则上用户只能浏览本部门或网络共享信息，并授予信息制作者信息维护的权力。

③电子邮件的应用。可为公司的管理人员建立个人的电子信箱，用户可以管理自己的邮件，可以通过互联网向全球发送电子邮件，同时可以每日定时接收来自世界各地的电子邮件，加强了管理人员与外界的沟通。

④实现公司内的远程办公服务。各分公司、各项目以及出差在外的人员，不论在世界的任何地方，只要有便携式电脑，便可通过网络与公司网相连，及时获取公司的有关信息，收发电子邮件。

⑤数据库管理与资源共享。网络可支持目前大部分数据库产品,支持公司已有数据库信息。另一方面,利用计算机网络,可以在服务器端统一维护相关软件资源,用户端可通过网络从服务器上下载资源,统一公司办公平台,建立文档交流的基础。

14.3 仿真系统

计算机仿真是指利用计算机对自然现象、系统工程、运动规律以至人脑思维等客观世界进行逼真的模拟。这种仿真是数值模拟进一步发展的必然结果。在土木工程中,已经应用计算机仿真技术解决了工程中的许多疑难问题。

由于洪水、火灾、地震等灾害的原型重复试验几乎是不可能的,因而计算机仿真在防灾工程领域的应用就更有意义。目前已有不少抗灾防灾的模拟仿真软件已研制成功。例如,在洪水泛滥淹没区的洪水发展过程演示软件,可预示不同时刻的淹没地区,人们可以从屏幕上看到水势从低处到高处逐渐淹没的过程,从而作出防洪规划及遭遇洪水时指导人员疏散。

岩土工程处于地下,往往难以直接观察,而计算机仿真则可把内部过程展示出来,有很大的实用价值。例如,地下工程开挖全过程计算机仿真可以预示和防止出现基坑支护倒塌或管涌、流砂等问题。

14.3.1 计算机仿真系统的发展

仿真方法即利用模型进行研究的方法,是人类最古老的对工程进行研究的方法之一。这种基于相似原理的模型研究方法,经历了从直观的物理模型到抽象的形式化模型(数学模型)的发展。通常,人们将基于直观的物理模型的仿真称为物理仿真,而将基于数学模型的仿真称为计算机仿真。20 世纪计算机的出现以及人类对于"系统"的认识,大大促进了仿真学科的发展,因此计算机仿真又称为系统仿真。目前,系统仿真已成为由现代数学方法、计算机科学、人工智能理论、控制理论以及系统理论等学科相结合的一门综合性学科。系统仿真可以理解为"仿真是在数字计算机上进行试验的数字化技术,它包括数字与逻辑模型的某些模式,这些模型描述某一事件在若干周期内的特征"。系统仿真利用计算机和其他专用物理效应设备,通过系统模型对真实或假想的系统进行试验,并借助于专家知识、统计数据和信息资料对试验结果进行分析研究。系统仿真的基本要素是系统、模型、计算机。而联系这三项要素的基本活动则是模型建立、仿真模型建立和仿真试验。系统就是研究的对象,模型则是系统特性的一种表述。一般来讲,模型可以代替真实系统,而且还是对真实系统的合理简化。

在 20 世纪计算机出现以后,仿真技术在许多行业得到了应用。从仿真的硬件角度讲,其发展可以分为模拟计算机仿真、模拟数字混合计算机仿真和数字计算机仿真(即系统仿真)三个阶段。从仿真软件的角度讲,其发展阶段大致可以分为相互交叉的五个阶段,即仿真程序包和仿真语言、一体化仿真环境、智能化仿真环境、面向对象的仿真和分布式交互仿真。

在建筑系统工程中,目前已有不少直接面向系统仿真的计算机高级语言,如 CSSL(continuous system simulation language)等。系统仿真已广泛应用于企业管理系统、交通运输系统、经济计划系统、工程施工系统、投资决策系统、指挥调度系统等方面。

工程结构计算机仿真分析须有如下三个条件。

①有关材料的本构关系或物理模型，可由小尺寸试件的性能试验得到。

②有效的数值方法，如差分法、有限元法、直接积分法等。

③丰富的图形软件及各种视景系统。

按上述基本思路，则可在计算机上做试验。如核反应堆安全壳的事故反演分析、地震作用下构筑物的倒塌分析，只有采用计算机仿真分析才能大量进行仿真与虚拟现实，此技术已开始应用到土木工程中。在城市规划、建筑设计、房地产销售、大型工程施工中，借助虚拟漫游，可身临其境，优化方案，科学决策。

14.3.2 计算机模拟仿真在土木工程中的应用

在世界范围内，ANSYS软件已经成为土木建筑行业CAE(computer aided engineering)仿真分析软件的主流。ANSYS软件在钢结构和钢筋混凝土房屋建筑、体育场馆、桥梁、大坝、隧道以及地下建筑物等工程中得到了广泛的应用。可以对这些结构在各种外荷载条件下的受力、变形、稳定性及各种动力特性作出全面分析，从力学计算、组合分析等方面提出全面的解决方案，为土木工程师提供功能强大且方便易用的分析手段。ANSYS在中国的很多大型土木工程中都得到了应用，如上海金茂大厦、国家大剧院、上海科技馆太空城、黄河下游特大型公路斜拉桥、金沙江溪洛渡电站、三峡工程等都利用了ANSYS软件进行仿真分析。

此外，同济大学、清华大学、西南交通大学、武汉大学等高校应用ANSYS软件设计分析了各种桥梁(新型“大跨度双向拉索斜拉桥”和“大跨度双向拉索悬索桥”)，模拟了引水工程隧道的施工过程，设计拱坝、面板堆石坝、复杂地下洞室群、大型输水结构，并模拟了其施工力学过程。利用ANSYS可以有效地保证工程的设计和施工质量，缩短周期，降低工程成本，对于提高设计和施工能力、增强行业竞争力起到了很大的促进作用。

14.3.3 计算机结构仿真在结构工程中的应用

工程结构在各种外加荷载作用下的反应，特别是破坏过程和极限承载力是工程师们关心的课题。当结构形式特殊、荷载及材料十分复杂时，人们常常借助于结构的模拟试验来测得其受力性能。但是当结构参数发生变化时，这种试验有时就受到场地和设备的限制。利用计算机仿真技术，在计算机上做模拟试验就方便多了。

结构工程的计算机还用于事故的反演，寻找事故的原因，如核电站、海洋平台、高坝等大型结构，一旦发生事故，损失巨大，因为不可能做真实试验来重演事故，但计算机仿真则可用于反演，从而确切地分析事故原因。

14.3.4 计算机模拟仿真在防灾工程中的应用

人类与自然灾害或人为灾害作了长期的斗争。由于灾害的重复试验几乎是不可能的，因而计算机仿真在这一领域的应用就更有意义了。

目前，已有不少关于防灾防火的模拟仿真软件被研制成功。例如，洪水灾害方面，已有洪水泛滥淹没区发展过程的显示软件。该软件预先存储了洪水泛滥区域的地形、地貌和地物，并有高程数据，确定了等高线。这样,只要输入洪水标准(如 50 年一遇还是 100 年一遇),计算机就可以根据水量、流速及区域面积和高程数据,计算出不同时刻淹没的区域及高程,并在图上显示出来。

人们可以在计算机屏幕上看到洪水的涌入,并从地势低处向高处逐渐淹没的全过程,这样可为防灾措施提供生动而可靠的资料。火灾、地层等也均可以进行模拟演示。

14.3.5 计算机模拟仿真在岩土工程中的应用

岩土处于地下,往往难以直接观察,而计算机仿真则可以把内部过程展示出来,有很大的实用价值。例如,美国斯坦福大学研制了一个河口三角洲泥沙沉积的模拟软件,给定河口条件后可以显示出不同粒径泥沙的沉积区域及相应的厚度,这对港口设计及河道疏通均有指导意义。

14.4 BIM 技术应用

14.4.1 BIM 系统简介

BIM 系统是一种全新的信息化管理系统,目前正越来越多地应用于建筑行业中,它的全称为 building information modeling,即建筑信息模型,要求参建各方在设计、施工、项目管理、项目运营等各个过程中将所有信息整合在统一的数据库中,通过数字信息仿真模拟建筑物所具有的真实信息,为建筑的全生命周期管理提供平台。在整个系统的运行过程中,要求业主、设计方、监理方、总包方、分包方、供应方进行多渠道和多方位的协调,并通过网上文件管理协同平台进行日常维护和管理,BIM 工作模式如图 14-1 所示。

BIM 系统的核心是通过三维设计获得工程信息模型和几乎所有与设计相关的设计数据,可以持续、即时地提供项目设计范围、进度以及成本信息,这些信息完整、可靠、协调。

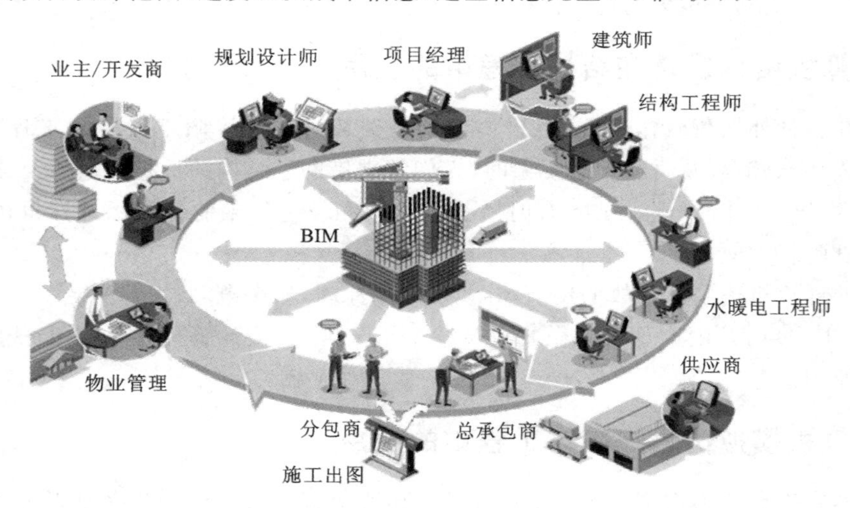

图 14-1 BIM 工作模式

在建设工程生命周期三个主要阶段(即设计、施工和管理)的每个阶段中,建设工程信息模型均允许访问以下完整的关键信息:

①设计阶段——设计、进度以及预算信息；

②施工阶段——质量、进度以及成本信息；

③管理阶段——性能、使用情况以及财务信息。

14.4.2 BIM 软件应用

(1)Autodesk Revit

Revit 是目前 BIM 系统中应用最广泛的软件之一。由著名的 Autodesk 公司专门为 BIM 应用所开发，可帮助建筑设计师设计、建造和维护质量更好、能效更高的建筑。Autodesk Revit 作为一种应用软件，目前已经包含有 Autodesk Revit Architecture(建筑设计)、Autodesk Revit MEP(水电暖设计)和 Autodesk Revit Structure(结构设计)软件的功能。

Autodesk Revit Architecture 软件可以按照建筑师和设计师的思考方式进行设计，可以提供更高质量、更加精确的建筑设计。强大的建筑设计工具可帮助使用者捕捉和分析概念，以及保持从设计到建筑的各个阶段的一致性。

Autodesk Revit MEP 借助真实世界进行准确建模，实现智能、直观的设计流程。Autodesk Revit MEP 采用整体设计理念，从整座建筑物的角度来处理信息，将给排水、暖通和电气系统与建筑模型关联起来。借助它，工程师可以优化建筑设备及管道系统的设计，进行更好的建筑性能分析，充分发挥 BIM 的竞争优势。同时，利用 Autodesk Revit MEP 与建筑师和其他工程师协同，还可及时获得来自建筑信息模型的设计反馈，实现数据驱动设计所带来的巨大优势，轻松跟踪项目的范围、明细表和预算。

Autodesk Revit Structure 软件改善了结构工程师和绘图人员的工作方式，最大程度地减少了重复性的建模和绘图工作，以及结构工程师、建筑工程师和绘图人员之间的手动协调所导致的错误，而且可以减少创建最终施工图所需的时间，同时提高文档的精确度，从而全面改善交付给客户的项目质量。

(2)鲁班软件

鲁班软件围绕工程项目基础数据的创建、管理和应用共享，基于 BIM 技术和互联网技术为业界用户提供了业内领先的从工具级、项目级到企业级的完整解决方案。

鲁班 BIM 解决方案，首先通过鲁班 BIM 建模软件高效、准确地创建 7D 结构化 BIM 模型，即 3D 实体、1D 时间、1D・BBS(投标工序)、1D・EDS(企业定额工序)、1D・WBS(进度工序)。创建完成的各专业 BIM 模型，进入基于云端的鲁班 BIM 管理协同系统，形成 BIM 数据库。经过授权，可通过鲁班 BIM 各应用客户端实现模型、数据的按需共享，提高协同工作效率，轻松实现 BIM 从岗位级到项目级及企业级的应用。鲁班 BIM 技术的具体实现可以分为创建、管理和共享三个阶段(见图 14-2)。

(3)广联达软件

广联达 BIM 5D 以 BIM 平台为核心，集成土建、机电、钢结构等全专业数据模型，实现进度、预算、物资、图纸、合同、质量、安全等业务信息关联，通过三维漫游、施工流水划分、工况模拟、复杂节点模拟、施工交底、形象进度查看、物资提量、分包审核等核心应用，帮助技术、生产、商务、管理等人员进行有效决策和精细管理，从而达到减少项目变更、缩短项目工期、控制项目成本、提升施工质量的目的。广联达软件 BIM 工作流程如图 14-3 所示。

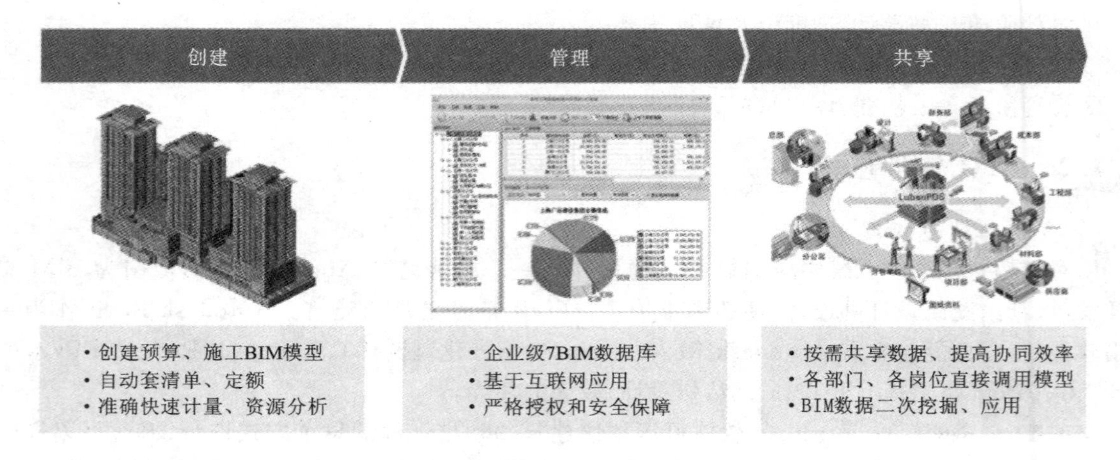

图 14-2　鲁班 BIM 工作流程

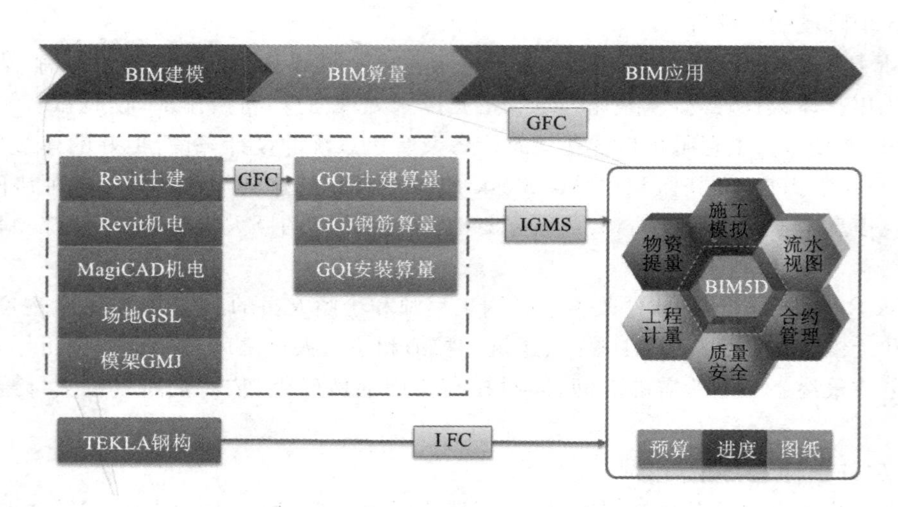

图 14-3　广联达 BIM 工作流程

14.4.3　BIM 应用前景

建筑信息模型,是应用于建筑业的信息技术发展到今天的必然产物。事实上,多年来国际学术界一直在对如何在 CAD 中进行信息建模进行深入的讨论和积极的探索。虽然目前 BIM 的应用还不够多,但令人鼓舞的是,BIM 概念已经在学术界和软件开发商中获得共识,Graphisoft 公司的 ArchiCAD、Bentley 公司的 TriForma、Autodesk 公司的 Revit 以及斯维尔的建筑设计(Arch)等这些引领潮流的国内和国际建筑设计软件系统,都是应用建筑信息模型技术进行开发,可以支持建筑工程全生命周期的集成管理。到目前为止,许多大型企业的施工建设已经开始应用 BIM 技术,如上海现代建筑设计集团设计的湖州喜来登温泉度假酒店(见图 14-4)、SOHO 总部(见图 14-5)等项目等。

BIM 技术应用最大的价值在于打通建筑的全生命周期,成熟的 BIM 应用可以使业主、承包商及设计方三方受益。

图 14-4 湖州喜来登度假酒店

图 14-5 SOHO 总部效果图

业主方利用 BIM,可以在招标前就开始进行产品规划,实时了解设计方案变化对项目投资效益的影响;同时在项目进行时,能够利用 BIM 与投资机构、政府部门以及设计方、施工方进行沟通,节省决策时间并减少错误,而在产品完成后,利用 BIM 还可以对物业进行管理和维护。

设计方在初期方案设计时利用 BIM,不仅可以进行造型、体量与空间分析,还可同时进行能耗、建筑成本分析,使方案更具有科学性;在扩充设计阶段,利用 BIM 可以平行进行建筑、结构、水电暖通等各专业设计,并且能够利用信息模型进行能耗、结构、声学、光学、热工等分析,还具备各种干涉检查、工程量统计等功能;BIM 对设计方最大的优势还在于协同设计,即数十个专业的设计计划、资料共享、校对审核、版本控制等可以完全无障碍沟通。

承包商利用 BIM 前期可以进行虚拟建造,进行物理碰撞及规则碰撞的检查;施工时可以进行成本与工期实时监控;对现场施工则可以利用 BIM 与移动技术、RFID 及 GPS 技术集成对现场施工情况进行动态跟踪。

【本章要点】

计算机应用于土木工程领域始于 20 世纪 50 年代,早期主要用于复杂的工程计算,随着计算机硬件和软件水平的不断提高,其应用范围已逐步扩大到土木工程设计、施工管理、仿真分析等各个方面。本章主要介绍以下内容。

①计算机辅助设计,系统地介绍了计算机辅助设计的发展以及 PKPM CAD 在建筑业的应用。

②信息化施工,阐述了信息化施工现状及技术,同时拓展到以互联网为中心的信息服务应用,信息化施工技术能保证工程质量和成本控制。

③仿真系统,主要介绍了计算机仿真系统的发展以及计算机模拟仿真在土木工程中的应用,如计算机结构仿真在结构工程、防灾工程、岩土工程中的应用;模拟了引水工程隧道的施工过程,设计拱坝、面板堆石坝、复杂地下洞室群、大型输水结构,并模拟了其施工力学过程。

④利用 ANSYS 可以有效地保证工程的设计和施工质量、缩短周期、降低工程成本,对于提高设计和施工能力、增强行业竞争力起到了很大的促进作用。

⑤BIM 技术,即建筑信息管理(building information management, BIM)。利用 BIM 技术可以很方便地实现业主方、设计方、施工方的充分沟通,并且建造过程可以在整个生命周期中得到全程、实时的呈现。

【思考与练习】

14-1　如何理解数字化技术？数字化技术可以应用到哪些领域？

14-2　什么是计算机辅助设计？计算机辅助设计是如何发展起来的？PKPM CAD 在土木工程中可以应用到哪些方面？

14-3　计算机仿真技术在土木工程中可以应用到哪些方面？常用的应用软件有哪些？

14-4　信息化施工的含义是什么？信息化施工的发展现状如何？

14-5　BIM 如何具体应用于工程？

参考文献

[1] 刘伯权,吴涛,黄华.土木工程概论[M].武汉:武汉大学出版社,2014.

[2] 叶志明.土木工程概论[M].3版.北京:高等教育出版社,2009.

[3] 阎兴华.土木工程概论[M].2版.北京:人民交通出版社,2013.

[4] 中国大百科全书编委会.中国大百科全书土木工程卷[M].2版.北京:中国大百科全书出版社,2012.

[5] 罗福午.土木工程(专业)概论[M].4版.武汉:武汉理工大学出版社,2012.

[6] 阎培渝,杨静.建筑材料[M].3版.北京:中国利水电出版社,2013.

[7] 刘新红,贾晓林.建筑装饰材料与绿色装修[M].郑州:河南科学技术出版社,2014.

[8] 土工合成材料工程应用手册编写委员会.土工合成材料工程应用手册[M].2版.北京:中国建筑工业出版社,2000.

[9] 章熙军.建材的生产发展趋势分析[J].科技信息(学术版),2006(3):192.

[10] 姜继圣,张去莲,王洪芳.新型建筑材料[M].北京:化学工业出版社,2009.

[11] 黄新友,高春华.新型建筑材料及其应用[M].北京:化学工业出版社,2012.

[12] 中国建筑材料工业规划研究院.绿色建筑材料:发展与政策研究[M].北京:中国建材工业出版社,2010.

[13] 蒋荃.绿色建材:评价·认证[M].北京:化学工业出版社,2012.

[14] 冯乃谦.高性能混凝土[M].北京:中国建筑工业出版社,1996.

[15] 刘娟红,宋少民.活性粉末混凝土——配制、性能与微结构[M].北京:化学工业出版社,2013.

[16] 张开猛,蒋友新,谭克锋.生态混凝土研究现状及展望[J].四川建筑科学研究,2008,34(1):152—154.

[17] 代少俊.高性能纤维复合材料[M].上海:华东理工大学出版社,2013.

[18] 吴微.论绿色建筑节能新材料发展趋势与发展动态[J].黑龙江科技信息.2012(5):279.

[19] 宋小杰.纳米材料和纳米技术在新型建筑材料中的应用[J].安徽化工,2008,34(4):14—17.

[20] 中华人民共和国建设部.GB 50009—2012 建筑结构荷载规范[S].北京:中国建筑工业出版社,2012.

[21] 中交公路规划设计院.JTG D60—2015 公路桥涵设计通用规范[S].北京:人民交通出版社,2015.

[22] 中华人民共和国建设部.GB 50010—2010 混凝土结构设计规范[S].北京:中国建筑工业出版社,2010.

[23] 中华人民共和国建设部.GB 50068—2008 建筑结构可靠度设计统一标准[S].北京:中国建筑工业出版社,2008.

[24] 马锁柱.土木工程概论[M].北京:中国电力出版社,2013.

[25] 建设部综合勘察研究设计院等. GB 50021—2001(2009 版)岩土工程勘察规范[S]. 北京:中国建筑工业出版社,2009.
[26] 中华人民共和国建设部. GB 50007—2011 建筑地基基础设计规范[S]. 北京:中国建筑工业出版社,2011.
[27] 中华人民共和国建设部. GB 50202—2002 建筑地基基础工程施工质量验收规范[S]. 北京:中国建筑工业出版社,2002.
[28] 中国建筑科学研究院. JGJ 79—2012 建筑地基处理技术规范[S]. 北京:中国建筑工业出版社,2012.
[29] 曹双寅. 工程结构设计原理[M]. 3 版. 南京:东南大学出版社,2012.
[30] 程文瀼. 混凝土工程结构设计原理[M]. 5 版. 北京:中国建筑工业出版社,2012.
[31] 刘禹,张建新. 建筑结构——概念、原理与设计[M]. 大连:东北财经大学出版社,2010.
[32] 陈希哲. 土力学地基基础[M]. 4 版. 北京:清华大学出版社,2004.
[33] 宰金珉. 岩土工程测试与监测技术[M]. 北京:中国建筑工业出版社,2008.
[34] 陈国兴. 基础工程学[M]. 北京:中国水利水电出版社,2013.
[35] 王成华. 基础工程学[M]. 天津:天津大学出版社,2002.
[36] 叶书麟,叶观宝. 地基处理[M]. 2 版. 北京:中国建筑工业出版社,2004.
[37] 华南理工大学,浙江大学,湖南大学. 基础工程[M]. 北京:中国建筑工业出版社,2003.
[38] 刘国彬,王卫东. 基坑工程手册[M]. 北京:中国建筑工业出版社,2009.
[39] 中华人民共和国交通部. JTG D40—2011 公路水泥混凝土路面设计规范[M]. 北京:人民交通出版社,2011.
[40] 中华人民共和国交通部. JTG B01—2014 公路工程技术标准[M]. 北京:人民交通出版社,2014.
[41] 中华人民共和国铁道部. GB 50090—2006 铁路线路设计规范[M]. 北京:中国计划出版社,2006.
[42] 李绪梅. 公路几何设计[M]. 北京:人民交通出版社,2004.
[43] 孙家驷. 道路概论[M]. 北京:人民交通出版社,1997.
[44] 任保欢. 公路概论[M]. 北京:人民交通出版社,2000.
[45] 佟立本. 铁道概论[M]. 北京:中国铁道出版社,1999.
[46] 杨少伟. 道路勘测设计[M]. 北京:人民交通出版,2004.
[47] 邓学钧. 路基路面工程[M]. 北京:人民交通出版社,2005.
[48] 李亚东. 桥梁工程概论[M]. 成都:西南交通大学出版社,2001.
[49] 范立础. 桥梁工程(上、下册)[M]. 北京:人民交通出版社,2002.
[50] 邵旭东. 桥梁工程[M]. 武汉:武汉理工大学出版社,2002.
[51] 白宝玉. 桥梁工程[M]. 北京:高等教育出版社,2005.
[52] 彭大文,李国芬,黄小广. 桥梁工程[M]. 北京:人民交通出版社,2007.
[53] 张庆贺,朱合华,黄宏伟. 地下工程[M]. 上海:同济大学出版社,2005.
[54] 关宝树,杨其新. 地下工程概论[M]. 成都:西南交通大学出版社,2001.

[55] 覃仁辉.隧道工程[M].乌鲁木齐:新疆大学出版社,2001.
[56] 朱永全,宋玉香.隧道工程[M].北京:中国铁道出版社.2005.
[57] 郭陕云.隧道及地下工程的产业化发展方向[J].隧道建设,2005.
[58] 李亚峰,朴芬淑,蒋白懿.给水排水工程概论[M].北京:机械工业出版社,2012.
[59] 李圭白,蒋展鹏,范瑾初.给排水科学与工程概论[M].北京:中国建筑工业出版社,2013.
[60] 高明远,岳秀萍主编.建筑设备工程[M].北京:中国建筑工业出版社,2005.
[61] 全国一级建造师职业资格考试用书编审委员会.市政公用工程管理与实务[M].北京:中国建筑工业出版社,2014.
[62] 黄崇福.自然灾害基本定义的探讨[J].自然灾害学报,2009.
[63] 尹衍雨,王静爱,雷永登,等.适应自然灾害的研究方法进展 [J].地理科学进展,2012.
[64] 吴中海,赵根模.地震预报现状及相关问题综述[J].地质通报,2013.
[65] 国伟.在建工程防灾减灾的分析与研究[D].长安大学,2011.
[66] 黄尚廉.智能结构系统—减灾防灾的研究前沿[J].土木工程学报,2000.
[67] 李新运,常勇,李望,等.重大工程项目灾害风险评估方法研究[J].自然灾害学报,1998.
[68] 秦效启,杨修竹.重大工程灾害风险评估研究[J].自然灾害学报,1997.
[69] 陈婷婷.现有建筑结构抗震鉴定及加固设计研究[D].北京工业大学,2012.
[70] 李秉南.混凝土结构加固技术研究与软件编制[D].东南大学,2004.
[71] 郭文忠,黄晓林.简述混凝土结构工程加固的几种方法[J].河南建材,2010.
[72] 中国节能降耗研究报告编写组.中国节能降耗研究报告[M].北京:企业管理出版社,2006.
[73] 徐华清.中国能源环境发展报告[M].北京:中国环境科学出版社,2006.
[74] 张国强,李志生,俞准.建筑环境与能源应用工程专业导论[M].重庆:重庆大学出版社,2014.
[75] 卢军.建筑环境与设备工程概论[M].重庆:重庆大学出版社,2008.
[76] 王长永,曹邦卿.建筑设备[M].郑州:郑州大学出版社,2012.
[77] 中华人民共和国交通部.JTJ 295—2000 开敞式码头设计与施工技术规程[S].北京:人民交通出版社,2000.
[78] 中华人民共和国交通运输部.JTS 151—2011 水运工程混凝土结构设计规范[S].北京:人民交通出版社,2011.
[79] 中华人民共和国交通运输部.JTS 144-1—2010 港口工程荷载规范[S].北京:人民交通出版社,2010.
[80] 王元战.港口与海岸水工建筑物[M].北京:人民交通出版社,2013.
[81] 郭子坚.港口规划与布置[M].北京:人民交通出版社,2011.
[82] 可晓梅.东北亚区域港口的发展趋势[J].中国水运,2009,9(11),37—39.
[83] 张振国,王长进,李银朋.海洋工程石油概论[M].北京:中国石化出版社,2014.
[84] 周晖.海洋工程结构设计[M].上海:上海交通大学出版社,2013.
[85] 李芬,邹早建.浮式海洋结构物研究现状及发展趋势[J].武汉理工大学学报(交通科学与工程版),2003,27(5),682—686.
[86] 胡长明,白茂瑞.土木工程概论[M].北京:冶金工业出版社,2005.

[87] 田士豪,陈新元.水利水电工程概论[M].北京:中国电力出版社,2004.
[88] 张俊芝.水利水电工程理论研究及技术应用[M].武汉:武汉工业大学出版社,2004.
[89] 王英华.水工建筑物[M].北京:中国水利水电出版社,2004.
[90] 刘振飞.水利水电工程设计与施工新技术全书[M].北京:海潮出版社,2001.
[91] 应惠清.土木工程施工[M].2版.北京:高等教育出版社,2010.
[92] 毛鹤琴.土木工程施工[M].4版.武汉:武汉理工大学出版社,2012.
[93] 丁红岩.土木工程施工(上、下册)[M].天津:天津大学出版社,2015.
[94] 白思俊.现代项目管理[M].北京:机械工业出版社,2007.
[95] 吴涛.建设工程项目经理执业导则实施指南[M].北京:中国建筑工业出版社,2013.
[96] 中国建筑业协会.建筑工程专业一级注册建造师继续教育培训选修课教材[M].北京:中国建筑工业出版社,2013.
[97] 逄宗展等.注册建造师继续教育必修课教材综合科目[M].北京:中国建筑工业出版社,2012.
[98] 逄宗展等.建筑工程[M].北京:中国建筑工业出版社,2012.
[99] 丁士昭,逄宗展.建设工程项目管理[M].北京:中国建筑工业出版社,2014.
[100] 许焕兴.工程造价[M].3版.大连:东北财经大学出版社,2015.
[101] 周艳冬.工程造价概论[M].北京:北京大学出版社,2015.
[102] 白思俊.现代项目管理[M].北京:机械工业出版社,2007.
[103] 吴涛.建设工程项目经理执业导则实施指南[M].北京:中国建筑工业出版社,2013.
[104] 中国建筑业协会.建筑工程专业一级注册建造师继续教育培训选修课教材[M].北京:中国建筑工业出版社,2013.
[105] 逄宗展等.注册建造师继续教育必修课教材综合科目[M].北京:中国建筑工业出版社,2012.
[106] 逄宗展等.建筑工程[M].北京:中国建筑工业出版社,2012.
[107] 丁士昭,逄宗展.建设工程项目管理[M].北京:中国建筑工业出版社,2014.